高等职业院校"十三五"校企合作开发系列教材

林下经济作物

胡振全　主编

中国林业出版社

内容简介

为了适应林业林权制度变革需求，促进林区经济发展，根据林下经济产业发展需求及高职教育教学改革需要，本书编写组在充分调研基础上，查阅、参考大量文献资料，设计并编写了源于生产又高于生产的教学模块项目和教学任务，使教材更具职业性、实用性、创新性和地域性，对学生的学习更具指导作用，突出体现了高职教育"能力本位、学生主体、任务驱动"的职教特点。

教材内容共分 3 个教学模块。模块 1 林下中草药栽培，包括具有不同生产特点的 4 个教学项目：根和根茎类药用植物栽培；种子果实类药用植物栽培；全草类药用植物栽培；皮类药用植物栽培。每个项目下分别安排了当地的地道药材和主要药用植物栽培任务，共 20 个。模块 2 林下山野菜栽培，包括具有不同生产特点的两个教学项目：芽、叶、茎干类山野菜栽培和根类山野菜栽培。每个项目下分别安排了当地的主要山野菜栽培任务，共 6 个。模块 3 林下食用菌栽培，主要安排了适合当地林下栽培的黑木耳、香菇、平菇、鸡腿菇 4 个栽培任务。

本教材主要供林业类高职院校林业技术专业学生和教师使用，地域性较强，但也适用于北方地区的林下经济作物生产者、经营者、管理者及各级林业技术人员的业务参考。

图书在版编目（CIP）数据

林下经济作物栽培/胡振全主编 . —北京：中国林业出版社，2016.6（2022.3 重印）

高等职业院校"十三五"校企合作开发系列教材

ISBN 978-7-5038-8579-2

Ⅰ．①林⋯　Ⅱ．①胡⋯　Ⅲ．①经济林—间作—经济植物—栽培技术—高等职业教育—教材　Ⅳ．①S56 ②S344．2

中国版本图书馆 CIP 数据核字（2016）第 135320 号

中国林业出版社·教育出版分社

策划编辑：吴　卉　　　　　　　　责任编辑：肖基浒

电　　话：（010）83143555　　　　传　　真：（010）83143516

出版发行	中国林业出版社（100009　北京市西城区德内大街刘海胡同 7 号） E-mail：jiaocaipublic@163.com　电话：（010）83143500 http：//www.forestry. gov. cn/lycb.html
经　　销	新华书店
印　　刷	北京中科印刷有限公司
版　　次	2016 年 6 月第 1 版
印　　次	2022 年 3 月第 2 次印刷
开　　本	787mm×1092mm　1/16
印　　张	17.5
字　　数	437 千字
定　　价	38.00 元

《林下经济作物栽培》
编写人员

主　编

　　胡振全　辽宁林业职业技术学院

副　主　编

　　李晓黎　辽宁林业职业技术学院

编写人员（按姓氏拼音排序）

　　胡振全　辽宁林业职业技术学院
　　靳来素　辽宁林业职业技术学院
　　李晓黎　辽宁林业职业技术学院
　　梁　君　山源中药材种植专业合作社

前言

2007年温家宝总理在辽宁抚顺农村考察时首次提出了"林下经济"这一概念。温总理说:"能够保护好生态环境,发展好林下经济很重要",随后温总理在多次考察、座谈中提到发展林下产业的重要性。同年,温总理在听取了国家林业局局长贾治邦同志关于沙尘暴情况及林业工作的汇报后,做出六个方面的重要指示。再次明确提出要大力发展"林下经济"。因此,发展林下经济不仅是贯彻落实温总理的重要指示,又是进一步拓宽林业经济领域、促进农民增收和新农村建设的重要途径。

我国是一个多山的国家,70%以上是山地,56%的人口生活在山区,全国2100多个县市中有1 500多个在山区。辽宁地形地貌大体是"六山一水三分田",全省陆地总面积 $14.8 \times 10^4 \, km^2$,其中山地为 $8.8 \times 10^4 \, km^2$,占59.5%;平地为 $4.8 \times 10^4 \, km^2$,占32.4%,水域和其他为 $1.2 \times 10^4 \, km^2$,占8.1%。因此,大力发展林下经济是辽宁,也是我国的山区、林区经济发展的重要途径。但发展林下经济对我们来说仍是一个新课题,需要不断地积极探索和研究。林下经济发展至目前虽取得了一定的成果,但仍存在许多问题需要解决。相信在不久的将来,林下经济的发展一定会成为林业发展的主流形式。

本教材的编撰一方面是为了适应当前社会发展的需求,在广泛调研基础上,结合企业发展、社会发展及新农村建设的需求;另一方面也是为了适应当前职业教育发展的需求。教材内容的选取源于生产又高于生产,通过充分的企业调研,分析职业岗位所需专业知识和专业技能,归纳总结岗位典型工作任务,将企业生产任务转化为教学项目和任务,将知识点项目化,具有职业性、实用性、区域性、创新性和指导性,真正做到"任务驱动、理实结合、教学做一体化",符合现代职业教育的特点和要求。

本教材内容共分3个教学模块。模块1 林下中草药栽培,包括具有不同生产特点的4个教学项目:根和根茎类药用植物栽培;种子果实类药用植物栽培;全草类药用植物栽培;皮类药用植物栽培。每个项目下分别安排了当地的地道药材和主要药用植物栽培任务,共20个。模块2 林下山野菜栽培,包括具有不同生产特点的2个教学项目:芽、叶、茎干类山野菜栽培和根类山野菜栽培。每个项目下分别安排了当地的主要山野菜栽培任务,共6个。模块3 林下食用菌栽培,主要安排了适合当地林下栽培的黑木耳、香菇、平菇、鸡腿菇4个栽培任务。

教材编写团队以辽宁林业职业技术学院担任该门课程的主讲教师及相关课程教师为主,并吸纳行业专家组成多元化的编写队伍,特别是梁君同志多年来一直从事中药材种植工作,也是山源中药材种植专业合作社的负责人。这样的编写团队也保证了教材的实用性、适用性和使用性。

　　本教材在编写过程中，得到了许多行业专家的大力支持，为本书的编写提出了宝贵的意见，在此一并表示感谢。由于编者水平有限，编辑出版时间紧等原因，书中难免有贻误、疏漏之处，敬请读者批评指正。

编　者

2015. 12. 13

目录

模块1　林下中草药栽培

绪论

我国是一个多山的国家，70% 以上是山地，56% 的人口生活在山区，全国 2100 多个县市中有 1500 多个在山区。林地是山区群众经营和依托的主要生产资料，是国家生态的保障，也是农民增收和林区发展的出路。但在以前，林区林农主要依靠采伐木材销售取得经济效益。

随着林权制度的改革，林区林农主要依靠采伐木材销售取得经济收入的时代也结束了。为了促进新农村建设的发展，使更多的林农能够更快更好地富裕起来，人们就将目光放到了蕴藏着更多未开发财富的林地资源的利用上。因此，林下经济自 21 世纪初开始在我国兴起并取得一定的成绩，林下经济得到社会的普遍重视。在各地政府、主管部门、科研人员和农林业从业者等多方力量的推动下，林下经济在全国范围内得到了迅速发展，成为与传统林业和现代林业并存的发展形式。可以预见，在不久的将来，林下经济将成为当代林业发展的主流形式之一。

发展林下经济不仅能起到近期得利、长期得林、远近结合、以短养长、协调发展的产业化效应，而且还能起到调整林业产业结构，促进农村经济发展，增加农民收益的作用。

0.1 林下经济概念

所谓林下经济，是指以林地资源为依托，以科技为支撑，充分利用林下土地资源和林荫空间，选择适合林下生长的微生物（菌类）和动植物种类，进行合理种植、养殖，以构建稳定的生态系统，达到林地生物的多样性，从而成为农村经济新的增长点，为农民增收致富开辟新路子。

林下经济首先是一种林业经济，是充分利用林地资源和林荫空间为依托发展的产业经济，主要有林下种植和林下养殖两种基本模式。其次，林下经济是一种循环经济，在充分保护和利用森林资源的基础上发展的，有效利用林下自然条件，既可以构建稳定的生态系统，也可增加林地生物多样性；第三，林下经济是一种高效经济，以科技为支撑，具有投资少、产出值高，且见效快、优质、安全、节省劳动力等。

林下经济是一项新生产业，它可以充分利用土地资源，发挥林荫优势，进行立体复合种养，为生物生长创造良好的环境空间，又可以在发展林下经济过程中以耕代抚，以禽畜粪尿增加林地土壤养分，实现农、林、牧资源共享，优势互补，循环发展。因此，发展林下经济，不仅可使农民的腰包鼓起来，也解决了林下大面积闲置土地造成的资源浪费问题。同时，农民承包山地、林地后，可以在相对较短的时间内获得收益，避免了由于林木生长周期长而长期得不到收益的问题。

0.2　发展林下经济的意义

林下经济是农村经济的新增长点，是林区及山林、经济林承包者增收致富的新渠道，是巩固生态建设成果的新举措。发展林下经济可以促进林区和谐发展和生态林区建设。林下经济培育了林区新的经济增长点，调整了经济结构，增加了经济收入。改变了过去仅靠大量砍伐木材、牺牲资源为代价的经济发展模式。同时拓宽了就业渠道，分流了富余劳动力，促进了山区、林区的社会稳定。林下经济不仅具有经济效益，也具有社会效益和生态效益。

0.2.1　社会效益

发展林下经济，一是拓宽就业门路，为劳力提供就业岗位，促进社会稳定；二是林下产业已成为推进结构调整、促进林区及山林、经济林承包者增收的重要产业；三是对于促进林下经济发展、企业增效、职工增收起到重要的推动作用。

0.2.2　生态效益

林下经济是一种循环经济，林下种植、养殖业的发展加速了森林的新陈代谢，提高树木的生长和林分质量，既可以构建稳定的生态系统，培育保护林木资源，增加林地生物多样性，具有良好的生态效益，又为林区培育新的经济增长点、促进林区可持续发展开辟了新路。

0.2.3　经济效益

（1）有利于林业综合效益的提高

林木生长周期长、短期收入跟不上的问题成为制约林业发展的不利因素。通过发展林下种植业和养殖业，提高单位面积土地的产出，可以使林业产业从单纯利用林产资源转向林产资源和林地资源综合利用，起到"近期得利、长期得林、远近结合、以短养长、协调发展"的产业化效应，使林业综合效益得到不断提高。而林下集约化经营又会反过来促进林业生产，进而探索出一条发展生态产业和循环经济的新路子。

（2）有利于促进农民增收

当前，我国农村人才、技术、资金条件比较落后，农民对土地的依赖程度仍然较高，短期内不可能依赖高新技术来实现农民增收。在林下发展种植业和养殖业，农民容易接受，也容易掌握。林下环境具有空气新鲜、清洁卫生的独特优势，林下种养是一种贴近自然地生产经营方式，林下产品具有绿色、环保、健康的特点，具有广阔的市场前景。充分利用林下独特的生态环境条件，林木、林下立体发展，把单一林业引向复合林业，转变林业经济增长方式，提高林地综合利用效率和经营效益，推动林业产业快速发展，实现农民增收和企业增效，使农民从林业经营中真正得到实惠。

（3）有利于推进社会主义新农村建设

通过发展林下经济，促使农村农、林、牧各业相互促进、协调发展，将有效带动加工、运输、物流、信息服务等相关产业发展，吸纳农村剩余劳动力就业，促进农业生产发展。同时，还可以改变传统家庭养殖业污染居住环境、影响村容整洁的问题，促进农民生活质量的不断提高。林下经济的迅速发展，还将引导和带动更多的农民更加重视学习，掌握和应用科技知识、经营管理本领，这样必将产生更多的农民技术员和农民企业家，他们将成为社会主义新农村建设的强劲推动力。

0.3 林下经济发展原则

林下经济发展一定要注重与生态环境协调，以生态为基础、以效益为目标，对林下资源，要采取"适宜、适当、适度、适用"的原则，确保林地可持续发展，永续利用，成为生态高效现代林业发展模式之一。同时还必须遵循以下发展原则：

（1）依据林相结构选择适宜的林下经济发展模式

林木在不同的生长发育阶段具有不同的林相结构特点。因此就要求我们必须依据不同的林相结构来选择适宜的林下经济发展模式。如在幼林阶段，一般以发展林下套种山野菜、中草药等为主；随着树木生长，林内阳光减少，林下草类生长较旺，可以重点发展林下禽类、畜类养殖等；而在树木接近成材阶段或林分郁闭阶段，茂密的树林为林下食用菌发展提供了良好的发展环境，故可发展林下食用菌栽培等。

（2）依据林地布局选择合适的林下经济发展规模

林地面积有大有小，不同大小规模的林地适合发展的林下经济类型也各不相同。如面积较大的林下，适合发展林下养殖业；而一些面积较小的片林，则适合发展林下种植业。

（3）依据生态环境评价确定适度的林下经济开发程度

处于不同的生态环境评定级别，在林下经济的开发利用程度上存在一定的差别，不能对那些生态环境评价为危险的林地进行大规模的开发，以免引起生态环境的崩溃；而对那些生态环境评价较优的林地也要进行适度的林下经济开发，避免引起环境恶化、生态演替逆行。

（4）依据林下经济产业发展寻求适用的技术支撑

我国的林下经济发展起步较晚，许多技术体系尚不完善，存在许多的问题和缺陷，因此我们在发展林下经济的同时，一定要注意寻求完善、可靠、适用、实用的技术体系的支撑。

0.4 林下经济发展模式

林下经济包括林下种植业和林下养殖业两大类，本教材主要介绍林下种植，以林药、林菜、林菌为主，但林下种植业尚有一些其他的发展模式，如林草、林粮及复合模式等，各地在发展过程中应结合当地实际、林木生长情况、自身经济条件、市场环境等灵活选择。

（1）林药间作

在林间空地或、果园、经济林园、速生林地、初植林地、林缘、荒山荒地等处种植或间作适合所选地块环境条件的具有药用价值的植物。如林下种植人参、威灵仙、玉竹等。

（2）林菜间作模式

在林间空地或、果园、经济林园、速生林地、初植林地、林缘、荒山荒地等处种植或间作适合所选地块环境条件的具有菜用价值的野生蔬菜或家种蔬菜植物。如林下种植山胡萝卜、大叶芹、桔梗、蕨菜等。

（3）林菌间作

利用林下遮阴环境及空气湿度大、氧气充足、光照强度低、夏季白天温度较低等特点，在林下种植具有食用价值的菌类植物。如林下种植平菇、香菇、鸡腿菇、木耳等。

（4）林草间作

在林间空地、果园、经济林园、速生林地、初植林地、林缘、荒山荒地等处种植或间作适合所选地块环境条件的具有饲用、增肥价值的牧草或绿肥植物。如林下种植紫花苜蓿、豌豆等。

（5）林粮间作

在粮食产区种植以粮食作物如小麦、花生、大豆、甘薯等矮秆作物和经济林木为主，粮食作物根系分布较浅、又能覆盖地表、且不与经济林木等深根性植物争水争肥，还能起到防止水土流失、提高土壤肥力和增加经济收益的目的。

（6）复合模式

包括以上几个的综合模式，形成立体或者循环种养的目的。如林下种植牧草，牧草作为牛羊等草食动物的饲料，草食动物的排泄物又可被牧草吸收利用。又如林下养菌，可以将林木经营过程中修剪下来的枝条经过粉碎作为食用菌的袋料原料生产食用菌，而经过了食用菌生产后的袋料废弃物又可作为林下牧草或林木生长发育所需的营养或水产养殖的饲料等。

0.5　发展林下经济应注意的问题

发展林下经济，必须坚持科学发展观，遵循林业发展规律和市场经济规律，选择最为适宜的发展项目、发展模式等，最大限度地提高林地利用率和生产力，但在发展过程中也要注意以下问题：

（1）发展林下经济的项目、品种选择需谨慎，不能与林业本身存在冲突

林下环境条件一般通风透光较差，因此并不适合大多数作物的生长发育。所以在选择发展项目及品种时，必须充分考虑到这点，不能盲目，特别是引种栽培时，更要考虑清楚。必须经过科学的论证和严格试验，以确定是否适宜引种和发展，否则，可能会造成较大损失。

（2）林下种养殖的规模应恰到好处，不能过度

林下经济的发展，需要相关的科学数据来指导，一定的技术人员来管理。发展过程中既要注重规模发展，但也要注重质量。如果只注重发展规模，摊子铺得很大，但管理人员却精力有限，顾得了东却顾不了西，难免导致生产出来的产品质量不佳，付出了精力和财力，但却得不到相应的回报。因此发展林下经济规模必须适度，不能过度。

（3）发展林下经济必须可持续发展，不能毁林发展

林下杂草、灌木等植被对于涵养水源、水土保持、生物多样性维护非常重要，因此发展必

须具备可持续发展理念，注意保护生态环境，不能以牺牲后代人的幸福生活而发展当代经济。

【巩固训练】

1. 什么是林下经济？有何特点？
2. 发展林下经济有什么意义？
3. 发展林下经济应遵循哪些原则？
4. 发展林下经济有哪些模式？应注意哪些问题？

【拓展训练】

调研你家乡所在地区林下经济发展现状。思考哪些模式更适合你的家乡发展？

模块 1

林下中草药栽培

林权制度改革的实施，使广大林区林农有了对山林林地的经营权、收益权和处置权，极大地调动了林农经营山林的积极性。由于山林经营周期长的特点，使广大的林农将目光更多地放在了山林之下的广阔林地上。林下的特点是由于山林的遮阴，使得林下具有光照弱、空气湿度大、氧气充足、昼夜温差小、夏季比较凉爽、冬季相对温暖的特点。到底如何经营、经营什么成为了一个新的问题。

中草药种类繁多，许多野生品种本来就是生长在林下，在长期的物竞天择、适者生存法则下，早已对林下的特有环境条件产生适应。且随着社会的发展，人们生活水平的不断提高，也越来越关注自身的身体健康，从而也使中草药的价格连年攀升。综合各方面原因，林下发展中草药是一个不错的选择。

本模块教学内容的选取是在广泛市场调研的基础上，综合考虑地域经济发展，以适合本地区、适合林下发展的地道药材和中草药种类为选择对象，以不同类型中草药的栽培特点为依据，将内容分为根及根茎类、种子果实类、全草类和皮类药材栽培四个项目。其中根及根茎类中药材栽培以林下参、玉竹、威灵仙等 10 种中草药栽培为任务；种子果实类中草药栽培以五味子、薏苡、枸杞等 4 种中草药栽培为任务；全草类中草药栽培以细辛、薄荷等 4 种中草药栽培为任务；皮类中草药栽培以白鲜、黄檗等 2 种中草药栽培为任务安排教学内容。

在教学任务的安排中，以专业技能训练为宗旨，将理论和实践有机结合，将知识点、技能与生产任务相结合，使知识在训练中积累，技能在训练中培养，达到做中学、学中做的目的，真正实现教、学、做一体化。教师在教学过程中起指导、督促作用，任务安排充分调动学生学习积极性，发挥学生的主观能动性和探索精神，真正体现"学生主体、教师主导"的教学理念。

项目 **1**
根及根茎类药用植物栽培

任务 1
林下参栽培

【**任务目标**】

1. 知识目标

了解人参分布、分类；知道人参的药用功效、入药部位；熟悉人参生物生态学习性、生长发育规律及特性。

2. 能力目标

会进行人参栽培选地清场、选种处理、整地播种、播后管理、看护及采收。

【**任务描述**】

人参为五加科人参属植物，是驰名中外的药材，从古迄今久用不衰。人参是扶正固本之药，即"适应原样药物"。其中含有的特异生理活性物质，具有协调机体、促进新陈代谢、增强免疫功能和多途径增强机体抗病的特殊功效。我国是山参主产区，特别是东北地区。据不完全统计，人参的国际市场（不包括西洋参）规模中中国市场约占80%~90%，韩国、朝鲜、日本共计约占10%~20%。近些年，由于种种原因，我国人参产业的优势正在逐渐减弱，综合竞争力与高丽参的差距也进一步加大，发展处于一种瓶颈期。随着林权制度改革，人参产业发展更是受到较大冲击，为了适应社会发展需求及林权制度改革需要，只能改变过去的伐林栽参模式为林下仿生态种参模式，经过多年的摸索，如今林下仿生态种参模式已基本成型，吉林、黑龙江、辽宁已出现大量林下仿生态种参林地，其中辽宁的本溪、清原、新宾等地政府更是将其作为林下经济的支柱性产业予以发展，且近几年人参市场价格也不断上升，发展前景很好。

林下参栽培包括选地清场、选种处理、整地播种、播后管理、看护及采收等操作环节。

该任务为独立任务，通过任务实施，可以为林下参栽培生产打下坚实的理论与实践基础，培养合格的林下参栽培生产技能型人才。

【**任务实施流程**】

【任务操作要点】

一、选地清场

1. 选地

最好选择以椴树、柞树为主的阔叶混交林、天然林或针阔混交林，也可选择落叶松林等。要求林木稀疏高大，林冠下有2米以上的二层林，郁闭度在0.5~0.8之间，透光率在15%~25%之间。表层土壤肥沃、疏松、通气保水、团粒结构好，腐殖土层在10cm左右，砂土或小砾石含量在10%~15%，pH值5.5~7的土壤；底层为黄土或黑土，砂壤或砂土质地，或有少量砂砾层，以利透水。坡向最好选择东北坡，其次选择东坡、东南坡、北坡；坡度选择10~25°之间，不宜过大，否则不利于保水保肥，影响人参生长，也不宜过小，过小不利于靠货，低洼、排水不畅的地块更不宜选用。

2. 清场

选好地后，将林下杂草和影响光照的1m以下杂灌木全部清除并运出场外，同时清理林地内影响播种的较大石块、腐木等。

二、选种处理

1. 选种

进行人工林下参种植，在选择人参品种方面必须考虑其体形能够更加靠近山参体形，以迎合人们对山参的传统认识，同时也要考虑产量等问题。因此最好选长脖芦、竹节芦、线芦、圆膀圆芦、二马牙等品种的种子，且要求种子必须采摘自无锈病等各种林下参易有病害的参园。

2. 种子处理

7月末至8月初采收无病害的鲜人参种子去皮，水选出饱满种子，用4%~6%的920(赤霉素)浸种12~18h，捞出用清水冲洗，用种子重量1%比例的多菌灵与种子拌匀，晾晒至种子表面无水分，手握不粘手即可。然后按种沙比1:3比例与细河沙混匀，装入编织袋，袋口扎紧，选地势较高略有坡度向阳处顺坡挖宽40~50cm、深20~25cm、长度视种量而定的沟，将装袋的种子平放入沟内，盖土7~10cm，要比地面略高，上面再盖上落叶和草，使种子在土内接受自然温度(20℃左右)和水分，每隔10~15d翻倒一次，使种子受热均匀，并检查是否有种子霉烂，并及时处理。

80~100d种子自然炸口率达80%以上时即可播种，如不及时播种，需将处理好的种子放在 -5~0℃温度条件下保湿贮藏，抑制种子萌发。

三、整地播种

1. 整地

清场后根据山形地貌规划种植区，做成宽1.5m、长10~20m的种植床，床间留出50cm宽作业道，将常年落叶用耙子搂至人行道以待播种，同时将床面上的恶性杂草根和小灌木根刨除，但要注意床面尽量不要破坏原土层，并做好水土流失防护措施。

2. 播种

播种季节可在春季、夏季和秋季。

根据播种季节不同，种子的处理状态也各不一样。春季播种种子需经过自然炸口催芽处理并经过冬季的低温催芽处理后播种；夏季6月上旬可用隔年的干种子直接播种，7月下旬到8月下旬可采集当年的水籽经脱皮水选后直接播种；秋季播种需用经过自然炸口催芽处理后的种子进行播种。

播种方法可采用点播、条播、撒播，各有优缺点。点播参苗生长均匀，节省种子，但是费工；撒播费种子，省工；条播则介于二者之间。

点播可采用木棍插眼进行，株行距15cm×20cm，播种深度3~4cm。

条播在做好的床面上按行距20~25cm开3~5cm深浅沟，按株距7~10cm播种，播后覆土3~4cm，每亩播种量3.5~4kg。

播后保持土壤湿润，如果翌年出苗，则须将搂至人行道的落叶重新覆盖床面，厚度可达3~6cm。为了防止鼠害，应在播好种子的床面上撒上老鼠药。

四、播后管理

1. 除草管理

林下参播种后的前3~4年，由于苗小，杂草易欺苗，要将超过人参高度的杂草用刀割掉，每年进行次数根据杂草生长情况而定，以后逐年减少，当参苗封垄后，杂草对其基本不会产生太大影响，如果杂草太大，只需将大草割掉，切记不可拔草，以免伤及参根。

2. 土壤管理

每年秋季最好将作业道土盖在床面上一层，厚度 0.5cm 左右，以便拔脖。

3. 施肥管理

林下参栽培尽量不要追肥。

掐花管理：林下参栽培为了能集中营养促进参根系生长，原则上一个周期只留 1 年籽，5～6 年生为好，以后再不能留籽。不留籽人参应在人参开花初期采用掐花技术促进参根生长，掐花时留花梗 3cm 左右。掐花时要左手扶参茎，右手掐花，千万不能硬拉和扯，以免损伤植株，掐下来的花蕾集中晒干，可做参花茶、参花精或提取皂苷。但也有文献记载人参进入结籽期后，管理上不能摘下花蕾，以防止人参生长过快跑纹，使人参失去野山参的密纹，降低品质。

4. 光照管理

林下参栽培在夏天出现天窗光照过强时，可将相邻树冠的枝叶用铁丝互拉来调节光照，或用遮阳网覆盖，郁闭度超过 0.9 的可将林下灌木略加清理，使人参得到适宜光照。相关文字记载，为了提高林下品质，可以采用打阳技术抑制生长，达到提脖、提纹目的，即在人参生长的旺盛季节，可从坡向和山势来确定上打阳还是下打阳的方向，也就是用木棍将参茎按一个方向压倒，使人参的叶子背面朝向阳光以抑制其生长的方法。

5. 病虫鼠害管理

林下参栽培生产上一般不施用农药防治，而是根据预防为主，综合防治原则，通过减少栽培地点人为活动，加强田间管理，搞好林间卫生等农业措施，控制病害发生。栽培前阶段可以少量施用生物菌制剂和高效低毒化学农药等措施，防治各种病害，如果出现的病害轻微，不需药剂防治，如果出现成片死亡，可据参龄采用少量药剂防治，但注意用药浓度要小，采收前五年绝对禁止施用农药。

林下参病虫鼠害主要有立枯病、斑点病、疫病、锈病、根腐病、菌核病等，发病多用多菌灵、百菌清等高效低毒农药兑水喷雾，也可在生长季适当喷施进行预防，增强其抗性。对花鼹鼠和东北鼢鼠，可用鼠夹、鼠药、鸡蛋壳或地箭毒饵等以减少参根和参种损失。

五、看护

山参的管理最重要的是看护，尤其是 15 年生以上的山参更加要重视看护。看护可以采用以下方法：

1. 封山

山参基地要封山、封沟管理。有条件的可在基地周围架设铁丝网。一年四季禁止外人进入和牲畜入内。不得随意割柴和砍伐林木。

2. 设专人看护

在基地四周适当的位置建警房，养警犬。经常在基地内外巡逻。看护人员巡逻时要走人行道，不得随意进入种植区。

3. 立法保护经营者合法权益

林下参经济价值高，要想将林下参这块产业发展壮大，各级政府要有相应的法律法规来保护经营者的合法权益，严厉打击盗窃违法犯罪分子。

六、采收

林下参生长年限越长越值钱。林下参生长很慢，10～20 年生长到 5～20g，50～60 年才 20～40g。因此，一般需要达到 15 年以上才能起收，起收时间以 9 月末为好。

林下参起收时应安排技术好的人挖参，采挖时首先将附近的杂草、枯枝、落叶清理干净，然后顺参茎向下和四周将土轻轻分开，根据人参在土壤中平卧生长的特点，找出主体根的方向，根据植株年生大小决定挖掘范围。一般挖的深度应达到参根底部，把参根底部掏空。如有树根、石块等障碍物，要小心排除，直到人参主体露出，再慢慢地剔除人参根须间的泥土，保证挖出的参完整无损。

收获时要单株采挖，采大留小，不要损害周围的小人参。起参时要小心仔细，注意不要弄掉芦头、须根、珍珠疙瘩，不能刷破皮。选择的参要纹深、皮老、浆足、芦长圆膀的横灵体（即指山参的主根体壮、粗短、参腿近平行横向生长的参体）。将参体疏展好，用苔藓进行包裹后，放在低温冷藏箱中或树皮桶中保管，注意不要积压。保存时间不能过长，注意防止风干或伤热腐烂。当年出货，可鲜参直接上市、鲜参保鲜储存反季上市，也可加工成礼品参上市。

【相关基础知识】

1.1.1　概述

1.1.1.1　人参的药用价值

人参为五加科人参属植物，拉丁学名 *Panax ginseng* C A Mey。

人参是驰名中外的药材，从古迄今久用不衰。

其主要化学成分是人参皂苷，还有人参酸、糖类、多种氨基酸和肽、挥发油、维生素、果胶及锰、砷等多种维生素。

我国历代"本草"都肯定了人参是扶正固本之药，即"适应原样药物"。现代科学及医学实践证明，人参中含有特异的生理活性物质，具有协调机体、促进新陈代谢、增强免疫功能和多途径增强机体抗病的特殊功效。近代科学研究证明：我国最早的医学典籍《神农本草经》称，人参"主补五脏，安精神，定魂魄，止惊悸，除邪气，明目，开心，益智，久服轻身延年"的记载是正确的。

1.1.1.2　人参的分布

我国、朝鲜和前苏联均有山参的分布，我国是山参主产区。

栽培人参的国家主要是中国、朝鲜、日本和前苏联。垂直分布范围为海拔 100 ~ 6000m，其中人参在中国分布海拔为 220 ~ 1100m，以 1800 ~ 4000m 之间的阳湿林中为最多。

1.1.1.3　我国人参应用与栽培历史

人参为五加科人参属植物，学名 *Panax ginseng* C. A. Mey。于 1942 年由俄国植物学家 C. A. Meyer 定名。Panax 起源于希腊文 Pan（全面）和 Axos（药物）的结合语，是万能的意思。ginseng 是汉语"人参"的音译。

人参一向被誉为"神草"、"百草之王"，别称很多，如土精、地精、玉精、黄精、久微、黄丝、黄参、神草、鬼盖、海腴、血参、金井玉兰、皱面还丹、人微、人衔、百尺杆、棒槌、雏石、孩儿参等。

人参的药用相传在皇帝神话时代，距今有 4000 年历史，有记载是春秋战国时期范蠡写的《计然》中就有"人参出上党，状类人形者善"的描述

野生变家种说法有二，其一依据《石勒别传》栽培史可追溯到西晋末年，距今 1670 多年。其二是我国唐懿宗时，陆龟蒙《合题达上人药圃诗》中有记载，当时人参在花圃中进行栽培。

人参栽培技术逐渐完善是在清朝中期，那时才有了较系统的措施，首先是移栽山参，之后采种搭棚种植，到清朝末年开始伐林栽参。

1.1.1.4　中国人参产业现状与发展趋势

（1）人参市场现状与消费趋势

据不完全统计，人参的国际市场整体规模在 6 000 ~ 6 500t，其中西洋参与人参约各占一半，西洋参市场加拿大与美国占有率约为 80%，中国约占 20%；人参中国市场约占 80% ~ 90%，韩国、朝鲜、日本共计约占 10% ~ 20%。总体而言，人参制成品的高端市场被日本、韩国、欧洲占有，我国人参出口基本以生药原料为主，我国的人参出口市场主要

集中在日本(制成汉方制剂和口服液保健品)、欧美(天然强壮滋补品和一些其他制成品知名度很高,甚至名列天然药物市场前十位)、东南亚及我国台湾和香港,韩国(主要自产自销,进口我国的转销其他国家)。

(2)我国人参产业发展瓶颈与对策

近年来,由于种种原因,我国人参产业的优势正在逐渐减弱,综合竞争力与高丽参的差距进一步加大,处于一种瓶颈期。

①我国人参产业发展存在问题

a. 生产栽培模式传统化,我国人参和西洋参生产栽培模式依旧采用伐林栽参,只有少量的西洋参是农田种植。

b. 规范化标准普及率低,原料参质量难以保证。

c. 有相关质量标准,但缺少强制性的管理手段。

d. 缺乏无公害意识,没有绿色产品概念。

e. 技术标准普及应用率低,有毒农药和除草剂等残留量超标。

f. 加工质量及品牌意识差。

g. 市场运作不规范,"散、乱、差"的问题突出。

h. 集约化程度低。

②我国人参产业发展对策

a. 实施农田栽参和林下仿生态种参。

b. 突出政府宏观调控作用,建立适应市场经济的经营管理体制。第一,制定人参产业发展的政策、法规,规范人参栽培、加工、新产品开发和市场运作等行为,提高人参的整体竞争能力。第二,尽快完善制定人参栽培、加工饮片等标准,统一质量标准,取缔不规范的小加工厂和小市场,杜绝质量低劣的人参产品流入市场。第三,建立市场经济的运作机制,重新进行整合吉林人参产业存量资源,连接人参产业的各个环节,形成集约化程度高的经营主体。通过资本运营方式解决吉林人参产业基地发展资金严重短缺问题。

c. 以科研先导促进技术创新。人参与高丽参的差距,很大程度上是产业科技创新的差距。

d. 加强新品种选育研究,提高规范化种植水平。培育抗逆性强、优质、高产的人参新品种。

e. 改进红参加工工艺,提高人参加工质量。研究改进红参加工工艺或引进高丽人参的加工工艺,即低温长时间蒸参,低温烘干工艺,红参质量会明显提高,经济效益自然可观。另外,建议将我国人参的采收期从现在的9月中、下旬提前至8月中旬,虽然出货率低,但蒸出的红参质量好,而且可以采用增重技术提高出货率。这样可以把我国的红参加工技术整体提高一个层次。

f. 应用高新技术,开发人参(西洋参)系列功能保健食品(药品)。

g. 提升人参(西洋参)产品包装档次。一流产品、二流包装是我国人参产品的真实写照,严重影响了我国人参产品的声誉。

h. 改进人参(西洋参)产品营销手段。宣传要跳出"功能"的怪圈,在其他方面找突破口,突出产品与众不同的地方。个性化包装,针对不同消费人群,采用不同包装风格,既富人情味,又满足人们不同消费个性。

1.1.2　形态特征

人参是五加科人参属多年生宿根性双子叶草本植物，由根、茎、叶、花、果实和种子构成（图1-1）。

1.1.2.1　根

人参根是直根系黄白色肉质根，分枝性较强，完整的人参根由越冬芽（俗称芽胞、胎胞）、根茎（俗称芦头）、潜伏芽（休眠芽）、不定根（俗称芋或门芋）、主根、侧根（支根）、须根、季节根（根毛）等组成。

（1）越冬芽

越冬芽侧生于根茎的最先端，乳白色、脆嫩、呈鸽嘴状。大小与主根、根茎的粗细相关。

（2）根茎

位于主根与地上茎之间，呈盘节状，着生有茎、越冬芽、不定根和潜伏芽等。茎秋末枯萎时从根茎上脱落，留下茎痕（俗称芦碗）。茎痕数随着参龄的增长而增多。

根茎下端圆形，表面光滑，为"圆芦"；圆芦以上，茎痕渐密四面环生，为"堆花芦"；堆花芦往上，茎痕渐疏而大，边缘兜棱，形如马齿，称"马牙芦"。整个

图1-1　人参

根茎短小者，称"缩脖芦"；根茎具环状节者，称"竹节芦"；根茎表面光滑无节，纤细而长者，称"线芦"。同一主根同时生有两个根茎者，称"双芦"。同一个根茎同时具有圆芦、堆花芦、马牙芦者，称"三节芦"。大山参都具有三节芦。

园参根茎短、粗，缩脖芦占大多数，两节芦、三节芦少见。茎痕大，互不重叠。山参生长缓慢，年限长，径痕密集重叠。

（3）潜伏芽

在茎痕外缘，常有一个或几个明显或不明显的小突起状的潜伏芽。

（4）不定根

色泽白而脆嫩。生长在根茎基部的不定根，俗称"护脖芋"；对生于根茎两侧的不定根，俗称"掐脖芋"。根茎与不定根合称"芋帽"。

园参1~2年无不定根，3年生少数有不定根，移栽后4年均有不定根。

园参一般有1~7条不定根，山参多为1~2条不定根，三条者少见，个别的没有不定根。

园参不定根与主根夹角大，多数旁伸（与移栽方式有关，如平栽）；山参不定根细长，与主根间夹角较小，多数不定根圆滑下垂。

（5）主根、侧根和须根

①主根　由胚根发育而来，位于根茎下面。园参主根约占全根长的1/3~1/2。

园参多为"笨体"，皮色白嫩，横纹粗，稀而浅，不连续；山参多为"灵体"，皮色黄

白色，细腻，横纹细，密而深，多为螺纹状。

②侧根　是主根的直接分枝。

园参侧根多，边条参有2~3条侧根，山参多为两条侧根。

③须根　是着生在主根、侧根和不定根上的细根。

须根上有瘤状物，俗称"珍珠疙瘩"。园参须根呈扫帚状，多、粗、短、乱，珍珠疙瘩不明显；山参须根呈锥形，少、细、长、清，珍珠疙瘩明显，山参须根分枝处圆滑，平放时，须根弯曲；立放时须根下垂，山参须根柔韧不脆，毛毛须少。

1.1.2.2　茎和叶

（1）茎

位于根茎与复叶柄之间，光滑直立，不分枝。一年生人参"茎"不是真正的茎，是一枚复叶柄；二年生人参茎与复叶柄间有节状体，其下是茎，上面是复叶柄；三年生以上的茎上端形成复叶柄轮生体，自轮生体上长出复叶柄。

成龄参株高约50~60cm，生育期的人参茎圆柱状，有紫色、青色和青紫色3种颜色，秋季枯萎的人参茎黄褐色，抽沟，易倒伏。

（2）叶

为掌状复叶，由叶片和叶柄组成。一年生由三枚小叶片构成掌状复叶；二年生由五枚小叶片构成掌状复叶；三年生在茎的复叶柄轮生体上着生一对掌状复叶；四年生以上在茎的复叶柄轮生体上着生三枚以上复叶。

人参叶片数随栽培年限增长而增加，比较规律。一般一年生三枚叶片，俗称"三花"；二年生五枚叶片，俗称"巴掌"；三年生两枚复叶，俗称"二甲子"；四年生三枚掌状复叶，俗称"灯台子"；五年生四枚掌状复叶，俗称"四批叶"；六年生以上5~6枚掌状复叶，俗称"五批叶"、"六批叶"。

人参茎叶没有再生能力，在生长期受损伤后不再生出新茎和新叶。给予充足的光、温、水、肥条件，二年生可长出两枚复叶，三年生可长出三枚复叶。

1.1.2.3　花

为伞形花序。总花梗较长，10~30cm，从复叶柄轮生体中抽出。成龄参土花序上着生10~100朵小花。也有的在主花序下面的总花梗上长出1至几个支花序（以一支为多），着生1至几朵小花。花为完全花。

1.1.2.4　果实和种子

（1）果实

肾形，成熟果实有红色和黄色两种。

外果皮革质，中果皮肉质，内果皮木质，一般每个果实内有两个果核，称为合心皮双核果，又因其中果皮成熟时肉质多汁，也称浆果状核果。人参果核略扁，宽椭圆形，核面黄白色，有皱纹。

（2）种子

人参种子位于果核内，种子倒卵形或肾形，扁平。种皮极薄贴于胚乳，鲜时乳白色，干时淡棕色，胚乳充满种皮，胚很小，埋生于胚乳基部。

1.1.3　生长发育特性和生态学习性

1.1.3.1　生长发育特性

（1）根生长发育特性

人参生长发育缓慢，生长期长。白捻山参根重很少超过百克，园参6年作货，就有超过百克重量者。

人参根生长发育过程中具"反须"与"皱纹"现象。

"反须"：是因低土层瘠薄死板、冷凉，不能满足根部所需的肥力，须根不向下伸展，而横向或向上面生长。这种须根反向表土层伸展的现象叫作"反须"。影响人参生长，且根形不好。

"皱纹"：皱纹俗称横纹或纹。园参皱纹粗而稀，呈环状，不连续；山参年龄小者无皱纹，年龄大者皱纹细而密，呈螺纹状，连续。其形成是由于人参是地下芽植物，每年人参根茎（地下茎）在其顶端形成越冬芽，但又不能长出地面，故主根具下缩性，使自身上端收缩形成横纹。

（2）越冬芽生长发育特性

越冬芽生长发育非常缓慢，形成一个完整的越冬芽要经过一年多的时间。

越冬芽具有休眠特性，必须经过一定的低温休眠时间（大约2个月）或赤霉素（50mg/kg浸24h）处理，完成生理后熟才能发芽出苗。

（3）茎叶生长发育特性

人参地上部茎叶一旦损伤，无再生能力。

（4）种子特性

人参种子也具有休眠习性。采收后的成熟种子，外部形态和体积已定形，内部营养积累结束。种皮很薄，内部绝大部分是胚乳，胚很小。须在合适的条件下，完成胚的发育，然后在经过一段时间的低温，才能完成生理后熟，只有经过了形态发育和生理后熟的种子才具有发芽能力。

人参种子在常规条件下贮藏，保持发芽的最长年限为2年，属于短命种子。贮存1年，生活力降低10%，贮存23个月，生活力降低95%，超过2年完全丧失生活力。

（5）开花习性

人参一般5月下旬到6月上旬开花，伞形花序外缘的小花先开，依次向内开。主花序下面的支花梗上的小花，若有1~2个花蕾时，先于主花序开放，若有多个花蕾时，迟于主花序开放。人参以自花授粉为主，也具有异花授粉特点。

1.1.3.2　生态学习性

人参喜冷凉，春季地温升至5℃以上时，种子、越冬芽开始萌动，地温8℃，气温10℃时出苗，秋季气温降到10℃以下时地上部枯萎，整个生育期有效积温2 163~2 223℃。

喜湿润，怕干旱、积水，要求地下水位低，不内涝。

喜阴，怕强光直射，野生人参生长于半阴半阳环境条件下，要求林分郁闭度0.6~0.8。

喜土壤腐殖质含量较高，土质疏松的黄砂腐殖质土和黑砂腐殖质土，壤土和沙质壤土，pH 值 5.5~6.5。

1.1.4　人参的分类

人参是被子植物门、双子叶植物纲、伞形目、五加科、人参属植物。中国人参分为山参、充山参和园参三类。

（1）山参

①纯山参　是野生人参种子落地或鸟兽吞食后，排出体外，自然生长繁殖的人参。在生长过程中，不经任何人工管理，也称真人参。

②山参芋变　是纯山参在自然生长中，主根因某种原因，如遭到野兽践踏、鼠类啃食、水涝、病害等而毁坏烂掉，芋在芦上继续生长而代替主根，这种山参称为芋变参。

③移山参　是幼小山参，因重量小，人工采挖后，移植在山林中任其生长，经十几年或数十年后采收。

④籽海　人工在林下点播或撒播的山参籽或园参籽，在人工看护下，自然生长 20~30 年或更长时间，称为籽海。

⑤山参捻子　在老山参周围由成株山参种子成熟落地后，在适宜的条件下生长出来的。

（2）充山参

充山参介于山参和园参之间，既有山参的特性，又有园参的特点，前期进行人工管理，后期在林下自然生长。

①苗趴　在起收园参栽子时，选体形美的 2~3 年生栽子，经过人工整形栽于山林中，任其自然生长，经 10~20 年，或更多的时间采收作货，此种人参为苗趴或园参上山货。

②池底参　是在园参收获或倒栽过程中，遗留在参池内的人参，自然生长若干年后采挖，称为池底参（或池底子、摺荒棒槌）。

③老栽子上山　是园参作货时，挑选体形美的，经整形后栽于山林之中，不加管理，任其自然生长 10~20 年，采挖作货，称为老栽子上山（或老栽子、园参上山货）。

（3）园参

①普通参　是园参种子播在参床内，人工育苗 1~3 年，移栽后生长 3~5 年；或直播不移栽，5~6 年作货，其特点是：芦短、身短、腿短、须根多。

②边条参　是育苗三年，两次倒栽，采用"三、三、三"或"三、二、二"制，经 7~9 年起收作货，每次倒栽时整形下须，留两条腿进行培育，其特点是：芦长、身长、腿长、须根少。

③石柱参　是产于辽宁省宽甸县下河露乡石柱村，由于该村靠鸭绿江北岸，雨水多，土质薄，黄沙土，同时在栽培时选用长脖类型人参，经多年培育而成，其特点是体形美，形似山参，可与山参媲美，一般 15 年以上作货。

1.1.5　主要质量指标

由园参加工的生晒参：主根圆锥形或纺锤形，长 3~15cm，直径 1~3cm。根茎（芦头）长 2~5.5cm，具碗状茎痕（芦碗）4~6 个，交互排列，顶端茎痕旁常可见冬芽。须根表面有时有不明显的细小疣状突起（习称珍珠点）。表面淡黄棕色，主根横纹常细密断续成环，支根表面有少数横长皮孔。质硬，断面黄白色，皮部多放射状裂隙，散有黄棕色小点(树脂道)。气特异而香，味微甜、苦。

由山参加工的生晒山参：主根粗短，多具 2 支根并呈"八"字形，上部有细密螺旋纹，习称"铁线纹"。顶端根茎细长，约与主根等长或更长，碗状茎痕密集，根茎旁生有下垂的不定根，形似刺核，习称"枣核丁"。支根上有稀疏细长的须根，长约为参体的 2～3 倍，有不明显的疣状突起。

红参：侧根大多已除去，红棕色，半透明或土黄色、不透明，角质。

生晒参、红参均以条粗、质硬、完整者为佳。

迄今从生晒参、红参、白参中共分离到 32 种人参皂苷，各种人参中总皂苷的含量通常为 2%～12%，挥发油约含 0.12%，油中成分有 β-榄香烯、人参炔醇、反多炔环氧物、人参醇等。人参多糖含 38.7% 水溶性多糖和 7.8%～10% 的碱溶性多糖。此外，尚含多种低分子肽氨基酸、单糖、多糖、三聚糖、有机酸、B 族维生素、C、β-谷甾醇及葡萄苷等。2000 年版《药典》规定，人参皂苷 R_{g3}($C_{42}H_{72}O_{14}$) 和人参皂苷 R_e($C_{48}H_{82}O_{18}$) 的总量不得少于 0.25%。

【巩固训练】

1. 林下栽培人参如何选地？
2. 人参不同的季节播种种子应怎样处理？
3. 园参与山参的根系有什么区别？
4. 林下参栽培过程中为什么会出现"皱纹"与"反须"现象？
5. 中国人参如何分类？

【拓展训练】

1. 依据所学知识，思考人参如果采用大田栽培，应如何栽培选地和管理。
2. 依据所学知识，思考人参是否可以进行设施栽培，其效益如何？

任务 2

龙胆草栽培

【任务目标】

1. 知识目标

了解龙胆草的分布、种类、人工栽培发展前景；知道龙胆草的药用功效、入药部位；熟悉龙胆草生物生态学习性、生长发育规律及特性。

2. 能力目标

会进行龙胆草选地整地、种苗繁育、移栽定植、田间管理、采收及产地初加工。

【任务描述】

龙胆草是龙胆科多年生草本植物龙胆、三花龙胆、条叶龙胆（东北龙胆）的总称，以其干燥根及根状茎入药，生药称龙胆。性寒，味苦。有泄肝胆实火、清下焦湿热、健胃除烦之功效。主治湿热黄疸、急性传染性肝炎、胆囊炎、肝火头痛、高血压、目赤肿痛、头晕耳鸣、阴部湿热、膀胱炎、惊痫狂躁等症。主产东北和内蒙古，人工栽培面积不大，辽宁以清原县英额门镇、南山城镇 人工栽培较多，产量高、质量好。龙胆草属大宗常用中药材，近年来，由于乱垦、乱牧及乱采挖使草原荒坡的野生资源遭到严重破坏，产量连年下降。而市场需求旺，供不应求，价格逐年上涨，不失为农民脱贫致富的一个好品种，开发人工种植前景十分广阔。

龙胆草栽培包括选地整地、繁苗栽培、田间管理、病虫害防治和采收加工等操作环节。

该任务为独立任务，通过任务实施，可以为龙胆草栽培生产打下坚实的理论与实践基础，培养合格的龙胆草栽培生产技能型人才。

【任务实施流程】

选地整地 ➡ 种苗繁育 ➡ 移栽定植 ➡ 田间管理 ➡ 采收加工

【任务操作要点】

一、选地整地

1. 选地

龙胆草种子细小，又是光萌发种子，直播于田间出苗率低，也不便生产管理，故生产上多采用育苗移栽方式进行，但也可采用露地直播种植进行人工栽培，表现也不错。

采用先育苗后移栽时，育苗地应选择地势平坦，背风向阳，气候温暖湿润、土质肥沃、疏松、湿润、富含腐殖质的壤土或沙质壤土。

龙胆草对土壤要求不严，但在移栽时仍以选择土层深厚、土质疏松肥沃、富含腐殖质的壤土或砂壤土为好，地形多选平岗地，山脚下平地或缓坡地、撂荒地，也可选用阔叶林的采伐迹地、老参地种植，但要排水良好，阳光充足，黏土、低洼易涝地不宜选用。如果选用农田地，前茬作物最好为豆科或禾本科植物。

2. 整地

选好地后，应在晚秋或早春将土地深翻30～40cm，打碎土块，清除杂物，施腐熟农家肥2 000～3 000kg/亩，尽量不施用化肥及人粪尿，然后做床。

如果是育苗地，必须精耕细作，通常深翻20cm，施足底肥，耙细整平，一般以秋整地作床为好，整地作床前施入腐熟的农家肥4 000kg/亩、磷酸二铵15～20kg/亩、硫酸钾10～15kg/亩。

做床应根据地势，一般南北向、长度根据地块而定，一般床长20m、宽1.2～1.5m，育苗床高10～15cm，并在床四周做起高于床面5cm左右的土埂，栽植床高20～25cm，作业道30～40cm，床面要平整细致，无杂物。

二、种苗繁育

龙胆草种苗繁育可以采用播种繁苗、扦插繁苗、分根繁苗，由于龙胆草栽培中结实量大，种子繁殖繁殖系数很大，故生产中多采用播种繁苗方法。

1. 播种繁苗

（1）种子采收：种子应选2年生以上、健壮、无病虫害的植株采种。龙胆草果实为蒴果，开裂，每果有种2 000～4 000粒。最佳采收时节是植株最上端的蒴果开裂（辽东山区一般在10月底到11月初），采收选择在有霜的清晨，因为此时蒴果潮湿，种子不容易飞溅。将植株割下后直接装进编织袋中，采收后将种子集中倒在水泥晾晒场内晾晒2～3d当蒴果全部开裂后，轻轻敲打使种子脱落，并用40目筛、60目筛两次精选种子，将筛好的种子置于无风、阴凉的室内继续阴干至种子全干，装入布袋，置干燥通风处待用或出售。

（2）种子处理：龙胆草为光萌发种子，为了便于管理可以采用5%硝酸钾水溶液于室温下浸种3h或用500mg/kg赤霉素溶液浸泡种子0.5～1h来解除其光萌发特性，解除光萌发特性后，在完全黑暗条件下，发芽率可达82%（光照条件下发芽率为90%）。

龙胆草种子细小，播种前进行催芽处理，可提高发芽率并提前出苗，具体催芽处理方法为：播种前2周将种子用纱布包裹，用200～500mg/kg赤霉素溶液浸泡种子24h，捞出后用清水冲洗几次，然后用种子量3～5倍细河沙混拌均匀，要求保持湿度为手握成团，松手手触即散，温度控制在22～25℃，当种子刚刚露出白色小芽即可播种。

亦可采用播种前将种子用纱布包裹，置25℃室温水浸种48h，或用流水冲洗3h、然后浸入25℃室温水中48h即可用于播种，可提前出苗2d。但生产上播种前一般不进行催芽处理而是直接播种干种子，是因为龙胆草种子微小，出芽后播种没等播完芽子就干枯了。

（3）播种季节：龙胆草种子在15～30℃条件下均可发芽，以25～28℃发芽最快，7d左右即可萌发。因此，播种季节在4月中旬到6月上旬均可，经验认为适时早播是培育大苗的重要措施，培育出的种苗苗大根粗，越冬芽也粗壮。

东北地区可在4月下旬到5月中旬播种，但鉴于东北地区各地具体气候条件，可适时播种。

（4）播种量：1.5～2kg/亩

（5）播种方法：在准备好的床面上，首先将床面浇湿，要求水要浇透，待水下渗后将经过催芽处理的种子均匀撒播（也可采用液态喷播方法播种）于床面，然后覆盖一层1mm左右厚的过筛细土或不覆土，再覆盖一层松针或稻草，要求覆盖不能过厚也不能过薄，以床面似露非露为标准，播后用喷壶或雾喷系统喷水浇湿松针或稻草即可。如果播种不经催芽处理的干种子，则只需在播后用喷壶或雾喷系统喷水浇湿松针或稻草即可。

（6）播后管理：龙胆草种子萌发和幼苗生长适温为 20~25℃，15℃ 以下生长缓慢，超过 30℃ 对幼苗生长不利，需要通过浇水和盖帘等控制温度和光照，还需要保持较高的空气湿度，土壤含水量要在 40% 左右，保湿除靠覆盖物外，还需要通过喷雾来保持床面湿度，切忌不能将水直接浇灌于床面，在种子未扎根前最好不喷水，缺水严重可采用喷雾器喷雾浇灌。出苗后需要加盖透光率 30%~50% 的苇帘遮阴。此外还需保持床面无杂草，使幼苗健壮成长。

2. 分根繁苗

龙胆草生长 3~4 年后，根茎生长旺盛，随着各组芽的形成，根茎也有分离迹象，形成既相连又分离的跟群，这时可于 9 月下旬至 10 月上旬之间或早春 4 月上旬，越冬芽未萌发之时，将其根系全部挖出，于根茎处将其分开，要求分成的每株都要有芽有根，然后按株行距 10cm×20cm 分别定植于栽培床上。

3. 扦插繁苗

于 6 月份龙胆草生长旺季，将地上茎剪下，每 3~4 节剪成一插穗，除去下部叶片，将插穗生理下端浸入 100mg/kg 萘乙酸溶液 2~3cm，24h 后取出，扦插于插床内，深约 3cm，然后每天喷水保持土壤湿润并适当遮阴，经 3~4 周即可生根，生根后加强管理，7 月下旬即可进行移栽定植。

三、移栽定植

龙胆草繁苗后当年秋季或第二年春即可移栽，通常在秋季挖根移栽。种根起挖后根据种根大小进行分级，分别移栽，以促使生长整齐、便于管理。

移栽时，在准备后的床面上从一端开始用锹挖斜坡形移栽槽，移栽槽深度根据种根长度来定，要求种根摆放好后根系不卷曲为好，一般 15~20cm，坡度 45° 左右，挖好移栽槽后，将种根按株距 10~15cm 摆好，要求顶芽要略低于床面 2~3cm，根系顺直，不卷曲，然后覆土，再按 15~20cm 行距挖下一个移栽槽，以此类推。栽完一床后将床面整平，稍加镇压，然后灌水，最后再覆盖一层马粪或枯草、树叶等，以利保湿防寒。如采用春季移栽定植，应在越冬芽没有萌发之前进行。

如果是采用露地直播种植，方法如下：

在 5 月下旬至 6 月上旬，首先将播种床的床面整好，最好床面四周做起高于床面 5cm 的土埂，以利存水，然后浇好底水，待水下渗后，将处理好（也可直接播种没有经过催芽处理的种子，但出苗稍晚）的已露白的种子混合细土（为了撒播均匀）均匀撒播或条播于床面，用过筛的细土或细沙覆盖极薄一层或不覆盖（没有经过处理的种子不能覆盖），然后用松针或稻草等覆盖 2~3cm 厚，覆好后用喷壶均匀洒湿松针和稻草，以防被风吹开，同时起到保湿作用，覆盖的松针和稻草要求能够有散射光透入，以后加强管理，保持床面湿润即可。待出苗后注意遮阴，以防强光直接照射。当龙胆幼苗生长出 2~3 对真叶后，结合除草分次疏除覆盖物，同时要注意维持土壤湿度 50% 以上，保证床面无杂草，并多施磷、钾肥，并加强光照抗旱锻炼。

四、田间管理

（1）除草：当苗高 5cm 左右时进行第一次拔草，以后每月一次，一般每年除草 3~4 次。

（2）灌溉施肥：干旱时要及时浇水，以畦沟或床面渗灌为主，忌大浇大灌。生长季应追肥 2~3 次，以磷肥为主，以促进根系生长，施用量为 15~20kg/亩过磷酸钙。

（3）排水：连雨天或急暴雨天，畦床积水时可挖排水沟及时排除。

（4）秋管：对于非留种田，为了加速根茎生长，减少养分消耗，在 8 月份花蕾形成时摘蕾，以增加根的重量。

秋末地上植株枯萎死亡后，将残茎清除，并在畦面上覆盖 2cm 厚的圈粪或细土，以保护越冬芽安全越冬。

（5）病虫害防治：危害龙胆草的病虫害主要有斑枯病、花蕾蝇和地下害虫。

①斑枯病：发病植株首先在叶片上出现近圆形褐色病斑，严重时造成整株叶片枯死。雨季空气湿度大时，发病严重。

防治方法：冬季清园，处理病残株，减少越冬菌源。生长季于发病前喷 1∶1∶120 波尔多液，发病初期喷 50% 退菌特 1 000 倍液或 70% 甲基托布津 1 000 倍液，每 7~10d1 次，连喷 2~3 次。亦可采用黑斑净和世高按使用说明使用，效果较好。

②花蕾蝇：以幼虫危害花蕾。在龙胆草花蕾形成时，成虫将卵产于花蕾上，初孵幼虫蛀入花蕾内取食花器，使被害花不能结实。老熟幼虫为黄白色，在未开放的花蕾内化蛹，8月下旬成虫羽化。

防治方法：可喷氯氰菊酯、氧化乐果或敌杀死乳油防治。

③地下害虫：主要有蛴螬、蝼蛄、金针虫等，主要危害龙胆草根部，可在整地、作床时施入1 000倍锌硫磷或毒死蜱，以毒土杀灭。

五、采收加工

（1）采收：人工栽培龙胆定植后2~3年即可采收，由于根中有效成分含量在枯萎至萌动前为最高，所以每年应在此期采收，即在春秋两季。采收时，先除去地上植株，采用刨翻或挖取方式将根挖出，也可用机械采挖，挖出后去掉泥土。

（2）加工：将挖出的根洗净，弱光晒干或阴干。干至七成时将根条顺直、捆成小把，再阴干或晒至全干入库，以阴干为好。一般3.5~4.5Kg鲜根可出1kg干根，每亩可产干货300~400kg。

【相关基础知识】

1.2.1　概述

龙胆草（*gentiana manshurica* Kitag）是龙胆科多年生草本植物，是龙胆（粗糙龙胆、草龙胆）、三花龙胆、条叶龙胆（东北龙胆）的总称，以其干燥根及根状茎入药。

性寒，味苦。有泄肝胆实火、清下焦湿热、健胃除烦之功效。主治湿热黄疸、急性传染性肝炎、胆囊炎、肝火头痛、高血压、目赤肿痛、头晕耳鸣、阴部湿热、膀胱炎、惊痫狂躁等症。

生药称龙胆，含龙胆苦苷2%~4.5%、龙胆碱约0.15%、龙胆糖约4%。

主产东北和内蒙古，河南、陕西、安徽有分布。黑龙江以安达、齐齐哈尔地区野生分不多，人工栽培面积大、产量高、质量好，肇东、青岗、兰西、明水、虎林、密山、伊春也有野生和人工栽培，辽宁以清原县英额门镇、南山城镇人工栽培较多，产量高、质量好，且已申请国家产地标识认证。

龙胆草属大宗常用中药材，过去三十几年一直被列入国家和省管理的统配品种，为长期供不应求和大量收购的品种。

近年来，由于乱垦、乱牧及乱采挖使草原荒坡的野生资源遭到严重破坏，产量连年下降。野生资源采挖从20世纪50年代的20×10^4kg，下降到目前不足1×10^4kg，现在全国市场上很难见到大批量的野生货源，产区农民反映，龙胆草越挖越少了，越挖越小了，越挖越远了。照此下去，可能有绝种的危险。

1989年龙胆草被列入国家重点发展的保护品种。且近些年产量下降，市场需求旺，供不应求，价格逐年上涨，已达到55~65元/kg，按每亩产干品200~350kg，按目前收购价55~65元计算，每亩产值可达11 000~22 750元，以3年出产品，年均收益为3 667~7 583元/亩，不失为农民脱贫致富的一个好品种。因此开发人工种植前景十分广阔。

1.2.2　生物生态学特性

1.2.2.1　形态特征

多年生草本，通常暗绿色稍带紫色，高30~60cm，栽培可达80cm以上。

根状茎短，周围簇生多数细长圆柱状土黄色或黄白色肉质根，长 20cm 以上。

茎直立，长带紫褐色，单一或 2~3 条，不分枝，近四棱形，有糙毛。

叶对生，无柄，2 叶基部合生，卵形或卵状披针形，长约 5~6cm，宽 2~2.5cm，先端尖或渐尖，基部宽阔，圆形，全缘，边缘粗糙，上面暗绿色，有时带紫色，下面淡绿色，两面光滑，主脉 3 条或 5 条。

聚伞花序密集枝顶和叶腋，无共茎梗。苞片披针形；花萼 5 深裂，裂片近条形，边缘粗糙；花蓝紫色，花冠筒状钟形，长 4~5cm，裂片 5；三角卵形，顶端尖，裂片间有褶，先端短三角形；雄蕊 5，着生于花冠筒中部稍下处；雌蕊 1，子房上位，窄长圆形，柱头短，2 裂。

蒴果细长梭形，有柄，含多数种子，成熟时 2 开裂。种下条形，周边具翅，千粒重 2.6~3.0mg。

与三花龙胆、条叶龙胆的区别：

三花龙胆：花常 3 朵簇生茎顶或叶腋，花冠深蓝色，裂片卵圆形，先端钝见，花冠筒内无斑点，越冬芽 1~5 个，粗长，根多而细短。

条叶龙胆：花单生，花冠蓝紫色，裂片三角形，先端急尖，花冠筒内有黄色斑点，越冬芽 1 个，较小，根多而细长。

1.2.2.2 生态学习性

龙胆草是高山植物，喜潮湿、凉爽气候，野生于山区、坡地、林缘及灌木丛中，整个生长季湿度较高；喜阳光充足，忌强光直射，在干旱季节叶片常有灼伤现象；耐寒，可耐 -30℃ 低温，怕炎热、干旱、烈日暴晒，但其适应性也很强。

1.2.2.3 生长发育特点

(1)种子萌发特性

龙胆草种子黄褐色，条形，细小，胚率 70%。在 15~30℃ 条件下均可发芽，以 25~28℃ 发芽最快，4d 萌动，7d 左右即可萌发，要求湿度较高，土壤含水量 30%，空气湿度 60%~70%，种子萌发是光萌发类型，在弱光条件下可促进萌发。

据相关报道：种子用室温水浸种 48h 以上，可使种子提前 2d 萌发，发芽率提高 10% 左右。用流水冲洗 3h，然后浸水置 25℃ 恒温条件下，发芽率可高达 95.5%。

龙胆草种子的光萌发特性可用硝酸钾或赤霉素来解除。可用 5% 硝酸钾水溶液于室温下浸种 3h 或用 500mg/kg 赤霉素溶液浸泡种子 0.5~1h 来解除其光萌发特性，解除光萌发特性后，在完全黑暗条件下，发芽率可达 82%(光照条件下发芽率为 90%)。

龙胆草种子为短命种子，自然条件(室外)下贮存 5 个月，发芽率由 80% 左右下降到 30%~40%，贮存一年发芽率为 0。在室内高温干燥条件下贮存 5 个月发芽率会下降到 0.2% 左右，在 0~5℃ 条件下、湿沙埋藏半年后发芽率为 70%~80%。新种子用 500mg/kg 赤霉素浸种 24h，晾干后室内袋藏 13 个月，发芽率为 30%~50%。

(2)生长发育特性

种子萌发后生长较慢。据调查，20d 只有 2 片子叶和一对真叶，10月枯萎时也只有 3~6 对真叶，根长 10~20cm，根上端粗 1~3mm，冬芽很小。冬眠后，来年 4 月萌动，5 月出苗，第二年生长较快；以后每年均是 4 月萌动，5 月出苗，6 月茎叶快速生长，7 月现蕾，8~9月花期，果期 9月，10 月冬眠。

一般每株根茎顶端 1~4 个芽，芽基部有副芽，根茎上有不定根，不定根数量 1~10 条，大小因根龄而异，1 龄根 1.35mm，二龄 2.05~2.42mm，三龄 2.35~2.66mm，四龄 2.75~3.23mm，六龄 3.03~3.50mm。

龙胆须根虽较长，但能采收供药用的并不长，据报道，三年生根及根茎长 15~16cm，5 年生长 16~20cm。

（3）开花结果习性

一般龙胆种子播种后第二年开花结实，以后年年开花结实，每株有花 1~8 朵，最多达到 30 余朵，二年生开花晚，一般 8 月下开花，三年生以上植株 8 月上开花，花期 30d，白天开花，夜间闭合，花后 22d 果实成熟，成熟后自然开裂，种子散出，每果内有种子 2 000~4 000 粒。

（4）有效成分积累特性

龙胆草的主要有效成分是龙胆苦苷，其植株各部位有效成分含量顺序为冬芽（12.64%）>根（9.32%）>根茎（8.23%）>茎（1.26%）>叶（0.23%）>花（0.08%）。以地下部分不定根含量较高，重量占药材比重最大，对药材商品成分含量影响也最大。

据测定 1~3 年不同年生间地下部龙胆苦苷含量无明显差异，第四年含量开始下降；每年内不同生育时期含量也不同，以花蕾期含量最高，但考虑产量后，则以地上部枯萎死亡至萌芽期为最高，所以收获龙胆草以枯萎后萌发前为最好。

1.2.3　主要质量指标

根茎呈不规则块状，长 0.5~3cm，直径 0.3~1cm。根细长圆柱形或扁圆柱形，略扭曲，长 10~20cm，直径 0.2~0.5cm。表面淡黄色或黄棕色。质脆，易折断，断面略平坦，木质部有 5~8 个木质部束环状排列，习称"筋脉点"。气微，味甚苦。以条粗长、色黄或黄棕色、质柔软、味极苦者为佳。含龙胆苦苷、獐牙菜苦苷、獐牙菜苷、龙胆苦苷四乙酰化物、苦味质等。2000 年版《药典》规定龙胆苦苷（$C_{16}H_{20}O_9$）不得少于 1%。

【巩固训练】

1. 龙胆草栽培如何选地、整地？
2. 龙胆草怎样进行播种繁苗？播后苗期如何管理？
3. 龙胆草如何进行田间管理？
4. 龙胆草生态学习性如何？
5. 龙胆草生长发育有什么特点？

【拓展训练】

调查你的家乡是否有野生龙胆草分布？如果在你的家乡发展龙胆草人工栽培，应如何选地栽培和管理？其效益如何？

任务 3
玉竹栽培

【任务目标】

1. 知识目标

了解玉竹的分布、食用价值、营养价值及发展前景；知道玉竹的药用功效、入药部位；熟悉玉竹的生物生态学习性及特性。

2. 能力目标

会进行玉竹栽培选地整地、繁苗栽培、田间管理、采收及产地初加工。

【任务描述】

玉竹为百合科黄精属多年生草本植物。药食同源。以根状茎入药。味甘，性平，无毒。具有养阴、润燥、除烦、止渴功能。主治热病伤阴、虚热燥咳、消谷易饥、小便频数。医学上用作滋补药品，并可作高级滋补食品、佳肴和饮料及多种保健食品。近些年，我国大陆及港、澳、台地区需求日渐增加，外贸出口东南亚国家紧俏，用途不断拓宽，价格节节升高，人工栽培效益比较可观。

玉竹栽培包括选地整地、繁殖栽培、田间管理、病虫害防治和采收加工等操作环节。

该任务为独立任务，通过任务实施，可以为玉竹栽培生产打下坚实的理论与实践基础，培养合格的玉竹栽培生产技能型人才。

【任务实施流程】

选地整地 ➡ 繁苗栽培 ➡ 田间管理 ➡ 病虫害防治 ➡ 采收加工

【任务操作要点】

一、选地整地

1. 选地

选择背风向阳、土层深厚、疏松、肥沃、湿润、富含腐殖质、排水良好、中性或微酸性、黄沙质壤土或壤土质地的缓坡荒地、沟谷两侧、林缘、疏林林下、果园、新植林地、农田地块等为好。忌选黏重、瘠薄、地势低洼易积水地快。忌连作。前茬作物最好是禾本科或豆科植物为好，辣椒前茬不宜选择。

2. 清理整地

地选好后，进行场地清理和整地。如果是缓坡荒地或林缘、疏林林下、新植林地等，进行条带状整地，即整出1~2m宽的栽植行，将栽植行内的灌木丛、杂草以及树桩等杂物清理干净，还要将栽植行内的草皮刨掉；如果是农田、果园、林缘地等，可进行畦床栽培，则需将灌木丛、杂草以及树桩等杂物清理干净，然后在前茬作物收获后，施生石灰150kg/亩、地虫光等地虫除杀剂200g/亩，辽宁地区因人工栽培玉竹起步较晚，地下害虫较少。并立即进行机械或人工翻耕土壤30cm深，同时将杂草、树根、石块等捡净，曝晒土壤，于栽培前进行整地做床。做床前，要求每亩施入2 500~3 000kg优质腐熟农家肥作为基肥，将土、肥翻拌均匀后做宽1.2m，高15~20cm，长10m或其整数倍长度的畦床或长度依地形而定，作业道宽25~30cm，最后耙细整平备用。

二、繁苗栽培

玉竹可用种子和根状茎繁殖。用根状茎繁殖速度快，遗传性状稳定，能确保丰产，且生产周期短，故目前生产上都采用此法。播种繁殖因周期较长，生产上一般不采用，但可用于扩繁种茎，然后进行移栽。

1. 种茎选择

在玉竹收获时，选择无虫害、无黑斑、无麻点、无损伤、颜色黄白、顶芽饱满、须根多、芽端整齐、略向内凹的肥大根状茎作种用。瘦弱细小和芽端尖锐向外突出的分枝及老的分枝不能发芽，不宜留种；否则营养不足，芽势不旺，生活力不强，影响后代，品质差，产量低。也不宜用主茎留种；因主茎大而长，成本太高，同时去掉主茎就会严重影响商品质量，不易销售。

2. 种茎处理

种茎选好后，栽种前要将选好的种茎浸入盛有50%多菌灵500倍液的桶中，药液应浸没种茎，浸泡30min以杀菌消毒，然后捞出稍晾干浮水准备栽培。一般要随挖、随选、随处理随种。遇天气变化不能及时栽种时，必须将根芽摊放在室内背风、阴凉处，注意防止干枯霉烂。一般每亩用种茎200~300kg。

3. 栽培

（1）栽培季节：分春栽和秋栽。春栽在早春3月下旬至4月上旬植株尚未萌芽前进行栽培，栽培后当年即可萌发出土。秋栽在在9月中下旬至10月上旬，玉竹地上部分枯萎后，随挖、随选、随处理、随栽，太晚会影响当年新生根的形成，栽后翌年春季萌芽出土。秋栽出苗齐，苗势旺。

（2）栽培方法

①双排并栽法：即在整好的条带状地块内或准备好的畦床上横床开沟，沟距25~30cm，沟深10cm左右，然后将处理好的种茎在横沟内按株距10~15cm摆成"八"字形，即摆放时芽头一行向左，一行向右，注意畦床两边的芽头应向畦内，以免根状茎长出畦外，摆放好后，覆土4~5cm后稍压实，然后再覆盖一层充分腐熟农家肥，最后再盖一层土，以实际覆盖厚度6~7cm为宜。

②单排密植法：是将处理好的种茎在横沟内顺沟排成单行，芽头一左一右，首尾相接。该法栽植的优点是植株长出土面后发展平衡、容易接受阳光且通风条件较好，有利提高产量。种茎摆放好后，按双排并栽法的覆土方法进行覆土即可。

③穴栽法：是在畦面或条带状栽植行内按行距25~30cm栽种3~4行，株距25~30cm、穴深20cm左右。然后先向穴内施入充分腐熟农家肥，然后覆土3~4cm后每穴交叉放种栽3~4个，芽头向四周交叉，不可同一方向。然后覆土6~7cm厚，以与地表平为好。该法适于在荒山坡地、疏林林下等不适于进行畦床整地的地块。

三、田间管理

1. 除草

玉竹秋季栽培的栽后当年不出苗，要等到第二年春季才能出苗；早春栽培的当年即可出苗。出苗后，及时清除田间杂草。土壤干燥时用手拔除，切勿用锄，以免碰伤根状茎，导致腐烂。下雨后或土壤过湿时不宜拔草。以后在5月和7月分别除草1次。第3年根茎已密布地表层，只宜用手拔除杂草。

2. 施肥

肥水对玉竹的产量至关重要，越多越好，特别是钾肥，但氮肥过多会使其茎叶太嫩，易患病虫害。因此，玉竹栽培前应结合整地每亩施入腐熟的农家肥2 500~3 000kg。种栽覆土时，应先覆一层园土，然后再覆盖一层充分腐熟农家肥。然后在春季萌芽出土后，苗高达7~10cm时，每亩浇施稀薄人粪尿800~1 000kg或尿素10kg。秋季地上茎叶枯萎死亡，地下根茎进入休眠时，于畦面覆盖一层2~3cm后腐熟猪粪和磷肥，俗称"盖头粪",施后覆土厚 2~3cm 左右,以免越冬遭受冻害。玉竹生长第 2 年,根状茎分枝增多,纵横交错,易裸露于地表而变绿,影响商品外观和质量,因此更要及时覆土和施盖头粪。

3. 灌排水

栽培如在秋季,应在栽培后土壤封冻前进行一次灌溉。玉竹最忌积水,故在多雨季节到来以前,要疏通排水沟以利排水。

4. 间作

玉竹一般在栽培地生长 3~4 年,可在栽植后的头一年套种玉米等高秆作物,即可增加收益,也可为玉竹遮阴。

四、病虫害防治

1. 锈病

主要危害叶片。发病时叶面上出现圆形或不规则形黄色斑,直径 1~10mm,背面生有黄色的环状或杯状小颗粒。

防治方法:发病前喷 1:1:120 倍波尔多液预防;发病初期喷布 25% 粉锈宁 1 000 倍液防治,10d 喷 1 次,连续 2~3 次。

2. 叶斑病

主要危害叶片。初发病时叶尖出现椭圆或不规则形边缘紫红中间褐色的病斑,以后逐渐向下蔓延,使叶片成为淡白色、枯萎而死。多在夏秋开始发病,雨季发病较严重。

防治方法:发病前喷 1:1:120 波尔多液预防;发病初期,喷布 50% 代森铵可湿性粉剂 800 倍液,10d 喷 1 次,连续 2~3 次或黑斑净按使用说明使用;每年秋冬季地上植株枯萎死亡后清洁田园,将枯枝病残体集中进行烧毁,消灭越冬病原。

3. 紫轮病

主要危害叶片。发病初期叶片两面出现圆形或椭圆形红色病斑,直径 2~5mm,后病斑中央呈灰色至灰褐色,上生黑色小点。

防治方法:每年秋季彻底清洁田园并烧毁或深埋清洁物;生长季发现病害及时摘除病叶并集中深埋或烧毁;发病初期用 50% 代森锰锌 600 倍液或 70% 甲基托布津 800~1 000 倍液或 50% 万霉灵 500 倍液等药剂喷雾,15d 喷 1 次,连续 2~3 次。

4. 褐斑病

主要危害叶片。被害叶产生褐色病斑,受叶脉所限呈条状,中央色淡,后期上生灰黑色霉状物。造成叶片早枯,影响产量。氮肥施用过多、植株过密及田间湿度大利于发病。

防治方法:秋季彻底清洁田间病残体,集中深埋或烧掉;春季出苗前用硫酸铜 250 倍液喷施地面;加强栽培管理,避免植株过于茂盛;发病早期及时剪除病部,并用 1:1:150 波尔多液防治;生长季用 50% 代森锰锌 600 倍液或 70% 甲基托布津 800 倍液或 50% 万霉灵 500 倍液等药剂交替使用,7~10d 喷 1 次,连续 2~3 次。

5. 白粉病

主要危害叶片。被害叶正反两面产生白色粉状物,影响生长发育。

防治方法:秋季清洁田园,烧毁或深埋清洁物;发病初期喷布 50% 甲基托布津 1000 倍液或 75% 百菌清可湿性粉剂 500~600 倍液防治,7~10d 喷 1 次,连续 2~3 次;或用 0.2~0.3°Be 石硫合剂防治。

6. 烂根病

发病时根状茎腐烂,最终导致植株死亡。

防治方法:做好排水工作,降低土壤湿度,控制病害蔓延。

7. 蛴螬

以幼虫危害地下根茎或咬断嫩叶、芽。

防治方法:冬春季检查越冬场所,消灭成虫;利用成虫假死性进行人工捕杀;避免与马铃薯地邻作;用 90% 敌百虫晶体,或 50% 杀螟松乳油 1 000倍液喷雾。

另外,地老虎、蚜虫、红蜘蛛也会危害玉竹,但一般不严重,发现时及时防治即可。

五、采收加工

1. 采收

玉竹一般于栽种后的第 3 年收获。南方于秋季采收,北方于春季采收,以便与栽种时间衔接。地上部分枯萎后,在春季植株萌芽前,选晴天及土壤比较干燥时收获。采挖时,先割去地上茎杆,挖起根状茎,抖去泥土,防止折断。留种的根状茎另行堆放。

2. 加工

将挖出的根状茎,按长、短、粗、细划分等级,分别晾晒。夜晚,待玉竹凉透后加覆盖物。切勿把未凉透的玉竹装袋,以免发热变质。一般晒 2~3d 后,玉竹的根状茎就会柔软而不易折断。然后除去须根和泥沙,再将根状茎放在石板或木板上搓揉。搓揉时要先慢后快,由轻到重,直到将粗皮去净，无硬心，呈金黄色半透明状，用手按有糖汁渗出时为止，再晒干即可。加工时要防止搓揉过度，否则色泽会变深，甚至变黑，影响商品质量。

玉竹条一般为统装，有些分为两个等级，好的要求粗壮饱满无皱纹、色泽棕黄（或棕褐）、新鲜透亮，长度在10cm，直径在1cm以上，其余的为等外级。

【相关基础知识】

1.3.1 概述

玉竹为百合科黄精属多年生草本植物。别名萎蕤、铃铛菜、山姜、尾参等。以根状茎入药。味甘，性平，无毒。具有养阴、润燥、除烦、止渴功能。医学上用作滋补药品，主治热病伤阴、虚热燥咳、消谷易饥、小便频数。临床上对风湿性心脏病、冠状动脉粥样硬化性心脏病、肺源性心脏病等引起的心力衰竭有抑制作用。还用玉竹与党参合用制成浸膏，适用于心绞痛患者。对阴虚干咳有一定疗效，也用于糖尿病等症。并可作高级滋补食品、佳肴和饮料及多种保健食品，故是很有发展前途的中草药品种。

玉竹是药食同源的品种之一。每100g鲜品含蛋白质1.5g，粗纤维3.6g，尼克酸0.3mg，还含有铃兰苷、铃兰苦苷、山奈酚、槲皮素、黏液质等。食用可与大米做粥或饭，还可泡酒，作为保健食品食用。

玉竹主产河南、江苏、浙江、辽宁、吉林、湖南，安徽、江西、四川、广东、广西等地亦产。

近些年，国内及港、澳、台地区需求日渐增加，外贸出口东南亚国家紧俏，用途不断拓宽，价格节节升高，当前价格为干品30元/kg左右，甚至有时达到40元/kg，鲜品5元/kg，在此价格基础上仍有继续攀升势头。且玉竹栽培产量很高，3年生亩产可达3 000 ~ 4 000kg，效益比较可观。

1.3.2 生物生态学特性

1.3.2.1 形态特征

多年生草本，株高30 ~ 60cm。根茎地下横生，呈压扁状，圆柱形，表皮黄白色，断面粉黄色，多节，节间密生多数须根（图1-2）。地上茎单一，上部稍斜，具纵棱，光滑无毛，绿色。单叶互生，叶柄短或几无柄；叶片椭圆形，先端钝尖，基部楔形，全缘，叶表绿白色，叶背粉绿色。花1 ~ 3朵，腋生，花梗俯垂，花被筒状，绿白色，顶端6裂，裂片卵圆形；雄蕊6，着生于花被筒中部；子房上位，3室。浆果球形，成熟时紫黑色。种子卵圆形，黄褐色，无光泽。花期5 ~ 7月，果期7 ~ 9月。千粒重36g。

图1-2 玉竹

1.3.2.2　生物学特性

玉竹具有上胚轴休眠习性。胚后熟要求 25℃ 左右的温度 80d 以上才能完成，上胚轴需要满足低温要求才能打破休眠。温度在 9～13℃ 时根茎出苗，18～22℃ 时现蕾开花，19～25℃ 时地下根茎增粗。

种子寿命 2～3 年，3 年以后发芽率只有 0.7%。

种子播种后，第 1 个夏季只长根，不出苗，直至翌年 4 月才长苗。

玉竹根状茎存活时间为 3 年或 4 年，超过这个时间则会腐烂。秋季栽种的玉竹，于次年 3～4 月萌芽，萌芽后至出苗的这一段时间，生长较为缓慢，茎秆也较弱。5～6 月，气温逐渐回升，茎叶生长迅速，并能现蕾开花。7 月高温季节，地上部分生长减弱，而根状茎生长加快。种植后的第 2 年，植株长势弱，对环境的适应能力差，经不起高温季节直射阳光的照射。第 3 年，植株长高，茎秆有所增长，根状茎发育较快，生长力较强。第 4 年，地上茎秆增多，生长很快，郁闭度增大，根状茎在地下纵横交错。

1.3.2.3　生态学习性

玉竹野生于山谷、河流两侧阴湿处，林下，灌木丛中及山野路旁。对环境条件适应性较强，对土壤要求不严格。但喜凉爽、潮湿、荫蔽环境，耐寒。适宜于在微酸性黄沙土壤中生长，生、熟荒山坡地亦可种植。忌连作，前茬作物忌辣椒，否则根系生长差，产量低，质量差，甚至出现死苗。

【巩固训练】

1. 玉竹林下栽培如何选地整地？
2. 玉竹根状茎繁殖如何选择种茎？
3. 玉竹双排并栽法如何操作？
4. 玉竹栽培后如何进行田间管理？
5. 玉竹采收后如何进行加工？

【拓展训练】

玉竹种类较多，调查你的家乡所在地区玉竹种类，并分析其是否存在开发利用价值。

任务 4
平贝母栽培

【任务目标】

1. 知识目标

了解平贝母的分布、分类；知道平贝母的药用功效、入药部位；熟悉平贝母生物生态学习性、生长发育规律及特性。

2. 能力目标

会进行平贝母栽培选地整地、种茎扩繁、播种栽植、田间管理、采收及产地初加工。

【任务描述】

平贝母为百合科贝母属植物，以干燥的鳞茎供药用。有清热润肺、化痰止咳的功效。主产东北，以吉林通化、桦甸及黑龙江五常、尚志等地所产平贝母质量最佳。前些年由于市场价格的上扬及有心人的操作和囤货，使得价格一路飙升，大批农民盲目跟风，成品供应供大于求，价格也一落千丈，许多药农受到很大打击，种植面积也再次下降。但贝母是常用中草药，随种植面积的下降，价格也重新回归。加之种植技术要求较高，所以价格也表现较高，在不受人为操作情况下，也不失为农民致富的一个好选择。

平贝母栽培包括选地整地、繁苗栽培、田间管理、病虫害防治和采收加工等操作环节。

该任务为独立任务，通过任务实施，可以为平贝母栽培生产打下坚实的理论与实践基础，培养合格的平贝母栽培生产技能型人才。

【任务实施流程】

选地整地 ⇒ 种茎扩繁 ⇒ 播种栽植 ⇒ 田间管理 ⇒ 采收加工

【任务操作要点】

一、选地整地

1. 选地

平贝母人工栽培选地是关键，因平贝母生育期短，生长速度快，一经种植要连续生长多年，养分消耗量大，如选地不当，平贝母生长不良，会给生产造成很大的损失。

选地最好要选择土层深厚肥沃、富含有机质、水分充足、排水良好、背风向阳、靠近水源、新开垦林地或山脚下排水良好的冲积土，坡度不宜超过 10°为好，4～6 月份土壤湿润、气候凉爽；如果选择农田地，前茬作物最好为大豆、玉米或肥沃的蔬菜地。

2. 整地

地选好后，5 月上旬土壤化冻后翻耕晾晒，翻耕深度一般 20cm 左右，清除残碎根茎及杂物，耙细整平，做床。

床高视地势而定，地势高的可做低床或平床，以利保水，地势低的可做高床。一般高床高出地面 15cm，床宽 1.2m，床长视地形来定，一般为 10m 的倍数，作业道 35～40cm。因采用大垄高床栽培贝母时，大贝母挖取困难，小贝母捡不出来，越弄越深，导致有些贝母不能出苗而烂掉，故采用硬底作床法。即做床时首先定桩拉线，然后将床内的表土先先翻到作业道，然后用碌子将床底压实，使其成为硬底；因贝母喜肥，然后在床内平铺一层腐熟的底肥，要求底肥最好过筛，以猪粪、马粪为好，并按 20～25kg/亩掺入过磷酸钙，忌用人粪尿、草木灰、碱性化肥等，铺平、厚度约 5～6cm，薄厚均匀，再在底肥上覆盖一层厚约 3cm 的过筛表土，以防止因贝母鳞茎直接接触生粪而引起的腐烂，最后把耙子搂平即可种植。

二、种茎扩繁

平贝母种茎扩繁可采用种子扩繁和鳞茎扩繁两种方式，鳞茎扩繁每年可产生数十粒小子贝，用其进行播种栽培 1～3 年即可收获，周期较短；种子扩繁繁殖倍数高，也可防止退化，但一般需要 6 年左右才能收获，生产周期较长，因此生产上一般采用鳞茎扩繁，很少采用种子扩繁。

1. 鳞茎扩繁

平贝母鳞茎扩繁一般在 6 月下旬至 7 月下旬栽种鳞茎。首先选择无病害、无损伤色白的优良平贝作为种用鳞茎，然后用不同孔目筛子将其进行分类，分为大中小三类，一般直径大于 1cm 为大鳞茎，直径 1～0.5cm 为中鳞茎，直径小于 0.5cm 为小鳞茎。栽培时，按大中小三类分别栽培，好处是生长一致，便于管理、采收。

栽培时，在准备好的床面上横床条播。大、中鳞茎分别按株距 3cm，行距 5cm，芽朝上摆好；小鳞茎可采用宽幅条播，即幅宽 10cm，幅间距 8～10cm，株距 1～1.5cm，也可采用全床撒播，株距

1～1.5cm。常用播种量为大鳞茎 300～400kg/亩，中鳞茎 250～300kg/亩，小鳞茎 150～200kg/亩。栽培时要求随挖随栽，如不能及时栽种，应用湿沙或湿土埋藏。

种栽摆好后，用腐殖土或翻到作业道的土壤过筛覆盖，覆盖时，大鳞茎覆盖 5～6cm，中鳞茎覆盖 4～5cm，小鳞茎覆盖 3～4cm，覆好土后，将床面搂平，最好是中间略高，两边略低，以利排水；最后在床面上再撒一层 2～3cm 的盖头粪。

2. 种子扩繁

留种采种：留种应选 4～5 年生健壮植株，加强水肥管理，并在植株旁插一树枝以防风折。开花结实后保留 2～3 朵花疏蕾，以保证种子发育充实饱满，待地上植株渐枯萎，连株带果收起，扎成小把，放通风处后熟，注意防霉。当果由绿变黄，开裂时，将果摘下，搓出种子播种。也可植株枯萎时摘下鲜果，采用湿砂埋种法，使其后熟，然后播种，效果亦好。

（1）整地作床：多施底肥并做成高床，床宽 1.2m，长 20m，床高因地势与土壤湿润程度而定，一般高为 12～15cm。

（2）播种：7 月上旬按行距 10cm 开沟条播，覆土 1.5～2cm 厚，不宜过厚。播后保持土壤湿润，土壤上冻前根可长出 3cm 长但不出苗，来年早春出苗。生长 3 年移栽。越冬前盖一层猪圈粪、不宜压土。

亦可采用春季播种繁殖，但种子须经处理，方法为：先将种子浸水使其充分吸胀，然后与等量湿沙混匀，置于 5～10℃低温条件下 15d 左右即可，使其完成后熟，播种后经常保持土壤湿润，完成胚后熟的种子，播种后出苗率高而整齐。

三、播种栽植

将经过扩繁的种茎于 6 月下旬至 7 月下旬间在地上植株枯萎死亡后挖出进行播种栽植，方法同鳞茎扩繁。以后每年采用在栽培过程中自然扩繁形成的鳞茎作为种用鳞茎，只需将达到商品规格、损伤的烂粒鳞茎挑出售卖，未达商品规格的作为种用鳞茎进一步培育即可。

四、田间管理

1. 间套作

平贝母喜冷凉湿润气候，地上部生长期短，地温过高不利地下鳞茎生长发育，因此 5 月下旬

至6月上旬间，应在平贝母地上植株会枯萎死亡，地下鳞茎进入休眠期，种植一些遮阴作物，防止地温过高及杂草生长，同时提高复种指数。一般遮阴作物宜选择遮阴作用强，根系小，对平贝母生长发育无太大影响，又能增加土壤肥力的作物，但要注意作物种植不宜太密，以免吸肥过多，影响来年贝母生长。如在平贝母地上植株枯萎前，在床面两侧种植玉米或豆角，床面种植大豆等。

2. 中耕除草

平贝母出苗早，生育期短，所以在栽培中都采用多施底肥，加盖顶肥以促其加速生长。但必须防止杂草丛生，争肥争水，影响贝母生长。一般要求在夏季平贝母休眠期，要及时除草。早春出苗后也要及时除草，作到地内无草。

3. 夹障子

平贝母早春顶冻出苗，小苗脆弱易断，怕人畜践踏和鸡鸭危害，尤其是在人家附近种植。如在开旷的平地栽培，春风扬砂，小苗易遭砂打，因此必须夹好障子加以防护，加强看管，以防人畜及风砂危害。

4. 灌排水

春季如遇干旱影响出苗应浇水以助出苗。浇水后及时松土，以免土壤板结及龟裂。雨季雨水过多，有积水时，注意排水，以免引起平贝母腐烂。

5. 摘除花蕾

不需要采收种子的平贝母，应在现蕾期间见蕾即除，以减少营养消耗，促进地下鳞茎生长，提高产量。如计划留种，可适当疏蕾，保留每株2~3朵花。

6. 追肥与防寒

贝母喜肥，秋末冬初，要在床面上，盖一层约3cm厚厩肥，起追肥与防寒保温作用，以促进平贝母早春提早出苗。平贝母最喜猪粪，其次是马粪和绿肥，牛粪易生虫，最怕施用草木灰、炕洞土等碱性肥料以及鸡鸭粪，人粪尿等，均易引起平贝母腐烂。

7. 病虫害防治

平贝母栽培中病虫害不是很多，主要病害有：锈病、菌核病、灰霉病、黄腐病。虫害主要有蛴螬、地老虎、蝼蛄、金针虫等地下害虫。

(1)锈病：5月上旬发生，叶背面和叶基有金黄色孢子堆，破裂后有黄色粉末随风飞扬，会造成组织穿孔，茎、叶枯黄，地上植株早期死亡，此为夏孢子阶段；冬孢子5月下旬出现，茎叶普遍出现黑褐色圆形孢子堆，一般在杂草较多时发生严重。

防治方法：

①彻底清除贝母田间杂草及休眠贝母残株，减少锈病发生和蔓延；生长季遇干旱及时浇水，保持强健生长势；实行与其他作物轮作，减少病害发生。

②药剂防治：展叶后喷施15%粉锈宁1 000倍液、敌锈钠500倍液，每10d喷1次，连续3~4次即可；发病后喷施敌锈钠300倍液或15%粉锈宁500倍液或1:1:120波尔多液或托布津800倍液，每隔7~10d喷1次，连续3~4次。

(2)菌核病：为土壤病害。主要危害平贝母鳞茎。最初在田间零星发病，发病区无苗，连杂草也很稀少，5~8月为发病盛期；一般在高温高湿、地势低洼、排水不良情况下易发病；发病时，植株地上部叶片边缘变黄，逐渐整个叶片严重卷曲，植株失水萎蔫，最后全株枯萎死亡。鳞片被害时产生黑斑，病斑下组织变灰，严重时整个鳞片变黑，皱缩干腐，鳞茎表皮下形成大量小米粒大小黑色菌核，很快全部鳞片变黑腐烂，条件适宜时，病情迅速蔓延扩大，造成大片缺苗。

防治方法：

①轮作：平贝母新区基本无此病，多在老区发生。实行轮作可有效防治。

②选地：选排水良好土地，采用高床，加强田间管理，使土壤通透性良好，防止过湿，减少此病发生。

③肥料腐熟：使用充分腐熟粪肥，也可减少此病发生。

④挖出病株、换土：在病区，发现病株及时挖除。并于病处撒石灰消毒、换上新土，防止传染蔓延。

⑤药剂防治：整地时用菌核利或多菌灵按10~15g/m^{2}进行土壤消毒。发病期，用50%多菌灵1 000倍液灌根，或50%甲基托布津1 000~2 000倍液喷雾或灌根。

(3)灰霉病：发病后，由叶缘和叶端出现水浸状淡褐色病斑，后期使植株枯萎死亡。一般在5月中、下旬成片发生，蔓延快，多在雨过天晴、高温多湿的情况下发病严重，植株过密易发生。

防治方法：发病前或病期用1∶1∶120倍波尔多液喷雾，或50%托布津1 000倍液，50%多菌灵1 000倍液喷雾，10d喷1次，连续2～3次。

（4）黄腐病：发病初期，鳞茎的局部或全部出现黄色病斑，后期腐烂变质。此病多因施用未腐熟的粪肥或土壤砂性过大，或低洼积水所致。6～8月发病严重。

防治方法：通过选地和使用充分腐熟的粪肥防治此病。药剂防治参考菌核病防治方法。

（5）虫害：主要有蛴螬、地老虎、金针虫、蝼蛄等地下害虫。主要危害平贝母幼苗、根茎和地下鳞茎，在鳞茎休眠期危害严重。

防治方法：

①早晨在新被害植株周围土内人工捕捉并杀死。

②用敌百虫粉1kg、麦麸30kg、铡碎的幼嫩多汁鲜草、菜叶25～40kg，加适量水拌匀，于黄昏时撒入被害田间进行毒饵诱杀。

③发生期用80%敌百虫800倍液或50%辛硫磷乳油500～700倍液浇灌，也可采用辛硫磷毒土防治。

④充分腐熟农家肥掺拌敌百虫、辛硫磷闷杀。

⑤用黑光灯诱杀成虫。

五、采收加工

1. 采收

鳞茎繁殖的平贝母，大鳞茎栽后1年收获，中鳞茎生长2年收获，小鳞茎生长3～4年收获，种子繁殖的5～6年才能收获。采挖一般在6月上、中旬地上植株枯黄时进行。因此时地下鳞茎充实，质量好，折干率高。如地上植株尚绿时采挖，地下鳞茎不充实，过晚采挖则鳞茎变糠、降低折干率，质量亦差。

采挖方法：选则晴天时，首先从畦面一头扒开露出贝母鳞茎后，用木锹或平锹将贝母上面覆盖土层轻轻抢到作业道上，再顺着硬底将贝母层连土抢起堆成堆，然后用细筛子将土筛去，再用不同孔目筛子分选贝母，将合乎商品规格的大个贝母筛出来进行加工，剩下小的分三个等级作种栽，供繁殖用。每亩可收鲜贝母1 000～1 200kg。

2. 加工

采用炕干法：先在炕上筛上一层草木灰，厚约6cm（有用熟石灰的）将大个贝母单个摆在炕面灰上（摆在炕头上），小个贝母薄薄摊一层（放在筛梢），然后再筛上一层草木灰。防止贝母互相挤压，以免水分不易蒸发，产生"油粒"。温度以40℃左右为宜。温度过高，易炕熟、炕焦或成"油粒"。温度过低，时间过久，忽冷忽热，亦易成油粒。所以干燥贝母时，开始温度不宜太高，以免贝母外部迅速干燥，内部水分蒸发不出来。温度增高后，应保持在40～50℃之间。待平贝母干至7～8成时，温度逐渐降低，以免炕焦。在干燥过程中，不宜过频翻动，以免产生油粒。干燥时间一般需要24h，即可干透。然后用筛子，筛去草木灰。再将贝母炕一下或日晒，驱除潮气，即得干品。将干品装在麻袋里，扯起四角，来回串动，串去须根及泥土，用簸箕扇去杂质，即得色泽乳白的成品。一般鲜贝母2.5～2.8kg能出1kg干贝母。

【相关基础知识】

1.4.1　概述

贝母为百合科贝母属植物，该属多种植物干燥的鳞茎可供药用。按产地和原植物的不同生药划分为浙贝、川贝、平贝和伊贝四类。分述如下：

（1）浙贝

原植物为浙贝母，鳞茎含甾醇类生物碱，有贝母碱、去氢贝母碱及微量贝母新碱、贝母芬碱、贝母定碱、贝母替碱，有的还含贝母碱苷。有清热润肺，化痰止咳，开郁散结的功效。主产浙江宁波、杭州等地，江苏也有栽培。销全国并出口。

（2）川贝

原植物主要有暗紫贝母、川贝母、甘肃贝母和棱砂贝母。由不同川贝中可分离出川贝碱、西贝碱、炉贝碱、白炉贝碱、青贝碱和松贝碱等，有清热润肺、化痰止咳的功效，暗紫贝母是商品川贝母的主要种，主产四川阿坝藏族自治州。主销华东、华南并有出口。川贝母也是商品川贝的主要种之一，主产西藏南部至东部，云南西北部和四川西部，主销华东、华南并由部分出口。甘肃贝母亦称岷贝，主产甘肃南部，青海东部和南部，四川西部。棱砂贝母亦称炉贝，产青海玉树，四川甘孜、德格等地，色白、质实、粒匀，称白炉贝；产西藏昌都、四川巴塘、云南西部者，多黄色、粒大、质松，称黄炉贝，因具虎皮黄色，又称虎皮贝，因过去集散于甘孜的打剑炉，故又名炉贝。

（3）平贝

原植物为平贝母。鳞茎含生物碱为无色细针晶，称为贝母素甲。有清热润肺、化痰止咳的功效。主产东北，以吉林通化、桦甸及黑龙江五常、尚志等地所产质量最佳。吉林通化、柳河、抚松、临江等县产量最大。主销华南及出口。

（4）伊贝

原植物为伊犁贝母和新疆贝母，鳞茎含西贝母素。有清热润肺、化痰止咳、开郁散结的功效。伊犁贝母主产新疆西北部的伊宁、绥定、霍城一带；新疆贝母主产天山地区。伊贝过去多做制药原料，现销售全国。

1.4.2　生物生态学特性

1.4.2.1　形态特征

平贝母为百合科多年生草本植物。植株由须根、鳞茎、茎、叶、花等构成（图1-3）。

（1）根

须根系，粗根多数，短而小。

（2）茎

分地下鳞茎和地上茎。鳞茎扁圆盘状或圆锥状。由2~3个半月状扁圆鳞瓣抱合而成。成年鳞茎白色或淡黄色。地上茎直立，下部叶常轮生或对生，上部叶常对生或互生，紫色或绿色，高20~40cm，圆柱形，质地柔软，光滑无毛。

（3）叶

无柄，线形，先端渐尖，呈卷须状。

（4）花

1~3朵，黄绿色，带紫色斑纹。叶腋单生，花冠钟状下垂，花期4~5月。

（5）果实

蒴果，倒卵圆形，果皮膜质，内含100~150粒种子，果期5~6月。

图1-3　平贝母

（6）种子

褐色，扁平三角形，边缘具翼，千粒重3g左右。

1.4.2.2 生态学习性

野生贝母多生长在山区林下及山沟溪流两岸腐殖质丰富，疏松肥沃，较湿润的地方。

平贝母喜湿润，忌涝、忌干旱：土壤干旱，会使地上植株提早枯萎，影响地下鳞茎的生长，降低产量。水分过多，易引起鳞茎腐烂。

喜肥：因为它的鳞茎小，须根少，吸肥能力较差，生育期短，故水肥充足，才能高产。选择土壤必须肥沃，疏松，富有腐殖质的黑土或油砂土。洼地，黏土，沙土，碱性地，漏风地均不适于栽培。

喜冷凉、怕高温酷暑：一般早春土壤化冻后幼苗即出土，气温升高到15℃左右，地上部分生长迅速，6月气温达到28℃以上，平贝母鳞茎土层温度达到20℃以上时，地上部开始枯萎，地下茎进入休眠期。8月中旬以后，气温下降，平贝母鳞茎又开始活动。如子贝、新根分化迅速。

抗寒：是早春植物，土壤解冻即出苗，地温2～4℃即抽茎；冬季休眠可耐 - 30～ - 40℃严寒。

1.4.2.3 生长发育特点及规律

（1）生长发育特点

具夏休眠和秋季生长、冬季深休眠特性：贝母喜冷凉、湿润气候，怕高温酷暑。6月气温达到28℃以上，平贝母鳞茎土层温度达到20℃以上时，地上部开始枯萎，地下茎进入休眠期。8月中旬以后，气温下降，平贝母鳞茎又开始活动。如子贝、新根分化迅速。当芽长到一定程度时，需要满足一定低温需求完成冬季深休眠，才能于早春正常发芽出土。

据试验，平贝母温度高时不仅抑制生长也抑制分化，吉林农大曾将进入夏休眠后的贝母鳞茎埋入花盆，置10℃和4℃条件下观察芽的发育，结果10℃条件下的贝母新芽提前分化与生长，到7月上、中旬时，新芽的大小已接近自然状态下冬眠前芽的大小，即芽的形态建成比在自然条件下提早了60d。而我国多数地区夏季高温，不利于贝母芽的分化与生长，所以栽培时夏季需适当遮阴。浙贝母夏休眠温度较高，夏休眠后给予22℃条件即可生根，鳞茎上的芽也渐渐长大。

吉林农业大学也曾将刚刚进入冬季深休眠的平贝母、伊贝母鳞茎挖回栽培于室内，给予正常生长的温湿度条件，但贝母仍不出苗，偶尔有少数出苗，茎节也不能伸长，叶片聚集于代表处，呈莲座状，如果经过一定时间的低温条件，取出栽培于室内，便可正常生长发育。

贝母具种胚后熟和上胚轴休眠特性：贝母种子具有形态后熟和生理后熟的特性，自然成熟的平贝母种子，种胚处于球形胚和心形胚初级阶段，给与适宜的温湿度条件也不能在短时间内萌发，需在适宜的温湿度条件下50～60d才能萌发生根。胚根长出后，胚芽渐渐分化长大，到一定程度就会停止生长，需待胚轴经过生理低温后才能萌发。因此贝母（川贝除外）采用种子繁殖播种当年萌发但不出土。

据报道，浙贝种子在8～10℃条件下60d可完成生理后熟，伊贝在5～15℃条件下90d可完成生理后熟，川贝在3～5℃条件下为宜。

种子寿命较短，在自然条件下存放一年，其生活力显著下降。

（2）生长发育规律

①生长期鳞茎的增重规律　平贝母生长期为10年。根据其发育特性，平贝母的生长期分为三个时期，不同时期增重规律不同。

子贝发育期：头1~3年。鳞茎的重量随年生的增加而增加，增重率逐年上升。

鳞茎增大期：4~6年。重量逐年增加但增重率逐年下降。

衰老期：7~10年。不能产生新鳞茎而重量不增加或下降，逐渐形成子贝。

②地上部生长发育规律

"针叶"阶段：种子采收后，当年7月前播种，9月初生根，第二年6月上旬苗枯时，只是一片针状叶，叶枯后地下留一横茎为3~4mm的鳞茎。

"鸡舌头"叶阶段：2~3年生仍是一片针叶，但比第一年宽，形状如鸡舌。鳞茎横茎为5~12mm。

"四平头"阶段：4~5年生，植株形成明显地上茎，高8~20cm，叶无柄，3~9片，互生，上部叶较直如"十"字。鳞茎横茎为12~23mm。

"灯笼杆"阶段：5~6年生，植株开始开花，株高30~60cm，中下部叶轮生，上部叶互生或对生，先端叶卷曲状，叶腋生1~3朵钟状花，颇似灯笼杆。鳞茎横茎达17~35mm。

③鳞茎和芽的更新规律　贝母鳞茎的生长不是鳞片数目增多或鳞片加厚，而是年年更新，即老鳞茎腐烂，重新形成一个或二个新鳞茎。

通常情况下，一个浙贝鳞茎更新后形成两个新鳞茎，60%的伊贝鳞茎更新生成两个，平贝、川贝更新为一个新鳞茎。在更新过程中老鳞茎鳞片上形成许多小鳞茎，老鳞茎腐烂后，小鳞茎脱离母体形成独立的小鳞茎，产区成为子贝。

贝母的芽也是年年更新，更新在新鳞茎进入夏休眠后开始，当芽的形态发育健全后，进入生理后熟，接着进入冬季深休眠，翌春萌发出土。

【巩固训练】

1. 平贝母栽培如何选地？如何整地？

2. 平贝母如何进行田间管理？

3. 平贝母采收后怎样干制？

4. 平贝母有哪些生长发育特点？

5. 平贝母鳞茎更新有何规律？

【拓展训练】

由于贝母具有夏休眠特性，思考贝母人工栽培适合与哪些作物间套作，既不影响贝母产量，又可提高单位面积的经济效益。

任务 5

防风栽培

【任务目标】

1. 知识目标

了解防风的分布、发展前景；知道防风的药用功效、入药部位；熟悉防风的生物生态学习性及特性。

2. 能力目标

会进行防风栽培选地整地、繁苗栽培、田间管理、采收及产地初加工。

【任务描述】

防风是伞形科防风属多年生草本植物，以根和全草入药。味辛、甘，性温，有解表、祛风、除湿、止痛的功效。主治风寒感冒、头痛、发热、关节酸痛、四肢痉挛、破伤风等。主产于黑龙江、吉林、辽宁、内蒙古、山西、河北省。其中黑龙江、吉林、辽宁和内蒙古东部所产防风称为"关防风"或"东防风"，为驰名中外的优质地道药材，久负盛名，商品一向畅销国内外市场。防风是常用中药，随着科技的发展、人口的增多和对外开放的深入，年需求量也快速增长。而我国商品防风主要来源于野生资源，家种防风产量有限，随需求增加，采挖数量也与日俱增。由于人们掠夺性的采挖，野生资源数量和质量急剧下降，且恢复更新周期较长，远不能满足药业发展的需求；加之国家环保政策的改变，使防风作为大宗药材在市场上供不应求，价格逐年上升，因此，防风的人工家种，成了必然的选择，前景还是非常广阔的。

防风栽培包括选地整地、繁苗栽培、田间管理、病虫害防治和采收加工等操作环节。

该任务为独立任务，通过任务实施，可以为防风栽培生产打下坚实的理论与实践基础，培养合格的防风栽培生产技能型人才。

【任务实施流程】

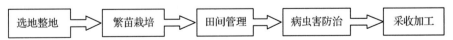

选地整地 → 繁苗栽培 → 田间管理 → 病虫害防治 → 采收加工

【任务操作要点】

一、选地整地

1. 选地

防风为深根性植物，一年生根长达 13～17cm，二年生根长达 50～70cm，喜光、耐旱，忌高温、雨涝、土壤过湿，故应选荒山荒地、初植林地、采伐迹地、经济林果新建园地、林分郁闭度 0.4～0.5 的疏林地，以向阳、地势高燥、土层深厚、疏松肥沃、排水良好、地下水位低的沙质壤土地种植，黏土地种植根短分叉多，质量差。轻壤质或轻碱性土壤亦可种植防风。酸性大、黏性土或过沙、盐碱地、低洼积水土壤不宜种植。

2. 整地

深耕整地是提高防风产量和质量的一项重要措施，一般在秋季前茬作物收获后进行，愈早愈好。同时结合深耕，一般每亩施优质腐熟农家肥 3 000～4 000kg，加过磷酸钙 20～30kg 或磷酸二铵 8～10kg。耕地深度应根据土层薄厚、土壤性质、原来耕深等因地制宜，灵活掌握，并做到逐年加深，一般以 30cm 为宜。耕后不耙，使土壤经过冬季冰冻，质地疏松，利于接纳雨雪，既能提高肥力、增加土壤吸水力，又能消灭土壤中的病源，还能提高翌春土壤温度。春季抓好顶凌耙地，每次雨后，都要及时耙糖保墒。冬、春雨雪稀少地区，秋、冬耕后必须立即耙糖以利于蓄水保墒。

春季，播种防风前进行浅耕，深度以 12～15cm 为宜，随耕随耙，整细耙平，做成高床或平床，床宽 1.3m，高床沟深 25cm 左右，便于排水；平床四周做成小土埂，以便排灌。育苗床与栽培床一样，但要求精耕细作，适当增施苗田肥，以利于出苗保苗。

二、繁苗栽培

防风栽培可采用育苗移栽和大田直播及根插栽培三种栽培方式。育苗移栽既节省种子，又便于集中管理，还节约用地，亦能克服干旱地区、干旱地块抓苗困难的弊端；防风育苗主要采用种子繁苗方法，下面分别介绍：

1. 种子繁苗

为了促进种子萌发、幼苗健壮生长、提高防风播种后的出苗率，播种前需对种子进行一定的处理。

首先需要进行种子精选，剔除瘪籽、草籽、杂质和霉烂种子，选留籽粒饱满、无病虫害、无霉烂种子于播前 3～5d 用 35℃温水浸泡 24 小 h，或用 40～50℃温水浸泡 8～12 小 h，使其充分吸胀水分，捞出放于室内，保持一定温湿度，待种子萌动时即可播种。亦可采用 50mg/kg 赤霉素处理，发芽整齐。为提高发芽率，也可于播前用细沙摩擦种子，效果也不错。

播种时，在准备好的苗床上按 15～20cm 行距横床开 2～3cm 深的浅沟，将处理好已萌动的种子均匀撒入沟内，覆土 1～1.5cm 厚，稍加镇压，盖草浇水，出苗前一直保持苗床湿润。每亩播种量为 2.5～3kg。

2. 防风栽培

大田直播：播种方法与育苗移栽方法相同，只是行距要加大为 30cm 开沟，沟深 2cm，幅宽 7～10cm，将种子均匀撒入沟内，覆土盖平，稍加镇压，盖草浇水。如遇干旱，应及时浇水，保持土壤湿润，直至出苗。

播种时间可在春季亦可在秋季，秋季要在土壤上冻前，播种，不能过早。春季播种时间在 4 月中下旬进行。播种量也要比育苗田稍少，约为 1～2kg/亩。秋播出苗早且整齐、生长期长，利于防风生长。

育苗移栽：是将育苗田育好的 1 年生防风苗移栽到栽培田，经 1～2 年大田管理后进行采收的栽培方式。

移栽时间可选择秋季或春季，移栽时，将育苗田的防风苗起挖，起挖时注意尽量不要伤根，边起挖边栽培，栽培采用穴栽或开沟栽植。穴栽按株行距 10cm×30cm 挖穴栽培，穴深据防风苗根长而定，一般深 15cm 左右，每穴栽植一株，栽植时将苗扶正，根系顺直，不能卷曲，栽好后覆土至芦头以上 3cm 左右，稍加压实，浇水。开沟栽植是按行距 30cm 横床开沟，沟深 15cm 左右，然后将种苗按 10cm 株距摆好，要求根系顺直，芦头据床面 3cm 左右，全部摆好后，开下一道栽植沟，覆盖上一道，以此类推，直至栽完，全部栽好后，整平床面，稍加镇压，土壤墒情好可不浇水，否则需要浇水。

根插栽培：防风的根茎具有再生能力，故可

采用根插方式进行栽培,但该法北方地区少用,南方气温高低区可采用。

结合防风采收,选留 2 年生、生长健壮、无病虫害、根茎完整的直径在 0.7cm 以上的根条,将其截成 3～5cm 长的不带芦头的根段,随截随插。扦插时,在准备好的栽培地上按株行距,穴深 6～8cm,每穴垂直或倾斜栽入 1 个根段,栽后覆土 3～5cm,稍加压实即可。栽培时要注意生理上下端方向,不要倒栽。每亩平均用根 50kg 左右。如果采收是在秋季防风地上植株枯萎死亡后进行,选留的种根应进行假植。

三、田间管理

1. 苗期管理

育苗田和生产直播田,种子播后 30～45d 出苗。在出苗前后,由于气候影响及管理不善,容易发生缺苗断垄现象,因此要采取保苗措施。育苗田要及时浇水,保持土壤湿润;直播田要采用压、踩、轧、磙等措施因地因时并用,增加表土层水分,确保播种层内有充足土壤水分,满足种子萌发需要,如遇雨拍,土表板结,要及时破除板结层,助苗出土;还要防止跑风跑墒,造成干芽。出苗后,要逐行检查,有缺苗断垄现象,要抓紧时间进行催芽补种,或结合间苗进行移苗补栽,力争达到苗全苗匀。

一般在出苗后 15～20d,苗高达 5cm 左右时,要按株距 7cm 及时进行间苗,防止小苗过度拥挤,生长细弱;生长到 1 个月左右,苗高达 10cm 以上时,按株距 15cm 进行最后定苗。间苗、定苗不要过晚,要保持单株有一定营养面积,以防幼苗相互争夺肥、水、光,导致苗弱、高脚、晚发。如果是育苗田,按株距 3～4cm 进行最后定苗。

在整个生长季,要进行多次中耕除草,防止草荒欺苗,同时可以减少水分蒸发,提高地温,为幼苗根系生长创造良好环境。一般要求 6 月前进行 2～3 次中耕除草,在幼苗现行时,浅锄 1 次,助苗出土。全苗后,普遍深锄 1 次,促使根系深扎。定苗后,再深锄 1 次。下雨或浇水后,及时中耕破除板结,做到雨后必锄,有草必锄,以利幼苗早发,达到壮苗的目的。

苗期蝼蛄、蛴螬、地老虎、金针虫、象甲等害虫相继发生危害,应做好病虫测报,及时进行防治,确保苗全、苗壮、早发。防治时可采用深翻改土、轮作倒茬、合理灌溉、不施用未腐熟有机肥等农业措施;也可采用黑光灯进行人工诱杀和药剂处理土壤、药剂拌种、毒饵等化学方法防治。

2. 生长期管理

防风适应性强,耐旱性强,只要保证全苗,管理比较简单。

(1) 追肥:一般情况下第一年人工栽培防风,基肥施用充足,很少表现缺肥症状。播种前如果基肥施用不足或所选地块为砂壤土,定苗后需要进行追肥,保证生长所需养分。一般需追尿素 8～10kg,硫酸钾 3～5kg。可采用穴施方法进行追肥,施后盖土浇水。亦可根据植株生长情况,发现营养不足时,进行根外追施磷酸二氢钾、增根剂、喷施宝等。

(2) 排灌水:生长期过于干旱,也需要及时灌溉,以保证健壮生长。6～8 月进入雨季,田间积水需及时排除,并于土壤稍干时及时中耕,保持土壤通气透水,以利于根系生长,防止烂根。

(3) 中耕培土:在生长季,防风生长较快,杂草也生长很快,为了减少杂草与防风争夺水养分及营养面积,需及时中耕除草。一般封行前进行 2～3 次中耕除草,保证田间无杂草。且在植株封行时,要及时摘除老叶,培土壅根,防止倒伏,以利于通风透光。

(4) 打薹促根:防风播种当年,只形成叶丛,呈莲座状,很少有抽薹开花现象,一旦发现,必须及时摘除。到了第二年,生长期长地区 80% 以上植株会抽薹开花,非留种田,发现花薹均应及时摘除。而生长季短地区第二年仅有较少植株会抽薹,大部分要 3～4 年抽薹,一旦抽薹,根系木质化,丧失药用价值。打薹一般需进行 2～3 次,否则开花会消耗大量养分,影响根部发育,导致根部木质化、中空,不能作药用,留种应在留种田选 3～4 年生、生长健壮、开花早、结实饱满的植株留种。

(5) 越冬清园:防风生长到 10 月上、中旬左右,地上茎叶开始枯萎死亡,进入休眠期,这时需进行封冻水灌溉,防止冬季气候干旱导致的水分不足。其次在土壤上冻前,要将枯萎死亡后的防风植株彻底清除出园地,以减少病源,减轻下一年的病虫害发生。同时结合清园进行培土或施盖头粪,以利于防风安全越冬。一般培土或施盖头粪厚度为 2～3cm 厚为宜。翌年春季于返青前灌溉一次返青水,促使幼苗返青。

四、病虫害防治

1. 白粉病

主要危害叶片、叶柄，花梗及果实也可受害。叶片受害初期叶面和叶背产生白色、近圆形白粉霉斑，条件适宜时向四周蔓延连接成片。高温高湿、植株徒长、环境荫蔽、通风不良利于发病与蔓延。

防治方法：一是彻底清理园地，减少病源。二是加强栽培管理，合理密植，加强田间通风透光，适当增施磷钾肥，避免低洼地种植。三是药剂防治，可以采用15%粉锈宁可湿性粉剂1 000倍液，0.3°Be石硫合剂，50%甲基托布津可湿性粉剂600~800倍液，70%代森锰锌或77%可杀得500倍液，12.5%禾果利可湿性粉剂2 000~3 000倍液等，交替使用，每10d喷1次，连喷2~3次。

2. 根腐病

主要危害防风根部，被害初期须根发病，病根呈腐烂状，后期，病斑向茎部发展，导致整个腐烂。一般在5月初发病，6~7月进入盛期，高温高湿、连绵阴雨、地下害虫危害严重地块发病严重。

防治方法：一是彻底清除病残物，土地翻耕时用50~60kg/亩石灰粉进行土壤消毒，播种移栽时，进行种苗与种子消毒，药剂可采用50%退菌特可湿性粉剂1 000倍液，50%多菌灵可湿性粉剂1 000倍液，发病时，可用石灰粉进行发病植株拔除后的土壤消毒，也可用50%多菌灵可湿性粉剂500倍液灌根。

3. 斑枯病

危害叶片。病害叶片出现圆形或近圆形病斑，边缘褐色，中央色泽稍淡；后期，病斑上产生黑色小点，干燥时病斑破裂穿孔，严重时，病斑相互结合成不规则病斑。高温高湿、持续阴雨有利发病，植株瘦弱或茂密、土壤湿度过大时，发病严重。

防治方法：一是选择无病或发病较轻地块，选择无病植株进行留种。二是彻底清除病残体，集中烧毁。三是发病初期摘除病叶，并喷洒1∶1∶100波尔多液，或50%多菌灵可湿性粉剂500倍液，或75%百菌清可湿性粉剂600倍液，或70%代森锰锌可湿性粉剂800倍液，7~10d喷1次，连喷2~3次。

4. 黄凤蝶

以幼虫危害防风叶片、花蕾及果实，造成被害叶缺刻，严重时叶片被吃光，只剩叶脉和叶柄。1年2代，以蛹在灌丛和防风枝条上越冬，翌春4~5月羽化，第一代幼虫发生于5~6月，第二代幼虫发生于7~8月，卵散产于叶面，幼虫夜间活动取食，白天潜伏于叶背。

防治方法：一是人工捕杀；二是幼龄期喷洒90%敌百虫晶体800倍液，4.5%高效氯氰菊酯或20%杀灭菊酯2 000~2 500倍液防治。

5. 胡萝卜微管蚜

俗称腻虫，取食时将口器插入叶片组织吸取汁液，造成叶片卷曲、皱缩、叶色变黄、严重时脱落。每年发生20余代，以卵在金银花、北沙参等药材上越冬，早春孵化后危害越冬寄主，5~7月危害防风、柴胡、当归、小茴香等，10月产生有翅性母和雄蚜，迁飞到越冬寄主上交配后产卵越冬，越冬卵附着在叶片、叶柄、叶腋及心叶等处越冬。

防治方法：一是冬季清园。二是在发生期喷洒10%吡虫啉可湿性粉剂2 000~3 000倍液，或3%啶虫脒乳油2 000倍液，或20%杀灭菊酯乳油3 000倍液，7~10d喷1次，连喷数次。

6. 黄翅茴香螟

现蕾开花期发生，以幼虫在花蕾上结网，咬食花与果实。

防治方法：清晨或傍晚用90%敌百虫800倍液或80%敌敌畏乳液1 000倍液喷雾。

7. 地下害虫

防风地下害虫有蝼蛄、金针虫、地老虎、蛴螬，均以幼虫或成虫危害防风嫩芽、嫩叶、刚发芽的种子、地下根茎、细根、叶柄等，造成缺苗、根腐烂或出现疤痕、孔洞，严重时造成植株死亡。

防治方法：一是农业防治。如清除杂草，尤其是种植田四周杂草、沟渠边杂草等，减少其产卵场所；精耕细作，深耕多耙，避免施用未腐熟有机肥，合理灌溉防止过湿，冬季深翻等，以利于机械杀死、冻死部分越冬幼虫和蛹等。二是人工捕杀，如每天清晨检查防风有被害状时，就近挖土捕捉地老虎、蛴螬，或趁蛴螬成虫黄昏在低矮作物上交尾时捕捉。三是诱杀成虫或幼虫，如利用黑光灯、糖醋液、毒草在成虫发生期诱杀地龙虎、蝼蛄、金针虫成虫和幼虫。四是化学防治，如用50%辛硫磷乳油或80%敌敌畏乳油加水配成溶液浇灌土壤，也可用其处理种子防治各种地下害虫，或用20%杀灭菊酯乳油2 000倍液或2.5%绿色功夫乳油3 000倍液喷雾防治地老虎等。

五、采收加工

1. 采收留种

（1）采收：防风种植第二年即可采收，10月下旬到11月中旬或春季芽萌动前挖收。用根插繁殖的防风，水肥条件较好的一年就可收获。种子繁殖的一般两年收获，条件不好，如贫瘠、土壤沙石多等，可采收3~4年。一般根长30cm以上，直径1.5cm左右才可采收，采收过晚，根易木质化，太早，产量降低。防风入土较深，根脆易断，采收时，需从床一端开深沟，顺序挖掘，挖出后，运回加工。一般每亩可产鲜根茎1 000~1 500kg左右。

（2）留种：选留植株生长健壮、无病虫害、生长一致的2年生防风田作为留种田，到8~9月份种子由绿变黄褐色、轻碰即成两半时采收种子，不能过早采收，过早种子未完全成熟，影响发芽率。也可割回种株置阴凉处，后熟1周后在进行脱粒，晾干，保存。

也可采挖时选留种根，选留芦头直径0.7cm以上的2年生根条做种根，翌年春季将防风无芦头根段截成3~5cm小段，用于扦插繁殖，当年不开花抽薹，如用带芦头根茎扦插，当年即开花结籽。

2. 加工

将挖出去净残留茎叶和泥土的防风根茎晒至半干时去掉须毛，再晒至八九成干时按根的粗细长短分级，捆成约1kg重的小捆，继续晒干或烘干即可。一般每亩可收干货250~350kg，折干率25%左右。

【相关基础知识】

1.5.1 概述

防风[*Saposhnikovia divaricata*（Turcz）Schischk]是伞形科防风属多年生草本植物，以根和全草入药。味辛、甘，性温，有解表、祛风、除湿、止痛的功效。主治风寒感冒、头痛、发热、关节酸痛、四肢痉挛、破伤风等。

野生防风主要分布于我国北方省区，主产于黑龙江、吉林、辽宁、内蒙古、山西、河北省，山东、河南、陕西、宁夏等省区也有分布。其中以黑龙江省产量最大，黑龙江、吉林、辽宁和内蒙古东部所产防风称为"关防风"或"东防风"，为驰名中外的优质地道药材，久负盛名，商品一向畅销国内外市场。内蒙古西部、河北所产防风称为"口防风"，山西所产称为"西防风"，品质仅次于关防风，河北、山东所产称为"山防风"、"黄防风"、"青防风"，品质也较差，河南所产以木质少，肉质多、质地松脆，有"陕季风"之城。

防风是常用中药，随着科技的发展、人口的增多和对外开放的深入，年需求量也快速增长。20世纪50年代，年需求量50×10⁴kg，70年代初150×10⁴kg，80年代初200×10⁴kg，90年代达到300×10⁴kg左右，增长了5倍。而我国商品防风主要来源于野生资源，家种防风产量有限，随需求增加，采挖数量也与日俱增。由于人们掠夺性的采挖，野生资源数量和质量急剧下降，远不能满足药业发展的需求；加之国家环保政策的改变，使防风作为大宗药材在市场上供不应求，价格逐年上升，20世纪90年代初为6~10元/kg，2000年上升为15~18元/kg，目前野生防风价格更是高达160~170元/kg，且一直居高不下，面对严峻的现实，使人们认识到了野生防风资源的危机。近年来，虽在集中产区建立了一些防风保护区，但恢复更新周期约需8~10年，因此，面对市场，增加防风的人工家种，成了必然的选择。

经多年人工栽培防风试验研究，目前人工栽培已获得成功。据报道，江苏采用分根繁殖栽培防风,当年即可收获 350kg,且与正品关防风基本相同,四川引种关防风人工栽培周期比原产地缩短一半,产量还要高出许多,且品质与关防风大体一致,有些指标甚至优于关防风。目前,人工栽培防风,种子繁殖 2~3 年收获,分根繁殖当年即可收获,按现行市价年亩效益也是相当可观,市场也相当广阔,一般种植防风 2 年收获,亩产平均 300kg 干货,按 15 元/kg 计算,每亩每年收入可达 2000 元左右,因此人工栽培防风前景还是非常广阔的。

1.5.2　生物生态学特性

1.5.2.1　形态特征

防风为多年生草本植物,株高 30~100cm(图 1-4)。

(1)根

粗壮,有分枝,主根粗长,1 年生 15cm 左右,二年生可达 50~70cm,表面淡棕色,根茎处密被纤维状叶残基。根具萌生新芽、产生不定根及繁殖新个体能力。

(2)茎

单生,两歧分枝,分枝斜向上生长,与主茎近等长,有细棱。

(3)叶

分基生叶与茎生叶。基生叶丛生,

图 1-4　防风

有长叶柄,基部鞘状,稍抱茎,叶片卵形到长圆形,2~3 回羽状分裂。茎生叶较小,有较宽的叶鞘。

(4)花

复伞形花序多数,顶生,形成聚伞状圆锥花序,无总苞片,小总苞数片,披针形,花瓣白色,5 片,子房下位,2 室,花柱 2 个。花期 8~9 月。

(5)果实

双悬果,狭椭圆形,略扁。成熟时裂开成 2 分果,具 5 条肋线。果期 9~10 月。

(6)种子

果实内含种子 1 枚,千粒重 4.13g 左右。

1.5.2.2　生态学习性

野生防风多生长于海拔 1 000~1 800m 的草原、丘陵、山坡上。以土壤质地疏松、肥沃、深厚、排水良好的砂质土为好,过于潮湿,生长不良,黏土、低洼地、重盐碱地不宜种植。喜温暖、凉爽气候,怕高温,夏季持续高温植株生长发育不良,甚至枯萎死亡,但种子萌发温度低出苗慢,温度在 20~25℃,出苗只需 7~9d,低于 20℃需要 10~15d 才能出苗,耐严寒,在黑龙江可安全越冬。耐旱怕涝,积水容易造成烂根。喜光,光照不足,生长缓慢。

1.5.2.3 生长发育特点及规律

（1）生长发育特点

①生长发育特性：防风是多年生草本植物，但抽薹开花后即会枯死，药用需采挖未开花抽薹植株的根茎，根茎坚实、味足，开花后根茎中空无味。

②根茎再生特性：据试验，防风根茎具有很强的再生能力。防风根茎如果不带芦头进行扦插，可很快形成新植株，且当年不开花抽薹结实；如果扦插时带芦头，也会很快形成新的植株，但形成的新植株当年即会抽薹开花结实。挖取防风时，残留在土壤中的根茎，会继续再生 1~4 个新植株，药农称其为"二窝子"防风。且其生长速度比播种的植株生长速度快很多，因此，可利用其这种特性进行防风的扦插繁殖和实现一次种植，多次收获目的。

③种子寿命短：防风种子寿命较短，不耐贮藏，新采收种子播种发芽率也比较低，只有 50%~75%，经 1 年贮藏后，其发芽率会显著降低，甚至完全不能萌发。据测定，当年采收种子，室温存放 12 个月后发芽率仅为 18.7%，存放 16 个月后发芽率仅为 1.3%。据试验，防风种子用细沙摩擦可提高发芽率，而用赤霉素浸种缺未见促进发芽的效应。

（2）生长发育规律

防风在每年 4 月播种，播种当年只形成叶丛，不抽薹开花。多年生植株幼苗返青一般在 4 月中下旬，5 月上旬苗可出齐，5~8 月为地上部旺盛生长期，7 月下旬至 9 月中旬为抽薹开花期，9~10 月为果实成熟期。

生长前期防风主要以长叶为主，根系生长缓慢。植株进入营养生长旺盛期后，根的伸长生长较快；8 月以后则以根系加粗生长为主。

防风的叶片生长有一定的规律，一二年生一般为 3 片真叶，三四年生为 4 片真叶，5 年生 4~5 片真叶，6 年生 6~7 片真叶，7 年生以后基本稳定在 8 片真叶。

1.5.3 主要质量指标

根呈长圆柱形，下部渐细，有的略弯曲，长 15~30cm，直径 0.5~2cm，头部有明显密集的环纹，习称"蚯蚓头"，环纹上有棕褐色毛状残存叶基。体轻、质松、易折断，断面不平坦，皮部浅棕色，有裂隙，散生黄棕色油点，木质部浅棕色。气特异，味微甘。以条粗壮，断面皮部色浅棕，木部浅黄色者为佳。含挥发油，油中主要成分有辛醛、壬、己醛、β-没药烯、花侧柏烯、β-桉叶醇等。从己烷提取液中分得 1-甲基苯乙妥等五种呋喃香豆精，3-0-白芷酰亥茅酚等 4 种色素酮。醋酸乙酯、丁醇提取物分得 5-0-甲基维斯阿米醇的葡萄糖苷、升麻苷、升麻素、亥茅酚苷及亥茅酚。升麻素及亥茅酚苷有镇痛作用。4 种色素酮均有降压作用。2000 年版《药典》规定，含升麻苷（$C_{37}H_{54}O_{11}$）和 5-0-甲基维斯阿米醇苷（$C_{22}H_{28}O_{10}$）的总量不得少于 0.24%。

【巩固训练】

1. 防风栽培如何选地？如何整地？

2. 防风生长期如何管理？

3. 防风采收应注意什么？

4. 防风生态学习性如何？

5. 防风有哪些生长发育特点?

【拓展训练】

调查你的家乡所在地区是否有野生防风存在? 思考你的家乡是否可以人工栽培防风?

任务 6
芍药栽培

【任务目标】

1. 知识目标

了解芍药的分布、分类；知道芍药的药用功效、入药部位；熟悉芍药的生物生态学习性及特性。

2. 能力目标

会进行芍药栽培选地整地、繁苗栽培、田间管理、采收及产地初加工。

【任务描述】

芍药为毛茛科芍药属多年生草本。以干燥根入药，为常用中药。有白芍和赤芍之分。二者同为寒性药，具有清热的共性。但白芍属补虚药，长于补血平抑肝阳；赤芍属清热药，功偏清热凉血祛瘀。白芍补而赤芍泻，白芍收而赤芍散。近些年，赤芍价格的不断上扬，野生资源产量急剧下降，栽培起步较晚，栽培面积极小，因此芍药栽培，特别是赤芍栽培成为当务之急。且芍药花大美丽，更是不可多得的观赏花卉，因此芍药栽培是致富的不错选择。

芍药栽培包括选地整地、繁殖栽培、田间管理、病虫害防治和采收加工等操作环节。

该任务为独立任务，通过任务实施，可以为芍药栽培生产打下坚实的理论与实践基础，培养合格的芍药栽培生产技能型人才。

【任务实施流程】

选地整地 ➡ 繁苗栽培 ➡ 田间管理 ➡ 病虫害防治 ➡ 采收加工

【任务操作要点】

一、选地整地

1. 选地

芍药根系入土较深，故选地宜选气候温和、土层深厚、疏松肥沃、地势高燥、排水良好的沙质壤土、夹沙黄泥土、冲积壤土等。一般多选山地、梯田或倾斜的旱地栽培，山地坡向以东南为宜，四周无树木及其他遮阴物遮阴则产量较高，亦可选择林分郁闭度为 0.4～0.5 的林地或果园、初植林地、疏林地等，但相对光照充足者产量稍低。前茬作物最好选择玉米、小麦、豆类、甘薯等。

2. 整地

芍药栽植后需经3~4年生长发育才能采收，所以整地非常重要。地选好后，如果是山地、梯田，需将杂草、灌木、草皮、石块等清理出去。在栽培头一年秋季深翻30~50cm，同时每亩施入腐熟农家肥3 000~3 500kg，结合深翻将土肥混合均匀。经过一冬的冻、晒堡后于一年春季栽培前耙细整平，做宽1.5m、高15~20的高畦或平畦，长依地形而定。作业道宽30~35cm。

二、繁苗栽培

芍药繁殖多采用芍头繁殖和分根繁殖，很少采用种子繁殖。

1. 芍头栽培

（1）芍头准备：芍头是指芍药根上的更新芽，药农称为"芍头"或"芍芽"。芍头准备是在秋季收获芍药时，将芍头切下做栽植材料，芍药根作为药材加工出售。切下的芍头按大小、芽的多少，顺其自然生长形状，用刀切成2~4个，每个上面应有粗壮芽苞2~3个，每个芍头厚度在2cm左右，过薄养分不足，生长不良；过厚主根不壮且多分枝。切后直接栽种或进行贮藏。最好是随切分随栽种，如不能及时栽种，则不要进行切分，将整个芍头进行沙藏备用。

（2）芍头贮藏：芍头贮藏有两种方法。一是室内堆藏。选通风、阴凉、干燥贮藏室，在室内地面铺细沙或细土8~10cm厚，将芍头堆放其上，堆放时芽朝上，依次排放，厚约15~20cm，然后上面加盖细沙或泥土12~15cm。注意要保持细沙或泥土湿润，每隔15~20d检查一次，防止发霉腐烂或干燥。如发现细沙或泥土漏入芍头中，要及时加盖细沙或泥土。另一种是坑藏。在室外选择地势高燥的平地，挖深20cm的坑，长、宽视芍头数量而定，坑底清理平整后铺6~10cm厚细沙，然后堆放芍头，芽向上，覆一层厚10cm左右的细沙，芽头可稍露出土面，以便检查。

（3）栽种：芍药栽种时间为秋季8~10月，越早越好，最迟不能晚于10月，辽宁最迟应在9月上中旬栽完。过晚，芍芽已发新根，栽植时容易弄断，且气温下降，栽后发根慢，翌年生长差，产量低。

栽植时按株行距30cm×45cm，挖深12cm左右，直径20cm的栽植穴，每穴栽植芍头1~2个，

芽向上，栽后覆土，厚度以芽距地表6~7cm为宜，覆土后稍镇压后再次覆土使呈馒头状，以利越冬。一般亩栽5000株。土壤墒情不好，栽后需浇水。

2. 分根栽培

是在采收芍药时，将粗大的芍根从芍头着生处切下做药材。留下较细的根（铅笔杆粗细），按芽、根自然生长势头，剪成2~4株，每株留壮芽1~2个，根1~2条，保留根长度18~22cm，剪去过长的根和侧根。栽培方法同上。

3. 播种繁殖

8月上中旬种子成熟时，将健壮植株上的种子采下，随即播种，或用湿沙混拌贮藏至9月中下旬播种，不能晒干，否则不出苗。按行距15~20cm在准备好的畦床上开深3~4cm的沟进行条播，播种时将种子均匀撒入播种沟内，覆土3~4cm，稍镇压，盖草帘或稻草保湿，土壤封冻前再盖8~10cm厚土防寒越冬，翌年春季4月上旬去掉盖土，约15~20d出苗。每亩播种量50~60kg。

三、田间管理

1. 放封和封土

栽培后第二年早春，土壤解冻后，芍药嫩芽萌动前，及时撤除覆土，并进行松土保墒，以便于出苗。撤土要细心，以防伤害幼芽，该项工作药农称为"放封"。

10月下旬，芍药地上部分枯萎后，结合清园在离地6~8cm处剪断枝叶，在根际培土10cm左右，以利越冬。可结合该项工作可进行根际施肥。下年早春，再把覆土撤除。

2. 中耕除草

出苗后，由于株行距较大，易滋生杂草，应结合杂草及土壤情况及时中耕除草，做到田间清洁，土壤疏松无杂草。以后每年出苗后至封垄前均应根据杂草生长情况除草几次，雨后则除草结合松土进行，防止土壤板结。

3. 追肥

生长期内需肥较多，应分期追肥。除栽植当年由于施足底肥，不需追肥外，以后每年均应进行3~4次追肥，以满足芍药生长需求，促进生长发育。第一次在3月下旬，幼苗出土后每亩追施稀薄腐熟人畜粪尿水1 500kg；第二次在4月下旬，每亩追施稀薄腐熟人畜粪尿水1 500kg，外加20kg氯化钾；第三次7月初，每亩追施稀薄腐熟人畜粪尿水1 500kg，外加过磷酸钙25~40kg；第四次

在封土前或结合封土进行，每亩追施稀薄腐熟人畜粪尿水1 500kg，外加厩肥2 500kg或饼肥100kg。另外，从栽植后第二年开始，每年5.6月份用0.3%磷酸二氢钾进行1~2次叶面喷施。

以后随植株逐年长大，每年追施肥料数量也应适当增加。

4. 排灌水

芍药耐干旱。因此一般情况下不需灌水，只在严重干旱时进行灌溉。芍药怕涝，进入雨季后，要注意及时排除田间积水，以免引起烂根。

5. 摘蕾

药用芍药，为使养分集中供应根部生长，每年4月中旬花蕾出现时，选晴天及时将花蕾全部摘除。留种田的植株，也要留大花蕾，其余的小花蕾也要摘除，以保证所留的种子籽粒饱满。

四、病虫害防治

1. 锈病

主要危害叶片，枝、芽、果也可受害。5月开花后发生，7~8月严重，开始叶面出现淡黄褐色小斑点，后扩大为橙黄色斑点，散出黄色粉末状孢子。后期叶面呈现圆形或不规则形灰褐色病斑，叶背出现刺毛状冬孢子堆。

防治方法：选高燥地势，排水良好，远离松柏类植物地块；高畦种植，减轻发病；秋冬季清园，病残体烧毁或深埋；发病初期，喷洒25%粉锈宁或代森锌500倍液或97%敌锈钠400倍液或0.3~0.4°Be石硫合剂，7~10d喷1次，连续3~4次。

2. 软腐病

主要危害种芽，是种芽堆藏期间和芍药加工过程中常发生的病害。潮湿易发病，发病时种芽切口处呈水渍状褐色，后变软变黑褐色，用手捏可流出浆水。病部生长灰白色绒毛，后顶端长出小黑点。温湿度不适病部干缩僵化。

防治方法：种芽贮藏处要通风，切口要干燥，贮藏场所铲除表土及熟土后要用1%福尔马林或5°Be石硫合剂喷洒消毒，覆盖细沙也要消毒，湿度不能过大；芍药加工时注意勤翻、薄摊，防止腐烂；芍头用0.3%新洁尔灭消毒。

3. 白粉病

主要危害叶片。被害叶两面出现白粉状病斑。

防治方法：发病初期用50%托布津800~1 000倍液喷雾，每周1次，连续2~3次。

4. 叶病斑

主要危害叶片。夏秋季发生。发生时，叶表出现灰褐色近圆形病斑，有轮纹，上生黑色霉状物。

防治方法：增施磷、钾肥，增强植株抗病性；发病前或发病初期喷洒1：1：100倍波尔多液或50%退菌特800倍液或50%多菌灵800~1 000倍液或50%托布津1 000倍液，7~10d喷1次，连续数次。

5. 灰霉病

主要危害叶、茎和花。叶片感病，先从下部叶叶尖和叶缘开始，病斑褐色、近圆形，有不规则轮纹，后生灰色霉状物；茎上病斑褐色，菱形，软腐后植株折断；花感病，花瓣变褐腐烂。

防治方法：秋冬季清园，病残物烧毁或深埋，减少病原菌；实行轮作；合理密植，增加通风透光；发病初期喷洒50%多菌灵800~1 000倍液或乙磷铝200倍液或1：1：100倍波尔多液，7~10d1次，连续数次。

6. 褐斑病

主要危害叶片，叶柄和茎也受危害。发病初期叶表出现近圆形紫褐色斑点，后渐扩大成中央淡褐色，边缘紫褐色病斑，质脆，易破裂，上生黑色霉层。严重时，全株叶片黑褐焦枯，植株死亡。一般6月开始发病，7~8月进入雨季后，空气湿度大，为发病高峰期。

防治方法：秋冬季清洁田园，清除病残物，烧毁或深埋，减少病源；降低田间湿度；发病初期，喷洒1：1：100倍波尔多液或65%代森锌500~600倍液，7~10d1次，连续数次。

7. 介壳虫

成虫和若虫以刺吸式口器吸食芍药的组织内汁液，使植株生长衰弱，枝叶变黄。

防治方法：加强检疫，严防引入带虫种苗；保护和利用天敌；孵化盛期喷洒40%氧化乐果1 000~1 500倍液，或50%马拉硫磷乳剂800~1 000倍液，或50%辛硫磷乳剂1 000~2 000倍液；用呋喃丹溶液浇灌根部，植株吸收药剂后被虫体吸食有毒汁液而杀死；发现较少数量介壳虫危害时，用软刷刷除，或剪去虫害枝烧毁。

8. 蚜虫

以成若虫聚集在嫩梢、花柄、叶背吸食幼嫩茎叶汁液，使幼嫩茎叶卷曲萎缩，叶片变黄，严重时全株枯萎。高温干燥繁殖快，危害严重。且其分泌蜜汁常引发煤污病等；还能传播病毒病等。1年可繁殖数代以至二三十代。

防治方法：消除越冬杂草；喷洒乐果或2.5%鱼藤精液；保护利用天敌，以虫灭虫；喷洒40%乐果乳剂1 000~1 500倍液，或80%敌敌畏1 500~2 000倍液，或50%灭蚜松乳剂1 000~1 500倍液，7~10d喷1次，连续数次。

9. 地下害虫

芍药主要受地下害虫危害，主要有蛴螬、地老虎、蝼蛄、蚂蚁等，以蛴螬危害最为严重。4~9月危害严重，成株期在地下咬食芍药根，造成根部孔洞、疤痕；播种期取食播下的种子；幼苗期咬断根茎基部，造成地上部死亡。一二年生植株受害严重。

防治方法：冬耕深翻，机械杀死、冻死越冬代幼虫；施用充分腐熟农家肥；合理轮作倒茬；合理施用铵态氮肥；灯光诱杀成虫；播种时用75%辛硫磷乳油按种量0.1%拌种；发生期用90%敌百虫1 000倍液或75%辛硫磷乳油700倍液浇灌土壤。

五、采收与加工

1. 采收

芍药在种植3~4年后即可收获。过早采收产量较低，过晚采收根心空，产量降低，品质也会下降。采收时期6~9月，最早不能早于6月，否则会影响产量；最迟不能迟于10月上旬，否则新根萌发，也会影响产量和质量。辽宁以8月为采收适期。采收选择晴天，小心挖取全根，抖净泥土，留芍头作为种用，切下芍根加工药用。

2. 加工

首先将切下的芍根按大小分成三级。一级长8cm以上，中部直径1.7cm以上，无芦头、破皮、裂口；二级长6cm以上，中部直径1.3cm以上，无芦头、破皮、裂口；三级长4cm以上，中部直径0.8cm以上，无芦头、破皮、裂口。

分级后加工成赤芍或白芍。分级后洗净泥土，去皮或不去皮，晒干即为赤芍。

白芍加工分擦白、煮制和干燥三个步骤。注意加工要选近期内不能下雨的晴天进行。

(1)擦白：即搓去芍根的外皮。先将芍根装入竹箩内，浸泡于流水或水塘中2~3h，然后将芍根捞出，放置于特制的木床上搓擦，搓擦过程中为了增加摩擦力，更易去皮可加入一定量黄沙，待表皮擦净后，用水洗净泥沙，浸于水中待煮。

(2)煮制：芍根煮制要求当天浸当天煮，浸泡时间约为半天，不可太长。先将锅水烧至80~90℃，把芍根放入锅内，放入数量以锅水浸没芍根为度，每次约15~25kg。放好后先将锅盖密闭5min，然后打开锅盖，上下翻动使芍根受热均匀，控制火力以保持锅内水微沸即可，过沸时及时加入凉水，煮制时间一般小根5~10min，中等芍根10~15min，大芍根15~20min，煮至无生心为准。判断是否煮透可采取以下方法：①从锅内捞出芍根，用嘴吹气，见芍根上水气迅速干燥，表明熟过心，即可捞出。②用竹针试刺，如容易刺穿，即为熟透；如针刺费力，尚需再煮。③用刀切去头部一段，见切面色泽一致无生心，表明煮熟煮透，应迅速取出晾晒。④在切面用碘酒擦一下，切面蓝色即褪，表明已煮好。最好几种方法配合使用，效果更好。

煮好的芍根应迅速从锅内捞出，送往晒场摊晒。

(3)干燥：将煮制好的芍根迅速运往晒场，薄薄摊开，先暴晒1~2h，要不断翻动，使表皮干燥一致，以后渐渐把芍根堆厚暴晒，使表皮慢慢干燥。如当天不能及时摊晒，应摊放于通风处，切忌堆置，不然第二天芍根表面就会起滑、发黏，影响品质。晒4~5天后，停止暴晒，在室内堆放回潮2~3d，使内部水分外渗，然后继续暴晒4~5d，再在室内堆放3~5d，然后晒至全干，即可作商品出售。经这样晒干的芍根表皮皱纹细致，颜色也好。芍根商品以质坚、粉足、表面光滑、白色、无霉点者为佳。

干燥后的芍根商品一般采用细竹篓或麻袋包装贮存，放于通风干燥处，防止受潮发霉和虫蛀。

【相关基础知识】

1.6.1 概述

芍药为毛茛科芍药属多年生草本。别名将离、离草、没骨花、婪尾草、余容等。以干燥根入药，为常用中药。人工栽培的芍药根经擦白、煮制、干燥后颜色为白色，称为白芍；野生芍药根或人工栽培芍药、川赤芍根经洗净泥土、去皮或不去皮、晒干或晒干后切片、切段，不去皮者表皮颜色为黑褐色，切片、切段后断面颜色粉白色或黄白色。白芍和赤芍从植物学分类角度，二者原系一家，几乎是同种；但以现代中药药理而论，二者却是截然不同的两种中药材，药性也各自不同。在中医临床应用上，白芍、赤芍同为寒性药，具有清热的共性。但白芍属补虚药，长于补血平抑肝阳；赤芍属清热药，功偏清热凉血祛瘀。白芍味苦、酸、甘，微寒，入肝、脾经。具有养血调经、平肝止痛、敛阴止汗之功效。常用于治疗血虚或阴虚有热的月经不调、阴虚盗汗、肝阴不足之头痛、胁肋疼痛等。赤芍味苦，微寒，主入肝经。具有清热凉血、散瘀止痛之功效。主要用于治疗温病热入营血，血热吐衄以及目赤翳障等症。由此可见白芍偏补血敛阴，赤芍擅泻火行滞。而在成无己《注解伤寒论》中更是清楚描述："芍药，白补而赤泻，白收而赤散也"。

从其所含化学成分而论，二者均含单萜苷、多元酚、黄酮及其苷类、胡萝卜苷、蔗糖等，其中最主要的成分主要包括芍药苷、芍药内酯苷、羟基芍药苷、苯甲酰芍药苷、苯甲酰羟基芍药苷、没食子酰葡萄糖、丹皮酚等。但在二者的不同加工过程中使其各种成分含量发生改变，从而表现出不同的药用功效。

芍药野生于山坡、山谷的灌木丛或高草丛中。分布东北、华北、西北各省。河南、山东、甘肃、陕西、四川、安徽、浙江、贵州、台湾等省大量栽培。

近些年，赤芍价格的不断上扬，野生赤芍资源蕴藏量在人们的无序、掠夺性采挖下，以及产区自然环境的变迁，急剧下降，而栽培又起步较晚，栽培面积极小，因此芍药栽培，特别是赤芍栽培成为当务之急。且芍药花大美丽，更是不可多得的观赏花卉、切花花卉，不论是药用还是观赏栽培，都是人们致富的不错选择。

1.6.2　生物生态学特性

1.6.2.1　形态特征

芍药为毛茛科芍药属多年生草本植物，高 50~80cm，根肥大，圆柱形或略呈纺锤形，外皮棕红色（图 1-5）。茎直立，无毛。叶互生，二回三出复叶，小叶窄卵形、长卵圆形或披针形，先端渐尖，基部楔形，边缘密生骨质白色小齿，叶背沿脉疏生短柔毛；叶柄较长。花大，着生于花枝顶端或腋生，白色或粉红色或紫红色，花瓣 5；雄蕊多数；心皮 4~5。蓇葖果 3~5 枚，卵形，先端钩状向外弯。花期 5~6 月；果期 6~8 月。

图 1-5　芍药

1.6.2.2　生态学习性

芍药野生于山坡、山谷、灌木丛和高草丛中。喜温暖湿润气候，适生于阳光充足地方，在稀疏林荫下能正常生长开花，背阴地或荫蔽度大则生长不良。耐寒，牡丹江地区栽培也能安全越冬。也能耐高温，42℃高温能安全越夏。耐干旱、怕潮湿、水涝，积水 6~

10h 常导致烂根。喜土层深厚、疏松肥沃、排水良好的壤土或砂壤土、夹沙黄泥土、淤积泥砂壤土。盐碱地、低洼、易涝、易积水地块不宜种植。忌连作，可于紫菀、红花、菊花、豆科作物轮作。

1.6.2.3　生长发育特点及规律

芍药寿命较长，从播种长出幼苗经生长、发育、开花、结果直至植株衰老、死亡一生约经过二三十年，称为其生命周期。同时在生命周期中每年还存在随气候的年周期变化而随之完成一年内的萌芽、展叶、开花、结果、落叶、休眠的年周期。

（1）芍药的生命周期内的生长发育规律

芍药播种繁殖的植株，在播种出苗后的第一年株高约 3~4cm，能够生长出 1~2 片叶，根长约 8~10cm，根上部直径约 0.4~0.5cm。第二年株高可达 7~8cm，生长较好的株高可达 15~30cm。第三年少数植株可开花，株高 15~60cm，仅一主根发达。第四年植株普遍开花，进入成年期，生长旺盛，开花繁茂，处于最佳观赏期。只要环境适宜，成年期可持续二三十年，然后进入衰老期，直至枯萎。分株苗直接进入成年期，二三十年后逐渐衰老。

（2）芍药的年周期生长发育规律

芍药是宿根性植物，每年 3 月份萌发出土，4~6 月份为生长发育旺盛时期，8 月上中旬地上部分开始枯萎，也是采收最佳时期。

春季萌芽后迅速生长开花，开花后停止向上生长，叶数也不再增加。芍药定植后不能经常移栽，否则会损伤根部，影响生长和开花。

芍药生长期只有光照充足，才能生长繁茂，花色艳丽；花期适当降低温度、增加湿度，可使植株免受强烈日光的灼伤，从而延长观赏期。在轻度荫蔽条件下也可正常生长发育。但若过度庇荫，则会引起生长衰弱、不能开花或开花稀疏。

芍药是长日照植物，经过秋冬季短日照条件下的花芽分化形成，到了春季长日照条件下才能完成开花。花蕾发育和开花，均需在长日照下完成。

（3）芍药种子萌发特性

芍药种子为上胚轴休眠类型，播后当年生根，再经过一段低温打破休眠，翌春破土出苗，种子寿命约 1 年，发芽率 45% 左右。

【巩固训练】

1. 芍药栽培如何选地？如何整地？
2. 芍药的芍头繁殖如何操作？
3. 芍药如何进行播种繁殖？
4. 芍药如何进行田间管理？
5. 芍药有怎样的种子萌发特性？

【拓展训练】

思考自己的家乡是否适合人工种植芍药，如果适合，应采用哪种种植模式？效益如何？

任务 7
穿龙薯蓣栽培

【任务目标】

1. 知识目标

了解穿龙薯蓣的分布及发展现状与前景；知道穿龙薯蓣的药用功效、入药部位及形态特征；熟悉穿龙薯蓣的生物生态学习性。

2. 能力目标

会进行穿龙薯蓣栽培选地整地、繁殖栽培、田间管理、病虫害防治、采收及产地初加工。

【任务描述】

穿龙薯蓣是提炼合成甾体激素类药物薯蓣皂素的原材料，加之随科技不断发展，薯蓣皂素的用途越来越广，使近年来对薯蓣皂素的需求越来越多，对作为提炼原材料的穿龙薯蓣的需求也相应的大幅度增加。野生穿龙薯蓣的蕴藏量也越来越少，开发挖掘严重地区，几乎绝迹，因此，发展穿龙薯蓣人工栽培，潜力巨大。

穿龙薯蓣栽培包括选地整地、繁苗栽培、田间管理、病虫害防治和采收加工等操作环节。

该任务为独立任务，通过任务实施，可以为穿龙薯蓣栽培生产打下坚实的理论与实践基础，培养合格的穿龙薯蓣栽培生产技能型人才。

【任务实施流程】

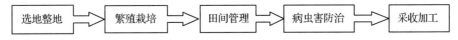

选地整地 ➡ 繁殖栽培 ➡ 田间管理 ➡ 病虫害防治 ➡ 采收加工

【任务操作要点】

一、选地整地

1. 选地

穿龙薯蓣对土壤要求不严。但以土质疏松、肥沃、排水良好、富含腐殖质的森林壤土或农田沙壤土、或河滩油沙土为好，土壤酸碱性以弱酸至弱碱性较为合适，忌选土壤黏重、排水不良的低洼易涝地种植。对比较贫瘠的土壤，可通过增施有机肥，改善土壤的肥力和理化性状。林下栽培以选林分郁闭度不超过 0.5 的阔叶杂木林、针叶纯林或针阔混交林均可，但要求表层腐殖质土层厚度超过 10cm。

2. 整地

地选好后，最好于秋季进行深翻 30~40cm，同时结合深翻亩施腐熟农家肥 4 000~5 000kg，整平耙细，做宽 1.2m，高 15~20cm 畦床，长度依地形或为 10 的整数倍。做好床后，注意防治地下害虫和进行土壤消毒，按 5kg/亩撒入 50% 多菌灵可湿性粉剂，2kg/亩撒入 1% 辛硫磷颗粒剂，注意撒施均匀，然后用耙子将其与 5~10cm 深的土壤充分混匀，一般要求在播种前 15d 进行，以减少地下害虫危害和预防根腐病发生。

二、繁殖栽培

穿龙薯蓣可采用播种繁殖种茎后栽培或直接用幼嫩根茎栽培，亦可用种子直播种植。

1. 播种繁殖种茎栽培

（1）种子处理：穿龙薯蓣种子呈棕褐色、扁平、椭圆形，具膜翅，千粒重 9.55g。播种前 1 个月即 4 月上旬对种子进行处理，以促使出苗早、出苗整齐。

3 月下旬将种子放入冷水中浸泡 48h，然后捞出沥干水分，再与 5 倍于种子量的湿细河沙混合均匀。沙子湿度以手握成团、松手触之即散为宜。将拌匀的种沙混合物装入透气袋内或通风催芽室内，前三周控制温度 5℃ 左右，每隔一周检查一次，含水量不足时喷水加湿，发现种子霉烂及时处理，第 4 周以后控制温度 20℃ 左右，3~5d 检查一次种子发育并挑出霉烂变质种子，当胚率达 85% 以上时，即可播种。

（2）播种繁殖种茎：春季 4 月下旬，在做好的苗床上横床开宽 10cm，深 5cm 沟，沟距 15cm 的沟进行宽幅条播，以利于管理。开好沟后将种子均匀撒入播种沟内，覆土 4~5cm 左右；如土壤墒情不够，可先在播种沟内浇底水，然后播种，播后稍镇压。播完覆盖 2cm 厚草帘保湿并遮阴，注意不能覆盖松针，以免对种子萌发产生抑制。播后直至苗出齐前，保持土壤疏松湿润但不宜过湿，以免烂种。播种量为 1.5~2kg/亩。

也可采用撒播方式进行播种，但管理不便；播种季节亦可选秋季土壤上冻前播完，来年春季出苗早且出苗整齐。

（3）苗期管理：苗出齐后，逐渐撒除覆盖物、遮阳网，增加透光量，注意不能伤及幼苗。幼苗

生长期保持田间清洁，有杂草应及时拔除或铲除，并结合除草进行松土。幼苗高 10cm 左右，长出 3~4 片叶时，间除过密、弱小幼苗，保持株距 3~4cm。6~7 月份施入稀薄人畜粪尿水 2 000kg/亩，7~8 月份叶面喷施 0.3% 磷酸二氢钾 3~4 次，喷施时间为下午 4：00 以后。雨季注意排水。整个生长期注意病虫害防治。

④种茎移栽：播种苗在苗床生长一年后即可进行种茎移栽，移栽以秋季最好，其次亦可在春季萌芽前进行种茎移栽。移栽前将地上部已枯萎死亡的植株从苗床一端开始依次挖出种茎，不要弄断或伤及幼小种茎，最好随起随栽。

栽植时在准备好的栽植床上顺床向开 8cm 深沟，行距 40cm，将起出的穿龙薯蓣幼小种茎按株距 25cm 平摆，芽头朝向床内侧，摆好后覆土 6~8cm。栽后于土壤上冻前灌封冻水一次。

2. 根茎栽培

秋季在穿龙薯蓣地上部分植株枯萎死亡后将母株根状茎挖出，选择节间短、直径粗、无病虫害的根状茎幼嫩部分，并切成 10cm 左右长的小段，要求每段上有芽苞 1~2 个。因选择根状茎的不同部位作为繁殖材料对产量影响很大，根状茎的幼嫩部分作为繁殖材料产量最高，其次为根状茎中段，老根茎产量最低。

栽培材料选切好后，在准备好的栽培床上顺床向按行距 40cm 开深 8cm 左右深沟，将切好的根茎按株距 25cm 平摆，芽头统一朝向床内侧，摆好后覆土 6~8cm。栽后于土壤上冻前灌封冻水一次。

3. 种子直播种植

4 月下旬在准备好的种植床内按株距 25cm，行距 40cm 开挖深 5cm 的种植穴，每穴撒入 4~5 粒处理好的种子，覆土 4~5cm 左右，土壤墒情不够，播种前需浇底水。播好后每穴上覆盖稻壳 2cm 厚进行保湿及遮阴，直至出苗。该法管理不便，但节省种子。

三、田间管理

1. 除草松土

每年春季苗出齐后，据田间杂草生长情况注意松土和除草，每年进行 3~4 次，保持田间清洁，除草注意"除早、除小、除了"原则。

2. 灌排水

穿龙薯蓣地下根茎发达，入土较深，较耐干旱。一般情况不需特殊灌溉，但在 6~7 月份地下

根茎肥大伸长时，直至 9 月中下旬茎叶变黄、养分回流时，需水量较大，应注意土壤 5～40cm 深处的墒情，缺水应及时补充。灌水尽量不采用大水漫灌，不能一次浇水过多，以免造成田间积水，以能够维持土壤表层适宜湿度，不能过干过湿。雨季注意排水，以防高温高湿引起烂根。

3. 植株管理

每年春季结合除草松土等田间管理将多头芽苗的多余芽苗及时清除，只保留一个肥大芽苗生长即可。同时注意耕作不能伤及保留芽苗，以免造成芽苗折断或枯死而萌发多头苗，影响根茎肥大和伸长。6～7 月份根状茎上萌发形成的幼株也要及时清除，以免消耗主根养分，使主蔓瘦弱，影响结籽。一般每株仅保留一个健壮枝蔓。枝蔓生长至 2～2.5m 长时进行摘心，使养分集中供应根茎生长。

4. 搭架

植株藤茎长至 30cm 左右时及时搭架，架材可用 2m 长的竹竿或树枝条，插在植株外侧处供植株攀爬，每 4 个相邻竹竿上端绑在一起，以便于通风透光及产种、采种。初次缠绕攀爬架条应进行人工引缚。

在强风和干旱地区，可不搭架，使植株自然覆盖地面，既可保持土壤水分，又可防止折断茎叶，还可提高根茎品质。

5. 肥料管理

穿龙薯蓣大田栽培前，需结合整地施足底肥。以后每年 6 月初、7 月底各进行一次追肥，一般施入尿素 15kg/亩，如土壤缺乏磷、钾，可在同期各增施磷酸钙 25kg/亩、硫酸钾 10kg/亩。追施肥料应在雨前进行，或追肥后及时灌水。第三、四年秋季地上植株枯萎死亡后，按 2 500～3 000kg/亩施入盖头猪圈粪，经冬季雪水渗透，增加土壤肥力、改良土壤理化性状。

四、病虫害防治

1. 斑枯病

主要危害叶片。叶片感病，病斑多呈多角形，直径 6～10mm，中心褐色，边缘暗褐色，密生小黑点，发病严重时，病叶枯死。多发生于秋季，苗期危害严重。

防治方法：每年秋季地上植株枯萎死亡后，清洁田园，将病株残叶清扫出园地，集中烧毁或深埋；栽植前种茎用 1∶1∶150 倍波尔多液浸泡

10～15min 进行消毒，减少菌源；发病初期，摘除病叶，喷布 30% 特富灵可湿性粉剂 1 500～2 000 倍液，或喷洒 80% 代森锌可湿性粉剂 500～600 倍液，每 7～10d 喷 1 次，连续 2～3 次。

2. 炭疽病

危害茎、叶。发病初期，叶脉上产生下陷的褐色斑点，不断扩大成黑褐色病斑，中部有不规则轮纹，密生小黑点；茎基部受害，呈水渍状深褐色病斑，后期略内陷，造成茎枯、叶落。高温高湿发病严重。

防治方法：参照斑枯病。

3. 褐斑病

主要危害叶片。发病初期，植株下部叶片出现黄色或黄白色病斑，边缘不明显，随病斑扩大及叶脉限制，病斑呈黄色多角形或不规则形，直径 2～5mm，边缘不清；后期，病斑周缘变褐色、微突起，中心淡褐色，散生黑色小点，同时叶面长出白色小点。严重时，病斑合并，叶片穿孔枯死。一般 7 月中下旬开始发生，8 月危害严重，直至收获。潮湿、多雨利于发病。

防治方法：实行轮作，避免连作；清洁田园，减少菌源；6 月开始，每隔 7～10d 喷布 1 次 1∶1∶(200～300)倍波尔多液，连续 2～3 次预防；发病严重时，用 50% 福美双可湿性粉剂按 400g/亩用量对水均匀喷雾。

4. 四纹丽金龟子

以成虫取食叶片，造成缺刻，严重时仅留叶脉；幼虫危害根茎，受害根茎轻者形成坑凹，重者仅留细小须根。四纹丽金龟子成虫活动和取食均在白天，夜间不趋光，活动与气温正相关，夜间潜入土中。严重时集群取食，集群交尾，具假死性与成群迁移危害特点。幼虫在土壤中越冬，深度较深，土壤疏松可达 72cm，坚实黄土可达 65cm。

防治方法：四纹丽金龟子成虫发生期集中，幼虫春季危害严重，防治应二者相辅相成，缺一不可；6 月末至 7 月上旬，成虫羽化开始危害时，叶面喷洒 50% 辛硫磷乳油 1 000～2 000 倍液毒杀；播种前或移栽前，将 3～5kg1% 辛硫磷颗粒剂加细土 15～20kg 均匀撒入苗床，用耙子将其与 10cm 深表土拌匀毒杀幼虫，或用种子量 0.1% 辛硫磷水溶液拌种，或用 5 000 倍辛硫磷水溶液喷洒种茎毒杀幼虫。

小苗生长期，注意防止食叶害虫蝗虫和红毛虫，发现时可喷布 2.5% 功夫乳油 1 000 倍液进行防治。

五、采收与加工

1. 采收

直播种植的 4~5 年后采挖，根茎栽植的 3 年采收。在 5~7 月份的营养生长期和孕蕾开花初期进行采挖。该期采挖的根茎薯蓣皂苷含量最高，约高出秋冬季采挖根茎的 1 倍。

2. 产地初加工

采收后去掉外皮及须根，切段后在阳光下晒干。如果用阴干法干燥，不但需要时间较长，而且容易发霉变质，使皂苷含量降低。

干燥后，将根茎装布袋，置于干燥通风的地方，注意防潮、防蛀、发霉，防止油烟等物的污染。

【相关基础知识】

1.7.1　概述

（1）药用功效

穿龙薯蓣为薯蓣科多年生缠绕性草质藤本植物。地下根状茎入药，具有活血舒筋、祛风止痛功能。主治腰腿疼痛、筋骨麻木、风寒湿痹，也是合成避孕药和甾体激素类药物的重要原料（薯蓣皂素和薯蓣皂苷元）。

（2）分布

东北地区穿龙薯蓣资源丰富，薯蓣皂素纯度高，含量为 2%~2.4%。另外河北、山东、山西、内蒙古、陕西等地也有分布。

针阔混交林的林缘及乔木稀疏的地方有零星分布；郁闭度小于 0.4 的阔叶林中分布较多，长势较好；在以榛子为主的灌木丛中分布最多，且多呈片布。不选择坡向，但以半阴半阳坡生长最好。

（3）开发前景

穿龙薯蓣目前市场前景非常看好。是因为穿龙薯蓣为合成各种类型的避孕药和甾体激素药物的重要原料。其根茎含薯蓣皂素，由于其结构与甾体激素类药物相近，因此，是合成甾体激素类药物的重要起始原料。世界上合成甾体激素类药物大部分是以薯蓣皂素为原料，而我国几乎全部是以它为原料。近年来，由于国内外合成甾体激素类药物迅速发展，穿龙薯蓣的需求量也大为增长。长期以来，我国穿龙薯蓣的原料主要来源于野生，目前穿龙薯蓣野生资源与 20 世纪 60~80 年代相比，有较大幅度的下降，开发挖掘严重地区，几乎绝迹。因此，发展穿龙薯蓣种植，对我国甾体激素类药物生产，满足医疗保健事业和计划生育的需要，增加农民收入等都有重大意义。

随着科技发展水平的不断提高，薯蓣皂素的用途日益广泛。据统计，目前全世界年产薯蓣皂素 3 000t，其中我国年产 1 500t，居世界首位；加工 1t 薯蓣皂素需要穿龙薯蓣干燥根茎 64t；而国际市场对薯蓣皂素的年需求量为 6 000t，国内需求量为 3 000t；因此，我国年需求穿山龙干品 192 000t，鲜品达 700 000t，市场供应缺口很大。所以，穿龙薯蓣急待人工栽培，且可作为农村调整种植业结构的经济作物发展。

1.7.2 生物生态学特征

1.7.2.1 形态特征

（1）根状茎

根状茎横走，圆柱形，多分枝，栓皮层显著剥离（图1-6）。

（2）茎

茎左旋，无毛，长达5m。

（3）叶

单叶互生，叶柄长，叶片掌状心形，变化较大，基部叶三角状浅裂，中裂或深裂，顶端叶片近于全缘（图1-7）。

图1-6　穿龙薯蓣根状茎

（4）花

雌雄异株。雄花序腋生，穗状花序，花序基部常由2～4朵集成小伞状，顶端多为单花；苞片披针形，顶端渐尖，短于花被，花被蝶形，雄蕊6枚，花药内向。雌花序穗状，单生，具退化的雄蕊，雌蕊柱头三裂，裂片再2裂。

（5）果实

蒴果，成熟后橘黄色，三棱形，顶端凹入，基部近圆形，每棱翅状，大小不一，一般长约2cm，宽约1.5cm；种子每室2枚，有时仅1枚发育，四周有不等的薄膜状翅。花期6～8月，果期8～10月份。

图1-7　穿龙薯蓣植株

1.7.2.2 生物学特性

（1）种子发芽特性

穿龙薯蓣种子棕褐色，扁平，椭圆形，具膜翅，千粒重9.62g，自然发芽率40%～60%。适宜发芽温度为20～30℃，土壤含水量16%～20%，25～28d出苗，温度低于10℃或高于30℃，发芽受抑制，种子经1～3℃低温层积处理30d，可使播种后种子发芽提前9～10d，发芽率提高88%～91%。

（2）幼苗生长特性

种子萌发出苗后20d，地下根茎中皂苷元已经形成，至幼苗后期皂苷元的含量可达1.14%。而光照对幼苗后期根茎生长速度和皂苷元积累有明显促进作用。全光照时，植株平均叶片数为17.3，根状茎长4.43cm，直径0.77cm，平均鲜根重2.97g，薯蓣皂苷元含量1.14%（以根干重计，下同）；在全光照80%光强强度时，平均叶片数10，根状茎长3.78cm，直径0.71cm，平均鲜根重1.99g，薯蓣皂苷元含量0.85%；在全光照35%光照强度时，平均叶片数 9.3，根状茎长 2.69cm，直径 0.6cm，平均鲜根重 1.23g，薯蓣皂苷元含量 0.6%；在全光照 10% 光照强度时，平均叶片数 2.5，根状茎长 0.79cm，直径 0.53cm，平均鲜根重 0.11g，薯蓣皂苷元含量未检出。由此可见不论是幼苗地上植株生长，还是地下根茎生长，抑或是薯蓣皂苷元含量均以全光照下为最高。

（3）开花特性

种子繁殖的穿龙薯蓣第二年春季开花，开花株率约 30%；根茎繁殖的当年 5 月开花，开花株率 73%，以后，年年开花，开花株率 100%，且花期稍有提早。

穿龙薯蓣从现蕾到第一朵花开放需 11～25d，开花期早晚与当时气温有关，气温高，开花早，反之则晚。日平均气温 19℃，现蕾至第一朵花开放需 21～23d，日平均气温 27℃ 则只需 11～15d。

从始花开始，2～8d 内开花最多，占总开花数的 89.08%。一天内，7：00～9：00 开花最多，占当天开花总数的 80% 以上，午后、夜间极少开花。

（4）结实特性

穿龙薯蓣果实发育期分 3 个阶段，即果实增长期、种子发育期和果实成熟期。不同成熟度的果实，种子发芽率、千粒重差异显著。花后 53d(绿果，种子绿色)，千粒重 8.6g，发芽率 17.5%；花后 61d(绿果，种子半边褐色)，千粒重 9.64g，发芽率 52%；花后 94d (黄绿果，种子褐色)，千粒重 9.62g，发芽率 63%。因此，合理确定种子采收期对提高种子品质和发芽率十分重要。一般来说，种子采收以 94～100d 为宜，但各地气候不一，应区别对待。生产上可以果实颜色和种子颜色来确定采收期，要求果皮达到黄绿色，种皮达到褐色即可采收。

（5）根生长特性

在北京地区，穿龙薯蓣根系 3 月中旬开始活动，10 月中旬结束，活动期约 200d。8～9 月活动最旺盛，增长最迅速。根茎繁殖的当年增长率为 167.4%，第二年为 90%；播种繁殖的增长速度较根茎繁殖慢。而薯蓣皂苷元含量，无论是播种繁殖还是根茎繁殖，以及不同年龄的根茎，含量无明显差异。

穿龙薯蓣根系主要分布于 10～40cm 土层内，水平分布范围较大。根茎繁殖的 1～2 年生根系水平分布半径为 21.5～66cm，播种繁殖的 1～2 年生根系水平分布半径为 21.5～38cm。

因此，要想提高穿龙薯蓣根茎产量，必须依据其根系的生长发育规律和在土壤中的分布规律，确定合理的施肥与耕作措施及种植密度等。

1.7.2.3 生态学习性

穿龙薯蓣野生于山坡，林缘和杂灌木林中，适应性较强。

对温度有耐高温和耐低温的特性，一般在气温 8～35℃，均能正常生长发育，但适宜温度为 15～25℃。在幼苗生长初期，特别是出苗后的 20d 内，要求温度稍低，为 8～20℃。开花结实期气温高可促进开花与加速果实生长。休眠期可耐 -40℃ 低温。

穿龙薯蓣根系分布相对较深，耐旱性较强。根茎繁殖栽培后，根系尚未充分发育，适当灌水对根茎成活与植株生长有利；生长后期，浇水不宜过多，否则易造成根茎腐烂。生长期要求土壤湿润，要求土壤含水量以 13%～19% 为宜。

光照强度对穿龙薯蓣幼苗的生长发育影响不大，但对后期的生长发育及薯蓣皂苷元的积累影响较大。一般，种子萌发出土和幼苗生长初期需要相对较弱光照，强光对其生长有不良影响，后期则需要较长的光照时间与较强的光照强度。

对土壤要求不严，但要求土壤必须疏松、透气性好，有较多的有机质和丰富的腐殖质，保肥保水，排灌方便。因此，栽培选地以平坦农田地或坡度不大的缓坡地为宜，土质以沙壤土和壤土为好，酸碱度以弱酸至弱碱性较为适宜。在土壤肥沃的山坡林区，有一定降水量，亦可种植。

1.7.3　种类

穿龙薯蓣人工栽培起步较晚，尚未培育出栽培品种，生产中栽培的多为野生种经人工驯化的种类。我国薯蓣属植物近 50 种，生产中栽培的主要为穿龙薯蓣(*Dioscorea nipponica* Mark.)和盾叶薯蓣两种。穿龙薯蓣品质较好，为全国适栽的主要种类；盾叶薯蓣历史上主要在长江流域栽培，近年来在黄河流域开始大面积种植，取得了较好的经济效益。

【巩固训练】

1. 穿龙薯蓣栽培如何选地？
2. 穿龙薯蓣播种前种子如何处理？
3. 穿龙薯蓣根茎栽培如何操作？
4. 穿龙薯蓣栽培后如何进行田间管理？
5. 穿龙薯蓣如何进行采收和产地初加工？

【拓展训练】

前些年，由于穿龙薯蓣价格不断上扬，而野生资源越来越少，有许多药农、林农尝试进行穿龙薯蓣人工栽培，但由于产量始终达不到预期，导致目前生产上人工栽培不是很多。如果让你来人工栽培穿龙薯蓣，你打算从哪些方面入手来进一步提高产量？

任务 **8**

苍术栽培

【任务目标】

1. 知识目标

了解苍术的分布、发展前景；知道苍术的药用功效、入药部位；熟悉苍术的生物生态学习性及特性。

2. 能力目标

会进行苍术栽培选地整地、繁苗栽培、田间管理、采收及产地初加工。

【任务描述】

苍术为菊科苍术属植物茅苍术或北苍术的干燥根状茎。味辛、苦，性温。具健脾燥湿、祛风辟秽之功能。主治消化不良、寒湿吐泻、食欲不振、胃腹胀满、水肿、湿痰留饮、夜盲症、湿疹等症。由于苍术野生产量的逐年下滑而造成供不应求局面，因此，其市场缺口逐年加大，拉升苍术的行情价格已由 20 世纪 80 年代末的 2～3 元/kg 上升至目前的35～40 元/kg，2003 年"非典"期间更是暴涨至 110～120 元/kg，且苍术历来是我国的大宗中药材品种，因此，人工种植前景看好。

苍术栽培包括选地整地、繁殖栽培、田间管理、病虫害防治和采收加工等操作环节。

该任务为独立任务，通过任务实施，可以为苍术栽培生产打下坚实的理论与实践基础，培养合格的苍术栽培生产技能型人才。

【任务实施流程】

选地整地 ➡ 繁苗栽培 ➡ 田间管理 ➡ 病虫害防治 ➡ 采收加工

【任务操作要点】

一、选地整地

1. 选地

宜选择海拔偏高的通风凉爽的向阳荒山或荒山坡地、疏林地、果园、初植林地、初值速生杨林地、郁闭度不超过 0.6 的林地，以土壤疏松肥沃、土层深厚、富含腐殖质、排水良好地块为好。

2. 整地

选好地后，按栽植行进行条带状整地，整地宽度 1.2～1.5m。整地时将地块内的杂草、灌木、伐桩、石块、草皮等清理出地块，然后于栽植头一年秋冬季翻耕土壤25cm左右，以熟化土壤并减少病、虫、菌源。

二、繁苗栽培

苍术可采用种子繁殖和分株繁殖方法。

1. 种子繁殖

（1）种子选择与处理：应选颗粒饱满、色泽新鲜、成熟度一致的无病虫害的种子作种。苍术的种子属低温萌发型，田间出苗时间15d左右。播种前用25℃温水浸种，让种子充分吸足水分，然后控制温度在15～20℃之间，待种子萌动、胚根露白，立即播种。

（2）育苗地选择与整地：育苗地宜选气候凉爽、温暖的向阳地块，土壤以土层深厚、土质疏松、肥沃、排水良好的沙质壤土为佳。整地前亩施腐熟农家肥2 500kg，结合翻地将肥、土混拌均匀，然后做床，床宽1.2m，高15～20cm，作业道宽30～35cm。

（3）播种：可采用条播或撒播方法，播种出苗率约50%。

①条播：3月末至4月初，播种时横床按行距15～20cm，播幅5～10cm，开2～3cm深的浅沟，沟底宜平整，将处理好露白种子均匀撒入沟内，覆土1.5～2cm，稍镇压，最后盖上草帘遮阴、保湿。土壤墒情不够需浇一遍水。播种量为4～5kg/亩。

②撒播：是直接将处理好露白种子均匀撒于床面，然后覆土1.5～2cm，稍镇压，最后盖上草帘遮阴、保湿。土壤墒情不够需浇一遍水。

（4）播后管理：苍术种子播种后约15d出苗，在此期间，注意保持床面湿润，以保证出苗。出苗后及时撤除盖草，拔除杂草，保持田间清洁。

幼苗期如遇干旱，用清洁水进行浇灌，注意既要保持土壤湿润，又要防止水分过多。同时根据苗情，及早适量追施速效肥，以促进生长发育。

当苗高3cm时，间去过密苗、弱苗、病苗，苗高10cm，有2～3片真叶时，地下根茎开始形成，按株距3cm定苗或选择阴雨天、午后等时间直接进行移栽。亦可留床继续培育至秋末地上植株枯萎死亡后于翌年春季3月下旬至4月上旬进行移栽。

留床苗要在7～8月份幼苗旺长期追施第二次肥料，注意不能过量追施氮肥，以免造成提早抽薹，若有抽薹者应及时摘除。生长期遇干旱、日

照过强时，可以在床面用遮阳网或树枝等材料遮阴。

（5）移栽定植：移栽定植时要将头年准备好的移栽田再次翻耕一遍，彻底清除杂草，并结合翻耕每亩施入农家肥3 000kg，耙细整平后进行幼苗移栽。移栽时按株行距15cm×（25～30）cm进行穴植或沟植，定植后覆土压紧，然后浇水。

2. 分株繁殖

春季4月，将老苗连根挖出，抖去泥土，用刀切成3～5段，每段要带1～3个根芽，或结合收获，将挖出的根状茎带芽的切下用于栽植，其余的做药材成品加工出售。待切口晾干后按株行距20cm×20cm开穴栽种，每穴栽一块，覆土压实后浇水，每亩用种茎80kg左右。

三、田间管理

1. 中耕除草

5～7月及时除草松土，做到田间清洁无杂草；中耕应先深后浅，离植株近浅，离植株远深，耕作时不要伤及根部。植株封行后，结合中耕应适当向植株基部培土。

2. 追肥

追肥应遵循"早施苗肥，重施蕾肥，增施磷钾肥"。"早施苗肥"是指5月上旬每亩追施稀薄人畜粪尿水1 000kg，以促进幼苗迅速健壮生长；6～7月植株进入孕蕾期后，应适当增施1次人畜粪尿水1 500kg/亩或追施硫酸铵5kg/亩，保持植株茂盛。7～8月，植株进入生殖生长阶段，地下根茎迅速膨大增加，这段时间是苍术需肥量最大的时期，每亩追施人畜粪尿水1 500kg，同时追施草木灰适量。开花结果期，可用1%～2%磷酸二氢钾或过磷酸钙，进行根外追肥，延长叶片的功能期，增加干物质积累，对根茎膨大十分有利。

3. 摘蕾

在植株现蕾尚未开花之前，对非留种田选择晴天，分期分批摘蕾，以促进地下根状茎生长。留种田除摘留顶端2～3朵花蕾外，其余均应摘掉。注意摘蕾时应一手扶住植株，一手摘除花蕾，防止摘去叶片和摇动根系。

四、病虫害防治

1. 根腐病

主要危害根部。一般在夏季严重，低洼积水地段易发生，受害根部呈黑色湿腐。

防治方法：进行轮作；选用无病种苗，并用50%退菌特100倍液浸种3～5min后再栽种；生长期注意排水，防止积水和土壤板结；发病期用50%托布津800倍液浇灌或用退菌特50%可湿性粉剂1 000倍液或1%石灰水浇灌。

2. 蚜虫

苍术在整个生长发育过程中，均易受蚜虫危害，以成虫或若虫吸食茎叶汁液危害。

防治方法：清除枯枝和落叶，深埋或烧毁；发病期间用50%杀螟松1 000～2 000倍液或吡虫啉进行喷洒防治，7d1次，连续喷洒直至无蚜虫危害为止。

另外，苍术地下部分在高温高湿天气发病率较高，且一旦染病，治疗较为困难，因此一定要以预防为主。主要预防措施有：轮作；开沟排渍；栽种前用多菌灵浸种；注意严禁使用高毒、高残留农药。

五、采收加工

用种子育苗的3年可采收根茎，用根状茎繁殖的2年后可采收根茎。采收季节为秋末地上茎叶枯萎死亡后至早春萌芽出土前。采收时，将地下根茎挖出，抖净泥土，剪去残茎，除去须根，晒干入药。

北方地区在苍术采收后，除去茎叶及泥土，晒至四、五成干时装入筐内，撞掉须根，即成黑褐色；再晒至六、七成干时，撞第二次；直至大部分老皮撞掉后，晒至全干时再撞第三次，到表皮呈黄褐色为止。

商品苍术以个大、表面灰黄色、断面黄白色、质坚实、无空心、香气浓者为佳。国家药材商品规格标准，把苍术按每千克个数40、100、200、200多分为四等。

【相关基础知识】

1.8.1　概述

苍术为菊科苍术属植物茅苍术［*Atractylodes lancea*（Thunb.）DC.］或北苍术［*Atractylodes chinensis*（DC.）Koidz.］的干燥根状茎。茅苍术别名苍术、南苍术，主产于江苏、湖北、安徽、浙江、江西、河南等地。北苍术别名赤术、枪头菜，分布于东北、华北及陕西、宁夏、甘肃、山东、河南等地。

苍术味辛、苦，性温。具健脾燥湿、祛风辟秽之功能。主治消化不良、寒湿吐泻、食欲不振、胃腹胀满、水肿、湿痰留饮、夜盲症、湿疹等症。此外，还广泛应用于制作兽药。

苍术的化学成分主要包括挥发性和非挥发性成分，挥发性成分主要有萜类化合物、炔类化合物、有机酸及其酯类和其他成分，非挥发性成分主要包括多糖类、糖苷类、氨基酸类、矿物质及微量元素等。而苍术的挥发油中主要含有苍术酮、苍术醇、茅术醇、桉叶醇、苍术素等。

由于苍术野生产量的逐年下滑而造成供不应求局面，因此，其市场缺口逐年加大，拉升苍术的行情节节攀升。1988—1994年市场零售价仅为2～3元/kg，2003年"非典"期间暴涨至110～120元/kg。在2004年药材市场整体萧条的大势下，苍术市价不但没有下降，反而稳中有升，有些产区的优级品还上浮了0.2～0.5元/kg，全国平均价上涨至6.5～7元/kg；2005—2007年连续3年走势坚挺，持续攀升，半撞皮货已升至9～10元/kg，去皮货已升至11～12元/kg，2015年价格已逐步攀升至40元/kg以上。因此，苍术人工栽培也成为一条不错的致富途径。

1.8.2 生物生态学特性

1.8.2.1 形态特征

（1）茅苍术

多年生草本，高 30 ~ 70cm。根状茎粗肥而呈结节状，外皮棕褐色。茎直立，不分枝或上部稍分枝。叶互生，革质，基生叶常于花前凋落；叶片卵状披针形至椭圆形，长 3 ~ 8cm，宽 1 ~ 3cm，先端渐尖，基部渐狭，边缘有刺状锯齿或重刺齿，叶表深绿色，有光泽，叶背淡绿色，叶脉隆起；茎上部叶常不裂，基生叶或茎下部叶常 2 ~ 3 裂，无柄或有柄（图1-8）。头状花序生于茎枝先端；苞片叶状，羽状深裂，裂片刺状；花多数，两性或单性，常异株；花冠筒状，白色或稍带红色；两性花有羽状分裂的冠毛；单性花一般为雌花。瘦果倒卵圆形，被黄白色柔毛。花期 8 ~ 9 月，果期 9 ~ 10 月。

图1-8 茅苍术

茅苍术也称南苍术，主产于江苏茅山，为产地道地药材。湖北、河南等省区也有分布。

（2）关苍术

与茅苍术主要区别为：叶有长叶柄，上部叶 3 出，下部叶羽状 3 ~ 5 全裂，裂片长圆形，倒卵形或椭圆形，基部渐狭而下延，边缘有平伏或内弯的刚毛锯齿。花期8 ~ 9月，果期 9 ~ 10 月。

关苍术也称北苍术，主要分布于东北、河北、陕西等地。朝鲜、日本、俄罗斯也有分布。

1.8.2.2 生物学特性

一年生苗生长缓慢，一般不抽薹，仅有基生叶。个别抽薹者，茎高 10 ~ 20cm，不开花结果。二年生苍术地上部分多为一个直立茎，分枝 3 ~ 5 个。地下根茎呈扁椭圆形，其上可形成 1 ~ 9 个芽，须根多而粗。三年生苍术在 3 月下旬至 4 月上旬日平均气温高于10℃时即可见越冬芽露出地面，初为紫色，随气温和地温升高，开始展叶和变绿，返青15d 后的 4 月中旬至 6 月中旬抽茎。7 月上旬现蕾。7 月中旬至 9 月上旬为开花期，8 月中旬为盛花期。开花后 4 ~ 5d 进入果期，9 月中旬果实开始成熟，果期一直延续至地上部枯萎死亡为止。10 月下旬，随气温下降，地上部开始枯萎死亡，为果实成熟采收期，地下部分也进入休眠期。

1.8.2.3 生态学习性

苍术喜温暖、凉爽、较干燥气候，耐寒，怕高温高湿。野生于低山阴坡疏林边、灌木丛及草丛中，生活力很强，荒山、坡地、贫瘠土地均可生长，生长适温为 15 ~ 22℃。对土壤的要求不严，但以半阴半阳坡的土层深厚、疏松肥沃、富含腐殖质、排水良好的沙质壤土最好，其次为壤土、轻黏土。低洼易涝、排水不良易积水地块、重黏土不宜选用。忌连作。

【巩固训练】

1. 苍术栽培如何选地整地？
2. 苍术如何播种繁殖？
3. 苍术栽培后如何进行田间管理？
4. 苍术如何采收与产地初加工？
5. 苍术药用功效如何？

【拓展训练】

调研苍术在你的家乡所在地是否适合人工栽培，如果适合，思考应采用哪种栽培模式能够更好地产生经济效益，并思考如何进行栽培选地和管理。

任务 9
辽藁本栽培

【任务目标】

1. 知识目标

了解藁本的分布、发展现状及前景；知道藁本的药用功效、入药部位；熟悉藁本的生物生态学习性及特性。

2. 能力目标

会进行藁本栽培选地整地、繁苗栽培、田间管理、采收及产地初加工。

【任务描述】

藁本为伞形科植物藁本或辽藁本的干燥根茎及根。为常用中药材，味辛、性温。具有发表、祛风、散寒、除湿、止痛等功效。用于感冒风寒、巅顶头痛、风寒湿痹，肢节疼痛、寒疝腹痛、疥癣、鼻塞等症。除配方药外，还用于 200 余种中成药及新药、特药上。近几年野生藁本资源已日趋枯竭，市场缺口较大，价格连年上涨，且其人工种植技术比较简单，适应性较强，易于管理，经济效益可观，不失为农村农业种植结构调整和农民脱贫致富奔小康的一个好品种。

藁本栽培包括选地整地、繁殖栽培、田间管理、病虫害防治和采收加工等操作环节。

该任务为独立任务，通过任务实施，可以为藁本栽培生产打下坚实的理论与实践基础，培养合格的藁本栽培生产技能型人才。

【任务实施流程】

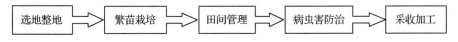

选地整地 → 繁苗栽培 → 田间管理 → 病虫害防治 → 采收加工

【任务操作要点】

一、选地整地

1. 选地

宜选气候凉爽、湿润的山坡、林缘、疏林地、果园、人工林、农田地块，土壤以土层深厚、疏松肥沃、富含腐殖质、湿润且排水良好的沙质壤土地，前茬作物以禾本科或豆科作物为好，黏土、盐碱地、低洼易涝地、土层浅薄瘠薄地块不宜选择。

2. 清理整地

地块选好后，将地块内的杂草、灌木、树根、伐桩、石块、草皮等进行彻底清理，山地、人工林、疏林地整成 1.2～1.5m 快的栽植带，带内进行土壤翻耕，翻耕深度 25cm 左右，并结合翻耕亩施农家肥 1 500～2 000kg，耙细整平，做成平畦备用。农田、林缘地可用机械进行全面翻耕，果园进行行间深翻，翻地深度 25cm 为宜，并结合翻地每亩施农家肥 1 500～2 000kg，然后做成宽 1.2m、高 15～20cm，长视情况而定的畦床备用。

二、繁苗栽培

藁本可以种子和根芽繁殖，生产中以播种繁殖育苗后移栽栽培为主。

1. 种子繁殖

（1）种子采集：8～9 月份采集充分成熟的野生藁本或人工栽培藁本种子，晒干后去除杂物备用。

（2）育苗地选择与整地：育苗地宜选气候凉爽、温暖的向阳地块，土壤以土层深厚、土质疏松、肥沃、湿润且排水良好的沙质壤土为佳。整地前亩施腐熟农家肥 2 500kg，结合翻地将肥、土混拌均匀，然后做床，床宽 1.2m，高 15～20cm，作业道宽 30～35cm。

（3）播种：藁本播种可以在春季也可在秋冬季，春季在 4 月上中旬，秋冬季在土壤封冻前进行。

播种时，在准备好的苗床上按行距 15～20cm 开 2～3cm 深浅沟，将种子混拌细土或沙子后均匀撒入播种沟内，每亩用种量 2～2.5kg。播后覆土 1～1.5cm，稍镇压，再盖草帘或松针保湿，最后浇水。

（4）播后管理：春季播种播后 10～15d 出苗，秋冬季播种当年不出苗，但次年出苗较早。出苗后注意保持床面湿润，干旱时适当浇水。苗出齐后，长至 3～5cm 高，有 3～4 片真叶时，间去过密小苗，促进生长；苗高 8～10cm 时，按株距 4～5cm 定苗。幼苗生长期间要及时除草，不能出现草荒现象，以免影响幼苗生长。除草要及早，草过大容易将种子或小苗带出。藁本播种前育苗地已施足底肥，苗期不用再施肥，苗期病虫害也较少，但也不能忽视，一旦发现病虫害要及时进行防治。藁本为耐寒植物，可自然安全越冬。

（5）移栽：藁本移栽可在春季，也可在秋季，春季在 4 月中下旬至 5 月上旬，秋季在 10 月初至 10 月中下旬土壤封冻前完成。

起苗从畦一头开始，从畦面两侧向里起，不要从畦中间刨挖。苗起出后，抖净泥土，最好马上移栽。如果因为气候等原因不能立即移栽，要将起出的幼苗放置窖内保存。

移栽时将病苗、烂苗挑出，从畦床一端或栽植带一头开始，按行距 30cm 挖栽植沟或栽植穴，深度视种苗大小而定，将种苗顶芽向上摆放入栽植沟或穴内，顶芽距地表 3～4cm，株距 15～20cm，摆好后覆土，覆土厚度以盖过顶芽 3～5cm 为宜，不要过深，以免出苗困难，也不要过浅，以免出苗后倒伏。栽完一行后再栽下一行，直至栽满整个畦床后，于床面覆盖一层落叶或农家肥。

2. 根芽繁殖

结合藁本药材收获，于晚秋 10 月中下旬植株地上部枯萎死亡后至 3 月中下旬植株萌芽前，将主根留作药材，然后将侧根茎分为 3～4 个小株进行栽培；或挑选肥大、无病根茎，切除残茎和细小支根，按芽苞分切成大小适中的种栽，一般 1 个根茎可分成 3～4 个种栽，残余部分和支根可加工药用。栽培采用穴栽，栽植穴按行距 30cm，株距 15～20cm 挖深 10～15cm 挖掘，挖好后，每穴栽培种栽 1～2 个，覆土厚度以盖过顶芽 3～5cm 为宜，浇水后稍镇压。

三、田间管理

1. 除草

移栽后的头一两年，每年要除草 2～3 次，除草主要采用人工除草，尽量少采用锄头，避免损伤根茎及幼根。除草原则是"除早、除小、除了"，及时清除田间杂草。第三年以后，藁本长的比较高大，主要是拔除大草。

也可在春季 3 月底至 4 月初杂草陆续出土前，进行土壤镇压，然后每亩用乙草胺或施田补 100～120g 对水 15kg 喷洒地面，进行地面封闭的方式达到化学除草的目的。针对禾本科杂草可在杂草 2～3 叶期每亩用高效盖草能 30～40g 对水 15kg 进行叶面喷雾达到化学除草的目的。

2. 中耕

中耕应在幼苗全部出齐显行后，结合除草，进行浅锄，达到松土除草目的。以后可根据具体情况于雨后、灌溉后或杂草较多、土壤板结进行松土。注意在中耕除草过程中不能伤及根茎和植株。

3. 灌排水

藁本怕涝，生长期不能浇水过多，以防烂根。苗期注意浇水，但要勤浇少浇，不能一次浇水过多，保持田间湿润即可；春旱地区，应在出苗前灌溉一次，以促进出苗整齐；其他季节应据各地气候条件进行灌溉。雨季注意及时排水。

4. 追肥

藁本追肥以氮肥为主。在藁本定植后的 6～7 月的旺盛生长期，结合中耕分别在 6 月上旬和 7 月中下旬追肥两次，施肥采用在行间开 15cm 深沟，每亩施入 1 000～1 500kg 农家肥，或亩施氮、磷、钾复合肥 20～25kg，施肥后用土将肥料盖上。

立秋后进入藁本的根茎生长期，可于 8 月初亩施稀薄人粪尿 1 000～1 500kg 同时面喷施 0.3%～0.5% 的磷酸二氢钾，补充根部施肥的不足，以提高根茎产量和增强植株抗逆性。

5. 去薹摘蕾：移栽后从第二年开始，每年 5 月底到 6 月初藁本开始抽薹，对于不准备留种的植株，去掉薹茎可增加根重提高产量。去薹应从薹茎基部掐断即可。

7 月开始进入孕蕾开花期，藁本花期较长，条件适宜，开花不断。人工栽培由于水肥条件的改善，植株生长茂盛，开花量大，消耗养分也多，影响产量和品质。因此在花期要根据栽培目的采取相应花序措施。留种田要摘除下部分枝上的较小花蕾使养分集中供应上部枝条上的较大花蕾，促进保留花蕾发育，增加种子饱满度。非留种田则要将花蕾全部摘掉，使养分集中供应根茎生长，增加产量，提高品质。

四、病虫害防治

1. 藁本病害

以褐斑病和白粉病为主。当发现藁本叶片正面开始变为紫色时，一般每亩可用 30～50g 石硫合剂加石灰 100～200g 或世高或甲基托布津对水 15kg 喷洒叶面，防治褐斑病，施药后 5～6d 叶片可变为深绿色，

夏季雨水多时，在白粉病初发期每亩用粉锈宁 50g 对水 15kg 叶面喷雾 2～3 次，间隔 7～10d1 次。

2. 藁本虫害

主要以地下害虫为主。即蛴螬、地老虎、金针虫、地蛆、蝼蛄等。在 4 月底至 5 月初的发生初期，每亩可用 48% 乐斯本乳油 200～250g 加水适量进行浇灌。

其次为红蜘蛛危害地上茎叶，严重时造成茎叶枯黄脱落。可于发生期用 35% 硫丹乳油 2 000～2 500 倍液进行叶面叶背喷雾防治，每隔 7～10d 喷 1 次，连续 2～3 次即可起到防治效果或用 90% 敌百虫 800 倍液防治。

五、采收加工

1. 根茎采收

种子繁殖的播种后 3 年采收，根芽繁殖两年可收获，管理好 1 年也可收获，于秋后地上部枯萎或早春萌芽前采收，刨出根茎，剔出残叶，剪去残茎，抖净泥土，晒干即可药用，以身干、无杂质、香气浓者为佳。晒干后不能及时销售可放缸内或木箱内盖紧，室温保存，防霉烂。

2. 种子采收

9 月中下旬开始种子开始陆续成熟，由于成熟时间不一致，所以要成熟一批采收一批，随熟随采，防止果瓣自然开裂种子落地。采摘要将整个花序摘下，采收回来后摊放于房前屋后进行晾晒，晾干后用木棍轻轻敲打，将种子抖落出来，选择干净场地扬场风选，借助风力吹掉枝叶和尘土，再用簸箕将种子簸干净，置干燥、通风、阴凉处保存。

【相关基础知识】

1.9.1　概述

藁本为伞形科植物藁本（*Ligusticum sinense* Oliv.）或辽藁本（*Ligusticum jeholense* Nakai et Kitag.）的干燥根茎及根。为常用中药材，应用历史悠久，始载于东汉《神农本草经》。

藁本味辛、性温。入膀胱经，气芳香，具有发表、祛风、散寒、除湿、止痛等功效。用于感冒风寒、巅顶头痛、风寒湿痹，肢节疼痛、寒疝腹痛、疥癣、鼻塞等症。

藁本的主要化学成分为挥发油。挥发油中主要含3-丁基酞内脂、蛇床内脂、甲基丁香酚、肉豆蔻醚、柠檬烯、新蛇床酞内脂、藁本内脂、水芹烯等。辽藁本挥发油主要含β-水芹烯、α-蒎烯、蛇床酞内酯肉豆蔻醚和藁本内脂等。据相关药理研究认为，其药理作用为：藁本有明显的镇静、镇痛和解热、抗炎作用；对多种常见的致病性皮肤真菌有抑制作用，其所含的丁酞内酯具有解痉和控制子宫收缩的作用，对气管平滑肌有显著松弛作用。除配方药外，还用于200余种中成药及新药、特药上。

藁本主要分布于陕西、甘肃、四川、贵州、湖北、湖南、江西、浙江、安徽、河南、福建、广东、广西、云南。野生品主产于陕西安康，汉中，甘肃天水，武都，湖北巴东、建始等地。栽培品主产于湖南酃县、桂东，江西遂川等地。辽藁本主要分布于吉林、辽宁、河北、山西、内蒙古、山东，均有野生。主产于河北平泉、宽城、赤城、丰宁、隆化，辽宁凤城、盖平，山西黎城、陵川，内蒙古自治区赤峰、敖汉旗、喀喇沁旗等地。

近几年野生藁本资源已日趋枯竭，市场所需主要依靠人工种植，但由于人工种植时间短、规模小、产量低，市场缺口达70%以上，导致价格连年上涨，目前市场售价为每千克28～36元，较前几年上涨1倍以上，因市场缺口较大，该品后市将有较大上行空间。且其人工种植技术比较简单，适应性较强，易于管理，而且经济效益也很可观，是种植普通粮食作物收入的10～15倍，不失为农村农业种植结构调整和农民脱贫致富奔小康的一个好品种。据有关专家对产区种植藁本的亩效益调查显示：按种后2年采收计算，以最低平均亩产400～500kg计算，按市场最低的稳定收购价20元计算，2年收入为8 000～10 000元，平均每年每亩收入4 000～5 000元，扣除种子、肥料、农药及人工等多项费用约1 000元左右，每年每亩纯收入为3 000～4 000元。

1.9.2 生物生态学特性

1.9.2.1 形态特征

（1）藁本

多年生草本，高20～60cm（图1-9）。根茎短，呈不规则块状，有浓烈香味，着生多数须根，外皮深褐色，断面黄色。茎直立，圆柱形，中空常带紫色。基生叶在开花时凋萎，茎生叶互生，下部和中部的叶有长柄，基部鞘状包茎，2～3回3羽状复叶，最终小裂片卵形或宽卵形，边缘有齿状缺刻，叶表绿色，叶背灰绿色。复伞形花序顶生，伞梗6～19个，不等长，花瓣5，椭圆形，白色；雄蕊5枚；

图1-9 藁本

子房下位。双悬果卵形，表面有棱，具窄翅。花期7月，果期8～9月。

（2）辽藁本

与藁本主要区别为：根茎短小；根条形，常分叉。茎带紫色，上部分枝。茎生叶叶片阔卵形，2～3回三出羽状全裂。复伞形花序有短柔毛，总苞片2，早落。双悬果椭圆形。

1.9.2.2　生物学特性

4 月上中旬节盘(地上茎节)开始生长,先是节盘上的腋芽萌动,15d 后长出不定根。5 月上旬苗基本出齐,5 月下旬开始抽茎,地上部分生长日渐迅速,到 7 月地上部分生长旺盛,叶同化物积累多,茎节此时也开始膨大。7 月开花。9 ~ 10 月地下根茎膨大迅速,干物质积累增多。1 年后地下根茎可膨大至 2cm 左右,第 2 年秋可膨大至 4cm。12 月苗渐枯萎。翌年 4 月返青。

1.9.2.3　生态学习性

藁本喜凉爽、湿润气候。多野生于山坡、林缘及半阴半阳、排水良好的地块。耐严寒怕高温,怕水涝。对土壤要求不严,但以土层深厚、疏松肥沃、富含有机质、湿润而排水良好的沙质壤土为好。亦可在农田、果园、人工林行间进行套作,或在透光度 70% 的疏林下种植,农田种植也可以少量套作玉米等农作物为藁本生长发育起到遮阴、保湿作用,同时增加经济效益。黏重土、盐碱地、低洼地、过于贫瘠土壤不宜种植。藁本忌连作。

【巩固训练】

1. 藁本林下栽培如何选地整地?
2. 藁本如何进行播种繁殖?
3. 藁本根芽繁殖如何操作?
4. 藁本栽培后如何进行田间管理?
5. 藁本生态学习性如何?

【拓展训练】

调研藁本在你的家乡所在地是否适合人工栽培,如果适合,思考应采用哪种栽培模式能够更好地产生经济效益? 并思考如何进行栽培选地和管理。

任务 **10**

东北铁线莲栽培

【任务目标】

1. 知识目标

了解东北铁线莲的分布、发展现状及前景；知道东北铁线莲的药用功效、入药部位及食用价值；熟悉东北铁线莲的生物生态学习性及特性。

2. 能力目标

会进行东北铁线莲栽培选地整地、繁苗栽培、田间管理、采收及产地初加工。

【任务描述】

东北铁线莲为毛茛科铁线莲属多年生蔓生草本植物。以根和根茎入药，生药名威灵仙。具祛风除湿，通络止痛，消痰涎，散癖积等功效。主治痛风顽痹、风湿痹痛，肢体麻术，腰膝冷痛，筋脉拘挛，屈伸不利，脚气，疟疾，破伤风，扁桃体炎，腮腺炎，关节炎，黄疸型肝炎、诸骨哽咽等症。另外其未展叶的嫩芽茎苗还是人们喜食的山野菜，可鲜食也可加工成干菜。凉拌、做汤、炒食均可。东北铁线莲药用历来依靠野生资源而且用量很大，近年来随着一些新药的陆续研发用量也再次增加，市场价格不断上涨，产区农民积极采挖，加之开荒、开矿、筑路等活动使其野生资源几近枯竭，很难满足市场需求，所以人工驯化栽培迫在眉睫、势在必行。

东北铁线莲栽培包括选地整地、繁殖栽培、田间管理、病虫害防治和采收加工等操作环节。

该任务为独立任务，通过任务实施，可以为东北铁线莲栽培生产打下坚实的理论与实践基础，培养合格的东北铁线莲栽培生产技能型人才。

【任务实施流程】

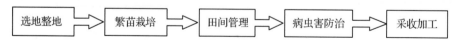

【任务操作要点】

一、选地整地

1. 选地

宜选气候凉爽、湿润地区的阳光充足、土层深厚、疏松肥沃、富含腐殖质、湿润且排水良好的沙质壤土或山地棕壤土，山坡、林缘、采伐迹地、疏林地、沟谷两侧平缓地带、初植林地、果园、农田等均可。选择平地或农田时需注意前茬作物种植过程中未使用过阿特拉津等持效期长的除草剂。选择林地注意林分郁闭度不能超过 0.6。低洼、易涝或过于干旱地块不宜选择。

2. 清理整地

山地、林缘、采伐迹地、初植林地等地块选好后，在栽植头一年的秋冬季将栽植带内的杂草、灌木、草皮、伐桩、石块等进行彻底清理，然后按 25~30cm 深度进行翻耕，再整平耙细后备用。果园、农田等进行机械或人工翻耕 25~30cm 深，整平耙细后做成高 15~20cm，宽 1.5m，长依地形而定的畦床或平畦备用。准备移栽定植前每亩施入腐熟农家肥 2 500~3 000kg，结合再次耕翻将土肥混合均匀，然后按使用说明撒入五氯硝基苯以预防幼苗期发生立枯等土壤病害，最后整平耙细即可栽植。

二、繁苗栽培

东北铁线莲可采用先播种繁苗后移栽方式栽培，或采用根芽栽培。根芽栽培可快速获得产量和效益，但繁殖系数较低；播种繁苗繁殖系数高，但较麻烦，技术要求较高，管理也比较费工。

1. 播种繁苗栽培

（1）种子采收与处理：在 8~9 月东北铁线莲种子成熟期，采集充分成熟种子。种子成熟的标准是种皮呈深黄色，咬破种子后，种内的种胚没有水或只有少量的水，这时便可以采收。采收后，将种子放在日光下晒干，清除杂质，将种子装入布袋中，置于干燥、通风处保存。

东北铁线莲种子有后熟及休眠特性，播种前，应进行种子处理。处理方法为将种子用 35~40℃温水浸泡 48~72h，取出，沥干水分，再放入 500mg/kg 赤霉素溶液中浸泡 2h 后取出，与湿沙以种沙比 1：3 混拌均匀，沙子湿度以手握成团，松手触之即散为度。然后置于低温 0~7℃条件下保存 140~160d，并经常翻动，检查种子萌发情况，使种沙内水分上下均匀一致。播种前取出，置 20℃以上的室温条件下催芽，待有 1/3 露白即可播种。

（2）育苗地选择与整理：育苗地应选择气候凉爽、湿润、向阳背风，土层深厚、疏松肥沃、排水良好的沙质壤土或富含腐殖质的轻质壤土，附近最好有可供灌溉的优质水源。

育苗地选好后，每亩施入充分腐熟优质农家肥 2 500~3 000kg，然后耕翻 25~30cm 深，整平耙细，然后做成宽 1.5m，高 15~20cm，长 10m 或 20m 的畦床准备育苗。

（3）播种：可采用条播和散播 2 种方法，播种时间一般在早春 4 月中下旬，也可以在晚秋 10 月，如在晚秋播种，播种后，应在床畦上铺盖稻草或树叶等防寒物。

条播：在畦床上按行距 10~15cm 开 2~3cm 深的浅沟，沟宽 5~6cm，将种子均匀地撒入沟内，每亩用种量 4~5kg 为宜，播后覆土 1.5~2cm，再覆盖草帘或松针、稻草等保湿，最后浇水。

该法用种量较为节省，幼苗出土后，田间的通风透光性好，幼苗生长健壮。另外，在中耕除草时容易操作。

撒播：在畦床作好后，先向畦床上浇水，用水量以水下渗后能够湿润至地表以下 10cm 处为宜，然后撒种，每亩用种量为 5~6kg，然后用平底铁锹或木碾将种子压入土壤中，使种子与土壤紧密接触，然后覆土 1.5~2cm 厚，最后覆盖草帘或稻草、松针、枯叶等保湿。

该法产苗量大，但苗期通风透光较差，幼苗长势较弱，且中耕除草等管理操作不易。

（4）播后管理及移栽定植：因为东北铁线莲种子发芽缓慢，播种完盖好草后浇一次透水，以后一般不是特别干旱就不必浇水，否则会降低低温，延长出苗时间。在没有出芽前如果有杂草钻出覆盖物，可以用草甘膦喷雾，防除率可达 100%。发现有蝼蛄等地下害虫危害傍晚用敌百虫拌入玉米面和菜叶里每隔几米远放一小堆诱杀。经常翻开覆盖物检查，当苗出来 70% 左右时，选择晴天的傍晚或阴雨天一次性撒去覆盖物。如用锯末和树叶无须撒掉。

东北铁线莲幼苗在子叶期喜弱光，有条件的

地方最好能搭设遮阳网，干旱时注意及时浇水，以免幼苗因强光和干旱而造成不必要的损失。在小苗长到四叶期，即可进行间苗或移栽，间下来的苗随间随移栽到已经做好栽培床上，移栽株行距为 45cm×15cm，亩栽苗 10 000 株左右，栽后浇透水。东北铁线莲移栽成活率很高，带叶移栽的成活率在 85% 以上，休眠期移栽的在 92% 以上。第二次间苗在 6 叶期，也是随间苗随移栽，这样使育苗床上剩余的幼苗保持在 10 000 株/亩左右，但要注意间苗时按株行距 45cm×15cm 留苗。这样就可以进行商品药材生产了。休眠期移栽在秋季或来年春季的 4 月中旬到 5 月初，株行距和夏栽的一样，栽后浇水，及时中耕除草，保持田间土壤疏松和清洁，以防土壤板结及幼苗草荒。

2. 分根繁殖栽培

是在秋季地上植株枯萎死亡后封冻前或第二年春季土壤解冻后萌芽前，采挖野生或家植多年生根部，进行分根，每棵母株可分为 3~4 株，每分根上带 2~3 个芽，在准备好的畦床上，按 45cm 行距开沟将分株按 15cm 摆放好后，把开沟的土搂回盖住根部踩实，土壤干旱时浇透水。此法繁殖系数低，且费工费时，故生产上最好不采用。

三、田间管理

1. 肥水管理

移栽定植后要浇足底水，以提高成活率。根芽栽植后，也要及时浇水。成活缓苗后或根芽出土后，用水量要适当减少，以免因湿度过大而诱发病害；在幼苗生长阶段，床土以湿润为度。追肥一般分 2 次进行，第一次追肥在移栽成活缓苗后或根芽出土后的 5 月中旬左右，按每亩施用稀薄人畜粪尿水 1 000~1 500kg；第二次在 6 月中旬左右追施一次磷酸二铵复合肥，每亩用量 10kg；进入雨季（7 月下旬左右），为促进根系生长，最好再追施一遍磷钾肥，视土地肥沃程度，以每亩用量 8~12kg 为宜。但要注意，每次追肥后最好浇一遍水，以促进肥效发挥。

2. 中耕除草

全年进行 3~4 次中耕除草，具体根据生长期间杂草生长情况而定，做到保持田间土壤疏松、清洁无杂草。

3. 搭架

当苗高 30~50cm 时，用树枝在行间搭架，供植株攀缘生长，避免茎、叶堆聚在一起，使得通风不良而影响生长。

4. 摘蕾

除留种外，在植株现蕾期将花蕾全部摘除，以减少养分的消耗。

5. 整形修剪

在每年的 10~11 月采收种子后进行枯枝修剪，去除枯枝，促进园内通风透气，减少病虫害的发生。

四、病虫害防治

1. 叶斑病

主要危害叶片。发病初期叶片上出现圆形或不规则水渍状斑点，后渐变为中央比外缘色浅的黄色或褐色病斑。一般 6 月开始发病，7~8 月盛发，湿度大时产生黑色小斑点。通常植株下部叶片先发病，逐渐向上部发展，严重时除顶部新生叶外全部感病枯死。发病严重的地块，植株全部发病，叶片完全干枯，仅剩残枝败叶，似火烧过一样。高温多雨季节发病严重。

防治方法：严格按要求选地，选好地后播种前做好土壤杀菌消毒工作；播种栽植时选取无病种苗并严格进行种苗杀菌消毒；5 月下旬至 8 月下旬，用多抗霉素 120~150 倍液与 70% 代森锰锌 400~500 倍液交替喷施，每隔 7~10d 喷施 1 次；搞好田间卫生，保持田间清洁，及时清除杂草，发现病株、病叶及时清除，并处理病区；秋末彻底清理田园，将残株、病叶清理并烧毁或深埋，消灭病源。

2. 黑腐病

发病初期根茎部有环状褐化，致使植株白天萎蔫，晚上恢复；后逐渐扩展至全茎，发病部位先变黑褐色，后腐烂，并向茎内组织扩展，造成茎整体腐烂，导致植株死亡。雨季病害蔓延迅速。

防治方法：农业措施同叶斑病；发病前或初期，用 50% 多菌灵 600 倍液或 77% 可杀得 600~800 倍液或 36% 甲基硫菌灵 600 倍液交替喷雾，7~10d1 次。

东北铁线莲抗病能力较强，幼苗时几乎无病害，7 月份进入高温、多雨、多湿季节，也是病害的高发季节，而低洼、易涝、易积水地块常由于积水引起烂根及其他各种病害发生，必须注意排水。

3. 虫害

东北铁线莲害虫不多，主要有红棕灰夜蛾和蛴螬、蝼蛄、地老虎等地下害虫。

红棕灰夜蛾以幼虫取食东北铁线莲叶片造成叶片缺刻或孔洞，严重时整片叶子被吃光，只留下叶脉与茎，严重影响生长，甚至造成整株死亡。以蛹越冬，5 月份产生第 1 代幼虫，8 月出现第 2 代成虫，交配产卵。幼虫 1~2 龄群集于叶背取食叶肉，3 龄后分散，4 龄时出现假死习性，白天栖息于叶背或叶心，5~6 龄进入暴食期，24h 即可吃光 1~4 片叶子。末龄后白天隐居叶背，夜间取食，受惊有卷缩落地习性。成虫有趋光性。

防治方法：用黑光灯诱杀成虫；人工捕杀幼虫；发生时用 40% 乐果 1 000 倍液或 80% 敌敌畏乳油 2 000 倍液喷雾防治。

地下害虫可采用毒饵诱杀，人工捕杀，配制毒土毒杀等方式进行防治。

五、采收加工

根芽分株繁殖栽培的，生长 2 年后即可在第 2 年秋末的 10 月或次春 4 月初采挖根系。播种繁殖栽培的需生长 3 年后才能挖掘根系。平地可用机械掘根，而坡地只能人工用锹或板镐挖根，一般挖掘深度应达到 30cm，且要尽量少伤根而把根全起出。起出的鲜根抖净或冲刷净泥土，于通风处晾晒，晾干后即可做商品药材出售。亩产干品 750~1 000kg，折干率 3∶1。

嫩茎作为山野菜采摘，播种繁殖的可在第 2 年和第 3 年 5 月采摘；根芽繁殖栽培可于移栽后第 2 年的 5 月采摘，采摘应在茎梢高度达到 35cm 左右时贴地表留 10cm 掐断嫩茎，注意采摘嫩茎时要采大留小，采后用沸水焯一下，再在强光下晾晒 3~5d 后，即可干藏或出售。为保证根系产量，每年春季只能采收 1 次。如果专门用于采收嫩茎叶，可采收 4~5 茬。

【相关基础知识】

1.10.1　概述

东北铁线莲（*Clematis manshurica* Rupr.）为毛茛科铁线莲属多年生蔓生草本植物。俗名山辣椒秧子、黑微、辣蓼铁线莲、铁扫帚、风车、老虎须、百条根等。以根和根茎入药，生药名威灵仙。主要成分为三萜皂苷、铁线莲苷（A，B，C）、白头翁素、白头翁内脂、甾醇、糖类、酚类、氨基酸等。味辛咸、性温，有毒，入膀胱经。具祛风除湿，通络止痛，消痰涎，散癖积等功效。主治痛风顽痹、风湿痹痛，肢体麻木，腰膝冷痛，筋脉拘挛，屈伸不利，脚气，疟疾，破伤风，扁桃体炎，腮腺炎，关节炎，黄疸型肝炎、诸骨哽咽等症。

东北铁线莲不仅药用，其未展叶的嫩芽茎苗还是人们喜食的山野菜，每 100g 嫩茎叶含蛋白质 3.1g，脂肪 0.43g，碳水化合物 5.6g，尚含人体必需的 18 种氨基酸及各种微量元素，可鲜食也可加工成干菜。凉拌、做汤、炒食均是人们喜食的美味佳肴，还有一定的抗癌保健作用，也是高级宾馆和饭店的山珍野菜。

东北铁线莲药用历来依靠野生资源而且用量很大，近年来随着一些新药的陆续研发用量也再次增加，市场价格不断上涨，已经从 2006 年的 7.5 元/kg 涨到现在的 20 多元/kg。由于价格的上涨刺激，产区农民积极采挖，加之开荒、开矿、筑路等活动使东北铁线莲的野生资源几近枯竭，远远满足不了市场的需求，人工驯化栽培迫在眉睫、势在必行。

东北铁线莲野生主要分布于我国东北、华北。朝鲜、俄罗斯远东地区也有分布。吉林主要分布于中部和东部山区，辽宁主要分布于清源、本溪、抚顺、丹东、凤城、新宾等地。以富含腐殖质的山坡、林缘或灌木丛中，以及采伐迹地、稀疏林下及沟谷旁生长较多。

1.10.2　生物生态学特性

1.10.2.1　形态特征

东北铁线莲为多年生蔓生草本植株，株高 1～1.5m。根丛生，质脆，棕褐色。茎上升，圆柱形，幼嫩时光滑无毛，有明显的纵行纤维条纹，节部密生毛。一至二回羽状复叶，对生；小叶 3～5 枚，柄长 1～3cm，柄弯曲或缠绕他物上，叶片革质，披针状卵形，长 2～7cm，宽 1.2～4cm，先端钝或渐尖，基部楔形或近圆形，全缘，或 2～3 裂，叶表绿色，叶背淡

图 1-10　东北铁线莲

绿色，叶脉明显，沿叶脉生有硬毛。圆锥花序；苞片 2，线状披针形，有硬毛，萼片 4～5，白色，长圆形至倒卵状长圆形，先端渐尖，基部渐狭，外面生细毛，边缘密生白绒毛；雄蕊多数，无毛；心皮多数，生有白毛（图 1-10）。瘦果近卵形，先端有宿存花柱，长达 3cm，弯曲，密生柔毛。花期 6～8 月；果期 7～9 月。干燥种子千粒重约为 7.9g。

1.10.2.2　生物学特性

（1）东北铁线莲种子特性及萌发特点

东北铁线莲种子寿命较短，仅为 2 年（超过 1 年需冷冻贮藏），隔年种子发芽率只有 16% 左右，故种子繁殖必须用当年种子。

东北铁线莲种子有胚后熟及休眠现象，低温层积可以打破休眠，提高种子发芽率。低温层积 140～160d 种子发芽率可达到 75% 左右，生产中可采用自然越冬方法处理东北铁线莲种子，也可采用秋播方法使东北铁线莲出苗生长。

实验研究发现赤霉素处理东北铁线莲种子可解除休眠。处理方法为在 500mg/kg 浓度赤霉素溶液中浸泡 2h，可打破休眠而提早进入生长阶段，但高浓度赤霉素溶液会抑制种子萌发。

另外，95% 的浓硫酸浸泡东北铁线莲种子 20s 也可以提高种子发芽率，因东北铁线莲种皮较厚，强酸浸泡可以破坏其种皮，从而提高发芽率。但要注意浸泡时间，过短不能完全破坏种皮，过长容易破坏种胚，使种子死亡。

东北铁线莲种子发芽需时较长。实验研究发现，东北铁线莲种子萌发开始后 20～25d 发芽，经过一周后开始萌发长根，随着根的自然长大，慢慢形成小根茎，小根茎也逐渐加粗伸长，再经过一周后小根茎的先端出现顶芽，但顶芽并不出土，转入温室保湿培养 1～2 个月才真正出土，形成完整植株，当年生长的幼苗非常弱小，在培育过程中应加强管理看护力度，以提高幼苗成活率。

东北铁线莲种子发芽适温为 25℃ 左右。低于 10℃ 和超过 30℃，对种子萌发有抑制作用。

（2）水分对光合作用及生物产量和有效成分积累的影响

光合作用是药用植物积累有效成分与生物量的基础，水分供应会对植物的光合作用产

生影响。研究认为水分对东北铁线莲光合作用影响明显，年降水量 450mm 东北铁线莲净光合速率较高，年降水量较少或较多都会使其净光合速率下降。

植物的生长发育状况直接影响药材的品质和产量，而不同生长发育年份水分供应状况会对植物的各项生长发育指标产生影响。研究认为二年生、三年生东北铁线莲在 450mm 供水条件下各项生长发育指标均优于一年生，跟及根茎的生物量也以 450mm 供水量最高。

（3）采收特性

在确定药材最佳采收期时综合考虑药材的品质与产量认为在 9 月中旬种子成熟以后到 10 月末进行药材的地下部分的采收，东北铁线莲根及根茎中齐墩果酸含量和产量最高，且品质较好。

（4）生长特性

东北铁线莲为蔓生植物，靠叶柄弯曲攀附于其他植物向水平方向生长。根茎部潜伏芽较多，当主芽被破坏之后，潜伏芽便迅速萌发出土。主茎生长点受破坏停止生长后，可再从叶腋生出侧枝继续生长。

1.10.2.3　生态学习性

东北铁线莲野生于富含腐殖质的山坡、林缘或灌木丛中，以采伐迹地、稀疏林下及沟谷旁生长较多。对气候、土壤要求不严，但以凉爽、湿润的气候和富含腐殖质的山地棕壤土或沙质壤土为佳。过于低洼、易涝或干旱的地块生长不良。耐寒性很强，宿根在 −40℃ 低温下能够安全越冬。

【巩固训练】

1. 东北铁线莲林下栽培如何选地整地？
2. 东北铁线莲播种繁殖种子如何采收与处理？
3. 东北铁线莲如何进行田间管理？
4. 东北铁线莲有什么价值？
5. 菜用东北铁线莲如何采收？

【拓展训练】

调查在你的家乡所在地是否有野生东北铁线莲存在，是否适合进行人工栽培，如果适合，思考应采用哪种栽培模式能够更好地产生经济效益？并思考如何进行栽培选地和管理。

项目2

种子果实类药用植物栽培

任务 1
北五味子栽培

【任务目标】

1. 知识目标

知道五味子的价值、用途、分布；知道五味子的种类和优良品种；熟悉五味子的生物生态学习性。

2. 能力目标

会进行五味子育苗、建园、管理、病虫害防治、采收、干制、贮藏等操作。

【任务描述】

北五味子是我国地道名贵中药材，在国内外市场均深受消费者的青睐，需求量较大，近些年来，随着环境破坏及对野生资源的掠夺性采摘，使野生蕴藏量不断减少，难以满足市场的需求，因此，必须进行人工栽培。

北五味子栽培包括苗木繁育、建园、管理、病虫害防治、采收、干制与贮藏等环节。

该任务为独立任务，通过任务实施，可以为北五味子的人工栽培生产打下坚实的理论与实践基础，培养合格的北五味子栽培生产技能型人才。

【任务实施流程】

苗木繁育 → 建 园 → 栽后管理 → 病虫害防治 → 采收加工贮藏

【任务操作要点】

一、五味子苗木繁育

五味子苗木繁育可采用播种繁苗、扦插繁苗、嫁接繁苗、根蘖繁苗、组织培养繁苗等多种方法。生产生应用较多的主要为播种繁苗。

1. 播种繁苗

（1）育苗田选择：育苗田最好选择地势平坦、向阳、排水良好，周围没有污染源，靠近水源的林缘熟地；地势要平缓，土层要深厚，土壤富含腐殖质的疏松、肥沃的腐殖土、沙质壤土。

（2）育苗田整地：育苗地选好后进行翻耕，深度为 25～30cm，翻耕时施入腐熟农家肥 1 000～2 000kg/亩；然后做成宽 1.2m，高 15cm 的畦床，长度视实际情况而定，搂平床面，即可播种。地势高燥、干旱、雨水较少地块可做成平床。

（3）种子处理：8月末至9月中旬，种子成熟时，选择穗大、粒紧而均匀，粒大饱满，果实变软，富有弹性，外观呈现红色或紫红色，成熟度基本一致的种子采摘。采摘后，置阴凉处后熟10d左右，然后浸水搓去果皮果肉，用清水漂洗，同时漂除瘪粒，放阴凉处晾干。12月中下旬，用清水浸泡种子3~4d，每天注意换水，然后再用0.1%~0.3%的高锰酸钾水溶液浸泡约4h后用清水冲洗干净，进行消毒。再按种沙比1∶3比例拌入清洁湿沙，混拌均匀，沙子湿度以手握成团而不滴水，松手触之即散为度，装入编织袋，置于8~15℃温度条件下，每隔15d检查一次，同时注意保湿，干时喷水，时间60~70d，使种胚发育充分。当种子裂口率达30%以上时，转入0~5℃温度条件下沙藏，使物质充分转化。播种前半个月左右，将种子取出，置20~25℃温度条件下进行催芽，当大部分种子种皮开裂，露出胚根时，即可播种。

东北地区亦可将当年采收新鲜种子，置阴凉处后熟10d左右后浸水搓去种皮果肉，立即消毒杀菌，然后进行自然温度湿沙层级催芽，在土壤封冻前选背风向阳地方挖深60cm左右贮藏坑，坑长宽视种量而定，将经过自然温度湿沙层级催芽处理种子装入袋内放入坑中，上覆10~20cm细土，并加盖植物秸秆等进行自然低温处理，第二年春季土壤化冻后取出种子进行高温（20~25℃）催芽。大部分种子种皮开裂，露出胚根，即可播种。

种子处理过程中一定要注意种子的杀菌消毒工作和检查工作。因五味子种子常常带有各种病源菌，致使在催芽处理过程中和播种后引起烂种或幼苗病害，消毒除过前面方法中的消毒方法外，亦可采用种子重量0.2%~0.3%多菌灵拌种，或用50%咪唑霉400~1000倍液或70%代森锰锌1000倍液浸种2h，效果较好。

种子处理还可以采用，当种子采摘去除果肉，漂去秕粒，捞出控干后用250mg/L浓度的赤霉素或1%浓度的硫酸铜溶液浸种24h。然后拌入2~3倍湿沙，同时拌入消毒杀菌剂，放置凉爽地方，15d翻动一次；当室外结冰时，选背风向阳处挖60cm深的土坑，将拌有湿沙的种子装入麻袋，埋入坑内进行冷冻；第二年化冻后，挖出种子在20~25℃温度下催芽；当70%的种子裂口，胚根

露出小白点时，即为最佳播种期。

（4）播种：4月中旬至5月上旬气温回升后，将经过催芽处理的种子在准备好的苗床上进行播种。播种采用条播，行距15~20cm，沟深2~3cm，播种量13~14kg/亩，覆土1.5~2cm，轻轻镇压并加盖覆盖物进行保温保湿。为防止立枯病和其他土传病害，可结合浇水喷施50%多菌灵可湿性粉剂500倍液。

播种时间亦可采用秋季播种，是在种子采收后经过搓脱果皮果肉，漂除瘪粒，用赤霉素处理，拌入湿沙中的种子在保湿状态下于土壤上冻前按照春季播种方法播入土壤，经过一冬的自然低温处理，在下年春季温度回升后，自然出苗且出苗整齐一致。

（5）播后管理：播后20~30d陆续出苗。

小苗出土50%~70%时，撤掉覆盖物，搭1~1.5m高的棚架，上面用草帘或苇帘、遮阳网等遮阳，透光率50%为宜；幼苗长出3~4片真叶时，进行间苗，保留株距5cm左右；幼苗长出5~6片真叶时将遮阴棚撤掉。

土壤干旱时浇水，保持土壤湿度30%~40%；及时松土除草；为了防止苗木叶枯病发生，在苗木展叶后喷1∶1∶100波尔多液，每周喷1次，连喷2~3次。白粉病可用25%粉锈宁可湿性粉剂800~1000倍液，或甲基托布津可湿性粉剂800~1000倍液预防。

苗期追肥2次，第一次在去掉遮阴棚时，于行间开沟施尿素8~10kg/亩催苗；第二次在株高10cm左右进行，施复合肥12~15kg/亩，施肥后及时浇水，以利幼苗吸收。

2. 扦插繁苗

扦插繁苗一般采用半木质化绿枝扦插，亦可5月上中旬采用硬枝带嫩枝扦插，或5月初新梢长至5~10cm时采用嫩梢扦插均可。下面以半木质化绿枝扦插为例：

6月上旬采集五味子优良品种或优系半木质化新梢，一般要求上午10：00前采集粗度大于0.3cm的枝条。并将其剪截成长15~20cm的插穗，保留中上部2~3片叶，其他叶片剪除，剪除时带皮，可少留部分叶柄。下剪口在半木质化节上，剪成马耳形斜口，上剪口距离最上部叶片1~1.5cm，剪成平口。将剪好的插穗用0.1%多菌灵药液浸泡1~2min，抖落水滴后用1000mg/kg萘乙

酸或 100mg/kg ABT 一号生根粉浸泡插穗基部 20~30s 备用。

插床挖成宽 1.2~1.5m，长 6~10m，深 20cm 的扦插池，四周用砖砌好，池上方搭拱棚和遮阴棚，以 1:1 干净河沙与过筛炉渣为基质，床底用 0.1% 多菌灵和 0.2% 辛硫磷杀菌灭虫，基质用 2% 高锰酸钾溶液喷淋消毒，堆放 2h 后用清水淋洗，再按 15~20cm 厚度均匀铺在插床上。用直径 2.5cm 木棒按 5cm×8cm 株行距打 3~4cm 深孔，插入接穗并压实，注意叶片不要相互重叠，随后喷水。

保持棚内湿度 90% 以上，透光率 40% 左右，温度控制在 20~30℃ 之间，每天根据湿度情况喷雾 3~4 次，要求喷雾后不形成径流，叶片保持坚挺，不萎蔫。插后每隔 10d 左右喷一次多菌灵消毒液。30~40d 左右可生根，以后逐渐减少喷水次数，进行控水炼苗，雨天注意防止雨水灌入苗床。经炼苗处理的生根壮苗可按 20cm×10cm 移至露地苗床继续培养以至成苗，移植后要注意精细管理，前促后控，培育出地下根系发达，地上木质化程度高的优质壮苗。

硬枝带嫩梢扦插是在 5 月上中旬将优良品种母树上的当年生嫩梢带上年生硬枝剪成插穗进行扦插，要求保留上年生硬枝 8~10cm，带当年生嫩梢 3~5cm。插床上层基质与半木质化嫩枝扦插基质相同，下层基质为 10cm 厚的营养土（园土加腐熟农家肥），培养成活后的扦插苗可留床培养为壮苗。

嫩梢扦插是在 5 月初，五味子新梢长至 5~10cm 时，在温室或大棚内将采集的嫩梢同半木质化扦插一样进行扦插，插床同样是上层与半木质化扦插基质相同，下层与硬枝带嫩梢扦插基质相同，培养成活的扦插苗也是留床培养成壮苗。

3. 嫁接繁苗

嫁接繁苗可以采用绿枝劈接嫁接方法或硬枝劈接嫁接方法。

砧木培育可以按照播种繁苗方法进行。

接穗应从优良品种植株上选取当年萌发形成、生长健壮的半木质化新梢。

绿枝嫁接时，砧木在嫁接头一年秋季上冻前剪留 3~4 个饱满芽剪断，灌足封冻水，防止越冬抽干，第二年春季化冻后及时灌水并施肥，促使新梢生长，每株选留 1~2 个新梢，其余全部疏除，

并注意去除基部萌发的地下横走茎。

5 月下旬到 7 月上旬之间均可嫁接，嫁接时选取砧木上萌发的生长健壮的新梢，剪留 2 枚叶片，剪口距最上部叶 1cm 左右，从髓心部位垂直劈开一个切口。

接穗剪下后，去掉叶片，只留叶柄，在芽上 1cm 左右位置剪断，芽下留 1.5~2cm，削成 1cm 左右的双斜面楔形，接穗最好随采随用。接穗削好后插入切好的砧木切口，使形成层两面或一面对其齐。用塑料布条绑紧扎严，不要漏风。注意接穗插入时要留白，为了防止接穗失水影响成活，可用塑料薄膜"带帽"封顶。

嫁接过程中需要注意剪刀要锋利，削面要平滑，角度要小而均匀，砧木要新鲜，不要木质化程度太高，以免影响成活率，接后及时灌水并保持土壤湿润，反复去除砧木萌蘖及横走茎，成活后及时摘除塑料薄膜。

硬枝劈接嫁接是在落叶后至萌芽前采集优良品种植株上 1 年生、粗度大于 0.4cm、充分木质化的枝条进行嫁接。方法与绿枝劈接嫁接方法相同。

4. 根蘖繁苗

是将五味子优良品种栽培园内植株地下横走茎上不定芽萌发形成的根蘖苗挖出直接进行栽植或归圃培育壮苗的繁苗方法。

5. 组织培养

是用五味子优良品种或优系植株的腋芽作为外植体，通过芽的诱导、继代培养、生根培养、炼苗栽植培育形成新植株的方法。

二、五味子建园

1. 园地选择

野生五味子主要在山地背阴坡林缘及疏林地，因此选地应选生长期内无严重晚霜、冰雹等灾害性天气，土壤深厚肥沃、富含腐殖质、疏松透气、保水能力好、排水良好的林缘地或质地疏松的沙质壤土农田地，但要注意远离大田作物，以防受到大田作物经营过程中漂移性除草剂的危害。耕作层积水或地下水位在 1m 以上地块不适于选择。周围要有优质水源，无污染性工厂，距离交通干线 1km 以上，交通方便。也可选择阔叶林地或混交林地，但要求立木分布均匀，受光面积大、时间长的阳坡，林分郁闭度为 0.3~0.4。

2. 园地规划

园地选定后，应根据建园规模大小做好全园

规划。首先实测全园平面图，勘测标明不同土壤在园中的分布。据测得资料，进行园地道路、防护林、排灌系统、水土保持及作业间、仓库等的规划。如果是小面积栽培，则无需规划，但也要做到心中有数。

3. 园地清理整地

园地规划好后，首先进行清理整地，把所规划园地内的杂草、乱石、小灌木、枯枝、树根等清理出园地，然后进行深翻土壤，去高填低，平整土地，山地可进行带状或块状整地，翻地深度要求达到30~35cm以上，时间最好能在栽植前一年的秋季进行，以利于熟化土壤。如果是带状或块状整地，则需要按规划好的株行距进行深翻整地，创造有利于五味子生长发育的土壤条件。并注意按规划搞好水土保持。

4. 架柱埋设，架线设立

为了提高栽苗质量，使株行距准确，在整好地、栽植前首先完成架柱埋设，架线设立工作。

架柱可用木架柱、水泥架柱。木架柱中柱要求小头直径8~12cm，长2.6m；边柱要求小头直径12~14cm，长2.8m的小径木。木架柱要求入土前将入土部分烤焦并涂以沥青，提高防腐性，延长使用年限。水泥架柱用钢筋混凝土浇制而成，中柱为8~10cm见方，两端粗细一致，长2.6m；边柱10cm见方，长2.8m。

埋设时，依据标定栽植点位置先埋边柱，后埋中柱。架柱之间距离一般水泥架柱6m，木架柱4m。埋柱深度边柱80cm，中柱60cm。要求埋完的架柱成一条直线，并边埋土边夯实，达到垂直、坚实目的。埋设边柱时，需要有锚石拉线或支撑，以防将来五味子上架后增加重量而导致架柱倾倒。

架柱埋设好后，按第一道架线距地面75cm，然后按间距60cm拉好第二道、第三道架线。架线采用10号或12号铁丝。架线时先把一端按相应位置固定，然后将架线设置在行的另一端，用紧线器拉紧后固定于边柱，与中柱的交叉点用12号铁丝固定即可。

5. 画线定点

根据规划好的株行距及篱架设置位置，用石灰粉标注定植点或定植沟位置。一般五味子栽植可采用的株行距为0.3m×1.2m、0.5m×1.2m、0.5m×1.4m、0.5m×1.5m、0.5m×2m、0.75m×2m、1m×2m等。

6. 定植点、沟挖掘与回填

五味子定植一般在春季，但春季新挖掘的定植穴或定植沟土壤在栽植后经常由于土壤沉实造成苗木高低不平，甚至影响成活率，因此，定植沟穴的挖掘最好在前一年秋季完成，使回填土有一个冬季的沉实过程，保证春季定植苗的成活率。

定植沟穴的挖掘规格据园地土壤状况可有所不同，土层深厚肥沃，定植沟穴可浅一些、窄一些，一般40~50cm深，40~60cm宽。如果土层薄，底土黏重，通气性差，定植沟穴必须深些、宽些，一般要求60~80cm深，50~80宽。挖掘时，表土与底土分开堆放。挖掘定植沟穴必须保证质量，上下宽度一致。

挖好后，经过一段时间的自然风化，然后回填。在回填的同时，分层均匀施入有机肥和无机肥。一般先回填表土，同时施入有机肥料，回填过程中，要分2~3次踩实，以免回填的松土塌陷，影响栽苗质量，全部回填完毕后，再把底土撒开，使全园平整。

7. 栽植

栽植季节可秋季，亦可春季。秋季栽植在土壤封冻前进行，栽植后入冬前要求培土，将苗木全部覆盖，开春再把土堆扒开。

春季栽植在地表以下50cm深土层化冻后栽植。如果苗木经过了冬季贮藏或从外地调运，栽植前要将苗木全株用清水浸泡12~24h以补充水分，促进成活。

定植前，要对苗木进行定干和修根，是将植株剪留4~5个饱满芽短截，同时剪除地下横走茎，剪除病腐根系及回缩过长根系。

在前一年已深翻熟化的地段上，把栽植带平整好，按规划好的株距挖掘直径40cm，深30cm的圆形定植穴，株距较近也可挖掘宽40cm，深30cm的栽植沟，栽植点和栽植沟应在篱架投影正下方或距离15~20cm。

栽植时，由定植穴挖出的土壤按每穴施入优质腐熟有机肥2.5kg并拌匀，将其中一半回填入穴内，中央呈馒头状，踩实，使其距地表10cm左右。然后将修整好的苗木放入穴中央，行向对齐，使根系舒展，把剩余土壤打碎埋到根上，轻轻抖动，使土与根系密接，填平、踩实，做好树盘或灌水沟，浇透水，待水渗下后，再覆一层松土即可。

栽苗过程中要注意苗木不宜在园地放置太久，以防根系失水干枯，影响成活率。

8. 栽植当年管理

栽植当年土壤管理比较简单，采用全园清耕方法。要求全年中耕除草5次以上，保持五味子栽植带内土壤疏松无杂草。

栽植后到5月下旬期间，幼苗生长比较缓慢，可适当喷施尿素或叶面肥，促进叶片光合作用积累营养。5月下旬以后，新梢开始迅速生长，需加强肥水管理，每株追施尿素或磷酸二氢钾5~10g，8月上中旬，为促进枝条充分成熟，每株追施过磷酸钙100g，硫酸钾10~15g，或叶面喷施0.3%磷酸二氢钾。

生长期内遇干旱及时灌水，雨季注意排涝。

当新梢进入迅速生长期后，新梢长至50cm左右时，据栽培模式每株选留健壮主蔓1~2条引缚上架，其他新梢进行摘心，抑制生长，促进制造营养，保证植株迅速生长。主蔓超过2m时及时摘心，促进枝条成熟，对产生的副梢，保持间距15~20cm，长度30cm进行摘心和疏除。促进副梢生长充实，芽体饱满。

五味子幼苗一般很少发生病虫害危害，但也不能掉以轻心，要加强检查，一旦发生病虫危害，需及时防治，特别是黑斑病和白粉病。

三、五味子栽培管理

1. 土肥水管理

（1）土壤管理：生长期的土壤管理主要是松土除草，保证园内土壤疏松透气，不板结，并能起到抗旱保水作用和清除杂草作用。一般每年进行4~5次中耕除草工作，中耕深度10cm左右，注意不能伤及五味子根系，尤其不能伤及地上主蔓。除草尽量不要使用除草剂，以免危害五味子。

（2）施肥管理：以生产果实为目的的五味子园，每年消耗大量养分，适时、适量施肥，能有效地增加产果量。因此每年秋季都应施一次农家肥，施肥量为3 000~4 000kg/亩，施肥方法为在栽植带两侧轮换据植株0.5m处开条沟施肥，要求沟宽40cm，沟深30~40cm，施肥后填土覆平，直至全园遍施为止。

另外生长期还要追肥两次，第一次在5月初（萌芽前），追施速效氮肥及钾肥；第二次在8月中旬追施速效磷钾肥，随树体扩大，肥料用量逐年增加，施肥量按硝酸铵25~100g/株，过磷酸钙

200~400g/株，硫酸钾10~25g/株。

由于五味子根系不发达，果实膨大期、新梢生长期及花芽分化期都消耗较多的营养，易造成营养竞争，所以在这些时期还应进行叶面喷施0.3%的磷酸二氢钾或尿素，以满足生长发育需求。

据研究，以在五味子的新芽形成期（7月份）施肥，增产效果最明显。该次株施10g氮磷肥，比对照增产44.15%；施用有机肥，效果也很佳，每株施1~1.5kg有机肥，比对照增产38.38%~41.23%。

（3）水分管理：五味子根系分布较浅，干旱对五味子生长发育影响较大。东北地区冬春季，雨雪量较少，容易出现旱情，灌溉特别重要。

五味子在萌芽期、新梢迅速生长期和浆果迅速膨大期对水分反应最为敏感。生长前期缺水，萌芽不整齐、新梢、叶片短小坐果率低，严重影响当年产量；浆果膨大期缺水，会造成严重落果现象；果实成熟期轻微缺水可促进浆果成熟，提高果实质量，严重缺水则会延迟成熟，浆果质量降低。

因此五味子生长期应在萌芽前、开花前、开花后浆果膨大期、浆果着色期土壤封冻前分别根据天气状况、土壤水分状况进行灌溉。

雨季则要注意排水，以免因园内积水或过涝而使五味子植株受害或因高湿造成病害蔓延。

2. 整形修剪

五味子为藤本植物，栽植需要搭架，一般采用篱架栽培。

（1）整形：五味子栽培常采用树形为一组或两组主蔓，在主蔓上着生侧蔓、结果母枝，每个结果母枝间距15~20cm，均匀分布，结果母枝上着生结果枝及营养枝。该树形结构简单、整形修剪技术容易掌握；株、行间均可进行耕作且便于操作；植株体积小、负载量小，对土壤肥水要求不严格。

一般整形需要3年时间完成，整形过程中，注意主蔓的选留，要选择生长势强、生长充实、芽眼饱满的枝条作为主蔓。严格控制每组主蔓的数量。

（2）修剪

①五味子的4种枝条

短果枝（10cm以下）：多为上一年的结果枝，多生于主蔓下部或中长果枝上，结果能力差。

中果枝（10~25cm）：多分布于主蔓中部，是

植株的主要结果部位，也是丰产枝。

长果枝（25cm以上）：多分布于主蔓上部，既是植株的结果部位，也是萌发下年结果枝和营养生长的主要枝条。

基生枝：从地下横走茎或老蔓基部萌发，是结果枝的来源和后备枝。

②基本要求：矮干低枝或无干多蔓，疏密合理，通风透光，清除废枝，集中营养。修剪中，对中长果枝尽量保留，并一律截到饱满芽带；对基生枝，除保留3~4条用做更新外，一律剪除；对短果枝、病枝、干枝及过密枝，一律从基部剪除。

③修剪时间：主要在春季萌发前。也可在6~8月结合松土除草，清除萌发的多余基生枝。

④不同时期的修剪方法

A. 结果前期修剪：栽植后2~4年，主蔓已形成，主蔓上长出多条侧蔓，营养生长旺盛，为开花结果做好准备。

修剪任务：理顺关系，利用空间，促进通风透光。

方法：抹除主蔓基部的过多侧蔓，剪除多余基生蔓；对徒长（2m左右）主蔓及时打尖或拉大分布角使其水平生长，减弱长势，促进萌发侧蔓；疏去生长势弱的侧蔓；7月下旬对侧蔓进行一次较全面的掐尖，控制生长促进木质化，并结合喷施1~2次0.3%的磷酸二氢钾，促进木质化，减少越冬枯梢现象，春季将枯梢及时剪除。

B. 结果初期（5~6年）修剪：

修剪任务：控制营养生长，促进开花结实。

方法：基于前一阶段的培育，五味子丰产骨架，营养面已经形成。侧蔓的中上部已形成较多的混合芽，开花结果正常，因此要培育健壮的结果母蔓，抹除弱蔓，抑制过强的徒长蔓。结果母蔓上部的芽以保留4~7个为佳，中下部芽多留。芽间距10~15cm，有利于结果。一般雌花多分布在结果母蔓的上部，下部则雄花较多。因此7月中旬要打尖控制结果蔓延长生长，以利于加粗生长和多分化出混合芽。主蔓基部的多余基生蔓继续抹除，使基部疏空。

C. 盛果期（7~9年）修剪：五味子进入盛果期产量增多，结果面上移，主蔓下部逐渐秃裸。

修剪任务：加强肥水管理，维持树势，延缓衰老。

方法：剪去枯死蔓，弱小蔓，疏去过多的寄生蔓，培养新的结果母蔓，尤其是注意选留主蔓下部长出的新蔓，将其培养成结果母蔓。剪去上部已老化、秃裸的结果母蔓，回缩结果位置，保证盛果期产量，实现长期高产。从基生蔓中，选留好3~4条作为主蔓的后备，以备更新。

D. 衰老期（10年以上）修剪：衰老期，五味子主蔓秃裸严重，结果力下降。

修剪任务：更替主蔓，平茬复壮，用培养起的更新蔓取代衰老主蔓。

方法：砍去老蔓，清理架面，让出空间，促使新蔓生长与结果。

四、病虫害防治

1. 白粉病

危害五味子叶片、果实和新梢，一般先从幼叶开始浸染，叶背出现针刺状斑点，逐渐上覆白粉，严重时扩展至整个叶片，病叶由绿变黄，向上卷缩，枯萎脱落。高温干旱易发生，枝蔓过密、徒长、氮肥施用量过多、通风不良更为严重。

防治方法：5月下旬喷洒1:1:100倍等量式波尔多液预防，6月中旬再喷一次，预防效果很好。突发白粉病，可喷洒25%粉锈宁800~1000倍液，或甲基托布津可湿性粉剂800~1000倍液，每10~15d 1次，连续2~3次。

2. 根腐病（掐脖子病）

是五味子栽培主要病害之一。发病普遍，危害严重。一般5~8月均有发生，发病时根茎部表皮变黑，进一步腐烂、脱落，形成环状，叶片萎蔫，几天后整株死亡。发病原因复杂，晚秋、早春地面温度昼夜变化剧烈，根颈部组织柔嫩，抗病性低，皮层受冻感染菌类，根茎处受到机械损伤均会腐烂发病。涝洼积水地、黏重土壤、植株发育不健全、枝蔓不充实发病较重。林内生态园，因环境或枯枝落叶环境优越，可免除伤害，无此病发生。

防治方法：选择高燥、不低洼积水的壤土、砂壤土进行栽培。秋季培土埋住根颈，防止受冻，减少伤害，加强管理，多施有机肥，使枝蔓生长发育健壮充实，雨季注意排水。

发病初期用50%多菌灵可湿性粉剂500倍液灌根，或用30%土菌消水剂灌根，发病期连续用药，间隔10d。

3. 黑斑病

6月上旬至8月下旬发病，发病时叶尖或叶缘开始，叶表有针尖大小圆形黑色斑点，微具轮纹，随着扩展相互合并成不规则病斑，干燥时易脆裂，潮湿时病斑背面生黑色霉状物；果粒染病，病部凹陷，变成褐色，种子外露，造成落果，茎上病斑椭圆形、褐色，严重时干枯。空气潮湿，雨水偏多易发病。肥料不足或偏施氮肥、地势低洼、架面郁闭发病严重。

防治方法：5月下旬喷布1∶1∶100倍等量式波尔多液预防，每10d喷1次。发病时用50%代森锰锌可湿性粉剂500~600倍液，或10%世高水分散性颗粒剂1 500倍液或腈菌唑25%乳油4 000~6 000倍液喷雾。

落叶后至萌芽前彻底清理园地，要求将病枝病叶全部清理出烧毁或深埋，减少越冬病原菌，萌芽前全园喷布5°Be石硫合剂。管理上注意枝蔓合理分布，避免架面郁闭，增强通风透光。

4. 女贞细卷蛾

是五味子重要害虫之一，以幼虫危害五味子果实、果穗梗、种子。幼虫蛀入果实在果面形成1~2mm疤痕，取食果肉，虫粪排在果外，受害果实变褐腐烂，呈黑色干枯僵果留在果穗上；啃食果穗梗，形成长短不规则凹痕；幼虫取食果肉到达种子后，咬破种皮，取食种仁。

越冬代成虫5月中下旬五味子幼果膨大期开始羽化，3~4d产卵，7d卵孵化，卵多散产，单粒，产于近果梗处果面上，每果1~2粒，卵孵化后于适当位置咬一圆形针刺状小孔蛀入果内危害，有转果危害习性，每头可危害6~8幼果，被害果外有白色丝状物，幼虫受惊，吐丝下垂，幼虫危害22~28d后老熟，于果内无茧化蛹。

防治方法：秋季落叶后，彻底清理园地，烧毁或集中深埋；用黑光灯诱杀成虫；观测卵果率达0.5%~1%时，用20%溴氰菊酯或5%来福灵乳油2 000~3 000倍液喷施，15~20d喷1次，整个生长期2~4次。

5. 柳蝙蛾

是五味子重要虫害。蛀食枝干，造成植株折断或死亡。

以卵在地上或以幼虫在枝干随心越冬。翌年5月孵化，6月中旬在林果或杂草茎中危害，8月上旬化蛹，卵产在地面越冬。

防治方法：及时清除园内杂草，集中烧毁或深埋；5月下旬枝干涂白防止受害；及时剪除被害枝；5月下旬至6月上旬，地面喷洒50%辛硫磷乳

油1 500倍液或25%爱卡士乳油1 500倍液。

6. 药害

是农药残留引起或漂移性除草剂漂移引起的植株枯萎、卷叶、落花落果、失绿、生长缓慢、生育期推迟、甚至植株死亡等症状。

防治方法：可使用沃土安降解土壤中的农药残留。在农田休闲期间用750g/亩沃土安加水2 000倍，搅拌均匀后均匀喷洒于地面，然后翻耕休闲；播种前或定植前，再次使用相同浓度相同用量沃土安喷洒苗床或种植带，然后播种或栽植。

目前对因2,4-D丁酯等漂移性农田除草剂引起的五味子药害防治上要求搞好区域种植规划，保证五味子与禾本科农作物之间要保持有足够宽的隔离带，且五味子应种植于上风口，五味子临近200m区域内，严禁使用此类化学除草剂；发生药害后，可喷施1%~2%尿素或0.3%磷酸二氢钾等速效肥料，促进农作物生长，提高抗药能力；也可用0.1%芸薹素内酯300~600mL/hm² 兑水750kg进行喷雾，严重的还需加喷85%赤霉素结晶粉20mg/kg来补救。

五、五味子采收、干制与贮藏

1. 采收

采收不能过早也不能过晚，一般8月末至9月上中旬果实变软、富有弹性，外观呈红色或紫红色时采收。过早，加工干品色泽差、质地硬、有效成分含量低，降低商品性；过晚果实易落粒，不耐挤压，易造成经济损失。

采收应选择晴天上午露水消失后采收。采收时，尽量少伤叶片和枝条，暂时不能运出的，放阴凉处贮藏，采收要尽量排除杂草及有毒物质混入，剔除破损、腐烂变质部分。

2. 干制与贮藏

采收后放置干燥阴凉通风处摊开，厚度不超过3cm，经常翻动，防止发霉，直至晾干，阴干的干品有效成分损失少、色泽好，但耗时长、易霉变。也可在日光下晒干，晒干时厚度不宜超过5cm，经常翻动，使晾晒均匀。晾晒中可经夜露，干后油性大，质量好，但晾晒过程中绝不可暴晒，否则会导致干品色泽黑暗、质量差。晾干后紫红色有光泽，绉皱明显，有弹性，柔润者为佳。晾干率约(3~3.5)∶1。

晾干后要装入麻袋或透气的编织袋内贮存，通风防湿，防霉变。

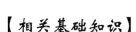

【相关基础知识】

2.1.1 概述

五味子别名山花椒，木兰科五味子属落叶木质藤本植物，以果实入药，是我国的地道名贵中药材。具有益气、滋肾、敛肺，生津，安神，涩精等多种功效。主治肺虚喘咳，口干作渴，自汗盗汗，劳伤羸瘦，梦遗滑精，久泻久痢，心悸失眠等症。现代药理研究认为：五味子具抗肝损伤，安神宁心，强心作用，增强心肌收缩力，增加血管张力，增强机体对非特异性刺激的防御能力，具有抗菌消炎作用。五味子有南北之分，北五味子为传统正品，品质优良，主要分布于黑龙江、辽宁、吉林、河北等地；南五味子为五味子副品，品质较次，主要分布于山西、陕西、云南、四川等地。

五味子除过药用外，因其含有多种营养成分，具有丰富的营养价值和特有的医疗保健作用。据测定，每100g鲜果中含蛋白质1.6g、脂肪1.9g、可溶性固形物8~14g、有机酸6~10g、维生素C21.6g、胡萝卜素32μg、17种氨基酸，人体必需的7种氨基酸占17.7%，还有钾、钙、镁、铁、锰、锌、铜等无机元素和抗衰老物质1.1g/100g鲜果汁。尚可加工成果酒、果酱、果汁饮料和保健品等，因此原料市场需求量较大，每年的市场需求约为 $300 \times 10^4 \sim 350 \times 10^4 kg$（干品），且呈逐年上升趋势。

然而，由于环境破坏和对野生资源的掠夺式采摘，野生五味子资源的蕴藏量不断减少。据统计，我国野生五味子的蕴藏量为每年 $220 \times 10^4 \sim 250 \times 10^4 kg$（干品），年收购量不足 $50 \times 10^4 \sim 70 \times 10^4 kg$（干品），因此，仅靠野生资源已远远不能满足市场对其的需求。为此，科研工作人员从20世纪70年代开始，经过历时40多年的探索和研究，较系统地掌握了五味子的栽培特性，使人工大面积栽培成为可能。同时，这些年来，由于野生资源不能满足市场需求，五味子市场价格从2000开始一路不断攀升，至2009年左右时甚至高达50元/kg（干品），导致人们的大面积跟风栽培，价格又一落千丈，创历史新低，每千克3元也没人收购，使许多的栽培户忍痛砍树。近些年，价格走势又在缓慢回升，达到每千克40多元。五味子作为常用中药材，其价格随社会经济不断发展，必然会不断升高，且管理容易，人工栽培与野生在质量上并无很大差异，产量也较高，盛果期产量可达1 500kg，折干可达400~500kg，亩产值8 000~10 000多元，且一次栽培、多年收益，是一个不错的致富项目。

2.1.2 五味子品种与品系

（1）红珍珠

中国农业科学院特产研究所选育，1999年通过吉林省农作物品种审定委员会审定，是我国的第一个北五味子新品种。

树势强健，抗寒性强，中长枝结果为主，平均穗重12.5g，平均穗长8.2cm，平均单粒重0.6g，成熟果深红色，出汁率54.5%。

（2）早红（优系）

枝条硬度大，开张，抗病性强，早熟，丰产稳产。平均果穗重23.2g平均果穗长8.5cm，平均单粒重0.97g，成熟期8月中旬。

（3）巨红（优系）

枝蔓柔软、下垂，果穗果粒大，树势强，丰产稳产性好。平均穗重30.4g，平均单粒重1.2g。

（4）优红（优系）

枝蔓柔软、下垂，抗病性强，丰产稳产，树体通风透光性差。平均穗重14.4g，平均单粒重0.7g。

2.1.3　生物生态学特性

2.1.3.1　生物学特性

（1）根系

五味子主根细弱、不发达，侧根发达。垂直分布于地表下5～70cm深土层内，集中在5～40cm深范围内，水平分布在距根茎1m范围内，集中在距根茎50cm范围内。地下横走茎发达，常与地上部分竞争养分，其上的不定根分布较浅，集中于地表下5～15cm范围。根系具有较强趋肥性，施肥集中部位常集中大量根系。

（2）茎

五味子为木质藤本植物，茎细长、柔软，需依附其他物体缠绕向上生长。地上茎可分主干、主蔓、侧蔓、结果母枝和新梢，新梢又分结果枝和营养枝。从地面发出的树干称为主干，主蔓是主干的分枝，侧蔓是主蔓的分枝，结果母枝着生于主蔓与侧蔓上，为上一年萌发的新梢，从结果母枝上萌发的带果穗的新梢称结果枝，不带果穗的称营养枝。从植株基部或地下横走茎萌发的枝条称萌蘖枝或基生枝。

新梢较短时常直立生长，长至60～70cm时，需依附其他物体缠绕向上生长，否则先端生长势变弱，生长点脱落，停止生长。1年生枝据其长度可分为叶丛枝（5cm以下）、短枝（5～10cm）、中枝（10～25cm）、长枝（25cm以上）。

不同枝类及芽位着花状况不同，以中长果枝结果为主。从基部发出的萌蘖枝当年生长量可达2m以上，且雌花比例较高；同一枝条，雌花比例由基芽向上呈增长趋势。

（3）叶

五味子叶具耐阴喜光特性，直接影响芽的分化质量。据调查，林间、林缘及空旷地由于光照条件不同，生长在空旷、林缘植株比林间开花早，雌花比例高；栽培条件下，上部架面的雌花比例明显高于下部架面。

（4）芽

芽为复芽，有主副芽之分，中间发育较好的为主芽，两侧发育瘦弱的为副芽。春季主芽萌发，营养条件好，副芽也会萌发。据芽性质分为叶芽和混合芽，通常，叶芽较花芽瘦小，不饱满。

（5）花

五味子花为单性花，雌雄同株异花，常4～7朵轮生于新梢基部。虫媒花，花粉量较大，以异花授粉为主，自花授粉结实率较低。

7月初当年新梢叶腋间芽开始分化，分化方向受树体营养、负载量、光照、温度、土壤含水量、内源激素等影响。据相关测试结果表明，花芽分化方向受果实发育过程合成赤霉素影响很大，大年树体果实合成大量赤霉素，影响营养物质向芽内转运，阻碍花芽分化向雌花方向的转化。因此，在五味子栽培中，应注意调节树体的合理负载量，注意病虫害防治及加强施肥灌水等措施，尤其是在花芽分化期可进行叶面喷肥或生长调节剂，调控花芽分化方向。

（6）果实

五味子不同植株穗长、穗重差异较大，穗长一般5～15cm，穗重5～30g，浆果近球形，成熟时粉红色至深红色（也发现有白色、黑色浆果报道）（图2-1）。

（7）种子

种子肾形，淡褐色或黄褐色，种皮光滑，种脐呈明显"V"字形，千粒重17～25g，种仁淡黄色。

种子为深休眠型，易丧失发芽能力。果实成熟时种胚未发育完全，需在5～15℃条件下进行后熟催芽处理，方能正常发芽。

图2-1 五味子

（8）生长结果习性

五味子在地表以下10cm深土层温度达到5℃以上时，进入伤流期。吉林地区一般在4月上中旬左右，持续10～20d。

新梢萌动后，在整个生长季有两次生长高峰。吉林地区第一次生长高峰在5月下旬至6月中旬，第二次在7月下旬至8月上旬。萌蘖枝在整个生长季生长都较快，生长高峰表现不明显。而营养枝和结果枝的第二次生长高峰是由副梢萌发引起，因此，结果量较大或树势较弱植株一般只出现一次生长高峰。结果枝封顶时期比营养枝较早，但均在7月上旬左右。封顶后副梢萌发，进入第二次生长高峰，到8月中旬后副梢快速生长减缓，陆续封顶。而新梢的缓慢生长期正好是五味子的花芽分化临界期和果实的迅速生长时期。

不同类型的新梢年生长量差别较大。据中国农业科学院特产研究所研究，萌蘖枝生长量最大，平均生长量是营养枝的2.9倍、结果枝的5.2倍，消耗养分也最多，所以在生产中应采取措施减少萌蘖枝数量，控制其生长。

五味子在吉林地区开花期在5月下旬至6月初，持续10～14d，单花花期持续6～7d。

五味子的果实生长也有两次生长高峰，吉林地区第一次在6月末至7月上旬，第二次在7月下旬至8月初。第一次高峰期正好与花芽分化临界期重合，因此，结果量过大，会影响花芽分化，影响下年产量。

五味子浆果成熟不同植株差异较大，早熟类型8月中旬即可成熟，晚熟类型9月下旬才能完全成熟。

2.1.3.2 生态学习性

北五味子喜凉爽、湿润的气候，极耐寒，在－42℃的严寒地带北五味子能正常越冬。要求空气湿润，耐阴，但在光照条件好的小环境下，有利于形成花芽而且雌性花明显曾多。因此人工栽培五味子要同时注意小生境的空气湿度与光照两个因子。

喜肥沃、湿润、疏松，土层深厚，含腐殖质多，排水良好的暗棕壤。不耐水湿地，不耐干旱贫瘠和黏湿的土壤。野生多分布于溪流两岸的针阔混交林缘，林间空地，采伐迹地。以半阴坡毛榛子、山杨、白桦林和毛榛子、珍珠梅、水曲柳、胡桃楸林内分布较多。干旱、寒冷、无遮阴的裸地上有枯梢现象，结果少。

2.1.4　主要质量指标

呈不规则的球形或扁球形，直径 5~8mm。表面红色、微红色或暗红色，皱缩，显油润，果肉柔软，有的表面呈黑红色或出现"白霜"。果肉气微微酸。种子破碎后有香气，味辛、微苦。以粒大，果皮紫红、肉厚、柔润者为佳。主含挥发油约 0.89%，有机酸约 9.11% 脂肪油约 33%，木脂素约 5%。木脂素系五味子素和它的类似物 α-、β-、γ-、s-、G-五味子素、去氧五味子素、新五味子素、五味子醇等的混合物。2000 年版《药典》规定，五味子醇甲（$C_{24}H_{32}O_7$）不得少于 0.4%。

【巩固训练】

1. 北五味子栽培如何播种育苗？
2. 北五味子人工栽培如何搭架？
3. 北五味子结果盛期如何修剪？
4. 北五味子栽后如何进行土肥水管理？
5. 北五味子如何采收？采收标准如何？

【拓展训练】

1. 北五味子花为单性花，雌雄同株异化，而雌花数量多少对产量影响很大，如果由你来栽培管理，你会采用哪些措施增加五味子雌花数量，以增加产量？
2. 调研你的家乡是否适合种植北五味子。
3. 调研你的家乡有哪些种子果实类药用植物种类？

任务 **2**

牛蒡栽培

【**任务目标**】

1. 知识目标

了解牛蒡的营养价值、食用方法、分布及发展现状与前景；知道牛蒡的药用功效、入药部位及形态特征；熟悉牛蒡的生物生态学习性。

2. 能力目标

会进行牛蒡栽培选地整地、繁殖栽培、田间管理、病虫害防治、采收及产地初加工。

【**任务描述**】

牛蒡为药食两用经济植物。药用以果实及根入药。果实入药，性凉，味辛、苦。有疏散风热，宣肺透疹，散结解毒作用，用于治疗风热感冒，咽喉肿痛，麻疹，荨麻疹，腮腺炎，痈肿疮毒等症；根入药具清热解毒，疏风利咽作用，用于治疗风热感冒，咳嗽，咽喉肿痛，脚薛，湿疹等症。其肉质根亦可食用，且营养丰富。食用可炒、拌、炸、蒸、煮、烧、炖、做汤、馅、粥，亦可腌渍加工，是一种保健蔬菜。因其独特的香气和纯正的口味及保健作用，风靡日韩，走俏东南亚，并引起欧美有识之士的关注，可与人参媲美，有"东洋参"的美誉。在发达国家和地区，尤其是日本、韩国、中国台湾等地，成年人一年可吃牛蒡100kg左右，成为生活中不可缺少的蔬菜食品。我国1992年引种成功，现主要作为出口创汇蔬菜进行发展，牛蒡的食用在我国也正悄然兴起，因此发展牛蒡具有一定的发展前途。

牛蒡栽培包括选地整地、繁苗栽培、田间管理、病虫害防治和采收加工等操作环节。

该任务为独立任务，通过任务实施，可以为牛蒡栽培生产打下坚实的理论与实践基础，培养合格的牛蒡栽培生产技能型人才。

【**任务实施流程**】

选地整地 → 繁殖栽培 → 田间管理 → 病虫害防治 → 采收加工

【任务操作要点】

一、选地整地

1. 选地

种植牛蒡宜选择土层深厚、疏松肥沃、排水良好、地下水位在 1.5m 以下的中性壤土或轻质壤土为宜，pH 值在 6.5 ~ 7.5 之间。忌连作、忌沙性过大、沙粒过大土壤。

2. 整地

牛蒡种植一般采用垄作，因其根系为深根性直根系，因此整地要求深翻 50 ~ 70cm，不宜过浅。并结合整地亩施腐熟农家肥 3 000kg，复合肥 50kg，尿素 7.5kg 做基肥，翻好地后起 30 ~ 45cm 宽高垄，垄高 20cm，垄距 70cm 进行单行种植，也可起 60cm 宽高垄，垄高 20cm，垄距 90cm 进行双行种植，垄上两行之间行距 40cm。起好垄后，将垄面及两侧踩实后播种。

二、繁殖栽培

牛蒡种植主要采用种子直播种植。

1. 种子处理

由于牛蒡种子具休眠习性，播种前需进行催芽处理。催芽时，将种子放入 40 ~ 50℃温水中浸泡，边浸泡边搅拌，直至水温降至室温后继续浸泡 18 ~ 24h，期间要换水 2 ~ 3 次，捞出杂质及漂浮于水面的瘪粒种子，浸泡时间到达后，将种子捞出沥干水分，用 1 000 倍高锰酸钾溶液浸泡消毒 1h 后捞出即可播种。

2. 播种

4 月中下旬，先用开沟器在准备好的垄面上升宽 5cm，深 3cm 的浅沟，然后用种子穴位定位器在沟内滚一遍，因牛蒡种子发芽率较高，因此将经过催芽处理的种子按每穴 1 粒播入种植穴，株距 10cm。播种量为每亩 0.25kg 左右。播后覆细土 2cm 左右，稍镇压，然后在垄背覆盖宽 60 ~ 70cm 的黑色地膜保湿增温，提早出苗。约经过 10 ~ 15d 左右，即可出苗，出苗时，应及时进行破膜或将地膜支起，以免影响幼苗生长或烫坏烫死幼苗，但注意破膜孔洞不宜过大，以正好露出幼苗为宜。以免由于孔洞过大导致杂草滋生，过小使幼苗不能出土。如果采用将地膜支起措施，可在幼苗长至 10cm 高时，撤除地膜。

亦可在采种当年的秋季 8 月上中旬进行播种。注意秋季播种不能过早，以防根茎过大进入春化阶段，越冬时满足低温需求，翌年春季后的牛蒡植株由于经过春化，加之春季日照时间越来越长，当满足长日照需求后就会完成花芽分化，进而抽薹开花，造成根系中空。也要注意不能播种过晚，以免植株根系过小，越冬困难。

3. 苗期管理

幼苗出土破膜 10d 后，可进行第一次喷水，注意不能采用大水漫灌，以免导致土壤板结，影响根系下扎，造成主根分叉；喷水量也不宜过大，以免土壤沉实，影响根系生长。以能够满足牛蒡生长需求，又不引起土壤板结和沉实为好。当幼苗长至 5 ~ 6 片叶时，进行叶面喷施尿素，促进生长。

三、田间管理

1. 间苗定苗

如果播种时每穴播种量超过 1 粒，要注意及时进行间苗定苗。保证每穴只留 1 株生长健壮植株。

2. 中耕除草

牛蒡生长发育过程中，由于采用了地膜覆盖技术，所以杂草不是很多，但也要注意除草，特别是垄间长出的杂草，要及时除去。和牛蒡植株距离较近的杂草要用手拔除，以免伤及根系。

3. 排灌水

牛蒡生长发育过程中，虽比较耐旱，但会影响生长发育，降低产量，因此，在生长发育过程中也要注意及时灌水，一般播种出苗后 10d 左右即可进行灌水，但要注意灌水量不宜过多，以能够满足需求，又不造成土壤板结与沉实为好，可采用喷水方式进行灌溉，以促进快速生长。7 ~ 8 月，牛蒡植株地上部分生长繁茂，蒸腾量增大，需水较多，要注意及时灌溉，保持土壤湿润。但要注意每次灌水量不宜过多，防止土壤下沉，影响根系生长。进入雨季要注意排水，不能有积水存在，否则容易造成烂根。

4. 施肥

牛蒡生长发育过程中需肥较多，如不能满足需求，就会造成生长发育较慢，产量降低。因此，生长发育期要追肥 2 ~ 3 次，第一次在幼苗长出

5~6片叶时，进行一次叶面喷施尿素，以促进生长。第二次是在幼苗长至50cm高时，揭掉地膜，进行第二次追肥，可采用施肥器在距根系10~15cm处开沟施肥，施肥量为每亩30~40kg复合肥。也可人工在距牛蒡植株根系10cm处开浅沟，然后施入复合肥，施肥后覆土。注意动作要轻，不能伤及根系。

四、病虫害防治

1. 病害

（1）黑斑病：也称叶斑病。主要危害叶片和茎，病斑多时汇合在一起导致叶片早枯，湿度大时，病斑锈褐色，发病初期病斑圆形或不规则形，后期病斑外缘出现轮纹，病斑上长出黑色霉层。茎上出现病斑初时呈椭圆形，上下扩展，中间凹陷，后期病斑变黑，长出霉层，造成植株整株倒伏。病叶自下而上发生，并向相邻植株蔓延。暖和潮湿和雾多露重天气利于发病，缺肥生长衰弱植株老叶更易感病。一般6月初发病，7~8月高温、多雨、湿度大时发病严重。

（2）角斑病：主要危害叶片。发病初期病叶呈鲜绿色水渍状病斑，逐渐变淡褐色，呈多角形，后期干枯穿孔。茎上染病初期呈水渍状，后沿茎纵向扩展严重时溃疡或裂口，变褐干枯。温度24~28℃，相对湿度70%以上，对该病发生有利。雨季最易发生，发病后遇干旱利于症状显现。昼夜温差大，结露重且持续期长，发病严重。

（3）白粉病：主要危害叶片。发病初期，在受害叶片上出现疏密不等的白色粉斑，后期粉斑互相融合，叶片表面覆盖白粉，终至叶片枯黄。暖和多湿，雾大露重天气发病严重，土壤肥力不足或偏施氮肥易诱发该病。

病害防治措施：

（1）实行轮作。牛蒡忌连作，一般5~6年轮作1次，至少也得3年，前茬作物以叶菜类为好。

（2）消灭菌源：及时摘除病叶，收获后清除病残体，集中烧毁或深埋。

（3）加强栽培管理：增施基肥，注重氮、磷、钾配合施用，避免偏施氮肥或缺肥，增强植株抗病能力。苗期不耐旱，忌土壤干旱，时常保持土壤湿润。雨季注意排水，降低田间湿度，如连续淹水2d，即可造成烂根。

（4）药剂防治：发病初期，喷施75%百菌清可湿性粉剂500~600倍液或50%克菌丹可湿性粉剂400倍液或77%可杀得可湿性粉剂500倍液或70%代森锰锌可湿性粉剂600~800倍液或40%乙磷铝400倍液，对黑斑病有较好防治效果。

角斑病宜选用50%琥胶肥酸铜杀菌剂，或用60%琥乙磷铝可湿性粉剂500倍液，或40%瑞毒铜可湿性粉剂600~800倍液，或72%农用链霉素可湿性粉剂3 000~4 000倍液进行防治。其中琥胶肥酸铜、瑞毒铜对白粉病有兼防作用。

白粉病防治宜选用15%三唑酮可湿性粉剂1 000~1 500倍液，或60%防霉宝超微粉600~700倍液，或2%武夷霉素水剂200倍液，30%固体石硫合剂150倍液，7~10d1次，连续2~3次。

2. 虫害

（1）金针虫：以幼虫在土壤中取食刚发芽的种子、幼根及茎的地下部分，造成幼苗枯萎死亡，缺苗断垄。秋季蛀食块根，影响商品外观和品质。

（2）蛴螬：以幼虫在土壤中取食苗根，使幼苗致死，造成缺苗断垄。肉质主根出现缺刻孔洞，影响食用价值。

（3）蚜虫：以成若虫密集聚集于嫩茎和嫩叶背面吸食汁液危害，造成叶片卷缩发黄，生长不良。

虫害防治措施：

地下害虫防治措施：

（1）合理安排茬口。前茬为豆类、花生、甘薯和玉米地块往往蛴螬发生较重，应选择其他茬口地块种植。

（2）对前茬发生较重的地块深耕或初冬翻种，播前深耕、细耕可消灭30%左右地下害虫，有助于减轻危害。

（3）避免施用未腐熟厩肥，因未腐熟的厩肥对蛴螬、金针虫、种蝇等地下害虫有强烈的趋性，使成虫趋向产卵。

（4）合理使用化肥。对一些能散发出氨气的化肥，可适当选用，这些化肥对地下害虫有一定的驱避作用，但要注意施肥时应稍远离根部，以防烧伤根系。

（5）田间发现死苗时，立即在苗四周挖出幼虫，集中消灭。

（6）药剂防治

①土壤处理：结合播前整地，每亩用5%辛硫磷颗粒剂1.5~2.5kg，均匀撒布于田间，浅犁翻耕入土中或撒入播种沟内。

②毒饵诱杀：可用50%辛硫磷乳油100倍液

或 40% 乐果乳油 1 000 倍液或 90% 敌百虫 30 倍液拌麦麸，于傍晚时撒施地表、垄沟进行诱杀。

③药剂灌杀：50% 辛硫磷乳油 1 000 倍液或 40% 乐果乳油 1 000 倍液或 80% 敌百虫可溶性粉剂 1 000 倍液浇灌。

蚜虫防治措施：由于蚜虫繁殖速度快，蔓延迅速，必须及时防治，一般均采用化学药剂防治。在用药上应考虑选择内吸性强的农药。如 50% 抗蚜威可湿性粉剂 2 000 ~ 3 000 倍液，或 10% 吡虫啉可湿性粉剂 5 000 倍液，对蚜虫有特效，且对天敌等安全。其他可选用 25% 溴氰菊酯 3 000 倍液，40% 氰戊菊酯 4 000 倍液，20% 菊马乳油 2 000 倍液，25% 乐氰乳油，1 500 倍液，40% 乐果乳油 1 000 ~ 2 000 倍液，50% 杀螟松乳油 800 ~ 1 000 倍液等喷雾防治。注意上述菊酯类、有机磷类药剂应交替使用，以防产生抗药性。

五、采收与加工

1. 采收

以种子入药的，在种植后的第二年 7 ~ 8 月间，开花结果，宜在果序总苞呈枯黄时进行采收，但由于成熟期很不一致，故应分批采收。采收过晚，果实过分成熟，会突出总苞外，容易被风吹落。其次牛蒡总苞上有许多坚硬的钩刺，宜在早晨和阴天钩刺较软时采摘；如晴天采摘，应戴上手套。牛蒡的果实上有许多细茸毛，常随风飞扬，粘附皮肤刺痒难受，故采收应站在上风处，并戴口罩及风镜，加强防护。

牛蒡果实采回后，因总苞钩刺相互勾结成团，不易分开，脱粒困难。一般是把果实摊开曝晒，使其充分干燥后进行脱粒，最后除去杂质。一般每亩可采收干燥果实 50 ~ 100kg。以粒大，饱满，色灰褐为佳。

牛蒡根在果实采收后，立即挖出，刮去黑皮，晒干即可。

如果以采收根系食用，则一般在种植后 150d 左右采收。春季 4 月中下旬播种者，9 月末至 10 月初均可采收；秋季 8 月上中旬播种者，可在翌年 6 月下旬至 7 月上旬采收。

采收时用铁锹贴着地皮将叶片及叶柄铲断，留 2 ~ 3cm 叶柄，然后用锹沿垄一侧挖 25 ~ 30cm 深沟，露出牛蒡根系，注意不要伤及根系，然后用手抓住牛蒡根系上部稍向一侧倾斜将根拔出。采收后立即进行筛选分级，A 级品要求牛蒡个体均匀，条形光直，全株完整，整洁无侧根，无病害，无斑点，无变质，无机械损伤，长 70cm 以上，直径 2.5cm 以上；B 级品要求牛蒡个体均匀，条形光直，全株完整，整洁无侧根，无病害，无斑点，无变质，无机械损伤，长 50 ~ 70cm 以上，直径 1.5 ~ 2.5cm；其余为等外品。筛选分级后，马上按 5kg 左右捆成一捆，准备出售或进行加工。

2. 加工贮藏

牛蒡采收分级后，放入水池内洗净泥土，用钢丝球搓净根皮，再用水冲洗干净后，稍晾干浮水，然后 A 级品用小包装塑料保鲜筒包装后按每箱 10kg 装箱。B 级品采用大包装装箱。装好箱后直接出售或入库贮藏，贮藏温度控制在 - 1 ~ 1℃ 之间进行恒温贮藏，一般可贮藏 5 ~ 6 个月。

【相关基础知识】

2.2.1　概述

牛蒡（*Arctium lappa* L.）为菊科牛蒡属多年生草本植物，别名恶实、大力子。以果实及根入药，也是维药，维吾尔名称可热克孜。果实入药，性凉，味辛、苦。有疏散风热，宣肺透疹，散结解毒作用，用于治疗风热感冒，咽喉肿痛，麻疹，荨麻疹，腮腺炎，痈肿疮毒等症；根入药具清热解毒，疏风利咽作用，用于治疗风热感冒，咳嗽，咽喉肿痛，脚癣，湿疹等症。

牛蒡除药用外，其肉质根亦可食用，且营养丰富。每 100g 含有蛋白质 4.8g，钙 242mg，磷 61mg，胡萝卜素 390mg，抗血酸 25mg，铁 2mg，其中胡萝卜素含量在蔬菜中居第二位，比胡萝卜高 150 倍，另外，还含有牛蒡酚，以及硬脂酸、棕榈酸、油酸、亚油酸、亚麻酸、过氧化物酶等。经常食用牛蒡或喝牛蒡茶，能够强身健体，具有降血压、健脾胃、补肾壮阳之功效，对糖尿病、类风湿也有一定疗效。牛蒡食用可炒、拌、炸、蒸、煮、烧、炖、做汤、馅、粥，亦可腌渍加工，因此也是一种保健蔬菜。

原产亚洲，中国从东北到西南均有野生牛蒡分布，以籽入药，后经改良的大力子以根茎食用为主，作为绿色营养食品，又称无公害蔬菜。公元940年前后由中国传入日本，经多年选育，出现很多品种。在日本侵占我国台湾时曾在台南要求当地农民大量种植，主要原因是台南有曾文溪畔松沙土质、北回归线气候，加上有阿里山延脉造就当地牛蒡得天独厚的珍贵性，我国台湾已作为蔬菜食用多年，有牛蒡发祥地之称，现日本人把牛蒡奉为营养和保健价值极佳的高档蔬菜。牛蒡凭借其独特的香气和纯正的口味，风靡日韩，走俏东南亚，并引起欧美有识之士的关注，可与人参媲美，有"东洋参"的美誉。牛蒡泡茶，色泽金黄、香味宜人、价比黄金，故在台南称黄金牛蒡茶。在发达国家和地区，尤其是日本、韩国、中国台湾等地，成年人一年可吃牛蒡100kg左右，成为生活中不可缺少的蔬菜食品。我国1992年引种成功，现主要作为出口创汇蔬菜进行发展，种植面积上千亩，牛蒡一般亩产正品1 500kg左右，高产达2 500kg左右。亩产值一般2 000元左右。牛蒡的使用在我国正悄然兴起，对它的使用价值和经济效益认识越来越深，因此发展牛蒡具有一定的发展前途。

牛蒡主要分布于中国、西欧、克什米尔地区、欧洲等地。中国牛蒡的种植主要产地分布于江苏省和山东省，江苏省的徐州丰县、沛县，山东省的苍山种植历史悠久，面积规模较大。

2.2.2 生物生态学特性

2.2.2.1 形态特征

多年生草本植物，高1~2m。主根肉质。茎直立，多分枝。基生叶丛生，大形，有长柄；茎生叶广卵形或心形，长40~50cm，宽30~40cm，边缘微波状或有细齿，基部心形，下面密被白色短柔毛(图2-2)。头状花序多数、簇生茎顶，排成伞房状；总苞球形，总苞片披针形，先端具短钩；花淡红色，全为管状。瘦果椭圆形，具棱，灰褐色，冠毛短刚毛状。花期6~7月，果期7~8月。千粒重12~14g。

图2-2 牛蒡

2.2.2.2 生物学特性

牛蒡种子开花后1个月左右成熟，具有休眠习性，在湿度较大条件下，光与变温有利于打破休眠。种子寿命3~5年，据研究，在室内贮存4年发芽率仍可达80%左右。

牛蒡根茎一般直径3~4cm，长70~100cm，肉质灰白色，植株粗壮，抽薹后植株高1.5~1.8m。

2.2.2.3　生态学习性

牛蒡喜温耐热又耐寒，种子发芽适温为 20～25℃，生长适温 20～25℃，地上部耐寒力弱，3℃以下植株枯死，根可耐 –25℃ 的低温。冬季地上部枯死后，以直根系越冬，翌年萌芽再生长。牛蒡属绿体春化型，当根茎大于 3～9cm 时可感受低温影响，5℃左右低温积累 1 400h 以上，再给予 12～13h 的长日照，可促进花芽分化，并抽薹开花。因此，秋季播种不能太早，以防根茎过大进入春化阶段。牛蒡在有光照的情况下可促进发芽，强光及长日照植株发育良好，肉质根膨大快而充实。牛蒡因根深对土壤要求较严，要求土质一米深以内为砂壤土为好，否则，根杈多，质量级别差，土壤过砂，不宜保水保肥，根易空心；牛蒡在生长过程中，如遇大雨连续淹 2d 以上根易腐烂。要求地力肥沃，土壤有机质2% 以上。要求土壤 pH 值在 6.5～7.5 之间，忌连作，但如果施足有机底肥，补充好磷钾肥和微肥，连作 2～3 茬，产量没有明显下降。地下水位要求在 1.5m 以下，生长期积水超过 2d 即会烂根，因此要求土壤排水良好、不积水地块为宜。

2.2.3　食用方法

（1）牛蒡炒肉丝

牛蒡子（种子）10g，猪瘦肉 150g，胡萝卜丝 100g，调味品适量。将牛蒡子水煎取汁留用。猪肉洗净切丝，用牛蒡子煎液加淀粉等调味。锅中放素油烧热后，下肉丝爆炒，而后下胡萝卜及调味品等，炒熟即成。可清热利咽，适用于风热感冒，咽喉疼痛等。

（2）牛蒡根炖鸡

牛蒡根 500g，母鸡 1 只，调味品适量。将牛蒡根洗净，削皮切厚片。将鸡宰杀，去毛、内脏、脚爪洗净，入沸水锅焯一下，捞出洗去血污。锅内放适量水，放入鸡煮沸，加入料酒、精盐、味精、葱、姜炖烧至肉熟烂，投入牛蒡片烧至入味，加入胡椒粉，出锅即成。可温中益气、祛风消肿，适用于体虚瘦弱、四肢乏力、消渴、水肿、咽喉肿毒，咳嗽等病症。

（3）牛蒡炖肉

牛蒡根 500g，猪肉 250g，调味品适量。将牛蒡根洗净，削皮切片。猪肉洗净切块。锅内加入适量水，放入猪肉烧沸，加入料酒、精盐、味精、葱段、姜片，炖至肉熟，投入牛蒡根片炖至入味，出锅即成。可祛风消肿、滋阴润燥，适用于头晕、咽喉热肿、阴虚、咳嗽，消渴、体虚、乏力、泄泻等病症。

（4）牛蒡炖猪大肠

牛蒡根 500g，猪大肠 500g，调味品适量。将牛蒡根洗净去皮切片。将猪大肠多次洗净，入沸水锅焯一下，捞出洗净切段。锅内加水适量，放入猪大肠煮沸，加入料酒、精盐、味精、葱、姜、炖至猪肠熟烂，投入牛蒡根片炖至熟而入味即成。可润肠燥、消肿毒，适用于便血、血痢、痔疮、脱肛、痈肿、消渴、咽喉肿等。

（5）牛蒡粥

将牛蒡根研滤取汁 100g，再将粳米做成粥，邻熟对入牛蒡根汁即可。具有宣肺清热、利咽散结的功效。适用于肺胃虚热而引起的咽喉肿痛、咳嗽、食欲不振、便秘等症。

（6）炒牛蒡叶

将牛蒡叶去净杂质，放入沸水锅焯一下，捞出洗净，挤干水切段。油锅烧热，下葱花煸香，加入牛蒡叶、精盐炒至入味，点入味精，出锅即成。有助于增强人体免疫功能。适用于头风痛、烦热、急性乳腺炎等病症。健康人食用能润泽皮肤，轻身延年。

【巩固训练】

1. 牛蒡人工栽培如何选地整地？
2. 牛蒡如何播种繁殖？
3. 牛蒡如何进行田间管理？
4. 牛蒡如何防治地下害虫？
5. 牛蒡药用时如何采收？菜用时如何采收？

【拓展训练】

牛蒡菜用根系长者可达70～100cm，为了提高产量，你来经营，如何整地？

任务 3
枸杞栽培

【任务目标】

1. 知识目标

了解枸杞的价值、发展现状与前景以及商品规格；知道枸杞的药用功效、入药部位、枸杞药材性状；熟悉枸杞的生物生态学习性及形态特征。

2. 能力目标

会进行枸杞种苗繁育、栽培建园、田间管理、病虫害防治、采收及产地初加工。

【任务描述】

枸杞为集药用、食用及观赏于一体的林下经济植物。药用，属于著名的传统中药；食用，既可作为保健食品，又可作为许多产品的添加剂，同时其嫩茎叶也是很好的山野菜，受到我国南方许多地区人们的喜爱；观赏，可作为非常好的观果植物或用于制作各种盆景，果红艳，是相当不错的观赏植物种类。

枸杞栽培包括种苗繁育、枸杞建园、田间管理、病虫害防治和采收加工等操作环节。该任务为独立任务，通过任务实施，可以为枸杞栽培生产打下坚实的理论与实践基础，培养合格的枸杞栽培生产技能型人才。

【任务实施流程】

种苗繁育 ⟹ 建 园 ⟹ 田间管理 ⟹ 病虫害防治 ⟹ 采收加工

【任务操作要点】

一、种苗繁育

枸杞为异花授粉，有性繁殖后代变异率高，所以生产上主要采用无性繁殖，以保持亲本的优良性状。生产中主要采用的无性繁殖方法有：硬枝扦插育苗、嫩枝扦插育苗及根蘖育苗。

1. 硬枝扦插

（1）育苗地选择：育苗地选择地势平坦、排灌方便、地下水位在 1.2m 以下，土壤全盐量 0.2% 以下，pH 值 8 以下，有机质含量 1.2% 左右，有效活土层 30cm 以上的砂壤土、轻壤土或中壤肥沃土地。

（2）育苗地整地：选好地后，施入腐熟优质农家肥 2 500~3 000kg/亩，翻入土壤，清除石块与杂草，再撒入 40% 辛硫磷微胶囊颗粒剂 3~4kg/亩，耙平糖细，以杀灭地下害虫。

（3）插条采集与剪制：扦插头一年枸杞果实成熟季节，在优良品种枸杞园内选择树形紧凑、冠层结果枝量大、结果枝坐果率高、果实颗粒大且均匀的植株做好标记，作为插条采集母树，以备采条。

扦插当年土壤冻层解冻25cm以上，枸杞树液流动至萌芽前（西北地区为3月下旬至4月上旬），在做好标记的母树上采集着生于中上部的粗度0.5~0.8cm、无病虫害的中间枝或徒长枝作为插条，剪制成18cm长的枝条作为插穗。因据扦插试验，徒长枝粗度0.6~1cm，插穗长18~20cm，萌发率78.5%，成苗率61%；相同长度的结果枝，粗度0.2~0.4cm，萌发率81%，成苗率48%；相同长度中间枝，粗度0.5~0.8cm，萌发率91%，成苗率83.5%。

（4）插穗处理：将剪好的插穗50~100根一捆绑好，下端墩齐，将下端3~5cm部位浸泡于15~20mg/kg浓度的萘乙酸溶液24h，或100mg/kg浓度4h，或吲哚丁酸100mg/kg浓度4h，也可用生根粉按说明书使用。以插穗髓心透水为好。

（5）扦插：在准备好的育苗地按40cm宽定线，人工在定好的线上开沟或劈缝，按10cm株距将浸泡好的插穗下端直插入沟穴内，封湿土踏实，地上留1cm，外露1个饱满芽，上面覆盖1层细土，或用脚将细土拢起1条土棱，注意土要细且操作时不能碰掉芽。如果土壤墒情差，可不覆细土直接覆盖地膜，以免出现土壤倒吸插条组织水分现象。干旱地区可在扦插前先将土壤浇透水，然后在整地扦插。

（6）插后管理：硬枝扦插的插穗先发芽后生根，生根属于皮下生根型，0~20cm土层含水量超过16%以上，易发生烂皮现象，尽管新芽萌发，新枝形成，但不久即会死亡。因此第一次灌水应在幼苗生长高度达15~20cm时进行，而此期应加强土壤管理，多中耕，深度10cm左右，增强土壤通气性，防止板结，促进新根萌生。第一次灌水约20d后结合追肥灌第二次水，施肥量为纯氮3kg/亩、纯磷3kg/亩、纯钾3kg/亩，开沟施入后覆盖，然后及时灌溉。苗高20cm以上时，选一健壮直立生长徒长枝做主干，其余萌生枝条剪除，生长至40cm以上时剪顶，促进分枝和主干增粗，提高苗木木质化程度。如果覆盖地膜，应在插穗

发芽幼茎长至1~2cm时，及时破膜，避免烧伤幼苗。同时加强病虫害防治。

2. 嫩枝扦插

嫩枝扦插繁殖率高，节省插条和土地，成活率50%左右。但需遮阴，费工费时，投资略高，且当年扦插不成苗，需再培育一年方能成苗。该法在插条不足又需大量繁苗时，效果较好。

①整地做床：在准备好的育苗地上按1.2m×10m规格做高20~25cm育苗床，床面喷洒多菌灵1 000倍液或多抗霉素300倍液进行土壤杀菌消毒，然后在床面铺盖2~3cm厚细河沙，便于扦插后床面保湿。

②插条采集与剪制：在各项准备工作都做好前提下，于5~6月份，平均气温高于15℃以上时，从优良品种母株上采集半木质化枝条，剪制成10cm长的插穗，并将插穗下部3~4节的叶片从叶柄处剪掉，保留上部2~3片叶。

③插穗处理：将剪制好的插穗下端1~1.5cm处速蘸枸杞生根剂1号加水2 500倍再加滑石粉调成的糊状物后进行扦插。

④扦插：扦插时，在做好的育苗床上按照5cm×10cm的株行距用直径0.5cm左右粗的树枝打孔，孔深1.5~2cm，然后将浸蘸生根剂的插穗插入孔内，填细沙，用手指稍微压实，喷水，再设塑料小拱棚，拱棚上再架设遮阴棚。要求拱棚内自然透光率30%左右，相对湿度80%左右，温度控制25~30℃。

⑤插后管理：扦插后的管理主要是通过喷水调节温度与湿度，使其维持在一个比较协调的状态，保证插穗生根与根系生长。从扦插到插后10d这段时间是插穗生根阶段，要求每天喷水4~5次，每次喷水量以叶片喷湿为宜；插后10d到拱棚通风之前是根系生长阶段，要求每天喷水2~3次；通风后每天喷水1次。通风3d后开始揭去小拱棚和遮阴棚，进入苗木正常管理。其他管理同硬枝扦插育苗。

3. 根蘖育苗

是利用枸杞根在土壤管理中机械切断后已形成不定芽萌发长成新植株，能保持母本的优良性状，且省工省时、操作简单、当年即可培育成大规格优质苗用于生产，因此，生产上有普遍采用的价值。

在优良品种园内，育苗头年秋季采用环状沟

深施农家肥，施肥过程中切断一定量的根系。育苗当年早春浅翻土壤，提高土温，促进断根不定芽萌发形成根蘖苗。

该法需要注意的是必须在优良品种院内进行；能够识别根蘖苗与实生苗，因枸杞果实成熟后，自然落果遇合适条件即可萌发形成实生苗，而实生苗变异率高、结果迟、产量低，一般不宜采用。一般实生苗主根发达，无"T"字形根，而根蘖苗的末端有"T"字形根。且挖掘根蘖苗时，注意保留母根上的"T"字形根，因其侧根多，栽后易成活，生长快。

二、枸杞建园

1. 园址选择

枸杞喜光。光照充足，生长发育良好，结果多，产量高；光照不足，植株发育不良，结果少，质量差。枸杞花序为无限花序，从5月到10月，一直有开花、有结果。所以，从5月到10月都需要有较长的光照时间，才能满足植株生长、生殖的需要。一般，年日照时数低于2 500h或6~10月日照时数低于1 500h地区，建园都很难达到优质高产目的。

枸杞对温度适应性强。我国南到云南昆明，北到黑龙江农垦管理局，全国20多个省市引种，包括西藏高寒地带，均未见有冻死、冻害、抽干报道。但以≥10℃的年有效积温在2 800℃以上，昼夜温差较大，枸杞果实成熟阶段温度较高为好。

枸杞抗旱耐旱。年降水量300~500mm地区引种能够成活，想要丰产须有灌溉条件方可；无灌溉条件时，年降水量600~800mm，且在枸杞生长季分布均匀的地区可丰产；超过800mm地区引种，枸杞易发生病害。

枸杞对土壤适应性强。各种质地土壤均能生长，但以有机质含量在1%以上，含盐量0.5%左右，pH值8左右，地下水位1.2m以下，有效活土层30cm以上的土层深厚、通气透水良好的轻壤、砂壤和壤土为好，新开发地块，礓砂和石块较多地块，可进行局部改良后种植。

其他方面需注意建园地块周围无大气污染、水质污染、土壤污染等危害枸杞生长及导致产品质量问题的因素，以保证能够生产出绿色有机产品。

2. 规划设计

园地选定后，应根据建园规模大小做好全园规划。首先实测全园平面图，勘测标明不同土壤在园中的分布。据测得资料，进行园地道路、防护林、排灌系统、水土保持及作业间、仓库、晒场等的规划。如果是小面积栽培，则无需规划，但也要做到心中有数。

3. 园地整地

按照规划好的整地措施进行整地，整地时深翻30~35cm，拣出石块杂草，耱平耙细。如果采用硬枝直插技术建园，按1 500kg/亩有机肥掺入氮、磷复合肥50kg/亩在扦插行内施入，并将其翻入扦插行土壤内，与土壤拌匀。再按5kg/亩撒入乐果粉与土拌匀，以杀灭地下害虫。

4. 画线定点

按行距3m，株距0.5~1m的规划株行距进行画线定点。

5. 苗木处理

栽植前对苗木要进行修剪，将苗木根颈处萌生的侧枝和主干上着生的侧枝及徒长枝剪除，定干高度50~60cm，将挖断的根系断面剪平，以利伤口愈合及新根萌生。如苗木为长途调运，栽植前先将苗木放入水池内浸泡根系4~6h，或用100mg/kg萘乙酸浸根0.5h后栽植。

6. 栽植

西北地区在土壤解冻后枸杞萌芽前的3月下旬至4月上旬间，在定好的栽植坑位置按30cm×30cm×40cm规格挖掘栽植坑，挖掘时，表土与底土分开堆放。挖好坑后，每坑内施入优质腐熟农家肥5kg加氮、磷复合肥100g与土拌匀后再回填一层表土，然后将经过处理的苗木栽入坑内，栽植时一手将苗木扶直，一手将表土填向植株根系，当填至一半时，轻轻上提苗株，使根系舒展，踩实后再次回填至栽植坑与地表一样平后再次踩实，然后用底土在植株周围做一树盘以便浇水，浇水一定要浇透，待水渗下后，再覆盖一层松土，整平地面，要求栽植深度为整平地面后土表与植株相接位置与苗木在苗圃时的原土印一致或稍深2~3cm即可。

也可采用硬枝直插建园。操作程序与硬枝扦插育苗方法相同，只是扦插时行距按建园行距进行扦插，如果同时育苗，可按建园行距实习双行带状扦插，行内距20cm，行间距3m，株距10cm。其他与硬枝扦插育苗方法相同。

三、田间管理

1. 土肥水管理

（1）土壤管理：合理的土壤耕作，既可松土除草，亦可减少病虫害发生。包括春季浅耕、中耕除草和深翻晒垡。

①春季浅耕：是在春季土壤解冻后至植株萌芽前（北方地区为3月下旬），对枸杞园表土层10~15cm进行农机旋耕或人工浅翻，以起到疏松土壤、提高地温、蓄水保墒、清除杂草和杀灭土内越冬害虫的作用。据观测，浅耕土层比不浅耕土层土温提高2~2.5℃，新根萌生提早2~3d，地上植株萌芽提早2~3d。但春季雨少风大地区不宜翻耕。

②中耕除草：5~7月分别进行三次土壤中耕除草，以清洁田园，减少病虫害发生，使土壤疏松透气，便于果实采收及捡拾落地果实，同时铲除树冠下的根蘖苗和树干根颈部萌生的徒长枝。中耕除草时间分别在5月上旬、6月上旬、7月中下旬结合杂草生长情况进行。中耕深度以10cm为宜，不要露耕。

③深翻晒垡：是在9月下旬至10月上中旬，对经过半年生产管理及人畜、机械碾压、踩踏的疆实土层进行机械深耕或人工深翻，以达到疏松活土层，清除杂草，增加冬灌需水量及必要的根系修剪作用。耕翻时要求深度25cm左右，行间可适当深翻，树冠下适当浅翻，不要碰伤根颈。

（2）施肥管理：枸杞结果分夏季果和秋季果两种，施肥对枸杞产量和质量影响很大，应予以重视。三年生以上（盛果期）枸杞，每年按70kg/亩尿素，40kg/亩磷酸二铵或过磷酸钙，优质腐熟农家肥2 500kg/亩，分别于萌芽期、开花期、果实膨大期分5~6次施入化肥，于秋季9月下旬至10月上中旬施入农家肥。施肥在距树干20~60cm处挖坑或挖环形沟，深20~30cm，将肥料施入后盖土，并及时浇水。除地面深施外，可于6~7月第一结果期根外追肥4次，第二结果期根外追肥2次，每次按50~100g/亩磷酸二氢钾加尿素50g/亩，对水50kg进行植株叶面喷雾，每隔10d1次。花蕾期喷施叶面宝5mL/亩对水50kg。

（3）水分管理：每次土壤追肥后及摘果后均要求及时灌水，一般从4月中下旬开始灌第一次水，以后据天气状况每半个月灌水1次，果实采摘期每7~8d灌水1次，土壤上冻前再灌1次封冻水。

而在幼龄期则要适当减少灌水次数，以诱导根系向土层纵深延伸，提高耐旱性。一般1年据天气状况灌水3~4次。

2. 整形修剪

整形修剪包含两层意思，整形和修剪。整形是采用各种修剪方法将树体整成一定的形状；修剪是对树体上着生的各类枝条进行的合理截、疏、放、伤、变等处理措施。通过整形修剪，能有效改善枸杞树冠内部通风透光条件，加速扩大树冠、平衡树势，使树体健壮生长，增强抵抗病虫害及自然灾害能力，增加结果枝条数量，使新梢旺盛生长，防止徒长与早衰，促进花芽分化，调节生长与结果关系，进而达到使幼树早结果、早丰产，使成年树丰产稳产，延长盛果期年限，提高果实品质。

野生枸杞没有人为整形修剪，其株体为多干丛生灌木，萌蘖丛生，无树形，管理不便，通风透光条件不良，达不到丰产目的。因此，培育目标树形成为整形修剪的重要任务。其主要内容包括以下四个方面：

第一、培养主干。人为地选择生长直立粗壮的徒长枝一个作为主干，其余枝条剪除，限制多干生长。

第二、选留树冠。对主干上着生的侧生枝条有目的选留，作为树冠的骨干枝。

第三、更新结果枝。骨干枝上的侧枝萌生的二次枝结果，但结果枝的结果能力是随着枝龄的延长而减退的，所以以每年都要对枝龄长的结果枝剪除，用1~2年生的结果枝更新。

第四、均衡树势。依据树体的生长势，用修建对冠层的枝干进行合理布局，用以调节生长与结果的关系。特别是其中的徒长枝，生长量大，消耗营养多，不结果，须及时将其剪除，以减少养分的消耗，增加养分的积累。

（1）枸杞幼树期整形

①剪顶定干：苗木栽植成活当年，于苗高40~60cm处剪顶，剪口下10~15cm范围内选留3~4个不同方向健壮枝于15~20cm处打顶作为侧枝。同时将苗木根茎以上30~40cm范围内所萌发的侧枝全部剪除。当年选留枝条上萌发形成的二次枝即为结果枝。

②培育树冠：第一年选留的侧枝经一年生长后发育成为主枝，同时主枝上萌发形成较多的侧

枝。第二年整形修剪时注意选留着生于主枝基部与中部的伸展向不同方向的徒长枝或直立中间枝2~3个，枝间距10cm左右，于枝长20~30cm处短截，促其分生侧枝扩大树冠，其余徒长枝剪除。进入生长期后，将徒长枝上的分生侧枝及时于枝长20cm处摘心，促发中间枝，中间枝分生的侧枝即为结果枝。依次在主枝上分生的侧枝上培育结果枝组，及时剪除植株根茎部、主干和主枝上萌发的徒长枝。第三年修剪方法同第二年。经过2年的培育树冠，株高可达1.2m，两侧冠幅1.3m左右，单株结果枝100~120个，基本形成较为稳定的结果树冠。

③放顶成形：在2层树冠基础上，第四年选留生长于树冠中部的直立中间枝或徒长枝2个，呈对称状，枝间距10~15cm，于高出冠面30cm处短截，进入生长期后，由短截的剪口下分生结果枝，形成上层树冠。修剪时，对树冠下层结果枝组剪弱留强，对上层树冠剪强留弱，控制顶端优势。依次修剪最终达到树形标准为：株高1.5m，上层树冠1.3m左右，下层树冠1.6m左右，单株结果枝200个左右，树体骨架稳固，树冠充实分层，4年成形。

（2）成年枸杞树修剪：成龄期枸杞修剪主要是采用剪、截、留措施调节生长与结果的关系。

①剪：即为剪除植株根颈、主干、主枝、膛内、冠顶着生的无用徒长枝及冠顶病、虫、残枝和结果枝组上过密的细弱枝、树冠下层3年生以上的老结果枝和树膛内3年生以上的老短果枝。

②截：即为交错短截树冠中、上层分布的中间枝和强壮结果枝。对上层的中间枝从其1/2处短截，强壮结果枝从其1/3处短截，冠层、树膛内的横穿、斜生枝条从其不影响树形和旁边枝条生长处短截。

③留：即为选留冠层结果枝组上着生的分布均匀的1~2年生健壮结果枝。

据修剪季节可将其分为春季修剪、夏季修剪、秋季修剪和休眠期修剪。

①春季修剪：于植株萌芽展叶后至新梢开始生长的4月中下旬修剪。主要是剪干枝和抹芽。剪干枝就是剪去冠层内冬季风干的枝条，以免枝条随风摇摆相互摩擦而碰伤嫩芽、枝；抹芽是沿树冠自下而上将植株根颈、主干、主枝、膛内、冠顶所萌发和抽生的新芽、嫩枝抹掉或剪除。

②夏季修剪：是在5~6月份及时剪除徒长枝和合理搭配利用其他枝条。修剪时，沿树冠自下而上、由里向外，剪除植株根颈、主干、膛内、冠顶处萌发的徒长枝，15d1次。隔枝剪除树冠上层萌发的直立强壮中间枝，留下的于20cm处打顶短截。树冠中层萌发的斜生或平展的中间枝于枝长25cm处短截。6月中旬以后，对所有短截枝条上萌发的斜生二次枝于20cm处摘心，促发分枝结秋果。

③秋季修剪：10月上旬剪除秋季冠层萌发形成的徒长枝，减少营养消耗。

④休眠期修剪：于2月至3月上旬按照"根颈剪除徒长枝，冠顶剪强留弱枝，中层短截中间枝，下层留顺结果枝，枝组去弱留壮枝，冠下短截着地枝"的顺序修剪。单株选留结果枝120~150个为宜，修剪后做到树冠紧凑稳固，冠层透风透光，枝条多而不密，内外结果正常。

另外，对田间管理过程中由于机械损伤、病虫危害、自然灾害造成的树冠部分受损或树冠歪斜需通过合理利用徒长枝和中间枝、促发侧枝进行补形修剪。对由于连年剪除顶部徒长枝而形成的秃顶注意选留顶部萌发的中间枝于20~30cm处打顶，促发二次枝补充冠顶。

四、病虫害防治

（1）枸杞病害

①根腐病：感染病害后，根部逐渐腐烂、外皮脱落，仅剩木质部；地上部茎叶萎缩，皮层变褐，全株枯死。发病主要原因是田间积水，机械创伤会加重病害发生。发病初期不易发现，一旦发现，已很严重，很难治愈。

防治方法：清除园内病株，及时烧毁，同时对病株树穴用生石灰消毒，换上新土，消灭病原；增施磷钾肥料，增强树体抗病力；选地时注意选择排水良好土壤，低洼易涝易积水不宜选择；发病时用500~1 000倍液45%代森铵和40%灭病威，或50%托布津1 000倍液，或70%根腐灵1 200倍液浇根防治。

②黑果病：又称枸杞炭疽病。主要危害枸杞青果、花、花蕾，也危害嫩枝、叶等。青果染病，初期出现小黑点或不规则褐色斑，降雨或湿度大时，病斑迅速扩大，使果实变黑。始发期5月中旬至6月上旬，暴发期7~8月，是枸杞主要病害，降雨或湿度大，蔓延迅速。

防治方法：开沟排水，防止园内积水，改善土壤通气状况，及时摘除病果并烧毁，杜绝病源；花前喷施 0.5°Be 石硫合剂；结果期喷施 80% 退菌特 800～1 000 倍液，或 50%～70% 代森锰锌可湿性粉剂 300～500 倍液每 7d 1 次，连续 3 次；发病期，降雨后 24h 内必须立即喷药。

③白粉病：主要危害叶片，也危害嫩枝、幼果等。发病嫩叶常皱缩卷曲，叶片早落，影响植株生长和结实。严重时，枝梢、花朵和幼果都会感染病害，多在秋季发病。

防治方法：以防为主、以治为辅；加强田间管理，增强植株抗病能力；发芽前、展叶后每隔 7～10d1 次 0.3～0.5°Be 石硫合剂进行预防，连续 2～3 次。

④流胶病：发病时，树干皮层开裂，分泌泡沫状带黏性黄白色胶液，有腥味，常有苍蝇和黑色金龟子聚吸，受害部位树皮似火烧而焦黑，皮层与木质部分离，植株部分干枯，严重时全株死亡。机械损伤易引起感病。

防治方法：勤检查，早发现；发现后，用刀刮净被害部位皮层，用 1∶1∶15 波尔多液调成糊状，涂抹于流胶部位；或用多菌灵原液或 2% 硫酸铜溶液或 0.5°Be 石硫合剂涂抹病部。

⑤灰斑病：主要危害叶片。病斑呈圆形或近圆形，中心灰白色，边缘褐色；叶背有淡黑色霉状物。

防治方法：秋后清洁田园，严禁使用带菌种苗，减少病源；增施磷钾肥，增强树体抗病能力；发病时喷施 65% 代森锌 500 倍液或 1∶1.5∶300 倍波尔多液，7d1 次，连续 3～5 次。

(2)枸杞虫害

①蚜虫：常群居与枸杞顶梢、嫩芽、花蕾及青果等部位，吮吸汁液，造成叶、花、果萎缩或早落。5 月中旬至 7 月中旬密度最大，6 月是危害高峰，8 月密度最小，9 月回升，危害秋梢，10 月上旬交配产卵。

②木虱：以成虫与若虫危害幼枝，吮吸汁液，使树势衰弱，早期落叶，严重时全株遍布若虫及卵，外观一片枯黄，以成虫在树干老皮缝中或残存卷缩枯叶及墙缝、土缝、枯枝落叶中越冬。3 月底至 4 月初植株发芽时，越冬成虫开始活动，4 月中旬植株展叶后产卵于叶片两面，密集如毡，5～6 月间卵、若虫暴发，秋季新叶再次生长时，又一次盛发。

③枸杞瘿螨：主要危害叶片、嫩梢、花瓣、花蕾和幼果。被害部位呈紫色或黄色痣状虫瘿。以雌性成虫在越冬芽、鳞片内及枝干缝隙越冬。4 月中旬展叶时，越冬成虫迁移至新叶片产卵危害。5 月中、下旬新梢盛发时，又转移危害新梢，6 月上旬形成第一次危害高峰。8 月中下旬秋梢开始生长时，又迁移危害，9 月形成第二次繁殖危害高峰。

④枸杞锈螨：主要危害叶片。常密集分布于叶片吸取汁液，使叶片变为铁锈色而早落。成螨在树皮缝隙、芽腋等处越冬。4 月展叶时开始危害，4 月下旬产卵，5 月下旬至 6 月下旬为繁殖危害高峰，8 月初新叶发生时出现第二次繁殖危害高峰。

⑤枸杞红瘿蚊：以幼虫危害花蕾，使子房肿胀、畸形发育，花被呈指状开裂不齐，花顶膨大如盘，颜色黑绿，不能开花结实，后干枯脱落，剥开被害花蕾，可见子房基部有 10 余条幼虫及褐色虫道。5 月成虫羽化后产卵于幼小花蕾内部顶端，孵化后危害正在发育的子房。幼虫在第一次危害后于 6 月上旬入土化蛹。7 月下旬至 8 月中旬第二代成虫羽化，随后产卵危害秋果花蕾，形成第二次危害高峰。

⑥枸杞负泥虫：成、幼虫均危害叶片，以幼虫为甚。受害叶片呈不规则缺刻或穿孔，最后仅残存叶脉。受害轻时，叶片被排泄物污染，影响生长与结果；受害严重时，全树叶片、嫩梢被害，一片焦黄，像被火燎一样。4 月开始危害，6～7 月危害最重。

⑦斜纹夜蛾：以幼虫危害叶片，还危害幼果、花器、嫩梢。卵多产于树叶背面，以植株中部叶片背面叶脉分叉处最多。初孵时聚集于卵块附近取食危害，二龄后分散危害，三龄前仅食叶肉，剩下表皮和叶脉，呈窗纱状，四龄后进入暴食期，多在傍晚危害。叶片被害后，先形成缺刻，严重时全株叶片被吃光，仅留叶脉和茎，同时还危害嫩茎、花器和果实。幼虫 5 月中下旬开始出现，7 月上旬大幅度上升，8 月下旬至 9 月中旬危害最重。成虫有趋光性，并对糖醋液及发酵的胡萝卜、麦芽、豆饼、枸杞有趋性。

⑧枸杞实蝇：以幼虫危害果实。被害果实表面呈白色斑，萎缩畸形，果肉被吃空，塞满虫粪。

除以上害虫外，还有枸杞绢蛾、枸杞卷梢蛾、枸杞蛀果蛾、裸蓟马、黑盲蝽、跳甲、龟甲、象甲、红缘天牛等种类较多。

枸杞虫害防治主要采用以防为主、综合防治方法。措施如下：

第一、合理栽植密度和水肥管理：生产中经常会出现为了高产而进行的随意加大栽培密度现象，及大水大肥管理，使园内枸杞植株生长过于旺盛，严重影响通风透光，加之园土湿度过大，为病虫害的发生和蔓延创造了适宜的环境，也为病虫害的防治增加了难度。因此，栽培种必须注意合理密植，合理水肥管理，做到不缺水不灌溉，雨后及时排水，确保园内干燥、通风、透光，减缓病虫害的发生和蔓延速度。

第二、地面封闭：3月下旬树液流动时，害虫成虫开始出蛰，于此时用3%乐果粉按1.5~2kg/亩全园喷洒后浅耕进行第一次药物地面封闭，将害虫的越冬土层翻至地表日晒杀死，药土翻至土内杀灭土内害虫。第二次是于4月中旬枸杞萌芽展叶期进行灌水封闭，水分自然落干后，地表形成板结层，可将即将出土羽化的害虫闷死在土内，切记，此时灌水后不能松土，待到5月上中旬第二次灌水后再松土除草。

第三、中耕除草：每次灌溉后结合除草对枸杞园进行中耕，一方面去除枸杞病虫害滋生的场所，另一方面改善耕作层土壤条件，增加园土的通透性，减轻病虫害的危害程度。同时，勤检查树体，发现虫洞，及时用40%乐果乳油25~50倍液或80%敌敌畏乳油注入虫孔，以泥土封口。

第四、树冠喷雾：依据各种害虫的发生期和发生量，在枸杞生长期用高效低毒的农用除虫菊酯类农药或专用农药树冠喷雾。6月份防治期内，要在农药中加入硫黄悬浮剂500倍液防治锈螨，保护叶片。夏季如遇连续阴雨，在喷洒的农药中还要加入杀菌剂防治枸杞黑果病。

第五、物理防治：应用频振式杀虫灯、黑光灯、白炽灯、糖醋盆等各种诱捕器诱杀成虫。

第六、统防统治：对具有迁飞能力的各种枸杞害虫防治，应与周边比邻枸杞园主协商进行同时间集中统一防治。

在此基础上，还要注意分清防治对象的主次。枸杞的主要虫害有枸杞蚜虫、枸杞木虱、枸杞瘿螨和枸杞锈螨；次要害虫有枸杞红瘿蚊、枸杞实蝇、枸杞负泥虫、枸杞蛀果蛾、枸杞卷梢蛾等，

注意选准农药品种。防治枸杞蚜虫、木虱、黄蓟马首选枸杞蚜虫1号和2号、爱福1号、2号和3号、扑虱蚜、大功臣、蛾虱净、苦参素杀虫剂等。防治枸杞瘿螨和锈螨首选托尔螨净、石硫合剂、硫黄悬浮剂、螨克、螨死净、三氯杀螨醇等。注意科学喷药时间。最好在每天上午8时至10时，下午5时至7时喷药，切不可在中午喷药。

五、采收与加工

1. 采收

枸杞在年度生育期内连续开花结实，果实从6~10月陆续成熟，采摘也应适时，不能过早过晚，过早，果实不饱满，干后色泽不鲜；过晚，糖分太足且易脱落，晒干或烘干后成为绛黑色而失去商品价值。一般春果间隔9~10d采收1次，夏果间隔5~6d采收1次，秋果间隔10~12d采收1次。果实成熟标准为鲜果色泽鲜红，表面光亮，果肉质地变软，手捏富有弹性，果实内果肉增厚，果肉瓣之间空心度大，种子浅黄色，种皮骨质化，果蒂松动，果柄易脱落。实际采收应在果实成熟度达八九成时，即果实颜色由青绿变为红色或橘红色，果肉稍松软，果蒂松动时采收。

采收时，为防止破损、挤压，生产中应做到"三轻、二净、三不采"。即轻采、轻拿、轻放，树上采净、地上捡净，果实成熟度不足不采、早晨有露水不采、喷过农药不到安全间隔期不采。同时注意采鲜果不带果柄、叶片，盛果框以8~10kg容量为宜，以防止鲜果被压破。

2. 加工

产地加工主要是干制，枸杞干制主要采用晒干法和烘干法两种。

①晒干法：因枸杞鲜果表皮有蜡质层保护，直接晒干需较长时间，且遇阴雨天气易霉变，因此晒干前要用油脂冷浸液(配方为30g氢氧化钾加300mL 95%乙醇充分溶解后，再加185mL食用油脂边加边搅，直至澄清，称皂化液；另取自来水50L，加入碳酸钾1.25kg，搅拌至完全溶解。然后将皂化液加入后制的碳酸钾水溶液中，边倒边搅，得到乳白色的油脂乳液，即为冷浸液)浸泡鲜果30~60s，溶解蜡质层后将果实铺在特制的果栈上，厚度2~3cm，厚薄均匀，放在通风阳光下晾晒，果栈四角用砖头或石块垫高20~30cm以通风。一般气温高，太阳照射时间长，4~5即可晾干；气温低，日照时间短，6~8d可晾干。如遇阴雨天

气，要及时将果栈叠起进行遮盖，以防淋湿造成果实变黑或发霉。

②烘干法：即利用热风炉烘干机、红外热风烘干机、点热泵烘干机等装备通过调节烘干机内的温湿度使枸杞果实在相对较短时间内达到干燥

的方法。

干制后的果实除净果柄、油籽、僵籽、灰屑等杂物，贮于干燥、通风处，防潮、防虫蛀。

产品质量以果实干燥，果肉饱满，肥厚，味甜，色泽鲜红，无油果、杂质者为佳。

【相关基础知识】

2.3.1　概述

枸杞在药用历史中，涉及的来源植物主要为茄科枸杞属植物枸杞（*Lycium chinense* Mill.）和宁夏枸杞（*Lycium barbarea* L.）两种。中药枸杞子药材正品为宁夏枸杞的干燥果实，中药地骨皮药材正品则来源于上述两种植物干燥的根皮。

2.3.1.1　经济价值

（1）药用功效

枸杞是多年生茄科枸杞属落叶灌木。其叶、果、根皮均可入药。

果实称"杞枸子"，入药具有补肾、养肝、明目、活血、抗癌，增强人体免疫力等作用，入药；抑制癌细胞生长及增血作用。根皮称"地骨皮"，入药具有凉血、清肺、降火功能。

（2）食用价值

枸杞果实中含有胡萝卜素、维生素（A、B_1、B_2、C）、甜菜碱、氨基酸、脂肪、蛋白质和糖类等营养物质。

食用可泡水喝、放入火锅中食用、煮粥、煮饭时加入也可，具有保健功能。其嫩茎和嫩梢可作为野菜食用，炒食、凉拌均可，清香、微苦而可口，具有除烦益志，壮心通气，清热解毒之功效。叶晒干可代茶饮，有清热利尿、健胃之功效。

（3）观赏、生态作用

果实红艳、繁茂，与绿叶相衬托是很好的观果植物，亦可用于制作盆景。

较耐寒、耐旱、耐盐碱，适应性很强，不受气温、土质和地势的限制，适于干旱、沙荒、盐碱地种植，可作为防风固沙作物。

2.3.1.2　分布

枸杞属植物全世界有 80 种，我国有 7 种 3 变种，多数分布于西北和华北地区。其中，除宁夏枸杞已经大规模栽培，另有少量菜用栽培外，其余种类仍处在野生状态。

正品枸杞药材宁夏枸杞的野生自然分布，东起辽宁营口，经河北北部、山西北部、陕西北部、甘肃、宁夏、青海，到新疆的和田；南至四川的小金，北至内蒙古的二连浩特。集中分布于青海至山西黄河段两岸的黄土高原及山麓地带，以及青海的柴达木盆地和甘肃的河西走廊。常生于海拔 2 000~3 000m 的半山坡、河岸、渠边和盐碱地。在宁夏栽培历史较早，在本区扩大栽培规模，同时全国近 20 个省（自治区）相继引种栽培。

除宁夏枸杞外，枸杞属还有枸杞（*L. chinense*）、新疆枸杞（*L. dasystemum*）和黑果枸杞（*L. ruthenicum*）三种植物在各自分布区自产自用。

2. 3. 1. 3　发展前景

宁夏枸杞在我国栽培历史悠久，但 20 世纪 50 年代以前，国民经济与科学技术发展长期停滞不前，加之社会动荡，生活艰难，对枸杞的需求有限，致使宁夏枸杞生产长期处于较低水平。新中国成立后，随着人民生活改善和医疗卫生事业发展，及一些新的丰产技术的推广和应用，使枸杞生产有了迅速发展，面积逐年扩大，产量逐年上升。除宁夏外，许多省区先后引种栽培并获得成功。80 年代后，随市场经济确立和对外开放程度的不断扩大，及全民保健热的兴起和科技的发展，枸杞从单一食用入药中走出，通过深加工向食品、饮料、保健品、药品、化妆品、生物工程等领域扩展，各种枸杞加工产品大量涌现。据不完全统计，国内市场以枸杞为主要原料的食品、医药、保健品、饮料、化妆品等有上百种，以枸杞作为添加成分的产品更是多达上千种。而且枸杞出口也突破了传统的港澳和东南亚市场，打进日本、美国等国家和地区，2000 年全国出口枸杞高达 $450 \times 10^4 kg$。由于国内外市场对枸杞需求量的急剧增加，促使一些有条件省区竞相发展枸杞生产。据有关资料显示，到 2001 年全国枸杞栽培面积已达 120×10^4 亩，其中内蒙古 38×10^4 亩，河北 35×10^4 亩，新疆 21.6×10^4 亩，宁夏约 21×10^4 亩。目前国内市场枸杞干果流通量在 $3\ 000 \times 10^4 kg$ 以上，并仍以每年 15%~20% 的速度增长。随着生物工程和生命科学领域研究的进一步深入和国民经济、国民健康意识的不断提高，枸杞产品市场开发潜力巨大，前景广阔。

枸杞集生态、社会和经济效益于一身，具有耐盐碱耐干旱、抗逆性强、成活率高特点，特别适合我国北方荒漠地区开发，栽培技术简单易学，投入少，产出高，经济效益十分可观。在植被破坏严重，土壤沙化地区发展枸杞，还具有防风固沙的生态效益，所以说，栽植枸杞省钱、省地、省工、效益高，是贫困地区脱贫致富奔小康的有效途径之一。

2. 3. 2　生物生态学特性

枸杞是茄科枸杞属多年生落叶灌木。我国自然野生有 7 种 3 变种。

2. 3. 2. 1　形态特征

灌木或经人工栽培整枝成小乔木。高 0.8~2m，栽培主茎粗 10~20cm，分枝细密，小枝弓曲、下垂，树冠圆形；野生枝条开展，斜生或弓曲。小枝灰白色或灰黄色，无毛，具短棘刺或长棘刺。叶互生或簇生，披针形或长圆状披针形，长 2~8cm，宽 0.4~1.5cm，栽培品种长可达 12cm，宽 1.5~2cm，略肉质，叶脉不明显（图2-3）。花 1~2 朵生于叶腋，或 2~6 朵与叶簇生；花梗长 1~2cm；花萼钟状，通常 2 中裂，裂片上有小尖头或顶端有 2~3 齿裂；花冠漏斗状，蓝紫色，花冠 5 裂，顶端圆钝，基部有耳。浆果红色，果皮肉质，多汁液，形状及大小因栽培或年龄、生长环境不同多变，有椭圆形、矩圆形、卵状或近球形，顶端有短尖头或平截，长 8~20mm，直径

图 2-3　枸杞

5~10mm。种子20余粒，略呈肾脏性，棕黄色。花果期5~10月，边开花，边结果。

2.3.2.2 生物学特性

（1）根

枸杞根在年生长周期内有两个生长高峰。3月下旬低温0℃以上时，开始生长，4月上旬低温8~14℃时生长最快，出现第一次生长高峰；5月后生长减缓，7月下旬至8月中旬，出现第二次生长高峰；9月再次减缓，10月底低温降至10℃以下时，基本停止生长。

实生苗当年总根长可达1m左右，根系分布于15~20cm深土层内；扦插苗当年总根长可达2.36m，是植株冠径的4.21倍，分布于30~40cm深土层内。一般生长健壮、旺盛植株，根入土深可达2~3m，根幅4~5m，主要集中于20~40cm深土层，栽培根系随耕作横向延伸较快，纵向延伸较慢。野生多年主根可深达10m左右，根系发达，密集于1m深土层，水平根幅可达6m左右。

（2）芽

枸杞萌芽力较强。每年3月底至8月能从树体不同部位发出许多不定芽，一年生枝萌芽率可达76%，但多脱落，成枝率约6%。良好条件下，当年生枝能连续抽生二次枝或三次枝，萌发后当年即能开花结果。潜伏芽寿命也较长。

（3）枝、叶

枸杞枝条和叶年生长周期内有两个高峰。4月上旬，气温达5℃以上时，休眠芽萌动，10℃以上时，开始展叶；4月中、下旬，气温达12℃以上时，春梢开始生长，15℃以上时，生长迅速，6月中旬春梢停止生长。7月上旬至8月上旬，春叶脱落，8月上旬枝条再次放叶，抽生秋梢，9月中旬停止生长，10月下旬落叶后进入休眠。

一年生实生苗根茎粗0.5~1.2cm，株高可达60~120cm，树冠直径60cm；5年生根茎粗5.6cm，株高1.65m，冠径1.61m，6~30年树体生长受人为修剪影响，一般树高保持1.5~1.7m，冠径1.6~2m；40~50年后树势衰败，主侧枝开始枯死，根茎开始腐朽。

枸杞一年内萌发枝条较多，生产上据枝条是否能结果分为营养枝和结果枝；按枝龄分为一年生枝，二年生枝及多年生枝；按一年内抽枝的次序分为一次枝、二次枝、三次枝甚至四次枝；按枝条抽生季节分为春枝、夏枝和秋枝等。

（4）花

枸杞是两性花，每年也有两次开花高峰。春季现蕾开花在4月下旬至6月下旬；秋季现蕾开花在9月上、中旬。

枸杞是无限花序，花期长，花期可持续4~5个月。单花从现蕾至开放需18~25d。气温低、湿度大或下雨，延迟开花；日照强、气温高，开花增多。昼夜开花，白天开花较多。

一般当年生枝叶腋可分化形成单生花朵1~3朵，二年生以上枝条节位可分化形成簇生花朵5~8朵。二年生以上枝条开花较当年生枝条开花早；当年生枝条高节位花先开，低节位花后开；当年生枝条同一花序内，中间花先开放，两侧花后开放；二年生以上枝条同一节位花外围先开，中心后开。

（5）果实

由于枸杞一年2次开花，所以一年内也有2次结果。6~8月成熟的果为夏果，9~10月成熟的果为秋果。一般夏果产量高，质量好；秋果气候条件差，产量低，质量也不及夏果。1~2龄幼树果期集中于秋果，5年生以上枸杞果期以夏果为主。

枸杞花开放后1d内授粉受精率高，授粉未受精花，4~5d后脱落。受精的花自授粉后4d左右，子房迅速膨大，从受精到果实成熟需28~40d。果实生长发育适温为20~25℃，气温高，日照强，发育需时短；反之则需时长。秋季气温降至11℃时，发育缓慢，果实变小，品质降低，但还能成熟；气温降至10.8℃以下时，进入冬季落叶期，随后休眠。

枸杞实生苗当年即可开花结果，以后随树龄增加，结果能力提高，36年后开花结果能力下降，一般1~5年为初果期；6~35年为盛果期；36~55年为结果衰退期。

枸杞开花结果多，落花落果也多。据调查，花果脱落率一般为30%~40%，子房开始膨大后的幼果脱落约占总脱落花果的97%。影响花果脱落的因素主要有：树体本身营养丰富，花果脱落率降低；开花初期及果实生长初期，土壤水分不足，花果脱落率升高；光照条件好比遮阴和低温条件花果脱落率低；二年生以上枝条比当年生枝条花果脱落率低。

（6）种子

枸杞种子细小，千粒重仅为0.7~1g，但其发芽力很强。成熟果实自然落地或被鸟雀取食后随粪便排出，只要环境条件适宜，种子即可萌发。枸杞种子萌发最适温度为20~25℃，在此条件下，通常7d即可萌发。

枸杞种子发芽力随保存时间延长而降低，保存期4年内，发芽力降低不明显，5年后，降低明显，10年完全丧失萌发力。以果实形式保存比以种子形式保存相同时间发芽力要高。品种不同种子保存年限会受到影响。如圆果类枸杞种子的生活力要比麻叶类枸杞强，同样保存10年，圆果类种子仍有58%发芽，而麻叶类枸杞则完全丧失发芽力。

2.3.2.3　生态学习性

枸杞喜凉爽气候，能耐寒。野生种自然分布区在北纬31~44°范围，1月份平均气温-15.2~-2.7℃，绝对最低气温-25.5~-41.5℃，年平均气温0.6~14.5℃，7月份平均气温12.2~26.8℃，绝对最高气温33.9~42.9℃。

枸杞耐旱。野生分布在年降水量低于250mm的干旱、半干旱区，正常生长，开花结实，栽培枸杞，对水要求较严格。"枸杞离不得水，也见不得水"是其最形象的写照，即想要枸杞高产，必须有水灌溉，但枸杞最忌地表淹水和表土长期积水。有积水的地块，土壤过湿，易诱发根腐病，造成烂根、死亡。地下水位在1m以内时，树体生长弱，发枝量少，枝条短，叶色提早发黄，花果少，果实小，落花落果落叶较重。枸杞对水质要求不严，矿化度1g/L以下和矿化度6g/L的水进行灌溉，枸杞均能良好生长。但季节不同，水分对枸杞的影响不同，春季土壤水分缺乏，影响萌芽和枝叶生长；秋季干旱，枝条和根系生长提前结束，花果期尤其是果熟期，土壤水分充足，果实膨大快，体积大；缺水则会抑制树体和果实生长发育，生长慢，果实小，还回促进花柄、果柄离层形成，加重落花落果，降低产量；生长季节，连续阴雨，枸杞易感霜霉病和黑果病，红熟果易破裂，降低果实品质。

枸杞喜光。光照不足，植株生长发育不良，结果少；光照充分，植株发育良好，结果多，产量高。生产中经常可见被遮阴枸杞生长弱、枝条细长，节间也长，木质化程度低，发枝力弱，枝条寿命短等现象。

枸杞分布区土壤多为碱性土、砂壤，且表现出耐盐碱，耐瘠薄特性。在含盐量0.3%

甚至 1%，pH 值为 10 土壤也能生长。但生产上，为提高枸杞产量和品质，则要求选择土层深厚、肥沃土壤。

2.3.3　枸杞种类与品种

我国栽培的枸杞分为两类：一类为果用枸杞，一类为菜用枸杞。

2.3.3.1　果用枸杞品种

正品果用枸杞的植物来源为宁夏枸杞。由于其在长期的栽培中自然杂交和人工选择，形成了具各种特点的品种。如依据枝型有硬条型、软条型和半软条型；依据果形有长果类、短果类和圆果类等。目前栽培品种主要有 12 个，各种栽培性状比较稳定的有大麻叶枸杞、麻叶枸杞、白条枸杞、尖头圆果枸杞、圆果枸杞、尖头黄叶枸杞 6 种，其中以大麻叶枸杞分布最普遍，其余较为普遍，剩余的品种就更少了。

（1）大麻叶枸杞

生长快，树冠开张，通风透光好；对土壤适应性强，可在砂壤、轻壤和黏土上栽培。在地下水位 0.9~1m，pH9~9.8 条件下生长良好。栽植 6 年亩产量 130~180kg，最高亩产量可达 200~250kg。特级果率 44%~63.5%，甲级果率 21.2%~40%，乙级果率9.5%~18%，丙级果率 2%~5.8%。是全国栽培面积较大品种，但其丰产性低于宁杞 1 号和宁杞 2 号。

（2）宁杞 1 号

树势强健，生长快，树冠开张，通风透光好，成花容易，坐果率高，产量高，抗根腐病能力强，扦插苗当年即可结果；对土壤适应性强，栽后 6 年亩产量可达 165~275kg，最高亩产量可达 495kg。特级果率 63.8%~83.8%，甲级果率 9.7%~29.7%，乙级果率4.3%，丙级果率2.2%。在宁夏、新疆、甘肃、内蒙古、湖北、陕西推广面积较大。

缺点为易受枸杞蚜虫、枸杞红瘿蚊、枸杞锈螨危害，栽培时应加强预防。

（3）宁杞 2 号

树势特别强，生长快，发枝多，树冠开张，通风透光好，扦插苗当年即可结果；对土壤适应性强，可在砂壤、轻壤和黏土上生长，但最适宜在肥沃砂壤和轻壤土中生长。在宁夏地下水位 0.9~1m，pH9~9.8 条件下生长，第 6 年亩产量为 125~300kg，山区最高产量为亩产 332.6kg。特级果率 71.3%，甲级果率 15.2%，乙级果率 10.8%，丙级果率2.7%。已在宁夏、新疆、甘肃、内蒙古、湖北推广。

缺点为易受枸杞蚜虫、枸杞红瘿蚊、枸杞锈螨等害虫危害，且栽培一段时间后，成花减少，坐果率降低，栽培技术要求高，成本较高，经济效益相对较低，从长远发展来看有逐渐淘汰趋势。

2.3.3.2　叶用枸杞品种

枸杞嫩梢和嫩叶富含蛋白质、维生素和多种氨基酸、芦丁、甜菜碱等，是一种受消费者喜食的保健蔬菜，在我国南方多栽培食用。主要有细叶枸杞和大叶枸杞两种。

（1）细叶枸杞

株高约 90cm，开展度 55°，茎长约 85cm，粗 0.6cm，嫩时青色，收获时青褐色。叶卵状披针形，长 5cm，宽 3cm，较细小，叶肉较厚，叶面绿色，味香浓，品质上等，叶腋有硬刺，定植至初收约 50~60d，可持续采收 5 个月左右。

（2）大叶枸杞

株高约 75cm，开展度 55°，茎长约 70cm，粗 0.7cm，青色。叶宽大卵形，长 8cm，宽 5cm，叶肉较薄，绿色，味较淡，产量高。无刺或有小软刺，定植至初收约 60d，可持续采收 5 个月左右。

这两种枸杞一般均不开花结果，只能用插条进行繁殖。

2.3.4 枸杞药材性状与商品规格

2.3.4.1 枸杞药材性状

商品枸杞子呈椭圆形或长卵形，长 6~18mm，直径 3~8mm。表面鲜红色或暗红色，具不规则皱纹，顶端有小凸起状的花柱痕。基部有稍下凹的白色果柄痕，质柔软滋润，果肉肉质，柔润面有黏性。种子多数，扁肾形，无臭，味甜微酸。商品以粒大、色红、肉厚、质柔润、味甜者为佳。

2.3.4.2 枸杞商品规格

商品枸杞子必须无干籽、无杂质、无虫蛀、无霉变。在此基础上，以果实的色泽是否鲜红和用不同规格的果筛筛选出的颗粒大小来分质量等级。目前枸杞商品规格分级标准是按照中华人民共和国 ZBB38001—90 标准，分为特级、甲级、乙级、丙级、丁级五个等级。

特级：多糖质，果实椭圆形或长卵形，果皮鲜红（紫红）、油润。每 50g 果实在 370 粒以内，大小均匀，无油粒、破粒。

甲级：多糖质，果实椭圆形或长卵形，果皮鲜红（紫红）、油润。每 50g 果实少于 580 粒，无油粒、破粒。

乙级：糖质少，果实椭圆形或长卵形，果皮鲜红（紫红）、油润。每 50g 果实少于 900 粒，无油粒、破粒。

丙级：糖质少，每 50g 果实少于 1120 粒，油粒不超过 15%。

丁级：糖质少，色泽深浅不一，每 50g 果实所含果粒不限，含破粒、油粒不超过 30%。也被称作"油料"。

中宁枸杞除以上标准外，新增"贡果"级，标准是每 50g 少于 250 粒。

新疆枸杞的最大产区精河县托里乡一般将枸杞干果分为 3 级，各级标准如下：

一级：每 50g 枸杞干果 280~320 粒，色泽鲜红，无结块，无霉变，杂质含量小于 1%，含水率 10%~12%。

二级：每 50g 枸杞干果 370~400 粒，色泽鲜红，无结块，无霉变，杂质含量小于 1%，含水率 10%~12%。

三级：每 50g 枸杞干果 550 粒以上，色泽鲜红，无结块，无霉变，杂质含量小于 1%，含水率 10%~12%。

【巩固训练】

1. 枸杞如何进行嫩枝扦插繁苗？
2. 枸杞栽培建园如何选地？
3. 枸杞栽后如何进行土肥水管理？

4. 枸杞幼树期如何完成整形过程?

5. 枸杞有什么经济价值?

6. 枸杞子药材性状如何?

【拓展训练】

枸杞的经济价值不仅药用,还可菜用、观赏等,如果在你的家乡发展枸杞,思考如何合理利用?

任务 4

薏苡栽培

【任务目标】

1. 知识目标

了解薏苡的分布及发展现状与前景；知道薏苡的药用功效、入药部位及形态特征；熟悉薏苡的生物生态学习性。

2. 能力目标

会进行薏苡栽培选地整地、繁殖栽培、田间管理、病虫害防治、采收及产地初加工。

【任务描述】

薏苡仁既是传统食品，又是珍贵的药材，是禾本科植物薏苡(*Coix lachrymajobi* L.)的干燥成熟种仁，生药称薏苡仁。有健脾利湿、清热排脓之功效。对慢性肾炎、水肿、肺痛、湿热脾痛以及脾虚止泻有明显的作用，是保健、馈赠之佳品。随着人民生活水平的日益提高，健康意识越来越强，薏苡仁食品老少皆宜，消费群体广，因此市场潜力巨大，前景广阔。

薏苡栽培包括选地整地、繁苗栽培、田间管理、病虫害防治和采收加工等操作环节。

该任务为独立任务，通过任务实施，可以为薏苡栽培生产打下坚实的理论与实践基础，培养合格的薏苡栽培生产技能型人才。

【任务实施流程】

选地整地 ➡ 繁殖栽培 ➡ 田间管理 ➡ 病虫害防治 ➡ 采收加工

【任务操作要点】

一、选地整地

1. 选地

薏苡适应性较强，对土壤要求不严格。传统选地以背风向阳、肥沃的壤土或黏壤土为宜。发现薏苡的湿生习性后，选地以选择低洼不积水、平坦，灌水方便的土地为宜，不宜连作，前茬作物宜选豆科、十字花科及根茎类作物为宜。

2. 整地

选好地，在前茬作物收获后，及时进行耕翻，耕深 20～25cm，同时结合耕翻施入基肥，基肥以有机肥为主，据土壤肥力状况确定施肥种类和施肥量。一般以每亩施充分腐熟猪圈粪或人粪尿3 000kg为宜。耕翻后，整平耙细，做畦或垄，做畦则畦宽1.2m，高10~15cm，长20m或40m或依地形；做垄则垄宽50~60cm；也可不做畦。但均应注意挖好排水沟。

二、繁殖栽培

薏苡栽培主要采用大田直接播种种植方法。

1. 选种

薏苡各地栽培类型很多，各地应据本地气候条件、播种期、生长季长短进行选择适宜品种。东北地区，由于生育期短，应选择早熟和中熟品种，4月中下旬播种；四川选黑壳薏苡，因多种植于海拔1 000m左右地区，产量高，籽粒饱满，出米率也高，而低海拔地区则生长差、产量低。山东则选矮秆类型，分枝多，结籽密，成熟期一致，产量高。

2. 种子处理

薏苡种植，由于黑穗病较重，播种前，为了提高发芽率，使发芽整齐，并起到预防黑穗病效果，需将种子用60℃温水浸泡10~15min，捞出后包好沉压在预先配制好的5%的石灰水或1:1:100倍的波尔多液中浸泡24h，取出后用清水冲洗至无黑水为止，按种子重量的0.4%~0.5%用50%多菌灵或20%粉锈宁或50%托布津拌种后播种，预防黑穗病发生。

3. 播种

薏苡播种多采用条播、穴播。早熟品种条播按行距30~40cm开沟，穴播按株行距20cm×30cm开穴；中熟品种条播按行距30~40cm开沟，穴播按株行距20cm×40cm开穴；晚熟品种条播按40~50cm开沟，穴播按株行距20cm×50cm开穴；沟、穴深均为5~7cm，开好沟、穴后，浇上底水，然后将种子均匀撒入沟穴内，每穴播种量4~5粒，每亩播种量为2.5~3.5kg。播后覆土3~4cm，耧平畦面。

三、田间管理

1. 间苗定苗

幼苗出土长出2~3片真叶时，结合除草中耕拔除密生苗、病弱苗，使条播苗株距保持在5~7cm。当苗长出5~6片真叶时定苗，保持株距10~15cm。定苗后使田间密度保持在每亩1.5万~2万株，这样可控制分蘖数量，保持田间植株数的恒定，减少无效分蘖的发生。

2. 中耕除草

薏苡全生育期，中耕除草2~3次。第一次在苗高7cm左右时进行，并同时进行间苗；第二次在苗高15~20cm时，结合定苗进行；第三次在苗高30cm左右时结合施肥进行，此次中耕应注意培土，以防止薏苡倒伏。

3. 排灌水

薏苡湿生栽培能获得较高产量，因此为保证薏苡生长发育中有充足水分条件，应做到播种后保持土壤湿润，以利于出苗，使苗齐苗壮，增强分蘖能力；但在田间总茎数达到预期数目时，注意排水控水，控制无效分蘖发生。孕穗期逐步提高田间湿度，增大灌水量直至田间有浅水层。抽穗期气温高，植株茎叶量大，也是需水量最多时期，应勤浇浇足，最好使田间保持3~6cm深的水层。灌浆结实以湿为主，干湿结合，前半月湿润保持植株生长势，防止早衰，增加粒重，减少自然落粒，后半月防水干田，以利收获。特别注意在整个生育期，抽穗期水分充足与否对产量影响最大，此期干旱会导致产量大幅度下降，其他时期干旱则相对影响较小。

4. 施肥

薏苡栽培整个生育期需进行2~3次追肥。第一次在分蘖期进行，可每亩施硫酸铵5~10kg；第二次结合第三次中耕除草进行，可亩施硫酸铵或氯化铵10~15kg，此期因植株生长中心向生殖生长转移，田间植株可能会出现"落黄现象"。如田间肥力水平较高，未出现此现象，追肥量可相应减少。据丁家宜报道，此期追肥，每千克氯化铵可使薏苡产量增加24~30kg，而苗期及灌浆期只能增加产量6~8kg。第三次追肥在抽穗后进行，可每亩施速效性肥料5~10kg，对粒重增加有利。第三次追肥若能结合根外追肥，每隔10d喷施浓度0.1%~0.2%磷钾肥，连续3次，粒重增加更为明显。

5. 摘脚叶

在薏苡拔节后，将第一分枝以下的老叶和无效分枝摘去，有利通风透光，也可促进茎秆粗壮，对防止倒伏也有一定效果。

6. 人工辅助授粉

薏苡花单性，同株异穗，靠风力传播授粉，但在扬花期无风或风力不大时，雌花不能完全授粉，常形成空瘪粒。因此可在盛花期，采用人工振摇茎干，使花粉飞扬的方法来进行人工辅助授粉，提高结实率，增加产量。

四、病虫害防治

1. 黑穗病

又名黑粉病，是薏苡的主要病害。一般苗期不容易被发现，随着植株的生长，在茎、叶部形成瘤状体，穗部被害后肿大成球形或扁球形的褐包，内部充满黑褐色粉末（病原菌原担袍子），破坏组织正常生长而形成黑穗。

防治方法：实行轮作；播种时用石灰水或波尔多液进行种子杀菌消毒处理；发现病株及时拔除并烧毁；建立无病留种田，种子单收单藏。

2. 叶枯病

危害叶部。最初在薏苡的叶和叶鞘出现，初现时呈黄色小斑，后不断扩大使叶片枯黄枯死。

防治方法：合理密植，注意通风透光；加强田间管理，增施有机肥，增强植株的抗病能力；发病初期喷洒 1:1:100 倍波尔多液或 65% 代森锌可湿性粉剂 500 倍液，每 7～10d1 次，连续 2～3 次。

3. 玉米螟

在薏苡苗期至抽穗期危害，苗期被害，心叶展开后可见一排整齐小孔洞；抽穗期钻入茎内危害，形成枯心或白穗，易折断。以幼虫在薏苡茎秆中越冬，1 年可发生数代，以第一代、第三代危害最为严重。

防治方法：施放赤眼蜂和白僵菌等进行生物防治；早春在玉米螟羽化前将上一年的薏苡秸秆集中烧毁或沤成肥料，以消灭越冬虫源；用黑光灯在 5～8 月间诱杀成虫；及时拔除枯心苗；用 50% 杀螟松乳油 200 倍液灌心，也可用 50% 西维因粉剂 500 倍液喷雾，还可用 50% 西维因颗粒以 1:30 比例与细土配制成毒土灌心。

4. 黏虫

也叫夜盗虫，是一种暴食性害虫，为薏苡的主要害虫。以幼虫危害叶片、嫩茎和嫩穗。大发生时叶片被吃光，造成严重减产。

防治方法：幼虫期喷施 50% 敌敌畏 800 倍液；成虫期用糖醋液（糖：醋：白酒：水为 3:4:1:2）诱杀成虫，虫口密度小时，可在清晨人工捕杀。

五、采收与加工

1. 采收

薏苡成熟后，果柄易折断造成落粒，所以生产上必须适时采收。采收期因品种、播期、当地气候条件不同而不同。生产上一般以植株下部叶片转黄，80% 果实成熟变色时开始采收。过早，青秕粒多，种子不饱满，影响药材产量和质量；过晚落粒增多，丰产不丰收。

2. 加工

采收选晴天收割，割下的植株应集中立放 3～4d 后再脱粒，脱粒后种子经 2～3 个晴天的晾晒种子含水量不高于 12% 时即可入库储藏。

薏仁不分等级，以干燥、无壳、色白、无杂质和破碎粒、无虫蛀霉变者为佳。

【相关基础知识】

2.4.1　概述

薏苡（Coix lachrymajobi L.）为禾本科植物，又称薏苡仁、苡米、薏仁米、六谷子、菩提珠等。以干燥成熟种仁入药，生药称薏苡仁。含碳水化合物、蛋白质、脂肪油及钙、磷、铁等；脂肪油的主要成分为薏苡仁脂、薏苡内酯等。有健脾利湿、清热排脓之功效。对慢性肾炎、水肿、肺痛、湿热脾痛以及脾虚止泻有明显的作用，是保健、馈赠之佳品。

主产于福建、江苏、河北、辽宁；其次是四川、江西、湖南、湖北、广东、广西、贵州、云南、浙江、陕西等地。近些年，贵州兴仁县发展迅速，2012 年全县发展面积 15×10^4 亩，计划至 2015 年发展到 30×10^4 亩。产品远销全国各地及韩国、日本等地，成为全国乃至东南亚苡米集散地，已获国家工商总局颁发"兴仁薏仁"地理保护商标，中国粮经协会授予"中国薏仁米之乡"称号。

据全国各地销售网络的销售信息反映，在全国大中小城市薏仁零售价格基本在20~25元/kg，而产区数量有限，销售供不应求，大宗批发价受各种因素影响应该在15元/kg以上。且薏苡仁既是传统食品，又是珍贵的药材。因此薏苡栽培生产既可从食品着手，更可从药品着手。随着人民生活水平的日益提高，健康意识越来越强，薏苡仁食品老少皆宜，消费群体广，因此市场潜力巨大，前景广阔。

2.4.2　生物生态学特性

2.4.2.1　形态特征

一年生或多年生草本，高1~2m，茎干直立，丛生，多分枝，基部节上生根（图2-4）。叶互生，二列排列，叶片长披针形，长20~40cm，宽1.5~3cm，先端渐尖，基部宽圆形略近心形，中脉明显，边缘粗糙，叶鞘抱茎。花异穗同株；总状花序成束腋生，小穗单性；雄小穗覆瓦状排列总状花序上部，自球形或卵形总苞中抽出，常2~3枚生于各节；雌小穗位于总状花序基部，包藏于总苞内，2~3枚生于一节，只一枚发育结实。果实成熟时总苞坚硬而光滑，内含一颖果。花期7~9月，果期8~10月。千粒重70~100g。

图2-4　薏苡

2.4.2.2　生长发育特性

（1）种子萌发特性

薏苡种粒较大，胚乳多，具较坚硬外壳。种子萌发需较湿润条件。4~6℃开始吸水膨胀，35℃吸水最快，40℃以上反而减慢。种子吸水达自身干重的50%~70%时开始萌发，胚根首先伸出种壳。发芽最低温度为9~10℃，最适温度为25~30℃，最高温度为35~40℃。种子寿命2~3年。

（2）根系生长特性

根系属须根系，由初生根和次生根组成。初生根一般4条，初生根长出后，在其上会长出许多侧根，形成密集初生根系。第一层次生根是在薏苡鞘叶伸出时，由其基部节上产生，具有自动调节作用，可使其根系处于较适宜土层内。鞘叶节根多为8条，垂直向下生长，随茎节形成和茎增粗，节根不断发生，由下而上出现，呈现一层层次生根层，一般6~9层，地下4~7层，地上2~3层，根条数除鞘叶节层8条外，其他各节均为2~4条。次生根长度自下而上逐层缩短，粗度自下而上逐层增粗。

根系发育有两次高峰，第一次在鞘叶节根、第一节根、第二节根生长期，均在孕穗初期停止生长；第二次高峰在第三节根、第四节根、第五节根生长期，在始花期停止生长。根的寿命较长，长江流域根具宿存性，次年可正常生长，产生地上植株，开花结果，表现其多年生习性。

（3）茎生长特性

种茎与芽鞘对光线敏感，暗处发芽后，二者同时进行不正常伸长，在亮处受光线光线强烈抑制而不伸长。因此，播种时，盖土越深，种茎越长，消耗养分越多，出苗越瘦弱。

薏苡茎在8叶前生长缓慢，第九片叶出现时，主茎开始幼穗分化，茎生长速度加快，进入拔节期，节部明显外露；长出12片叶左右时，植株进入穗分化盛期，可见4个左右外露节；14片叶时，分枝开始抽出，可见6~7个外露节。生产中可据外露节数目，判断叶龄和幼穗分化进度，以便掌握田间管理时机。

主茎茎干各节长度以鞘叶节至第三节最短，一般能够见到的第一外露节为第四节，第五至第十节最长，十三节以上，长度逐渐缩短。粗度随各节伸长而增加，以第5~8节最粗。加粗生长是在6叶(进入分蘖盛期)后加快，到10叶期(分蘖末期)达最大值。主茎与分蘖茎粗度多为0.2~0.9cm，最粗可达1.15cm。茎粗与分枝数、穗总粒数正相关。而茎粗与分蘖期所处肥水条件及分蘖发生早迟相关。干旱时浇水，水栽条件下较干旱时不浇水或旱作时茎明显粗大；早期分蘖较后期分蘖茎粗大。所以，及时加强分蘖期肥水管理，对争取大穗意义重大。

(4)分蘖发生特性

分蘖对薏苡产量形成意义重大，分蘖多，产量高；分蘖少，产量低。

薏苡在4片真叶展开后进入分蘖期。一般早播，出苗后30~40d进入分蘖期，35~45d进入分蘖盛期，此时一般植株具6~8片真叶。9~10片叶后，小穗开始分化，分蘖速度减慢直至停止，10叶后形成的分蘖为无效分蘖。晚播的由于苗期气温高，出叶快，分蘖速率也快，分蘖时间缩短。一般晚播出苗后20d进入分蘖期，此时植株多处于3叶期。因此分蘖期追肥对晚播的可在3叶期左右进行，早播的可在4~5叶期进行。

薏苡的分蘖是由下部茎节上的腋芽发育而成。自鞘叶到第五或第七节均可形成分蘖，但在群体中，以第1~2节发出的分蘖最多，占总分蘖数的75%以上，其次是第三节，占15%左右，鞘叶节占8%左右。薏苡的分蘖多少可通过栽培方法来控制。据调查，4月份播种的平均可产生8个左右分枝；5月上中旬播种可产生7.5个分蘖；5月末播种可产生6个，6月上旬播种可产生5个分蘖。种植密度不同，分蘖数目也不一样，60cm×40cm，分蘖数10~15个；30cm×20cm，分蘖数5~10个；15cm×10cm，分蘖数3个左右。此外，肥水管理好的分蘖多，肥水不足，尤其是分蘖期缺氮和磷，分蘖减少。

(5)叶生长特性

薏苡出苗后，首先伸出的是鞘叶，从鞘叶伸出的才是真叶。出叶后生长对温度敏感，前期温度低生长缓慢，后期温度高生长速度加快。播种晚，出叶速度快，但营养生长期缩短，加之高温易造成叶片早衰，对产量形成不利。所以生产应适时早播。

(6)分枝形成特性

薏苡但株产量形成是由各茎干上分枝数和每个分枝上的结实小穗数及小穗重构成。薏苡从地面第二节位起至第八乃至第十节位止，其上的腋芽均可自下而上以此形成分枝，一级分枝可产生二级分枝，甚至有三级分枝产生。下部分枝较长，叶数较多；二级分枝、三级分枝叶数依次减少。小穗着生在主茎及各级分枝的叶腋处，一般基部3~4个较大分枝上着生的小穗较多，越往上部，小穗数越少，顶部叶腋只有5~7个小穗。

(7)幼穗分化特性

薏苡幼穗的分化顺序是：同一株中，主茎先分化，分蘖后分化；同一茎上，先顶芽，后腋芽，自上而下进行分化；同一叶位，自上而下进行分化。通常主茎顶芽8叶期开始幼穗分化，分蘖顶芽晚3~4d分化，下部腋芽多在14叶期开始分化，整个幼穗分化期持续40d左右。

幼穗分化始于8叶期，盛期在12叶期，此时根系进入第二个高峰时期，分蘖停止，绝大部分长节的长度已经定型或基本定型，生长减慢，叶色由绿转黄，田间出现"落黄现象"，幼穗分化迅速，平均每天每茎中有10个以上芽进入穗分化阶段。理论上是追肥效应的最大期，所以，一般应掌握在主茎11~12叶期进行追肥。

(8) 抽穗开花特性

薏苡幼穗分化完成后即进入抽穗开花阶段。每个小穗从开始抽穗到全部抽出需3~5d。同一分枝内，着生于下面的小穗先抽出，穗轴也较上面的都长，前后两小穗相继抽出最短时间间隔2d，最长7d，一般3~4d。单株整个抽穗时间可持续30~40d，抽穗开始后的第15d为抽穗盛期。

雄小穗位于雌小穗之上，开花也先于雌穗3~4d。雄小穗从抽出到开花需7~11d，每一雄穗花期持续3~7d。抽穗后19~27d为扬花盛期。扬花时小穗或小枝倒垂。晴天一般每天9~10点开颖，掉出花药，散出花粉，12点左右结束。遇雾、露、雨等会推迟扬花，一般多风、晴天、阵雨天气对扬花授粉有利，长期阴雨则不利。

(9) 灌浆结实特性

一般情况下授粉后2d左右，雌蕊柱头萎蔫，5d后子房膨大，13d胚形成，胚乳开始充实，20多天后颖壳由绿转黄，籽粒充实完毕。30d后种子颖壳变成褐色，籽粒成熟，水分减少。在灌浆结实期间，茎下部的弱生枝条及二级分蘖上的部分小穗仍处于穗分化阶段，这些花序为无效花序，不能正常抽穗、结实。但应注意，薏苡种子成熟后易脱落，应及时采收。

2.4.2.3 生态学习性

薏苡种子在土壤含水量20%~30%，气温9~10℃时，20~25d即可发芽出苗，气温15℃以上时，7~14d就可出苗。其他生育期，以日均温不超过26℃为宜，尤其是抽穗、灌浆期，气温在25℃左右有利于薏苡抽穗扬花和籽粒的灌浆成熟。在上述气温条件下，功能叶功能期长，利于物质积累，提高产量。过去人们一直把薏苡视为旱生作物，据丁家宜等多年研究认为，薏苡是与水稻相似的沼泽作物，干旱条件不利于生长，尤其在孕穗到灌浆阶段，水分不足可使产量大幅度降低。

光照是薏苡植株健壮生长的重要条件，充足的阳光有利于各生育期的生长。光照的调节可通过调整播种密度来满足薏苡植株对光照的需求，生产中一般控制每亩苗数1万~2万株，分蘖后植株总数达5万~6万株为宜。

薏苡喜肥、耐肥，分蘖期、幼穗分化期和抽穗开花期是薏苡需肥关键期。分蘖开始产生时，充足的氮、磷肥，对分蘖产生和健壮生长极为有利，可保持田间的有效密度，为夺取稳产高产打下基础；幼穗分化期，植株已基本定型，适量施肥对促进穗的分化、增加粒数、提高产量有利。抽穗开花期追施磷、钾肥对授粉后的果实灌浆、营养物质积累、增加粒重甚为有利。

2.4.3 种类与品种

薏苡在全国多数地区有栽培，地方品种较多，多数地方据生育期长短将其分为早熟、中熟、晚熟三类。早熟种也称矮秆种，生育期 110～120d，株高 0.8～1m，分蘖强，分枝多，茎粗 0.5～0.7cm，果壳黑褐色，质坚硬，耐寒、耐旱、抗倒伏，亩产一般 100～150kg，高的可达 200kg，出米率 55.4%～60%。中熟种分白壳、黑壳两种，黑壳较白壳种稍早熟，生育期 150～160d，株高 1.4～1.7m，分蘖能力较强，茎粗 1～1.2cm，抗风、抗寒能力较弱，一般亩产 150～200kg，高可达 350kg，出米率 64%～66%。晚熟种又称高秆种，主要栽培于福建等省，生育期 210～230d，株高 1.8～2.5m，茎粗 1.2～1.4cm，分蘖强，但耐寒、耐旱、抗风能力差，种子大而圆，一般亩产 150～200kg，高可达 400kg，出米率 64.5%～73%。

其中辽宁育成的 5 号薏苡是比较优良的品种，结实密，仁大壳薄产量高，种壳厚度是普通薏苡的 2/3，质地脆，用手即可捻碎，出米率最高。

"薄壳红衣"薏苡是近年来选育出的一种中熟杂交良种，其特点是：果实卵形，表面浅褐色，内种皮浅红色或淡白色，子实外壳薄，出米率达 65%，茎秆粗壮，抗倒伏能力强，产量高，成熟期较一致。

【巩固训练】

1. 薏苡栽培如何选地？
2. 薏苡播后如何进行田间管理？
3. 薏苡分蘖特性如何？
4. 薏苡生态学习性如何？
5. 薏苡如何采收？薏苡药用功效如何？

【拓展训练】

薏苡具有湿生特性，思考薏苡是否可如水稻般栽培。

项目3

全草类药用植物栽培

任务 **1**
细辛栽培

【任务目标】

1. 知识目标

了解细辛的分布、分类及栽培现状与发展前景，商品规格；知道细辛的药用功效、入药部位、细辛药材性状；熟悉细辛的生物生态学习性及形态特征。

2. 能力目标

会进行细辛栽培选地整地、种苗繁育、田间管理、病虫害防治、采收及产地初加工。

【任务描述】

细辛是我国常用中草药，药用历史悠久，国内外享有盛名。药用主治外感风寒、鼻塞多涕、头痛、关节痛、牙痛、口舌生疮、口腔炎、痰饮咳嗽、慢性支气管炎、支气管扩张等症。另有镇静、镇痛、局部麻醉及提高机体代谢功能。药材在满足国内需求的同时，又是出口创汇的重要物资。细辛不仅药用，还可开发化妆品、护牙剂、防蚊油、蚊香、防虫墙壁涂料等用途，在医药、防虫、防寒、日用化工等方面具有很大的开发潜力。

细辛栽培包括选地整地、种苗繁育、田间管理、病虫害防治和采收加工等操作环节。

该任务为独立任务，通过任务实施，可以为细辛栽培生产打下坚实的理论与实践基础，培养合格的细辛栽培生产技能型人才。

【任务实施流程】

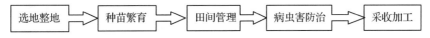

选地整地 → 种苗繁育 → 田间管理 → 病虫害防治 → 采收加工

【任务操作要点】

一、选地整地

1. 选地

细辛种植应选择坡度20°以下的平缓山坡，有林以北坡为好，东坡、东北坡、西坡和西北坡也可；无林荒山不宜选西坡，易受风害；荒山以土层较湿润疏松、富含腐殖质的腐殖质土或山地棕壤土、森林腐殖土为宜；荒山附近要有山泉水或可控山水水源；pH 以 5.5~7.5 为宜；有林地植被最好为天然阔叶林或针阔混交林，树龄 30 年以上、树冠较大、枝叶繁茂、遮光度好、分布均匀、主干直径 30cm 以上的树种为柞树、椴树、桦树、槐树、枫树、黄波罗、水曲柳、杨树等为好；农田地则以排灌方便、地势平坦、疏松肥沃的壤土或砂壤土，前茬作物为豆科或玉米为好；参后地则要求选择坡度较平缓，不宜选择坡度较大地块；果园土壤疏松肥沃，也可间作细辛。注意不能选择易干旱和上坡有不可控山水水源，地下水位较高地块，低洼易涝地块，土质黏重或砂质过大的沙土地，盐碱地，农田前茬作物为向日葵等主根发达且根系强大，吸肥力强的田块。

2. 整地作畦

林下种植细辛，应先割除小灌木及杂草，每开垦40~50m留10~15m植被带，以免雨大坡长水流过急造成水土流失，割下的小灌木和杂草运出或集中烧毁，然后对场地进行翻耕，打碎土块，清除树根、草根、石块等物。农田地则要于当年秋季或翌年春季用灭茬机打碎前茬作物根茬，然后翻耕35cm左右，耙细后做畦。果园地要以果树为主，细辛为辅。

整理好后，顺山做畦，畦宽1.2m，作业道50cm，畦高10~15cm。作业道不能过窄，以免雨大冲毁畦面，畦床不能过高，以免春季过于干旱。农田地畦高则因地势而定，低洼地做成畦高20~25cm，以便于排水。果园地整地要人工进行，以便于酌情处理遇到根系，耕翻后打碎土块，清除杂物，据具体情况确定畦床宽窄长短，以方便果树作业和排灌水为宜。整地作畦需要注意细辛种子小，顶土力弱，要细致整地，尽量做到早整熟化土壤，并注意结合整地亩施充分腐熟的优质农家肥2500~4500kg，过磷酸钙适量，禁止施用硝态氮肥和未经腐熟和无害化处理的有机肥。或在做好畦床后将肥料施于畦床表层，厚度3~5cm，然后与土壤混拌均匀。

二、种苗繁育

细辛繁殖分有性繁殖（种子繁殖）和无性繁殖（根茎繁殖）两种。生产中以播种繁殖为主。

1. 种子繁殖

（1）种子采收：细辛果实发育不同成熟期，对发芽率影响很大，以采收白果期至裂果期的果实为佳。6月上旬，细辛种子开始成熟时，即果柄渐萎，果实下垂、变软，果皮由红紫色变为粉白色或青白色，剥开果皮检查，果肉粉质，种子黄褐色，无乳浆，此时即可采收，每1~2d采收1次，做到随熟随采，分批分期采收。

果实采收后，在室内阴凉处堆放2~3d，果实变软呈粉状时搓去果皮，用清水将种子淘洗干净，捞出稍晾干后（以表面无浮水为度）及时播种或沙藏，发芽率在80%以上，如不及时播种，切不可干燥贮放。

（2）种子处理：细辛的主要病害发病来源，主要是带有病原的种子、种苗传播扩展，特别是老产区。因此种子采收后播种前或沙藏处理前需进行杀菌消毒处理。采用25%多菌灵可湿性粉剂1000倍液浸种2h，以防治细辛菌核病、疫病；用50%代森锰锌1000倍液浸种1h，以防治细辛叶枯病。

杀菌消毒后如不能及时播种，需进行沙藏处理。切不可干藏，否则60d后完全丧失发芽能力。沙藏处理可采用"半地下坑贮法""木箱贮藏法""地面堆贮法"。

①半地下坑贮法：将经过消毒杀菌处理的种子与洁净细河沙（细河沙颗粒要小于细辛种子）按种沙比1∶5混拌均匀。选室外背阴处或林下挖半地下式贮藏坑，坑深20cm，长宽各50~70cm。坑挖好后，先在坑底铺一层5cm厚的河沙，然后将种沙混合物堆放20cm高，上面再盖5~10cm厚河沙，堆成馒头状，高出地面5~10cm，再覆盖3~5cm厚树叶，保持坑内湿度15%~20%，温度20~25℃，每10d检查1次，一般沙藏40~50d，即可取出播种，不能拖延，以防种子发芽。

②木箱贮藏法：钉制长60cm，宽40cm，高30cm木箱，将准备好的洁净湿河沙与经过杀菌消毒的细辛种子按种沙比1∶5比例混拌均匀，先在箱内铺放细湿河沙5cm，再将种沙混合物铺放20cm，种子上面铺放5cm厚细湿河沙，放置阴凉处，种子层略干适当浇水。该法适于采种后短时间内进行播种的临时贮藏采用。

③地面堆贮法：选阴凉透风仓房或搭设荫棚，在地面用砖垒槽，槽的大小以便于通风和管理及种子量而定，先在槽内底层铺5cm厚细湿河沙，再将混拌均匀种沙混合物铺放到槽内，上面覆盖5cm厚细湿河沙保湿。

种子贮藏期间经常检查种子层温湿度变化，发现过干及时浇水，以免正在生长的种胚失水萎蔫失去活力。每隔7~10d倒种1次，防止通风不良引起种子霉烂。贮藏期间保持湿度15%~20%，温度20~25℃。一般沙藏40~50d，即可取出播种，不能拖延，以防种子发芽。

（3）种子直播种植：是在 6 月下旬至 7 月上旬期间，将采收后经杀菌消毒处理的种子或经临时贮藏的种子直接播种于种植田或于 7 月下旬至 8 月上旬间将经过沙藏处理种子直接播种于种植田。

①播种：播种可采用撒播、条播和穴播方法进行。

撒播：在施足基肥并已做好的畦面上四周修筑成高 3cm 的边埂，使畦面呈浅槽状，用过筛的细土铺平槽底，然后将种沙混合物均匀撒入槽内畦面上，种子间距 1cm 左右，播后用过筛的细土覆盖畦面，厚度约 1cm，覆土后用耙子将畦面搂平，或用木板尺刮平，再覆盖 3cm 厚松针或稻草保湿，同时防止畦面板结及雨水冲刷畦面和杂草丛生。播种量为鲜籽 $10g/m^2$，每亩用鲜种量 $6 \sim 7kg$。

条播：在准备好的畦面上，按行距 $10 \sim 12cm$ 横向开沟，沟宽 $5 \sim 6cm$，沟深 3cm，沟底整平并稍压实，然后在宽沟内播种，种子间距 $4 \sim 5cm$ 左右，覆土 1cm，播后搂平畦面，覆盖松针或稻草。每平方米用鲜种子 8g 左右，每亩用鲜种量 $5 \sim 6kg$。

穴播：在准备好的畦面上，用压穴器按行距 $15 \sim 20cm$，穴距 10cm，穴深 1.5cm 压穴，每穴播种 $6 \sim 7$ 粒，穴眼覆土 1cm，上面覆盖一层松针或枯枝落叶，每亩用鲜种量 4kg 左右。

②播后管理

检查覆盖物：播种后出苗前要经常检查畦面覆盖物，发现缺少及时补盖。

撤减畦面覆盖物：翌年春季 4 月上中旬，细辛出苗前将畦面松针撤掉一层，保留 1cm 左右继续覆盖，以利于出苗后保持畦面土壤湿润疏松。采用稻草覆盖的于出苗前先撤去 1/2，以利于提高地温提早出苗，出苗时全部撤出，以免碰断小苗，苗出齐后补盖一层松针或锯末。

搭设荫棚：细辛小苗出齐后要及时搭设荫棚，荫棚高度以利于遮光和便于管理作业为宜。山地和农田地种植因空气干燥，郁闭度应大些，透光度 25% ~ 30% 较为适宜。林下种植无需搭设遮阴棚，但在强光季节，发现有天窗的地方光照过强或树冠过密光照过弱地方，要通过拉扯树枝进行调节光照强度。

除草：直播田除草工作非常重要，要做到见草就除，除早除小，避免草荒欺苗，与细辛争夺水肥，影响细辛生长。

间苗、定苗与补苗：为防缺苗和选留壮苗，直播田播种量往往大于所需苗数。故出苗多，密度大，须间苗。间苗要除去过密、瘦弱、有病虫幼苗，选留生长健壮的幼苗。间苗要适时，过晚，幼苗生长过密引起光照、养分不足、通风不良，植株细弱，易遭病虫危害。且细辛须根深扎土层，间苗困难，易伤害附近植株。直播间苗一般进行 $2 \sim 3$ 次，时间在翌春出苗后，长出 2 片子叶时，适当间除过密弱苗，以利生长；第三年长出第一片真叶后，每穴留壮苗 $4 \sim 5$ 株，其余苗拔除。如有空穴，则选择阴天或晴天傍晚补苗，补苗和间苗同时进行，将间去的壮苗带土栽上，并适当淋水，确保成活。

追肥：对直播细辛田，要年年秋冬季在畦面铺施盖头粪，以增加土壤肥力，同时起到防寒作用。生育期间每年追施 $2 \sim 3$ 次叶面肥料。

补苗：发现缺苗处做好标记，9 月下旬进行补栽同一年生细辛种苗。

防旱排涝：山地和农田地育苗高温季节畦面表层土壤易干旱，久旱不雨需及时浇水；雨季到来前做好排水准备工作。

防寒：山地和农田种植 1 年生细辛小苗芽苞小，覆土层浅易受冻害，因此，应在小苗枯萎后用松针、稻草等覆盖 $3 \sim 5cm$。林下种植特别是生长于光照较弱地方的小苗，越冬芽比山地和农田地更弱，更易受到冻害，可用林下落叶覆盖 $5 \sim 7cm$ 厚。

（4）播种育苗移栽：是在准备好的畦面上于 6 月中下旬，将采收后经过杀菌消毒处理的种子撒播或条播于畦面上，进行育苗后移栽于种植田。

①育苗田选地整地：山地或林下地育苗选择下坡较平缓湿润场地，农田地育苗选择排灌水方便沙质壤土地较为适宜。选好地后，整地作畦。

②播种：播种可采用撒播和条播方法进行。

撒播：将做好畦面上 2cm 厚土壤搂到畦旁或作业道上备用，整平畦面，将种子均匀撒至畦面上，将搂到畦旁或作业道的备用土壤覆盖到畦面 1cm 厚，搂平后覆盖松针或稻草保湿。每亩播种量为鲜种子 10kg 左右。

条播：播前做好播种尺板。尺板做法为选 4 块薄而直的木板，锯成宽 5cm，长与畦宽相等，将 4 块木板在平地摆齐，木板之间距离 10cm，木板两端再用木板和铁钉固定，做成行距 5cm，播幅宽 10cm 的三播行尺板。播种时，在做好的畦面上将尺板横畦摆放，将种沙混合物按播种量均匀撒入尺板播幅内，再将尺板移至下一段继续播种，播完一个畦面后覆土 1cm 厚，搂平畦面后覆盖松针或稻草。播种量为 8kg/亩左右

③播后管理：育苗田管理与直播田管理基本相同，也包括检查畦面覆盖物、撤减畦面覆盖物、搭设荫棚、除草、间苗定苗与补苗、追肥、防旱排涝、撤除遮阴棚、覆盖防寒等内容，可参照直播田管理进行操作。

④移栽：是细辛在育苗田生长 2～3 年后，于秋季 9 月下旬至 10 月上旬或春季土壤化冻后出苗前将其起出，移栽于种植田。

起苗时从苗床一端开始，用镐或锹将苗起出，抖净泥土，按大、中、小分级后，在事先准备好的畦床上按行距 20cm，株距 15cm，横床开沟或穴，沟深视种苗长度而定，以不窝卷根须为宜，每穴栽植 4～5 株，栽植时芽苞向上对齐，须根舒展，春栽覆土 3cm，秋栽覆土 4～5cm，秋栽土壤墒情好不用浇水，春栽土壤干旱时栽后浇水，并用松针或稻草覆盖畦面，保证出苗。农田地移栽因空气干燥，地面水分易蒸发而引起干旱，应适当密植。山地和林下按株行距 20cm×20cm 栽植。

2. 根茎繁殖

细辛地下根状茎横生，节明显。于 10 月采挖多年生植株时，挖出根茎，选择生长健壮、无病虫危害的粗壮根茎，截成 5～6cm 的小段，每段带有 2～3 芽苞，保留其根系进行分根繁殖。栽植时行距 20cm，每行栽 5～6 穴，每穴栽 1～2 段根茎即可。

三、田间管理

1. 苗前管理

（1）撤除防寒物：每年 4 月中下旬，用耙子将种植田畦面上的防寒物搂下，运送至田外妥善处理，以防病菌传播，同时将畦面及作业道清理干净。

（2）田间消毒：清理田园后，用 50% 速克灵可湿性粉剂 1 000 倍液和 50% 多菌灵可湿性粉剂 500 倍液交替喷雾，将畦面、作业道及棚架全面彻底进行消毒，以有效预防细辛叶枯病和菌核病的浸染蔓延。

（3）棚架维修：修复加固损坏和不牢固棚架部

位，为苗后遮阴做好准备工作。

（4）修整畦床：畦面和作业道由于受上年雨水冲刷，除草作业等因素影响，易出现土壤堆积而高低不平，应于出苗前将作业道中多余土壤移放到畦面或畦旁，达到畦面和作业道工整美观，便于雨水流通，防止水土流失。

2. 畦面覆盖

长期实践证明，细辛栽培进行畦面覆盖既能保持土壤湿润疏松，又能防止杂草丛生，保湿降温，还能有效控制病原菌传播。更免去了田间松土作业程序，节省了开支，也避免了松土造成的菌核病人为传播。覆盖物以松针最好，厚度 1cm 左右为宜。

3. 种植遮阴作物

利用山地、农田地、参后地种植细辛，于春季在细辛畦旁种植玉米，既能起到遮阴作用，又能充分利用土地，提高经济效益。为了便于管理，一般只种植畦床的一侧，另一侧为细辛除草、打药提供方便。南北向畦床，一般在畦床西侧种植玉米，东西向畦床一般在畦床南侧种植玉米。

4. 除草松土

一般每年进行 3 次。4 月下旬至 5 月上旬出苗至展叶期进行第一次松土除草，结合松土，将畦面盖头粪均匀混拌到土壤中去。第二次在 6 月中旬进行，第三次在 7 月上中旬进行。方法为用手锄铲松土壤，行间松土深度 2～3cm，根际 2cm 左右，并向根部培土，用手除去床面杂草。畦面覆盖可不用松土，只进行除草即可。

5. 调节光照

林下种植采用经常修整树冠，除去过密的枝叶，调整光照，使其透光率保持在 50%～60%；透光率若在 20% 左右，虽生长较好，但地下根少而短，产量低。早春可不遮阳，保持全光照，6 月起开始遮阳，保持透光率 50%～60%，并随植株长大适当增加光照，促进根系生长。农田地、山地、参后地可采用架设遮阳网进行遮阴，透光率 1～2 年生幼苗为 30%，3～6 年生细辛遮阳透光率为 50%～60% 左右，以促进根系生长。

6. 追肥

细辛喜肥。土壤瘠薄时，如果不施肥，生长极其缓慢。根据经验，有机肥以猪圈粪为好，化肥以过磷酸钙为好。一般生长期追肥 2 次，第一次 6 月初，亩施入加有过磷酸钙和硫酸铵 10kg 的

人畜粪水 1 500kg，以促进根系生长。也可用过磷酸钙 1kg 加清水 50kg 搅拌溶解后取其清液，用喷壶浇灌畦面，可浇灌 20m²。第二次 8 月中下旬，每亩施猪圈粪 4 000kg，过磷酸钙 40kg，施后培土，保温保湿，提高土壤肥力，促进植株生长。

7. 摘蕾

细辛为阴性植物，植株矮小，叶片少，光合产物积累较少，每年开花结实，会消耗大量养分，影响产量。因此，除留种田外，出土后应及时摘除花蕾，摘蕾时间与次数，取决于现蕾时间，一般宜早不宜迟。

8. 灌排水

细辛喜湿润，生长期如遇干旱，表土层 5cm 以下出现干燥时，则需在行间开沟灌水，也可用喷壶喷浇；如不具备灌水条件，则需通过加厚畦面覆盖和降低光照强度缓解旱情。7~9 月份降雨集中季节，则要注意及时排水；山地要注意挖好排水沟，以免发生水土流失或冲坏畦床。

9. 撤除遮阴棚

9 月中下旬，细辛地上植株接近枯萎时，需将遮阴棚撤除，以加强晚秋光照强度，提高地温，以利于后期生长，同时防止冬季积雪压坏棚架。

10. 清理田园

9 月下旬至 10 月上旬，细辛地上植株枯萎死亡后，及时清理枯萎死亡植株，集中烧毁或深埋，然后用 50% 速克灵可湿性粉剂 1 000 倍液，或 50% 多菌灵可湿性粉剂 500 倍液进行田间喷雾消毒，消灭和减少病原菌。遮阴作物成熟后及时收获并清理残杆。

11. 施盖头粪及防寒

入冬后结冻前往畦面上施一次盖头粪。施在畦面上的粪肥，以马粪、鹿粪、猪粪等为好，其次是沤制的腐烂落叶和堆肥。用量以每亩施猪圈粪 4 000kg 掺入过磷酸钙 40kg 一起发酵，将发酵好的肥料与适量腐殖土混合撒盖畦面上，厚度 3~5cm，没有粪肥也可施 3~5cm 的腐殖质土。要求盖均匀一致，不要集堆或断行，以免影响施肥质量。

立冬前灌一次封冻水，以保证整个冬季土壤不缺水。

四、病虫害防治

1. 叶枯病

主要危害叶片，也可浸染叶柄、果及芽苞。叶上出现近圆形病斑，直径 5~18mm，有明显同心轮纹，浅褐色至棕褐色，边缘有红褐色晕圈。高湿条件，病部可产生褐色霉状物，为病原菌分生孢子梗和分生孢子。4 月下旬开始发病，5~6 月进入发病盛期，8 月下旬发病趋于缓慢。低温、多雨、空气湿度大利于病害流行，最适发病温度 15~20℃，25℃ 以上高温抑制病菌浸染。

防治方法：选择土质疏松排水良好土地种植细辛，低洼易涝地不宜选用；株行距不能过密，以行距 20cm，株距 15~20cm 为宜，每穴不能超过 5 株，通风不良易发病；保持田园清洁，尽量减少病原菌越冬指数；种植前进行种苗消毒杀菌，有效防止种苗带菌；细辛展叶后，喷洒 1.5% 多抗霉素可湿性粉剂 200~300 倍液，或 70% 代森锰锌可湿性粉剂 500 倍液，每隔 7~10d 1 次进行预防；发病初期用 50% 扑海因 800 倍、50% 速克灵 1 200 倍或 50% 万霉灵 500 倍液喷雾，10~15d 1 次，连喷 3~5 次。采收前 15d 禁止用药。

2. 菌核病

主要危害根部，也危害茎、叶和花。开始在土表下局部变褐色腐烂，逐渐蔓延至全根，并产生大量白色菌丝体，以后形成较大的黑色菌核。叶柄、叶片、果实也可发病，发病时，开始呈粉红色，进而变褐腐烂，并生有白色菌丝体，以后病部产生黑色小菌核。还严重危害秋芽（越冬芽）和春芽（春天出土苗苞），可导致整个根部腐烂，产生白色菌丝体和黑色小菌核。低温、高湿、排水不良、密植、草荒易发病。5 月上中旬开始发病，5 月下旬盛发，6 月中旬以后终止。

防治方法：严格检疫，选用无病种苗，防止带菌种苗进入；栽种前用 50% 多菌灵 200 倍液或 50% 甲基托布津 500 倍液浸种苗 3~5min 进行种苗杀菌消毒，减少病原菌；早春出苗前和晚秋植株枯萎后，用 1% 的硫酸铜或 50% 代森铵 600~800 倍液喷床面进行消毒预防；勤检查，发现病株及时清除，并用铁锹将周围土壤一并挖出，用石灰消毒，再用 50% 速克灵可湿性粉剂 200 倍液或用 50% 多菌灵 200 倍液加 50% 代森锰锌 600 倍液混合浇灌病区，浇灌面积为中心病株向四周扩展 0.5~1m。

3. 锈病

主要危害叶片和叶柄，也危害花和果。冬孢子堆在叶片两面着生，圆形或椭圆形。初期生于寄主表皮下呈丘状突起，后期破裂呈粉状，黄褐色至栗褐色，呈圆形排列在叶片上，叶正面比叶背面明显，直径4~7mm。冬孢子堆在叶柄上呈椭圆形或条状，可环绕叶柄使其肿胀，严重时整个叶片枯死。5月份发病，7~8月份发病严重。高湿、多雨、多露水发病严重

防治方法：秋季清理田园，将枯萎死亡植株地上部清理出园田，集中烧毁或深埋；经常检查，发现病叶及时摘除并妥善处理，减少病原菌浸染；加强田间管理，提高植株抗病能力，雨季及时排水；细辛展叶后用25%粉锈宁1500倍、95%敌锈钠300倍液加0.2%洗衣粉或62.25%仙生600倍液喷雾，10d1次，连喷2~3次。收获前15d禁止用药。

4. 小地老虎

危害主要是咬食芽苞，截断叶柄及根茎，造成缺苗断垄，影响产量和质量。杂食性害虫，寄主植物十分广泛，除水稻等少数水生植物外，几乎对所有植物的幼苗均取食危害。1~2龄幼虫昼夜咬食叶肉，3龄以后白天潜伏土中，夜间出来危害幼苗根茎。

防治措施

农业措施：清除田间和田边的杂草，以消灭虫卵和幼虫；精耕细作，消灭成虫产卵场所，同时，还有机械杀伤作用；有灌溉条件地方，春季灌水杀死大量初孵幼虫；扒开新被害植株根部周围表土，人工捕杀幼虫。

物理防治：利用糖醋液和黑光灯诱杀成虫，利用泡桐叶诱杀幼虫。糖醋液诱杀成虫，糖：酒：醋：水的比例以3:1:4:10配方防治效果较好。

毒饵或毒草诱杀幼虫：每亩用90%晶体敌百虫或40%辛硫磷乳油0.5kg，拌炒香的麦麸或棉籽壳或玉米粉5kg，对水5kg制成毒饵，于傍晚撒施于行间；或每亩用90%晶体敌百虫100g加水拌匀后，拌入15~20kg鲜草中，黄昏前分成小堆散置种植田中。鲜草选用柔嫩多汁、耐干的杂草或河湖地带的多种水草均可。

药剂防治：防治3龄前幼虫，选用20%杀灭菊酯乳油2000倍液或2.5%绿色功夫乳油3000倍液，每亩喷洒药液50~60kg。

5. 蝼蛄

危害主要是在播种后至出苗前，因畦面覆盖，土壤潮湿易使蝼蛄在地表层土壤中穿洞，咬断细辛胚根及胚芽，造成土壤松动、透风、干旱，引起植株死亡。食性杂，危害大部分作物。具趋湿趋肥性，在土壤湿润、腐殖质含量高的低洼地发生严重，特别是施用生粪地块。

防治方法：利用其成虫具有趋光性特点进行灯光诱杀，对非洲蝼蛄效果较大；用80%敌百虫可湿性粉剂1kg，麦麸或其他饵料50kg，加水适量充分拌合，黄昏时撒于被害田间进行毒饵诱杀，特别是雨后，效果更好；选马粪、鹿粪等纤维较高的粪肥，每30~40kg掺拌0.5kg80%敌百虫可湿性粉剂，在作业道上放成小堆，用草覆盖，进行诱杀，效果良好；发生严重地块，可用50%辛硫磷1000倍液，或80%敌百虫可湿性粉剂800~1000倍液进行畦面喷洒，植株生长期浇灌后用清水冲洗一次，以免产生药害。

6. 细辛凤蝶

亦称细辛毛虫、黑毛虫等。主要以幼虫黑毛虫危害细辛茎、叶。危害时间较长，5~9月份均可咬食细辛茎、叶，使叶片残缺不全，或整个吃掉，或将叶柄咬断，造成叶片枯死。5月下旬至6月中旬为幼虫取食盛期。

防治方法：据细辛凤蝶幼虫三龄前群集叶背的特点，于3龄前叶背喷施80%敌百虫可湿性粉剂或晶体800~1500倍液，4龄后用敌百虫浓度为700~800倍液；据细辛凤蝶成虫产卵部位和初孵幼虫群集危害特性，结合细辛田间管理进行人工采卵和捕杀幼虫；晚秋和早春清理田园和地边杂草及细辛残株，以消灭越冬蛹。

五、采收与加工

1. 采收

直播的生长5~6年采收，育苗移栽的在移栽后3~4年采收，超过7年植株老化，营养不足，容易感染菌核病，加之根系密集盘结，不便采收。

收获的季节，过去多在5~6月，此期采收影响采种和药材质量。据对不同采收期挥发油含量测定结果看，5月上旬与9月上中旬的含量大致相同，但从产量和质量上分析，则以秋季叶片封畦时采收最高，所以采收期以8月上中旬至9月中旬为宜。

采收的方法：先从畦的一头开始，刨开畦头，使细辛根系暴露出来，然后用铁锹沿根系底层挖起，挖时不要挖断根系，挖出的细辛及时抖净泥土，装箱运回。

2. 加工

阴干细辛的加工较为简单，将采收的细辛去净泥土，较小的2~3株绑成一把，大株可不绑把，置于阴凉通风处阴干即可，每亩可产干品400~700kg。阴干细辛应避免水洗，水洗后叶片发黑，根条发白。细辛日晒后叶片发黄，降低气味，影响质量。

近两年，细辛加工兴起了水洗后烘干的方法，且该法加工出的细辛药材深受国内外消费者欢迎，价格也高于不洗阴干细辛，还大量出口日本等国家。分水洗根和水洗全草两种。

水洗根是在细辛采挖后抖净泥土运回加工厂，清洗前剪掉地上茎叶，将根部用清水冲洗干净，抖直须根装盘平放，于室外晾干浮水，然后进烘干室上架升温烘干，烘干室温度保持在25~30℃，最高不能超过35℃，烘干过程中进行多次排潮，24~48h即可干燥。

水洗全草是在细辛采挖后，抖净泥土，用清水洗净，然后去掉枯叶和杂物，抖直须根和叶柄装盘晾晒至无浮水后进烘干室升温烘干，烘干室温度保持在25~30℃，最高不能超过35℃，24~48h即可干燥。

【相关基础知识】

3.1.1 概述

细辛是马兜铃科细辛属多年生草本植物。

3.1.1.1 药用功效

细辛又名烟袋锅花，系马兜铃科细辛属多年生草本植物，全草入药，始载《神农本草经》。

细辛全草主要化学成分为挥发油，共检测出75种化合物，如甲基丁香酚、黄樟醚、榄香脂素、优香芹酮、细辛醚、茨烯、二甲氧基黄樟醚、按油素、月桂烯、沉香醇、柠檬烯、榄香醇等。

主治外感风寒、鼻塞多涕、头痛、关节痛、牙痛、口舌生疮、口腔炎、痰饮咳嗽、慢性支气管炎、支气管扩张等症。另有镇静、镇痛、局部麻醉及提高机体代谢功能(强心、扩张血管、松弛平滑肌、增强脂质代谢及升高血糖)。有广谱抗真菌作用，但黄樟醚有较大毒性，系致癌物质。

3.1.1.2 野生资源与分布

野生资源种类较多，我国有细辛属植物30种4变种1变型，南北各地均有分布，长江流域以南各省区最多。开发利用较多的有北细辛、汉城细辛和华细辛等。

野生北细辛、汉城细辛主要分布在辽宁、吉林、黑龙江等省；华细辛主要分布在河南、陕西、山东、浙江、福建等省。

且北细辛、汉城细辛均为辽宁、吉林、黑龙江等省的栽培品种。

华细辛为河南、陕西、山东、浙江、福建等省的栽培品种。

3.1.1.3 栽培现状及发展前景

(1)栽培现状

细辛药用历史悠久，始载于东汉《神农本草经》，被列为上品，此后历代本草均有收录。应用最早的品种为华细辛，其次是北细辛和汉城细辛。19世纪以前，用药来源全靠采挖野生细辛。人工栽培细辛始于20世纪中前期，至今已有70多年的栽培历史。

人工栽培初期，主要靠采挖野生细辛根部林卜仿生栽植，规模小，产量低。20世纪

50年代末至60年代初，吉林、辽宁等地的一些大专院校和科研院所开始细辛的人工栽培试验，摸清了细辛种子繁殖具有形态后熟与生理后熟的特性，总结出了完成生理后熟与形态后熟所需温、湿度条件，解决了细辛繁殖只能靠根茎繁殖的难题，加快了人工栽培细辛的步伐。60年代末细辛栽培进入了大面积生产阶段，80年代，人工栽培细辛已普及到东北三省，每年种植面积保持在$1\,000\sim1\,667hm^2$之间，成为细辛商品的主要来源。1977年，华细辛正式载于国家药典后，野生资源得到大量开发，同时也进行了人工栽培，加之华细辛野生资源相对集中，易于采收，在收购量大幅上升及价格刺激下，1983年达19×10^4kg，华细辛占全国细辛总量的58%，出现了第二个高峰期，产销趋于持平。90年代中期，由于粮食价格的上调及产量的提高，而细辛生产周期较长，价格偏低，使细辛生产受到很大冲击，种植面积逐渐减少，年收购量维持在30×10^4kg左右。后来，由于中医药事业发展，出口量增加，使年需求量达$60\times10^4\sim70\times10^4kg$，供求差距拉大，价格再次提升。

（2）发展前景

细辛是高产值地道药用植物，也是我国传统大宗药材之一。

细辛属阴性植物，由于林下温度低，光照弱，因而野生细辛生长缓慢，从种子到作货，要6年以上，且植株矮小，每株只有$2\sim3$叶片，产量很低。细辛又是早春植物，顶凌出土展叶开花，不等结子即被采挖，有的种子落地，又被蚂蚁搬食，严重影响了自然繁殖。森林采伐，生态环境的改变，加上人们的连年大量采挖，产量日益减少。技术要求较高，种植的面积不大。

细辛的发展前景广阔，不仅仅是将其作为药材进行开发，同时细辛也可开发用于化妆品、护牙剂配方，还可制成卫生香、卫生球、防蚊卫生油等产品，近年来也有将其用于制造防虫墙壁涂料（防白蚁等），也有用干燥细辛做地板下夹层防虫原料等用途。因此，细辛在医药、防寒、防虫、日用化工、轻工业等方面都有很大的开发潜力。

国际、国内市场需求量很大，市场货源偏紧，产品供不应求，供需矛盾尖锐，价格不断攀升，已成为我国中药材市场销售的紧缺品种。已被国家医药管理局推荐为重点发展的63种紧缺中药材之一，同时又被列为国家2种重点中药材之一。细辛发展前景好，经济效益高。

3.1.2　生物生态学特性

细辛是马兜铃科细辛属多年生草本植物，因其根茎捻之能散发强烈的辛香气味而得名（图3-1）。

3.1.2.1　形态特征

（1）根

为须根、多数细长、白色，捻之有辛香气味。

（2）根茎

根茎多节，生有多数细根，顶端分歧，每分歧上生$2\sim3$个膜质鳞片，从鳞片中抽出$1\sim2$枚具有长柄的叶。

图3-1　细辛

(3)叶

通常2(1)，基生，心形，先端圆钝或短尖，基部深心形，全缘，叶脉上有短毛，叶背有较多短伏毛，叶柄长10～25cm，通常无毛。

(4)花

单生，具柄；筒壶形，暗红紫色，花被片顶端3裂，由基部反卷，花梗从两叶片中间抽出。

(5)果实和种子

蒴果浆果状，半球形，长10～15mm，宽15～20mm，顶端残存花被，熟后不规则破裂，果肉呈白色湿粉面状。种子卵状圆锥形，灰褐色，附有黑色肉质假种皮。

干种子千粒重4.89g，鲜种子15～18g。花期5月，果期6月。

汉城细辛与北细辛形态特征相似，不同之处为叶片均为卵状心形，先端急尖，叶柄基部有糙毛，叶背密生较长的毛，花被筒缢缩不成圆形，表面有明显棱条纹，花浅绿色，微带紫色，花被片由基部开展，裂片三角状不向外翻卷，斜向向上伸展。

3.1.2.2　生物学特性

(1)生长发育特性

细辛为多年生须根性草本植物，播种后第三年，少数开花，5～6年后大量开花结果。种子6月份成熟采收后随即播种，播种当年不出苗，在适宜的温、湿度条件下，胚根不断伸长。于8月中旬左右胚根长出，10月下旬胚根长达6～8cm，生2～4条次生根；当年胚芽不萌发出土，以幼根在土壤中越冬。上胚轴在土壤中经过秋冬季的低温条件通过休眠后，翌年春季出苗，当年只生长2片子叶，不长真叶(个别长出1片真叶)，秋季地上部子叶枯萎，地下宿根越冬；2年生植株只长出1片真叶，叶长2.7～3.3cm，叶宽3.2～3.6cm，长出须根8～10条，根长10.3～15.6cm；3年生多数1片真叶，个别2片真叶，叶长3.6～5.3cm，叶宽3.8～5.7cm，长出15～29条须根，根长13.2～17.6cm；4年生植株多数仍为1片真叶，少数为2片真叶，叶长7.5～8.3cm，叶宽8～9cm，长出须根35～47条，根长18.2～22.2cm；5年生植株长出2～3片真叶，叶长10cm左右，叶宽8.7～10.4cm，生长须根62～73条，根长22cm左右。在不同的生态条件下生长发育状况会有所差异。

多年生植株每年早春叶片出土时，花柄随之伸长出土，时间多在4月下旬至5月上旬，至5月下旬地上植株生长成形，不再增长，如地上茎叶折断枯死，也不再抽出新叶。

(2)开花结果习性

成龄期每株开花1～15朵，多者达50朵以上；开花时间多在上午11时到下午5时，占开花数的75%。从花柄出土至开花需5～8d，始花期至终花期8～18d。

果实成熟果皮自然开裂，果肉呈淀粉状散开落地，种子自然脱落。果实成熟人为分为3个时期：

青果期：果皮呈绿色，果实有弹性，种皮乳白色，胚乳呈乳浆状，种子千粒重11g，发芽率47%。由开花期至该期需27～29d。

白果期：果皮呈白绿色，果实有弹性，种皮黄褐色，胚乳定浆，种子千粒重12～14g，发芽率93%。由开花期至该期需35～36d。

裂果期：果皮白色，果实干裂，种子落地，种皮呈褐色或深褐色，表面有光泽，发芽率98%。由开花期至该期需44~46d。

　　(3)种子寿命及休眠萌发习性

　　细辛种子寿命极短,一经干燥就会逐渐丧失发芽力。鲜种子发芽率可达96%,干放20d为81%,40d为29%,60d仅为2%。

　　种子有休眠习性。即种胚发育不全或上胚轴休眠,可在低温潮湿条件下通过生理后熟而萌发。大致分2个时期:第一时期为胚根、下胚轴、子叶原基分化期,需20~35d;第二时期为胚根、下胚轴、子叶形成期,需10~20d,故种胚的形态后熟期共需30~55d。播种后经过7~12d,种子伸出白色胚根为发芽期。

　　细辛播种当年不出苗。种子发芽后,胚根继续生长到4~5cm长,在自然条件下经过1个冬季的低温期,翌春4月中旬至5月初出苗。

3.1.2.3　生态学习性

　　细辛喜冷凉气候,并能耐寒。早春地温5~6℃时,芽开始膨大,地温8~12℃时,叶片出土,遇-2~-1℃的霜冻,叶片不受影响。开花适温20~22℃,高于26℃,停止开花,生长受抑。种胚形态后熟适温为20~23℃,17~21℃条件下萌发生根,生根后的细辛种子在1~5℃条件下50d通过低温休眠,给予适宜条件即可萌发。

　　细辛属浅根性植物,根系吸水能力弱,喜湿润的环境。野生分布区,年降水量700~1000mm,林内郁闭度大,且地面有枯枝落叶覆盖,形成了土壤湿润、空气湿度大的生态环境。但生育期间怕积水,小苗怕干旱,人工栽培应根据不同生育期注意调节水分。

　　细辛喜阴。人工栽培,4~5月,气温较低,光照不强,可不遮阳,5月下旬至6月初,需及时遮阳,但不同生长年限植株抗光能力不同,一般1~2年生细辛小苗抗光能力弱,遮阴需稍大些,保持透光率30%即可,3年生以上植株抗光能力增强,保持保持透光率50%以上,荫蔽度不能超过70%,否则植株发育不良,生长缓慢,如林下野生细辛,由于森林郁闭度过大,生长迟缓,一般10~15年尚不能开花结实。光照过强,叶片发黄,易发生日灼病,以致全株死亡。

　　细辛为浅根系须根植物,要求疏松肥沃土壤,以表层富含腐殖质的壤土或沙质壤土为佳,pH值以中性或微酸性为宜。干旱、低洼积水、土壤含沙量大,或土质黏重、瘠薄等均不适宜栽培细辛。

　　细辛为喜肥植物,生育周期长,单靠土壤中的自然肥力远远不能满足整个生育周期的需要,必须进行人工补充土壤肥力的不足。人工施肥以基肥为主,根外追肥为辅,一次性施基肥与多次追肥结合。基肥以腐熟的人粪尿和猪、羊、鹿粪或以人粪尿、畜禽粪尿为主的堆肥、沤肥等有机肥料,追肥以尿素、磷酸二铵、过磷酸钙、磷酸二氢钾等。生长前期以氮肥为主,中后期适当配合磷钾肥。

3.1.3　商品规格与质量标准

　　据国家医药管理局、中华人民共和国卫生部制定的药材商品规格标准,北细辛分野生和家种两个规格,不分等级,均为统货,华细辛未作规定。

　　北细辛野生统货干货标准为:呈顺长卷曲状。根茎多节,须根系,须毛多,土黄色或灰褐色;叶片心形,先端急尖,小而薄,灰绿色,叶柄细长;花蕾较多,暗紫色。有浓香气,味辛辣,无泥土、杂质、霉变。

家种统货干货标准为：呈顺长卷曲状。根茎多节，须根较粗长，均匀，须毛少，土黄色或灰褐色；叶片心形，大而厚，黄绿色，叶柄粗短；花蕾较少，暗紫色。有浓香气，味辛辣，无泥土、杂质、霉变。

　　质量标准：按我国药典规定，本品含挥发油不得少于 2%（mL/g）；杂质不得超过 1%，总灰分不得超过 12%。

【巩固训练】

　　1. 细辛林下栽培怎么进行选地？

　　2. 细辛种子如何采收？细辛有什么休眠萌发习性？

　　3. 细辛如何播种繁苗？

　　4. 细辛如何进行田间管理？

　　5. 细辛如何采收和加工？有哪些药用功效？

【拓展训练】

　　调查你家乡所在地区有哪些全草类药用植物，栽培发展现状如何？

任务 2

薄荷栽培

【任务目标】

1. 知识目标

了解薄荷的食用、药用价值、分布及发展现状与前景；知道薄荷的食用方法、药用功效、入药部位；熟悉薄荷的生物生态学习性及形态特征。

2. 能力目标

会进行薄荷栽培选地整地、繁殖栽培、田间管理、病虫害防治、采收及加工。

【任务描述】

薄荷为药食两用经济作物，药用以全草入药，具有疏散风热、清头目、理气解郁功能。主治风热感冒、头痛、目赤、咽痛、口疮、风疹、麻疹等症。嫩茎叶食用，营养丰富。可凉拌、做汤、调味、配菜、涮火锅，清热解毒，去腥去膻，味道清凉爽口，越来越受到人们的青睐。且其适应性强，栽培技术简单易学，是发展农村经济、农民致富的好项目。

薄荷栽培包括选地整地、繁殖栽培、田间管理、病虫害防治和采收加工等操作环节。

该任务为独立任务，通过任务实施，可以为薄荷栽培生产打下坚实的理论与实践基础，培养合格的薄荷栽培生产技能型人才。

【任务实施流程】

选地整地 ➡ 繁殖栽培 ➡ 田间管理 ➡ 病虫害防治 ➡ 采收加工

【任务操作要点】

一、选地整地

1. 选地

薄荷对土壤要求不严，虽然一般土地均能栽植，但最好选择地势平坦、光照充足，土壤疏松肥沃、湿润，排灌良好的地块，要求前三年内未种过薄荷的壤土或砂壤土。因薄荷是宿根性植物，吸肥能力较强，长期连作会造成减产和品质不良、病虫害严重。林下栽培林分郁闭度不超过0.5。

2. 清理整地

地选好后，于秋季进行常规翻耕，并结合翻耕每亩施入腐熟优质农家肥 2 000~3 000kg，或塑

年春季土壤解冻后结合耙地每亩施入 1 000 ～
1 500kg 腐熟农家肥，耙细耱平，然后做畦。畦宽
1.2m，畦间距 30 ～ 45cm，高 15 ～ 20cm，长 20 或
40m 或依地形而定。

二、繁殖栽培

薄荷繁殖可采用播种繁殖、根茎繁殖、扦插
繁殖、茎干繁殖、秧苗移栽几种方法，但南方生
产上一般采用根茎繁殖、秧苗移栽和茎秆繁殖方
法，北方适合采用根茎繁殖、扦插繁殖方法。播
种繁殖方法因其后代变异性较大，性状不稳定，
一般在育种上采用较多。

1. 播种繁殖

于春季 4 月上中旬将种子与少量干土或草木
灰掺拌均匀，条播或撒播入准备好的苗床上，覆
土 1 ～ 2cm，再覆盖稻草或草帘保湿，盖好后浇水，
2 ～ 3 周内出苗，出苗后加强管理。

2. 根茎繁殖

是生产上最常用的方法，南北方均可选用。
是于栽培头年 8 月上中旬，在薄荷种植田选择生
长健壮、无病虫害植株，挖起移栽至另一块种栽
地，按行距 20 ～ 25cm，株距 10 ～ 15cm 栽植，留作
下年的种栽用。南方可于秋末选优良植株，作为
种栽，当年栽种。

第二年早春土壤解冻后的 4 月上旬，将头年
留作种栽的种栽地的植株根茎挖起，选取节间短、
粗壮肥大、无病虫害的根茎，切成 6 ～ 10cm 长的
小段作种栽。在商品畦上按行距 25 ～ 30cm 开深 6 ～
10cm 的沟，把种栽首尾相连排开，也可每隔 15cm
排放两根，然后覆土，稍镇压。每亩用根茎 75
～ 100kg。

3. 扦插繁殖

是在每年 5、6 月份，选取生长健壮、无病虫
害的植株，剪下地上部分，剪成 10cm 小段，在准
备好的畦床上按行距 7cm，株距 3cm 扦插育苗，
15d 左右生根后再移栽至生产田。移栽后加强管
理，促进生长。也可直接扦插于生产田，但成活
率较低。

4. 茎干繁殖

是利用薄荷植株地上部直立主茎基部节上由
于受到顶端优势的影响，存在对生的潜伏芽，当
茎干脱离母株后，在适宜的条件下会萌发形成新
的植株的特性。在薄荷生产过程中，当头刀收割
后，取植株下部不带叶子的茎干 2 ～ 3 节作为繁殖

材料，进行开沟条播。注意繁殖材料取下后必须
马上进行播种，以免茎干因温度过高而导致失水
干燥，影响出苗；要求开沟行距 20 ～ 25cm，沟深
8 ～ 10cm，然后将茎干小段均匀撒入沟内，覆土压
实，15d 可出苗；播种量每亩 100 ～ 150kg；另外需
注意播种时的土壤不能过干，也不能过湿，以免
影响出苗和因其茎干腐烂；出苗后，加强管理
即可。

5. 秧苗移栽

是在栽植头年选优良品种、生长健壮、无病
虫害的田块留作留种田，秋季收割后，追肥 1 次，
以促进来年春季幼苗生长。翌年 4 ～ 5 月份，当苗
高达 10 ～ 15cm 时，挖出秧苗进行移栽，移栽时，
按行距 20 ～ 25cm 开沟，按株距 5cm 排放好幼苗，
覆土后浇水，以促进成活。

三、田间管理

1. 补苗

播种移栽后要及时查苗补苗，保证田间不缺
苗断条。一般保持每亩 2 万株或更多为宜。

2. 中耕除草

根茎繁殖的薄荷，当苗高 9cm 时，或栽植的
秧苗成活后，要中耕除草一次，以后在植株封垄
前进行第二次，这两次都应浅耕。7 月第一次收割
后，应及时进行第三次中耕，该次可略深些，并
除去部分根茎，使其不致过密；9 月进行第四次，
该次只除草不中耕；10 月第二次收获后，进行第
五次，该次要除去部分根茎。薄荷栽植 2 ～ 3 年后，
需换地另栽。第二、三年春季，苗高 12 ～ 18cm
时，结合除草，除去过密幼苗，每隔 10cm 留苗一
株。其后中耕除草与第一年相同。

通过化学除草试验，效果不错。常用的除草
剂有氟乐灵、敌草隆、除草醚、杀草丹、稳杀得
等。一般在栽种后出苗前施用，各种药剂每亩用
量为：氟乐灵 125g、敌草隆 250g、稳杀得 75g，或
敌草隆 100g 加除草醚 200g。头刀薄荷收割后，二
刀薄荷出苗前每亩施用 200 ～ 300g，或敌草隆 150g
加除草醚 300 ～ 400g；二刀薄荷出苗后可每亩施用
稳杀得 75g 或杀草丹 250g，也可每亩用 200 ～ 250g
敌草隆。

据江苏新曹农场报道：施用敌草隆后头刀茎
叶鲜重增加 9.5%，二刀茎叶鲜重增加 6.7%。施
用氟乐灵增产 7.5%，每亩施用 100g 敌草隆加除
草醚 400g 增产 14.3%。

3. 摘心

薄荷田是否摘心应因地制宜。摘心是摘掉顶端两对幼叶为宜。一般宜在5月晴天中午进行，此时伤口易愈合。摘心后应及时追肥，促进新芽萌发。一般密度较大的单种薄荷以不摘心为好，而密度稀时或套种薄荷长势较弱时需摘心，以利促进侧枝生长，增加密度。

4. 排水灌溉

多雨季节应及时清理排水沟，排除积水，以免影响植株正常生长；天气干旱时，要及时灌溉，灌溉时要注意防止田间积水，并与施肥结合进行。一般灌溉时间为早上或傍晚。

5. 追肥

薄荷以茎叶入药，且茎叶收割一年两次，所以对土壤养分的消耗很大。为了能够满足薄荷生长发育对土壤养分的需求，以增加产量和提高质量，生产中除需要施足底肥外，尚需适时适量多次追肥。且试验证明薄荷茎叶产量和含脑量取决于土壤氮素养分含量，地下根茎生长发育状况与土壤钾素养分含量相关。所以，追肥应以氮肥为主，配合施用磷钾肥。薄荷生长发育期内每年追肥可结合中耕除草进行，第一次在苗高5～10cm时，每亩追施人粪尿750kg；第二次在苗高20cm时，每亩追施人粪尿1 500kg或硫酸铵10～15kg；第三次在头刀收割后，每亩追施人粪尿1 500kg；第四次在头刀收割后，再次长出的幼苗长至20～30cm时，每亩追施人粪尿1 000kg或硫酸铵10kg；秋冬不挖根，继续生产1～2年时，在秋季收割后结合中耕每亩施用腐熟优质农家肥2 000～2 500kg，以促进第二年早春提早出苗、生长健壮。

四、病虫害防治

1. 薄荷锈病

发病初期，叶背面出现橙黄色粉状物，后期叶背产生黑褐色粉状物。严重时叶片枯死托洛，影响产量和质量。多发生于5～7月多雨潮湿季节。

防治方法：秋季清除病残体，减少越冬菌源；加强田间管理，降低田间湿度；发病期喷洒1：1：160倍波尔多液或25%粉锈宁1 000倍液或20%萎锈灵200倍液，7～10d喷1次，连续2～3次，收割前20d停止用药；发现病株及时拔除烧毁；播种前用45℃热水浸泡种根10min，效果较好。

2. 薄荷斑枯病

又称白星病，发病初期叶两面形成圆形暗绿色病斑，后逐渐扩大，呈近圆形或不规则形暗褐色病斑。后期病斑内部褪色成灰白色，呈白星状，有黑色小点，严重时，病斑周围的叶组织变黄，早期脱落。

防治方法：实行轮作；秋后收集残茎枯叶并烧毁，减少越冬菌源；发病期喷洒1：1：160倍波尔多液或70%甲基托布津可湿性粉剂1 500～2 000倍液或50%多菌灵1 000倍液或65%代森锌500倍液，7～10d 1次，连续2～3次。采收前20d停止用药。

3. 黑胫病

危害茎干。受害茎干近地面基部或中部因皮层和髓部组织被破坏而发黑霉烂，地上部得不到水养分使植株生长停止，叶片渐变成紫红色，遇风即倒甚至枯萎死亡。土壤过湿、田间湿度大时发病严重。

防治方法：苗期发病可加强中耕培土和喷洒70%敌克松1 000倍液。

4. 薄荷根蚜

危害薄荷根部造成植株褪绿变黄。薄荷受害后，地上部出现黄叶，严重时连成片，地表可见白色绵毛状物和根蚜，有虫株明显矮缩，顶部叶深黄，由上而下逐渐变淡黄到黄绿，叶脉绿色，最后黄叶干枯脱落；茎干也同样由上而下褪绿变黄，叶片比健苗窄。受害后地下部薄荷须根及其周围土壤中密布绵毛状物，根蚜附着在须根上刺吸汁液，并分泌白色绵状物包裹须根，阻碍根对水分、养分的吸收。

防治方法：2.5%敌杀死5 000倍液和40%氧化乐果2 000倍液有较好的防治效果。

5. 尺蠖

又叫造桥虫，以幼虫危害薄荷叶片，头、二刀期均有，6月下旬和9月中旬危害最为严重。危害轻者减产，重者3～5d内将田间薄荷叶片吃光。

防治方法：经常检查，一经发现，尽快用敌百虫500～600倍液喷洒防治。

6. 甜菜夜蛾及银纹夜蛾

危害叶片。7～8月发生，咬食叶片，造成叶片孔洞缺刻。

防治方法：用90%敌百虫原粉800倍液或50%杀螟松1 000倍液喷雾防治。

7. 小地老虎

危害幼苗。3～5月间于夜间活动，咬断苗茎，造成缺苗。

防治方法：施用充分腐熟有机肥料；夜间于田间用黑光灯诱杀成虫；用 75% 辛硫磷乳油按种子量 0.1% 拌种；发生期用 90% 敌百虫 1 000 倍液或 75% 辛硫磷乳油 700 倍液浇灌土壤；用 25g 氯丹乳油拌炒香的麦麸 5kg 加适量水配成毒饵，傍晚撒于田间或畦面诱杀。

五、采收与加工

1. 采收

薄荷以每年采收 2 次为好，华北地区也可采收 1 次，四川地区可采收 3～4 次。第一次于 6 月下旬至 7 月上旬田间有 30%～40% 植株开花时进行，称头刀薄荷；第二次在 10 月上旬田间有 30%～40% 植株开花时进行，称二刀薄荷。收割应选择连续晴天的中午 12：00～14：00 之间且地面发白时进行，此时叶中薄荷油、薄荷脑含量最高。采收用镰刀齐地面将茎叶割下，留苗不要过高，过高影响新苗生长。

2. 加工

薄荷采收后立即薄摊晾晒，当干至七八成时，扎成小把，扎时茎要对齐，然后铡去叶下 3～5cm 无叶茎梗，再晒干或阴干，即可作为药材出售。薄荷药材以茎条均匀、叶密色绿、红梗、白毛、无根、不破碎、无霉烂、香气浓郁者为佳。

【相关基础知识】

3.3.1 概述

薄荷(*Mentha arvensis* L.)是唇形科薄荷属多年生宿根性草本植物。别名苏薄荷、南薄荷、蕃荷菜。全株有香气，药食两用。药用以全草入药，具有疏散风热、清头目、理气解郁功能。主治风热感冒、头痛、目赤、咽痛、口疮、风疹、麻疹等症。其用药历史可追溯到三国时期，华佗在其《丹方大全》一书中的鼻病方等多处提及薄荷入药治病，明代时，中国浙江一带和四川已有栽植，且用来治疗多种疾病。

薄荷嫩茎叶食用，营养丰富。全株含薄荷油(主要成分薄荷醇、薄荷酮)、薄荷霜、樟脑萜、柠檬萜、蛋白质、脂肪、碳水化合物、矿物质、维生素等。食用可凉拌、做汤、调味、配菜、涮火锅，清热解毒，去腥去膻，味道清凉爽口，越来越受到人们的青睐。

另外，薄荷也可作为重要的日用化工原料、保健、食品、糖果、饮料、香料等进行开发利用。如用其加工提炼薄荷油、薄荷脑，制作清凉油、薄荷烟、薄荷茶、薄荷酒、薄荷露等，加入糕点或作为牙膏、香皂的添加剂等。

世界上人工栽培的薄荷，主要有亚洲薄荷、欧洲薄荷和伏薄荷。欧洲薄荷主产美国，其次是前苏联和保加利亚；伏薄荷原产欧洲和地中海沿岸地区，主产于西班牙、摩洛哥、美国等地；亚洲薄荷栽培面积和总产量均最大，主产于中国、巴西、巴拉圭和日本。在我国全国各地均有野生分布和栽培，主产于江苏、安徽，称为苏薄荷，销上海、北京、天津等地。江西、湖南、四川、河北、云南等省也有栽培。

3.3.2 生物生态学特性

3.3.2.1 形态特征

薄荷(*Mentha arvensis* L.)为多年生草本植物，高达 1m，全株有芳香(图 3-2)。根状茎细长。地上茎直立或匍匐地面，基部稍倾斜，方形，具分枝，无毛或略有倒生的柔毛，角隅及近节处较明显。叶对生，叶形变化较大，卵状披针形、长圆状披针形至椭圆形，长 2～7cm，宽 1～3cm，先端锐尖或渐尖，基部楔形，边缘具细锯齿；侧脉 5～6 对，两面具

柔毛及黄色腺鳞，下面较密。轮伞花序腋生，球
形，有梗或无梗，苞片数枚，条状披针形；花萼
管状钟形，长2～3mm，外被柔毛及腺鳞，具10
脉，萼齿狭三角状钻形，缘有纤毛；花冠白色、
紫色或淡红色；雄蕊4枚，均伸出花冠之外。小
坚果长卵圆形或椭圆形，黄褐色或淡褐色，具小
腺窝。花期7～10月，果期8～11月。

图3-2　薄荷

3.3.2.2　生物学特性

（1）生长发育特性

薄荷实生苗当年开花结实，根茎宿存越冬。
春季地温稳定在2～3℃时，根茎开始萌动，地温稳定在8℃时出苗，早春刚出土的幼苗能
耐－5℃低温。气温低于15℃时生长缓慢，高于20℃时生长加快，地上茎叶繁茂，此时地
下根茎生长也加快。6月下旬开始现蕾，7月开始开花，果期8～11月。气温低于4℃时，
地上植株枯萎死亡，地下根茎进入冬眠期。

薄荷的再生能力较强，地上茎叶刈割后，又能从叶腋中抽生新的枝叶，并开花结实。
我国多数地区一年刈割两次，广东、广西、海南可刈割三次。薄荷的根茎分段繁殖极易成
活，地上茎扦插也可繁殖成新个体。

（2）薄荷油的积累特性

薄荷油主要贮藏在油腺内，占全部含油量的80%。油腺由油细胞、分泌细胞、柄细
胞构成，油腺主要分布在叶、茎、花萼和花梗的表面。由于叶片油腺分布多，叶片的含油
率最高，叶出油率约占总出油率的80%。叶的含油率与收获期、叶位、油腺密度有关，
一般以第一次收割期油腺密度、含油率及出脑量最高，产品稳定。第二次收割的产量及出
油率下降。另外，不同叶位含油率不同，一般以第五对叶子含油率、含脑量最高。因此增
加叶片的数目、叶片重量、油细胞密度，是提高产量、质量的重要措施。

据江苏新曹天然香料研究所试验表明：播种前用500倍石油助长剂浸种24h后播种，
产油量增长42.93%，亩产油量可达10.92kg，含脑量增长2.3%～2.4%，亩收入增高
50.7%。产区于6月10日起，每隔5d喷一次0.5%的硼酸，连续3次，可使含油率增
加26.2%。

3.3.2.3　生态学习性

薄荷对温度适应能力较强。地下根茎能耐－15℃低温。早春当土壤表层温度达2～
3℃时就开始萌芽出土。幼苗能耐－5℃低温。随温度升高，生长速度加快，生长期最适温
度25～30℃，在20～30℃之间，只要水分适宜，温度越高生长越快，秋季气温降到4℃以
下时，地上茎叶枯萎死亡。生长期昼夜温差大有利于薄荷油积累。

喜光照充足条件。光照充足可促进植株早开花和减少叶片脱落，有利于薄荷油、薄荷
脑的积累。生育期连续晴天则产量高，质量好；光照不足，雨水过多，造成低产。

薄荷喜湿润气候条件。在年降水量1 100～1 500mm地方均可种植，土壤含水量30%
左右利于生长。一般生育前期和中期需水量较大，后期需水量较小，生育期内遇干旱则生
长发育不良，含脑量降低。低洼低湿地方，生育不良，产量低。

氮素养分对产量品质影响较大，适量的氮可使薄荷生长茂盛，收获量增加，出油率正

常。氮肥过多，茎叶徒长，节间变长，通风透光不良，植株下部叶片凋落，甚至全株倒伏，出油量减少。据江苏测定，严重倒伏出油率为 0.28%，中等倒伏出油率为 0.31%，正常生长出油率为 0.45%，缺氮时叶形小、色黄、叶脉和茎变紫，地下茎发育不良，产油量低，油中游离闹含量低，化合闹含量显著降低。钾对薄荷根茎影响最大，钾缺乏时，叶边缘向内卷曲，叶脉浅绿色，地下茎短而细弱，对油、闹含量影响不大，因此，培育种根的地块，适当增施钾肥，根茎粗壮质量好。

3.3.3　种类与品种

世界上人工栽培的薄荷，主要为亚洲薄荷、欧洲薄荷和伏薄荷。目前我国生产中栽培较多的薄荷品种主要有以下几种：

（1）小叶黄

茎紫色，较细，节间短，叶较小，黄绿色，先端较圆，主脉两侧常有紫色斑迹。花较小，深紫色，雄蕊不伸出花冠。

（2）大叶青

植株高大，叶大，叶呈绿色，花期较晚，雄蕊也不伸出花冠。

（3）胜利薄荷

植株健壮，分枝短且直立向上生长，叶较窄，脉紫色。第二年必须翻耕重栽，才能保证高产。

（4）青茎圆叶

植株较高（60~100cm），分枝多，青茎圆叶，耐肥，产量较高，亩产原油达 10kg，原油含脑量 70%~80%，是江苏的优良品种之一，在南通栽培较多。

（5）紫茎紫脉

茎叶均呈紫色，叶长圆形，茎分枝较少，含油量比青茎圆叶略低，但原油产脑量比青茎圆叶高 2%~5%，是江西栽培的良种之一。

（6）江西 1 号

为青茎青脉卵叶类型。

（7）江西 2 号

为紫茎紫脉卵叶类型。

江西 1 号、江西 2 号为选育的品种类型，长势好，分枝力强，产叶量高，锈病较少，含油量高，开花初期鲜叶含油量 2.33%~3.4%，干叶含油量 4.27%~7%，干的茎叶物含油量 2.6%~4.37%，油中含脑量 83%~85%。都是江西主栽的品种。

（8）68 - 7 薄荷

从 409XC - 119 杂交后代中选育出的良种。苗期茎紫色较粗，匍匐茎紫色。叶椭圆形，花期稍晚。产量较高，原油含脑量在 80%~87% 间，香味不及 409 薄荷（409 薄荷产量较低香味浓）

（9）海香 1 号

用 68 - 7 和 409 嫁接，将变异接穗扦插后收获种子，再从实生苗中选育出来的新品种。长势旺盛，苗期茎紫色，后期上部绿色，产量高，香味好。原油含脑量为 80%~85%，含脂量在 2.5% 以下。

【巩固训练】

1. 薄荷栽培如何选地？
2. 薄荷如何进行扦插繁殖？
3. 薄荷如何进行田间管理？
4. 薄荷如何进行采收和加工？
5. 薄荷有什么药用功效和经济价值？
6. 薄荷生态学习性如何？

【拓展训练】

调查你家乡所在地区气候条件、土壤条件等是否适合发展薄荷人工栽培。

任务 3
紫苏栽培

【任务目标】

1. 知识目标

了解紫苏的食用、药用价值及发展现状与前景；知道紫苏的食用方法、药用功效、入药部位；熟悉紫苏的生物生态学习性及形态特征。

2. 能力目标

会进行紫苏栽培选地整地、繁殖栽培、田间管理、病虫害防治、采收及加工。

【任务描述】

紫苏为唇形科紫苏属植物，可用于药用、食用、油用、香料等方面，在我国种植应用有近 2000 年历史。其叶、梗、果均可入药。味辛，性温。具有降气消痰、平喘、润肠、发汗解表、理气宽中、解鱼蟹毒的功能。近些年来，紫苏因其特有的活性物质及营养成分，成为一种备受世界关注的多用途植物，经济价值很高。嫩叶可生食、做汤，茎叶可腌渍。在俄罗斯、日本、韩国、美国、加拿大等国对紫苏属植物进行了大量的商业性栽种，开发出了食用油、药品、腌渍品、化妆品等几十种紫苏产品，因此紫苏发展前景广阔。

紫苏栽培包括选地整地、繁殖栽培、田间管理、病虫害防治和采收加工等操作环节。

该任务为独立任务，通过任务实施，可以为紫苏栽培生产打下坚实的理论与实践基础，培养合格的紫苏栽培生产技能型人才。

【任务实施流程】

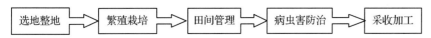

选地整地 ➡ 繁殖栽培 ➡ 田间管理 ➡ 病虫害防治 ➡ 采收加工

【任务操作要点】

一、选地整地

紫苏虽是喜温植物，但适应性较强，我国从南到北都可种植。对土壤要求不严，可在各种土壤中生长，但种植在阳光充足、排灌方便、疏松肥沃的土壤中，生长旺盛、产量更高。如果土壤较贫瘠，则应施入较多的基肥，以保证高产。林下种植以选林分郁闭度不超过 0.5，土质疏松肥沃、湿润、保水能力较强，或是初植速生杨林地、初植林地、果园等地。一般于 4 月上旬结合整地每亩施厩肥或优质农家肥 2 000~3 000kg，然后进行土壤翻耕 25cm 左右，整平耙细备用。

二、繁殖栽培

紫苏用种子繁殖，直播或育苗移栽均可。

1. 直播

4月中下旬按行距50cm开0.5~1cm深浅沟，或按株行距30cm×50cm挖深0.5~1cm的浅穴进行穴播。播后覆土0.5cm左右，稍镇压，保持土壤湿润或每穴内或播种沟内浇施稀薄人粪尿后保持湿润，温度高时5d左右即可出苗，温度低时出苗稍慢。播种量为每亩0.75kg。

2. 育苗移栽

适合干旱地区没有灌溉条件或种子缺乏，或前茬作物尚未收获等情况采用。

育苗地宜选向阳温暖的地方，于4月播种前先浇透底水，待适耕时整地后做畦，并结合做畦施足基肥。畦床做好后，将种子均匀撒于床面后盖细土0.5cm或按行距8~10cm开宽10cm，深0.5~1cm的浅沟进行宽幅条播，将种子均匀撒入播种沟后覆土0.5cm左右，稍镇压，保持床面湿润，一般7~8d即可出苗。早春为了促进早出苗和保持湿度，可于床面覆盖地膜提高地温，待幼苗顶土出苗时揭去薄膜。加强管理，苗高达到15~20cm时可选择阴雨天或晴天下午移栽。

移栽起苗的前一天，将苗床浇透水，以保证挖苗时不伤根系。起苗后要及时栽植，做到随起随栽。栽植时，在整好的地块内按50cm行距开深约15cm的沟，将苗按30cm株距排列在沟内一侧，然后覆土，浇水。1~2d后松土保墒，干旱时浇水2~3次，以保证成活。成活后减少浇水，使根系深扎，以利于吸收深层肥水，促进生长发育。

三、田间管理

1. 间苗补苗

直播田条播的应在苗高15cm左右时按30cm株距定苗；穴播的按每穴留苗2~3株进行间苗；如有缺株应及时补上。育苗移栽者，应在栽后1周左右检查，如有死亡，也应及时补栽。

2. 中耕除草

植株封垄前必须勤锄，特别是直播田，更易滋生杂草，必须做到有草就除。每次浇水或雨后土壤板结时，均应及时松土，但不宜过深，以防伤根，也可将中耕与施肥培土结合进行。

3. 施肥

紫苏施肥量大则枝叶繁茂，土壤贫瘠或未施底肥，出苗后可每隔一周施一次化肥，每次每亩施15kg左右磷酸二铵，全生育期用量每亩100~130kg。如施人畜粪尿水追肥，则6~8月每月1次，每次每亩1500kg左右，注意第一次由于苗嫩施肥宜淡，最后一次追肥后要培土。

4. 排灌水

紫苏在幼苗期和花期需水较多，干旱时应及时浇水，雨季应注意排涝，以免造成烂根死亡。

5. 摘心

紫苏分枝性极强，平均每株分枝数可达25~30个，叶片数可达300~400片，花数可达3500朵之多。如以采收种子为目的，上部冠层过于茂密，茎叶消耗营养增多，影响营养物质向籽粒输送，且株间通透性变差，会造成减产。因此应适当摘除部分茎尖和叶片。如以采收嫩茎叶为目的，则可摘除已进行花芽分化的顶端，使之不开花，维持茎叶旺盛生长。

6. 留种

留种田宜稀植，以株行距各50cm为宜，然后加强水肥管理，使之生长健壮。当果穗下部2/3长的果萼已经变褐时可收割。

四、病虫害防治

1. 锈病

主要危害叶片。植株下部叶先受害，受害时叶背出现黄褐色斑点，逐渐扩大至全株乃至邻株；严重时，叶背密生黄褐色斑点，叶片枯黄、翻卷、脱落。湿度大时蔓延快。

防治方法：发病严重植株，及时拔除并清除落叶；开沟排水，降低湿度；发病初期喷洒97%敌锈钠300~400倍液（加少量洗衣粉），或喷洒0.2~0.3°Be石硫合剂，或喷洒50%二硝散200倍液，7~10d1次，连续2~3次。

2. 白粉病

发病时，植株叶面被一层白色粉末状物，影响光合作用进行。

防治方法：发病期喷洒50%托布津1500倍液。

3. 紫苏斑枯病

6月份，紫苏叶片初期出现褐色或黑褐色小斑点，后渐扩大成近圆形大病斑，病斑干枯后形成穿孔。高温多湿、密度过大、通风透光不良易感染此病。

防治方法：不能种植过密；雨季注意排水；从健康植株上采集种子；发病初期用代森锰锌

70%胶悬剂干粉喷粉防治，一周一次，连续 2 ~ 3次；或用 1∶1∶200 倍波尔多液防治；采收前 20d停止用药。

4. 黑点银纹夜蛾

幼虫具假死性，稍有惊动即从植株上坠地，卷缩不动，片刻后再度爬行。5 月中下旬为危害盛期，植株茂密、避光田块幼虫多。以幼虫咬食紫苏叶片。

防治方法：用 90% 敌百虫晶体 100 倍液喷雾防治或用 5% 西维因粉剂，每亩 1.5 ~ 2kg 喷粉。

5. 苏子卷叶螟、紫苏野螟和尖锥额野螟

以幼虫取食紫苏叶片或将叶片卷起或咬断枝头危害。成虫 6 ~ 7 月出现，8 ~ 9 月也有，白天静伏，受惊吓则急起直飞并转向四方逃逸，晚间活动，扑向灯火，大发生时成群危害并有迁徙习性。

防治方法：清园、处理残枝落叶，减少越冬虫源；冬季翻耕冻垡，消灭部分于土缝中越冬的幼虫；轮作，忌与唇形科作物连茬或套作；药物防治应在幼虫孵化期进行，可用 20% 杀灭菊酯乳油 2 000 ~ 3 000 倍液，或 80% 敌百虫可湿性粉剂 1 000 倍液喷雾，或用 50% 磷胺乳油 1 000 倍液或 50% 杀螟松 1 000 倍液喷雾。

6. 大青叶蝉

以成虫和若虫危害叶片，刺吸汁液，造成褪色、畸形、卷缩，甚至全叶枯死。此外，还可传播病毒病。

防治方法：成虫期利用灯光诱杀，可消灭大量成虫；早晨露水未干时，用网抓捕；9 月底 10月初，收获庄稼时或 10 月中旬左右，当雌成虫转移至树木产卵以及 4 月中旬越冬卵孵化，幼龄若虫转移到矮小植物上，虫口密集时，用 90% 敌百虫 1 000 倍液喷雾；避免与豆科、十字花科等大青叶蝉的其他寄主进行间套作，减少虫源。

7. 金龟子

以成虫咬食叶片危害，多发生于 7 ~ 8 月。

防治方法：黄昏时人工捕捉；用 90% 敌百虫800 倍液或 40% 乐果乳油 1 000 倍液喷雾。

五、采收与加工

1. 采收

紫苏食用嫩茎叶者，可随时采摘，或分批收割。采收种子，应在 9 ~ 10 月份 40% ~ 50% 种子成熟时一次性收割，在准备好的场地晾晒 3 ~ 4d 后拍敲脱粒。如不及时采收，紫苏种子极易自然脱落。

2. 加工

全株收获后直接晒干，称全紫苏；摘下叶片，除去杂质，晒干，称苏叶；打下种子，除去杂质，晒干，称苏子；无叶的茎枝，趁鲜切片，晒干，称苏梗。全草收割后，去掉无叶粗梗，将枝叶摊晒 1d 后入锅蒸馏，晒过 1d 的枝叶 125kg 一般可出紫苏油 0.2 ~ 0.25kg。

【相关基础知识】

3.3.1 概述

紫苏原名苏，别名红苏、香苏、赤苏等。为唇形科紫苏属植物紫苏[*Perilla frutescens*（L.）Britt.]。主要用于药用、食用、油用、香料等方面，在我国种植应用有近 2000 年历史。

紫苏入药始载于《本草纲目》，其叶、梗、果均可入药。味辛，性温。具有降气消痰、平喘、润肠、发汗解表、理气宽中、解鱼蟹毒的功能。可用于治疗风寒感冒，头痛，咳嗽，胸腹胀满，鱼蟹中毒。现代研究认为：本品含有紫苏醛、紫苏酮、紫苏红色素等成分。紫苏叶能促进胃肠蠕动，使胃肠内物质运动加速而开胃消胀；并有抗菌、抗病毒、解热、镇静等作用。

近些年来，紫苏因其特有的活性物质及营养成分，成为一种备受世界关注的多用途植物，经济价值很高。紫苏种子中含大量油脂，出油率高达 45% 左右，油中含亚麻酸62.73% 、亚油酸15.43% 、油酸12.01% ，种子中蛋白质含量占25% ，内含 18 中氨基酸，其中赖氨酸、蛋氨酸的含量均高于高蛋白植物籽粒苋。此外，还有谷维素、维生素 E、维生素 B_1、甾醇、磷脂等。全株均有很高的营养价值，它具有低糖、高纤维、高胡萝卜素、高矿质元素等，还含有抑制活性氧预防衰老的有效成分，抗衰老素 SOD 在每毫克苏叶中含量高达106.2μg常食紫苏叶可以抗衰老。紫苏全草可蒸馏紫苏油，种子出的油称苏子油，长期食用苏子油对治疗冠心病及高血脂有明显疗效。紫苏叶含有多种营养成分，特别富含胡萝卜素、维生素C、B₂，丰富的胡萝卜素、维生素C有助于增强人体免疫功能。而紫苏油在世界卫生组织有关文献中记载的功效有：①提高智力与健脑，延缓衰老；②降低胆固醇含量，降低血脂；③抗血栓；④抑制肿瘤；⑤提高视网膜反射能力，增强视力；⑥有益于优生优育等。因此，紫苏油适用于高血脂人群及孕妇、哺乳期妇女食用。嫩叶可生食、做汤，茎叶可腌渍。俄罗斯、日本、韩国、美国、加拿大等国对紫苏属植物进行了大量的商业性栽种，开发出了食用油、药品、腌渍品、化妆品等几十种紫苏产品。

3.3.2   生物生态学特性

3.3.2.1   形态特征

一年生草本植物，高30~100cm，有香气(图3-3)。茎四棱，紫色或绿紫色，多分枝。叶对生，有长柄，叶片略皱，卵形至宽卵形，先端突尖或渐尖，基部近圆形，边缘有粗圆齿，两面紫色或仅下面紫色。轮伞花序排成顶生与腋生的穗状花序，稍偏侧；花冠唇形，红色或淡红色；雄蕊4枚，二强；子房4裂，柱头2裂。小坚果倒卵形，灰棕色。花期6~7月，果期7~9月。

图3-3   紫苏

3.3.2.2   生物学特性

紫苏种子发芽的最适温度为25℃左右，在适宜的湿度条件下，3~4d可发芽。白苏种子发芽所需温度较低，15~18℃即可发芽。

紫苏是短命种子，常温下种子贮藏1~2年发芽率大幅度下降，所以种子贮藏宜在低温处。

紫苏生长要求较高温度，因此紫苏前期生长缓慢，6月以后气温高，光照强，生长旺盛。株高15~20cm时，基部第一对叶子的腋芽萌发形成侧枝。7月以后陆续开花。从开花到种子成熟约需1个月。

3.3.2.3   生态学习性

紫苏对气候条件适应性较强，但在阳光充足、温暖湿润的环境下生长旺盛，产量较高。喜疏松、肥沃、排灌水方便的沙质壤土、轻壤土以及壤土。在过黏、瘠薄、干燥土壤上生长不良。前茬作物以小麦、蔬菜为好。房前、屋后、田边、地埂、幼龄果园均可生长。

【巩固训练】
    1. 紫苏如何播种？
    2. 紫苏如何进行田间管理？
    3. 紫苏有何经济价值？
    4. 紫苏生态学习性如何？

【拓展训练】
    调查你家乡所在地区是否有紫苏人工栽培？如有，发展现状如何？

任务 4
蒲公英栽培

【任务目标】

1. 知识目标

了解蒲公英的食用、药用价值及发展现状与前景；知道蒲公英的食用方法、药用功效、入药部位；熟悉蒲公英的生物生态学习性及形态特征。

2. 能力目标

会进行蒲公英栽培选地整地、栽培繁育、田间管理、病虫害防治、采收及加工。

【任务描述】

蒲公英是集药用、食用及化妆保健功能于一体的林下经济植物。药用，属于我国的传统中药；食用，既可作为山野菜发展，又可作为保健食品食品加以利用，同时还可用于制作各种化妆美容产品，且其适应性强、抗逆性强，栽培技术简单易学，是发展农村经济、农民致富的好项目。

蒲公英栽培包括选地整地、繁殖栽培、田间管理、病虫害防治和采收加工等操作环节。

该任务为独立任务，通过任务实施，可以为蒲公英栽培生产打下坚实的理论与实践基础，培养合格的蒲公英栽培生产技能型人才。

【任务实施流程】

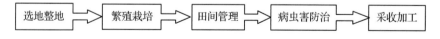

【任务操作要点】

一、选地整地

1. 选地

蒲公英对土壤要求不严格，但在疏松、肥沃、湿润、有机质含量高的沙质壤土中生长特佳。因此要选择地势平坦、土层深厚、排灌水方便、疏松肥沃的地块进行种植。林下种植以选郁闭度不超过 0.5，土质肥沃、湿润，或选果园、初植林地等进行间作。

2. 整地作畦

地块选好后，于种植头一年的秋冬季深翻 25~30cm，充分冻晒垡，捡净杂草、树根、石块等物，春季播种前按每亩3 000kg施足充分腐熟优质农家肥作为底肥，再次中耕一遍，将有机肥与土壤混匀，然后整平耙细，做标准畦床，要求畦高15~20cm，宽1.2m，长10m或10m的整数倍或随地形而定，作业道宽35~45cm。

二、繁殖栽培

蒲公英栽培可采用直播种植或育苗移栽方法进行种植。

1. 直播种植

（1）种子采收：蒲公英初夏为开花结籽期，开花授粉后10~15d种子成熟，成熟时花盘外壳由绿变为黄绿，种子有乳白色变为褐色即可采收，不必等到花盘开裂时再采收，否则种子易飞散。一般每个头状花序种子数都在100粒以上，千粒重0.8~1.2g。

采收时，将花盘直接摘下，放在室内存放后熟1d，待花盘全部散开，再阴干2~3d至种子半干时，搓掉种子上的绒毛，晒干备用即可。

（2）种子消毒处理：有些病害是通过种子传播的，为减少病害，播种前需进行种子消毒处理。消毒处理可用0.1%高锰酸钾溶液浸种10min防止病毒病；也将50%辛硫磷按药:水:种子比例为1:50:600拌种以消灭蛴螬；也可用"丰灵"按产品说明使用即可。

（3）种子催芽处理：冬季、早春、盛夏，外界温度过高或过低，种子发芽困难，为促进种子迅速萌发可进行催芽处理。催芽时，先将种子用置50~55℃温水中，搅动直至水凉，再浸泡8h，捞出种子包于湿布内，放于25℃左右的环境条件下，上面再盖以湿布，每天早晚用温水浇一次，3~4d50%种子露白萌动后即可播种。

（4）播种：蒲公英种子无休眠期，成熟采收后，从春到秋可随时播种。露地直播于春季4月上中旬将经过催芽处理好的种子在准备好的畦面上按行距20cm开浅沟，按播幅10cm进行条播，播后覆土1cm左右，稍镇压，然后盖草保湿保温，10d左右出苗，出苗后撒去盖草，注意保持畦面湿润。野外采集的种子播种量为0.75~1kg，良种播种量为0.5kg左右。

2. 育苗移栽

为了提早上市，在早春不适合种子萌发条件下，选择较合适的小环境条件进行育苗，然后移栽到种植田进行管理的种植方法。

早春3月上中旬选择背风向阳地块搭设小拱棚或在大棚内进行育苗，方法基本与直播种植相同，只是开沟时沟距调整为15cm左右，播种量比直播种植量大，每亩播种1kg左右。播种后加强温度管理及光照管理，保证出苗前温度25℃左右，10~15d出苗后调整温度至15~20℃；尽量减少遮光，再经20~25d生长，苗高达10cm左右，有4片真叶时，当外界温度升高至20℃以上时即可进行移栽。

三、田间管理

1. 苗期管理

播种后至出苗前，注意保持畦面湿润，以利于幼苗出土，保证全苗。幼苗出土后，及时除去覆盖物，并适当控制水分，以促使幼苗苗壮生长，防止徒长和倒伏。

叶片迅速生长期及以后，注意保持田间湿润，促使叶片旺盛生长。出苗后10d左右，杂草较多时，进行拔除，以后每10d 1次，保持田间无杂草，直至封垄郁闭。结合除草于10d左右时进行间苗，保持株距10cm左右，20~30d后进行定苗，保持株距20~25cm；间苗时注意有缺苗断垄现象及时进行补苗，补苗后浇水，保证成活。

蒲公英虽对土壤条件要求不严格，但仍以在肥沃、湿润、疏松、有机质含量高的土壤中生长发育好、产量高、质量好。故在蒲公英种植时，应每亩施农家肥3 000kg作为底肥；15~20kg硝酸铵作为种肥；幼苗出土后的生长期间追肥1~2次，每次每亩追施尿素15kg，磷酸二氢钾5kg，每次施肥后及时浇水，保持土壤湿润。

蒲公英抗病虫能力较强，一般不需进行病虫害防治，发现病虫害及时防治即可。

播种当年一般不采收，入冬后土壤封冻前进行一次冬灌，以保证休眠期土壤水分充足；待土壤稍干后按每亩2 000kg施一次盖头粪，以充分腐熟的马粪为好，以保护根系安全越冬，同时满足早春气温回升萌发后对养分的需求。

2. 二年生后管理

蒲公英植株生长年限越长，根系越发达，地上植株生长也越茂盛，收获的产品产量高、品质好。因此，生产上应进行多年生栽培。

但栽培要注意多次拔除杂草，并结合拔草进行中耕，以保证土壤疏松，田间清洁。

每年早春萌发后为促进快速生长，每亩追施

稀薄人粪尿2 000kg；生长季追肥1~2次，每次每亩追施尿素15kg，磷酸二氢钾5kg，每次施肥后及时浇水，保持土壤湿润，以保证肥效充分发挥；入冬后按每亩2 000kg施一次盖头粪，以充分腐熟的马粪为好，以保护根系安全越冬，同时满足早春气温回升萌发后对养分的需求。

蒲公英耐旱耐涝。但每年萌芽前需灌溉一次萌芽水，以保证萌芽后的旺盛生长；生长季也要做到因地因时因苗进行适时浇水，做到园内土壤湿润但不积水，土壤通气透水良好。秋末冬初要灌溉一次透水，以保证越冬休眠期对水分的需求。每茬采收后要将畦面搂平，以利萌发新芽，但在2~3周内不要浇水，以防烂根。

如果不做留种用，在花期应掐除花蕾，保证嫩叶旺盛生长。

生长季及时摘除黄叶、烂叶；秋季气温下降，地上部枯萎死亡后，及时清理残株，保证田园清洁。

为提早上市，早春可采用小拱棚覆盖。

蒲公英抗病虫能力强，但进入多年生后，植株根系易受蛴螬等地下害虫的危害，造成断根或空洞，使植株衰弱，影响产量和品质，应及时采取措施加以控制。发现有其他病虫害要及时防治，以免造成不必要的损失。

四、病虫害防治

蒲公英抗病能力极强，一般不发生病害，常见病虫害主要有以下几种：

1. 霜霉病

主要危害叶片、嫩茎、花梗和花蕾。发病初期，叶片褪绿，出现浅绿色不规则病斑，后转黄褐色，病叶皱缩。叶背有稀疏菌丝，初时污白色或黄白色，后变淡褐色或深褐色。春季发病致使幼苗较弱或枯死，秋季染病整株枯死。低温、多雨病害易流行，连作、密度过大也易发病。

防治方法：选排水良好地块，忌选低洼易涝地块；栽培采用高畦，防止积水及湿度过大；合理密度，以通风透光；春季发现病株及时拔除，集中深埋或烧毁；发病初期喷洒72%克露或克霉氰或克疫灵可湿性粉剂800倍液，或69%安克锰锌可湿性粉剂1 000倍液，或25%百菌清可湿性粉剂500倍液，10d 1次，连喷2~3次，采收前7d停止用药。

2. 白粉病

主要危害叶片。初时叶片出现淡黄色小斑点，后逐渐扩大，受害叶面布满白色粉霉状物。严重时叶片扭曲变形或枯黄脱落。春秋冷凉季节，湿度大易发病。

防治方法：合理施肥，适当增加磷钾肥，促进植株健壮生长，增强抗病能力；收获后清园，将病残物集中深埋或烧毁；栽植不宜过密，注意通风透光；发病初期喷洒60%防霉宝2号水溶性粉剂800~1 000倍液或20%三唑酮乳油1 500倍液，7~10d 1次，连续2~3次。严重时用40%福星乳油9 000倍液或25%敌力脱乳油4 000倍液于发病初期傍晚喷洒，隔20d左右再喷1次，采收前7d停止用药。

3. 褐斑病

主要危害叶片。发病初期叶片上出现褐色小斑点，后渐扩大为黑褐色圆形或近圆形至不规则病斑，外部有不明显黄色晕圈；后期病斑边缘呈黑褐色，湿度大时出现不明显小黑点，严重时病斑成片，整个叶片变黄干枯或变黑脱落，有时叶片卷成筒状。8~9月高温多雨易发病。

防治方法：选用抗病品种；加强肥水管理，避免田间积水，及时剪除病叶烧毁或深埋；发病初期喷1:1:100倍波尔多液，或75%百菌清可湿性粉剂600倍液，或50%苯菌灵可湿性粉剂1500倍液，或50%甲基硫菌灵可湿性粉剂800倍液，10~15d 1次，连续3~5次。

4. 斑枯病

主要危害叶片。病斑近圆形，中央淡褐色，边缘浅绿色或黑褐色，直径2~5mm；后期产生许多小黑点，造成叶片早枯。严重时病斑汇合，叶片枯死，7~8月发生。

防治方法：秋后清除田间病株残体集中烧毁或深埋；6月中、下旬喷洒1:1:150倍波尔多液；发病初期喷洒70%甲基托布津800倍液或50%代森锰锌600倍液，视病情喷洒1~2次。

5. 病毒病

发病后表现为明显的花叶或坏死斑，严重的产生褐色枯斑。病毒通过汁液、扦插传播，桃蚜、马铃薯芽及其他多种蚜虫是传播媒介。

防治方法：引种时严格检疫；喷洒50%抗蚜威可湿性粉剂2 000倍液防治蚜虫；从无病株或无病区采种；喷洒5%菌毒清可湿性粉剂400倍液，或20%毒克星可湿性粉剂500~600倍液，7~10d 1次，连续3~4次，采收前7d停止用药。

6. 蚜虫

以成虫或若虫群集在幼苗、嫩叶、嫩茎和近地面叶片上吸食植株汁液，造成叶片严重失水和营养不良，叶面卷曲皱缩，叶片发黄，难以正常生长。降雨可降低蚜虫危害程度，微风有利于蚜虫扩散，春季和秋季发生严重，夏季较少。

防治方法：清洁田园，及时多次清除田间杂草，尤其是初春和秋末；适时早播，植株长大以后可减轻蚜虫危害；在田间铺银灰色地膜，挂银灰色塑料条或插银灰色支架等使蚜虫趋避；利用蚜虫对黄色有强烈的趋性，在田间插一些木板，涂抹黄油，粘杀蚜虫；发现蚜虫，用50%辟蚜雾可湿性粉剂或水分散粒剂2 000～3 000倍液喷洒植株，或用50%马拉硫磷乳油或20%二嗪农乳油或21%灭毙乳油3 000倍液或70%灭蚜松可湿性粉剂2 500倍液喷洒植株。

7. 蛴螬

主要在地下危害，咬断幼苗根茎，造成幼苗枯死。

防治方法：秋季、春季进行土壤深翻，可杀死一部分蛴螬；多施腐熟有机肥，促使蒲公英根系健壮生长，增强作物抗性；成虫盛发期喷洒90%敌百虫800～1 000倍液，或90%敌百虫按每亩100～150g加水少量拌土15～20kg制成毒土撒在土表，再结合耙地，使毒土与土壤混匀，杀死幼虫；用50%辛硫磷乳油拌种消灭蛴螬；蛴螬发生量大时，用90%敌百虫500倍液或50%辛硫磷乳油800倍液或25%西维因可湿性粉剂800倍液，灌注根部，杀死根际幼虫。

8. 地老虎

以幼虫危害蒲公英幼苗，将幼苗从茎基部咬断或咬食根茎。

防治方法：早春及时铲除田间杂草及周边杂草，集中烧毁；秋冬季深翻、冬灌结合可杀死部分幼虫和越冬蛹，减少来年虫量；用糖醋液或黑光灯诱杀成虫；用90%敌百虫50g加少量水均匀拌合切碎的鲜草30～40kg，傍晚撒于田间杀死幼虫；按每亩50～70张新鲜泡桐叶铺于被害田内，次日清晨人工捕捉叶下幼虫；3龄前幼虫按每亩1.5～2kg用2.5%敌百虫粉剂喷于田内；或加10kg细土制成毒土，撒于植株周围毒杀幼虫；或用80%敌百虫可湿性粉剂1 000倍液或50%辛硫磷乳油800倍液或20%杀灭菊酯乳油2 000倍液进行地面喷雾毒杀幼虫；虫龄较大时，可用50%辛硫磷乳油或50%二嗪农乳油灌根杀死土中幼虫。

五、采收与加工

普通蒲公英采收是在叶片生长达到15cm以上，有7～8片真叶时；多倍体蒲公英叶片长到35cm左右时，选晴朗、无露水天气，可掰取植株外围大叶或用刀在生长点以上2～3cm处割取整株叶片，拣出枯黄老叶，保留嫩茎叶，清洗干净后包装上市，该法一年可采收3～4茬。

也可在植株基部整株割取，保留根系，采收后2～3周内不要灌水，带根系伤口愈合，重新萌发长出新芽后，加强管理，可再采收1～2茬。

蒲公英栽培经多年采收后植株开始衰败，可在秋季连根挖出，抖净泥土，晒干贮存，以供药用；也可洗净后根茎后切成薄片晾干，粉碎后制成蒲公英根粉，用来冲茶、冲咖啡等。

【相关基础知识】

3.4.1 概述

蒲公英为菊科多年生草本植物，又叫婆婆丁、黄花地丁等。在我国传统的食用和药用已有几千年历史。具有较高的食用和药用价值，是食药两用经济植物。

食用营养丰富、风味独特。据测定，蒲公英除含人体必需的胆碱、有机酸、菊糖、葡萄糖、胡萝卜素、脂肪、蛋白质、维生素和纤维素等营养物质外，还含有多种三萜醇，如蒲公英甾醇、蒲公英赛醇、蒲公英苦素及果胶等。最重要的是含有大量的铁、钙等人体必需的矿物质，钙含量为番石榴的2.2倍，刺梨的3.2倍，铁含量为刺梨的4倍，山楂的3.5倍。食用方法有生食、炒食、凉拌、做汤、做馅等各种做法。

蒲公英在药用上也具有广泛用途，是一味常用中药材，被称为我国中药材中的八大金刚之一。其味甘、苦，性平、寒、无毒，归肝、胃经。有清热解毒、利尿散结、健胃消炎、泻肝明目功能。可用于治疗上呼吸道感染、流行性腮腺炎、胃炎、肠炎、痢疾、急性乳腺炎、淋巴腺炎、疔毒疮肿、急性结膜炎、急性阑尾炎、盆腔炎、急性扁桃体炎、急性支气管炎、肝炎、胆囊炎、尿路感染等。内服 9~30g，亦可捣汁或入散剂；外用适量，捣敷患处。

同时因其含有抗微生物成分，尚有一定的美容作用，对面部感染粉刺及黑头粉刺有很好疗效，所含多种氨基酸等营养物质，能滋养皮肤，促进皮肤新陈代谢，防止皮肤色素沉着。目前，蒲公英以被广泛用于止痒头油、去屑头油、洁面露、粉刺露、沐浴露、营养霜等各种化妆品。我国利用蒲公英已开发问世的产品有：蒲公英止痒去屑头油、蒲公英发乳、蒲公英清洁露、蒲公英焗油洗发露、蒲公英增白霜、蒲公英倍护洗发露、蒲公英原汁沐浴露、蒲公英润白防晒美丽素等。

蒲公英还是一种新型的保健食品原料，国内外许多公司将其开发成了保健饮品，如利用蒲公英根切片烘干或制成粉末，开水冲服，具有咖啡风味而不具咖啡因，深受妇女、儿童和老人欢迎。利用蒲公英叶和花开发成的保健茶，具有保肝养肝、提神醒脑和降低胆固醇的功能。

蒲公英在我国东北、华北、西北、西南、华中均有分布，野生于林缘、田野、河岸、路旁、田地、荒坡荒地等，对土壤、气候适应性很强，抗病虫、抗逆性也很强，适合各地区发展。

20 世纪七八十年代，我国粮食供应严重不足，蒲公英曾一度成为人们果腹的救命之物。80 年代后，在市场经济作用下，栽培蔬菜面积不断扩大及保护地蔬菜生产增加，满足了人们的需求，使人们暂时忘记了蒲公英。90 年代后，人们生活水平迅速提高，对蔬菜种类的需求也越来越多，在这种形势下，稀特蔬菜应运而生，迅速发展，蒲公英作为稀特蔬菜的一员也再次兴旺起来，特别是其医疗保健功能的确认，更是引起了医学和营养专家的重视，一批医用保健品随之出现，加之其在传统中药上的应用，使其经济价值得到充分体现。至此，蒲公英栽培及市场销售再现辉煌，90 年代，在我国河北、山西、辽宁等地相继培育出特大多倍体蒲公英良种，同时从法国引进了厚叶蒲公英优良品种。尤其是蒲公英栽培技术简单、成本低、市场需求量大，价格逐年上涨，回报丰厚，适合农村种植，所以发展前景和潜力巨大。

3.4.2 生物生态学特性

3.4.2.1 形态特征

蒲公英为多年生草本植物，全株含白色乳汁(图 3-4)。根圆锥形，肉质直根系，发达，主根长达 1m 以上；无地上茎，株高 10~25cm。叶基生铺散，全缘或深浅不同羽状裂，倒卵状披针形或线状披针形，先端尖，基部渐狭成柄，表面光滑或具疏柔毛，色深绿。花茎数个出自叶丛，中空，微红或带绿色，二年生可开花结籽。头状花序单

图 3-4 蒲公英

生，具多数同一形状舌状花，两性，舌状花黄色或白色，总苞两层；瘦果倒披针形，先端有喙，顶生白色冠毛，种子黄褐色或黑褐色，细小。千粒重大叶型 2g，小叶型 0.8 ~ 1g。花期 5~6 月，果期 6 月。

3.4.2.2　生物学特性

种子无明显休眠特性，成熟后即可播种，10 ~ 15d 出苗。种子繁殖当年不开花，第二年春季 5~6 月份萌发后抽薹、开花，开花 5~6d 结果，10 ~ 15d 后种子成熟。

种子寿命较短，常温贮存期为 0.5 ~ 1 年。

有再生能力，生长季切去生长点，可形成多个新生长点，但开花结果期推迟。

幼苗期生长较慢，1 个月后生长速度加快。

3.4.2.3　生态学习性

蒲公英野生于田野、山间、林缘、荒地、道旁等处，分布较广，东北、华北、西北、西南、华东、华中均有分布。对土壤要求不严，盐碱地土壤上也能生长。喜光、耐旱、耐涝、耐瘠薄、耐寒、耐热、喜温凉、抗病、适应性强等特点。春季平均气温 5℃、地温 1℃ 以上开始萌发新芽，生长适温 10 ~ 20℃，冬季休眠期可耐 - 30℃ 低温，温度高于 30℃ 对生长发育有一定抑制。适合疏松、肥沃、湿润、有机质含量高的沙质壤土，在阳光、水肥充足条件下生长繁茂。

3.4.3　种类与品种

蒲公英分布范围极广，除极热地区外，世界上每个地方都能见到蒲公英的足迹，适应性也很强，很多生态环境下均能生长良好。蒲公英分布于各地的不同种类的植株，叶的大小和形状变化都很大。我国约有 22 种，3 变种，多为野生状态。主要有蒲公英、碱地蒲公英、芥叶蒲公英、异苞蒲公英、河北蒲公英、红梗蒲公英和丽花蒲公英等，多生长于阳坡、草地、山坡、路旁、沟旁、盐碱地、田野间、河岸沙地等处。

人工培育品种主要有大型多倍体蒲公英和法国厚叶蒲公英两种。大型多倍体蒲公英在我国西南和西北地区栽培较多，适应性强，喜阳光，对土壤要求不严，一般土壤均可种植。适宜肥沃、湿润、疏松、有机质含量高的壤土栽培。法国厚叶蒲公英是由法国专家经多年筛选培育而成的新品种，我国有部分地区引进栽培，品质优良，适合人工栽培。具有叶多叶厚，产量较高，每株有上百个叶片，上百个花蕾。每亩年生产鲜叶 3500 ~ 5000kg，采摘种子 50 ~ 60kg，产量是野生蒲公英品种的 8 ~ 10 倍，具有其他野生品种无法比拟的生产性能。

3.4.4　蒲公英食用方法

蒲公英是一种营养丰富的保健野菜，主要食用部分为叶、花、花茎、根。其嫩叶、未开花的花蕾、根状茎均可食用。挖其嫩幼苗、开水焯后，冷水漂洗，炒食、凉拌、做汤。5~6 月间采摘的花序做汤，风味尤佳。

①生吃　将蒲公英鲜嫩茎叶洗净、沥干蘸酱，略有苦味，味道鲜美、清香爽口。

②凉拌　洗净的蒲公英用沸水焯 1 ~ 2min，沥出，用冷水冲凉，佐以辣椒油、味精、盐、香油、醋、蒜泥等，也可据自己口味拌成风味各异的小菜。

③炒食或蒸煮食　将蒲公英嫩叶或花茎洗净后炒食或煮食。既可素炒，也可加肉、鸡

蛋、海鲜炒食，还可以做汤，若加入肉末，打成鸡蛋花，勾上淀粉，味道更佳。

④煮浸炒食　为减少蒲公英苦味，食用时可将其洗净后在开水或盐水中煮 5～8min，然后泡在水中数小时，将苦味浸出冲洗干净，再炒食或蒸食。

⑤做馅　将蒲公英嫩茎叶洗净水焯后，稍攥、剁馅，加佐料调馅（也可加肉），可蒸馒头、窝头或作包子馅、饺子馅。

⑥腌渍　将蒲公英用糖醋等浸渍后十分可口又可保留它的原有风味，还可保留大量维生素。

⑦干制　将蒲公英经开水烫煮灭菌后，晒成干菜，留待以后食用。

具体可做成蒜茸蒲公英、蛰皮拌蒲公英、蒲公英炒肉丝、蒲公英绿豆汤、蒲公英莼菜鸡丝汤、上汤牛肉蒲公英、酥炸蒲公英蒲、公英梗米粥、蒲公英滋补粥（蒲公英桔梗汤、蒲公英茵陈红枣汤、蒲公英玉米须汤、蒲公英地丁绿豆汤）等菜肴，也可做成蒲公英绿色饮品等。

【巩固训练】

1. 蒲公英种子如何采收？
2. 蒲公英如何播种繁殖？
3. 蒲公英如何进行田间管理？
4. 蒲公英有何生态学习性？
5. 蒲公英有何经济价值？

【拓展训练】

调查你家乡所在地区是否有野生蒲公英存在？是否有人工栽培？如有，发展现状如何？

项目 4

皮类药用植物栽培

任务 1
白鲜栽培

【任务目标】

1. 知识目标

了解白鲜的药用价值、观赏价值、分布及发展现状与前景；知道白鲜的药用功效、入药部位及形态特征；熟悉白鲜的生物生态学习性。

2. 能力目标

会进行白鲜栽培选地整地、繁殖栽培、田间管理、病虫害防治、采收及产地初加工。

【任务描述】

白鲜，根皮供药用，药材名为白鲜皮。其味苦、性寒。具有祛风除湿、止痒利尿、清热解毒等功效，可用于治疗皮肤瘙痒、荨麻疹、湿疹、黄水疮、疥癣、急慢性肝炎、风湿性关节炎，外用治淋巴结炎、外伤出血等症，为常用中药材。全株有强烈芳香气味，且株形美观，花色绮丽，叶奇形美，是一种既可观花又可观叶的极具开发潜力的野生花卉。近几年由于市场需求量增多，价格上扬，人们的过度采挖及白鲜自身更新能力较差，生长周期长等原因，使野生资源减少，为保证市场需求，必须进行人工栽培。

白鲜栽培包括选地整地、繁苗栽培、田间管理、病虫害防治和采收加工等操作环节。

该任务为独立任务，通过任务实施，可以为白鲜栽培生产打下坚实的理论与实践基础，培养合格的白鲜栽培生产技能型人才。

【任务实施流程】

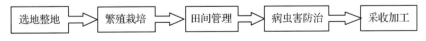

选地整地 → 繁殖栽培 → 田间管理 → 病虫害防治 → 采收加工

【任务操作要点】

一、选地整地

1. 选地

白鲜根为直根系，入土较深，栽培应选阳光充足、生长季凉爽湿润的山坡荒地、果园及人工幼林的行间、疏林地或农田等。要求土层深厚、土质疏松、肥沃、湿润、排水良好、富含腐殖质的砂质、轻质壤土或壤土，低洼易涝、盐碱地或重黏土不宜选用。

2. 整地做畦

地选好后于播种头年秋季结合翻地每亩施厩肥3 000kg作为基肥,翻地深度25~30cm。然后在春季种植前,打碎土块,做成宽1.2m,高15~20cm,长10m或10m的整数倍或随地形而定的标准床,作业道宽30~35cm;或做成宽45cm、高20cm的垄,步道宽30cm。

二、繁殖栽培

白鲜栽培可采用大田直播种植或分株后直接进行栽植,亦可采用播种繁苗后移栽方式进行栽培。

1. 播种繁苗栽培

(1)种子采收与处理:白鲜种子于当年8月下旬至9月上旬成熟,果实采收后放阴凉通风处,忌曝晒。待种子脱落后去除果荚,将种子阴干,用0.3%高锰酸钾水溶液浸泡10 min,去除水面上浮起的不成熟种子,然后用清水浸泡20 min,用3倍洁净的细河沙混合,湿度为60%左右(手握沙子成团,松手触之即散为度),收至木箱或花盆中入窖沙藏,上面覆2cm厚细河沙。窖内温度控制在1~5℃,贮藏期间经常检查,以防霉烂或干燥,经冷藏处理后种子发芽率达95%以上,翌年春季播种。不能采用秋季播种,因出苗率较低。

(2)育苗地选地:育苗地应选择背风向阳,土质疏松、肥沃、湿润、富含腐殖质、排水良好的沙壤壤土或轻壤质到壤土,附近要有优质灌溉水源最好。注意不能选择黏重土、盐碱土。

(3)整地做畦:秋季翻地后每亩施基肥3 000kg,翌年早春精细整地,进行土壤消毒,消毒剂可选用敌克松或五氯硝基苯,按说明施入即可。然后做成宽1.2m、高15~20cm的苗床待播。

(4)播种:5月上旬或中旬将种子从窖中取出,此时种子微露白点,是最佳的播种季节,可采用条播或撒播。播种量为每亩3~4kg。

①条播:按行距15cm开宽10cm、深4~5cm浅沟,将经过催芽处理的种子均匀撒入沟内,使种间保持3~5cm,然后覆土2~3cm,稍镇压,最后盖草帘或松针保湿,播种前,如果土壤墒情不够,可先浇一遍底水后播种。若畦面土偏干,盖草帘后可用喷壶少量喷水,保持土壤微湿,避免大水漫灌造成土壤板结。

②撒播:先把畦面两边让出15cm后,把畦面土撤掉4~5cm,堆成堆备用,将种子与细河沙按说明拌入呋喃丹充分搅拌撒播于苗床,种子间距3~5cm,然后返回撒掉的畦面土,使种子覆土厚度达到2~3cm即可,搂平后稍镇压,若土壤偏干可参照条播法处理即可。

播种后加强管理,当年苗高可达10~15cm,秋季即可移栽定植或在苗床生长2年后进行移栽。

(5)移栽定植:幼苗在苗床生长1~2年后,于秋季地上部枯萎时或翌春返青前移栽。移栽时,将苗床内幼苗全部挖出按大小分类分别栽植。栽植时行距25~30cm,株距20cm。根据幼苗根系长短开沟,顶芽朝上按株距将幼苗摆放在栽植沟内,使苗根舒展开。盖土要过顶芽4~5cm,盖土后稍镇压,干旱时栽后要浇透水。

2. 大田直播种植

是在准备好的种植田内直接播种种植,不进行移栽的种植方式,分床作和垄作两种形式。播种量为每亩1.5~2kg。

(1)床作:4月末至5月上中旬将种子从窖中取出,将微露白点的种子直接播种于准备好的种植床上,播种时,先在种植床上按行距25~30cm开深4~5cm播种沟,将种子均匀撒入播种沟内,注意掌握种子间距5cm左右。然后覆土2~3cm,稍镇压,最后盖一层厚2~3cm的杂草或松针等,以保证出苗前土壤湿润,覆好草后用喷壶适量喷水,避免造成土壤板结。15~18d左右,开始出苗时,撤掉部分盖草,促进出苗。

(2)垄作:与床作基本相同,只是播种是在准备好的垄上顺垄按株距30cm开4~5cm深浅沟,然后将种子均匀撒入播种沟内,注意保持株距5cm左右,然后覆土、覆草、浇水、保湿直至出苗。

3. 分株繁殖栽培

于春季白鲜萌芽前将白鲜起出(白鲜根部呈龙爪状,上部为一个实根),用利刃从根部十字形将白鲜根切割成4株,然后再视芽苞情况分成小株,3~5个芽分割为1小株。分割后用50%多菌灵500倍液浸泡2h,放背阴处干燥24h,然后在准备好的栽植地内按株行距20cm×(25~30)cm栽植。栽后搭遮阴棚,常规管理即可。

白鲜分株繁殖法简便易行,每一标准株可分成8~12小株,但成活后重新发根,需要生长2年后方能开花,3年后根部可入药。

三、田间管理

1. 水分管理

白鲜喜湿润、排水良好不积水的保肥土,因

此每年在5月末白藓出土时，要及时浇水，但注意不要采用大水漫灌方式浇灌，因易造成土壤板结、透气不良，应以开沟侧向灌溉或喷灌、滴管为主，灌水据土壤墒情及当时气候状况结合白藓需水特征在开花前、开花后、果实迅速生长期、根茎膨大期和入冬前的封冻期这几个关键时期。7~8月的雨季，长时间持续降雨或降水量过大时要注意及时排水，否则易造成烂根。

2. 中耕除草

育苗田要进行多次中耕除草，以田间疏松无杂草为宜。条播可用锄头结合中耕铲除杂草，但要注意不要伤及幼苗，撒播的以人工拔草为主。

直播种植田、分株繁殖栽培的行间较大，可进行三铲三趟，当苗高5cm时进行第1次中耕除草，以后据杂草生长情况拔除大草即可，第3次铲趟在封垄前进行，并结合培土进行。

3. 间苗定苗

育苗田及直播田结合中耕除草在苗高5cm左右时进行间苗，在苗高10cm左右时进行定苗，育苗田按株距5~7cm定苗，直播田按株距20cm定苗，拔除生长弱小植株，保留生长健壮植株。

4. 肥料管理

育苗田留床培育的2年生苗分别在6月中下旬、7月中下旬的旺盛生长期适当追施复合肥，以促进快速生长；8月中旬至9月中旬间，叶面喷施2次磷酸二氢钾，以增加其抗逆性。

直播田在生长进入第二年后、移栽田在出苗后加强施肥管理，出苗后的6月上旬或抽薹开花前追施一次磷钾肥料；7~8月份进入旺盛生长期，分别适量追施磷钾肥料，以满足生长需求；10月上旬后，在地上植株枯萎死亡后，应向床面撒施一层2~3cm厚的农家肥，即可保证安全越冬，又可满足来年生长所需养分，促进生长。

5. 摘花薹

除留种田外，应在6月开花前的孕蕾期及早剪除花薹，减少养分消耗，促进根系生长，以提高根的产量和质量。

四、病虫害防治

1. 锈腐病

主要危害地下茎、芽苞，根部感病，初期侵染点呈黄色，逐渐扩大成圆形或不规则病斑，严重时病斑可横向环绕一周，病斑呈锈色，界线分明，边缘稍隆起，内部略凹陷。发病过程缓慢，

可随白藓生长周期发病，一般情况下，使白藓伤疤成片，但不会腐烂死亡。芽苞感病，向上、下发展导致茎倒伏死亡；芽苞感病但根部不被侵染时，地上植株生长发育缓慢，矮小，影响展叶，叶片自边缘开始变成红色或黄色。病原菌以孢子在土壤及病残体上越冬，或以菌丝体在感病植株体内越冬。在土壤中，可存活多年，从损伤部位侵入根内。随带病的种苗、病残体、土壤、昆虫及人工操作等传播。整个生育期均可发病，但在土温15℃以上发病迅速，幼苗期发病轻，株龄越大发病愈重。

防治方法：严格杀菌消毒，最大限度减少该病发生；分株繁殖挑选无病、无伤残植株；发现病株及时挖除，并用生石灰对病穴及周围土壤消毒，也可用50%多菌灵500倍液浇灌病区，2年内病区不得再种白藓；进行轮作。

2. 锈病

主要危害叶片。发病初叶面上出现橙黄色略隆起的小点，以后扩大为褐色梭形或圆形病斑，周围有黄绿色晕圈。在叶背部病斑处聚生黄色颗粒黏状物。最后侵染叶片失去光泽，病部组织增厚硬化，病斑破裂，形成穿孔，以菌丝体随病残体在土壤中越冬，借空气传播。长白山区7~9月，平均温度20~26℃，相对湿度高于80%易发病。

防治方法：对繁殖材料严格杀菌消毒，种植后加强管理，增强植株抗病能力；春季喷洒1 000~1 500倍铜大师或世高预防，每10~15d 1次，连续3次；发现病叶及时剪除并烧毁，发病初期喷洒20%三唑酮可湿性粉剂800倍液，每10d 1次，连续3次；秋季清园，并集中烧毁。

3. 根腐病

雨季易发，发病植株萎蔫，根部腐烂。

防治方法：雨季及时排水，生长期经常松土，防止土壤板结；发病期用50%甲基托布津800倍液浇灌病株根部，或拔除病株，并用5%石灰乳进行病穴消毒。

4. 东北大黑鳃金龟子

主要以幼虫危害根部，活动与土壤温湿度关系密切。成虫产卵于根部，幼虫孵化后将根茎皮层环食，防治及时也会造成药材质量下降。植株受害叶片边缘焦枯或叶小、叶黄，严重时整株枯死。

防治方法：栽培头年秋季翻耕土地，使其被

冻死、风干或被天敌啄食；结合深翻每亩拌入 3% 呋喃丹颗粒 2.5～3kg；合理浇水，使土壤含水量保持在 20%～40% 为宜；萌芽期用 50% 辛硫磷乳油 1 000 倍液或 40% 乐果乳油 1 000 倍液灌杀。

5. 东方蝼蛄

主要危害根部。以成幼虫咬食白鲜基部，使其呈撕碎的麻丝状。受害后整株拔时松动，稍用力于基部被咬处断裂。蝼蛄活动时将表土层窜出许多隧道，使幼苗根部脱离土壤，影响幼苗成活率。

防治方法：利用趋光性进行黑光灯诱杀；栽植头年秋季结合深翻施入 3% 呋喃丹颗粒，每亩 2.5～3kg；用 50% 辛硫磷乳油 1 000 倍液或 40% 乐果乳油 1 000 倍液浇灌土壤。

6. 蚜虫

以成虫、若虫吸食嫩茎、叶汁液，严重者造成茎叶枯黄。

防治方法：秋冬季地上植株枯萎死亡后，将枯枝落叶地上部分割掉，深埋或烧掉；发生期喷 40% 乐果乳油 1 500 倍液，7d 喷 1 次，连续数次。

五、采收加工

1. 采收加工

白鲜定植后生长 2～3 年即可采收，采收在秋季 9 月末地上植株枯萎死亡后至翌春返青前进行均可，以秋季采收药材质量好。

采收时，先割去地上茎叶，从苗床一端开始将根全部挖出，洗净泥土，放阳光下晾晒。晒至半干时除去须根，抽去中间硬心（木质部），再晒至全干后装箱，置于干燥处，防止发霉。成品以卷筒状、无木心、皮厚、块大者为佳。一般亩产干品 200～300kg，折干率 40%～50%。

2. 留种

留种田应选生长 4 年以上的健壮植株，平时加强管理，花期增施磷钾肥，雨季注意排水。种子在成熟时随熟随采，防止果实开裂，自然脱落。以果实由绿色变为黄色、果实即将开裂时为采收适期。采收应在每天上午 10 时前趁潮湿时将果枝剪下。置阳光下晾晒至果实全干开裂后用木棒拍打，除去果皮及杂质，贮存备用。

【相关基础知识】

4.1.1　概述

白鲜为芸香科白鲜属多年生宿根草本植物，俗称八股牛、白鲜皮、山牡丹等。根皮供药用，药材名为白鲜皮。其味苦、性寒。具有祛风除湿、止痒利尿、清热解毒等功效，可用于治疗皮肤瘙痒、荨麻疹、湿疹、黄水疮、疥癣、急慢性肝炎、风湿性关节炎，外用治淋巴结炎、外伤出血等症，为常用中药材。

其根含有效成分生物碱 0.19%～0.39%，主要有白鲜碱、黄檗酮等；叶含芸香苷、挥发油等。

全株有强烈芳香气味，且株形美观，花色绮丽，叶奇形美，花叶比例适宜。开花时硕长的花序立于叶簇中，似一华丽的少女翩翩起舞。花谢后亦可观叶，茂密的羽状复叶可观赏至霜降，是一种极具开发潜力的野生花卉。可作为小区绿化的重点花卉品种，与草坪搭配更是锦上添花。盆栽陈列于广场四周、会场大厅、大型庭院，或布置花坛可起到极佳的观赏效果。所以，也是一种很好的绿化用宿根花卉。

野生主要分布于东北、河北、山东、江苏、安徽、四川、贵州、河南、江西、内蒙古等地，黑龙江主产于阿城、宾县、尚志、伊春、萝北、龙江等小兴安岭山区。由于天然更新能力较差，生长周期较长，尤其是近几年市场需求量增多，价格上扬，人们过度地采挖，使野生资源减少。为保证市场需求，必须进行人工栽培。

4.1.2　生物生态学特性

4.1.2.1　形态特征

多年生宿根草本，高 30～90cm，全株有香气（图 4-1）。根灰白色，斜生，肉质。茎直立，基部木质，圆柱形。叶互生，通常密集于茎中部，奇数羽状复叶，小叶 9～13，卵形至卵状披针形，长 3～9cm，宽 1～3.5cm，先端渐尖，基部宽楔形，无柄，边缘有锯齿，表面密生油毛。两面疏生毛，脉上较多，叶轴有翼。总状花序顶生，长 15～25cm；花柄基部有条形苞片；花淡紫红色，稀为白色，萼片 5，倒披针形，长 2～2.5cm；雄蕊 10，花丝细长，伸出花瓣外，从下向上弯曲，表面有短柔毛，近顶端密生多数黑紫色腺点；子房有柄，花柱丝状。蒴果成熟后开裂成 5 片，种子近球形，亮黑色。花期 6～7 月；果期 8～9 月。千粒重 20～21g。

图 4-1　白鲜

4.1.2.2　生物学特性

白鲜种子有后熟特性，采收后立即播种或经过层积处理出苗率可达 90%；干燥贮存 2 个月后再层积处理，出苗率 40%～60%；在室温下长期干燥贮藏的种子，播种后几乎不出苗。发芽适温 16～20℃，条件适宜，播种后 15～18d 出苗，出苗后当年生株高 10～15cm，冬季能自然越冬。2 年生苗株高 20cm 以上，主根长 15～20cm；3 年生苗开始开花结实。人工栽培白鲜生长期 150d 左右，在长白山区 4 月下旬萌动，5 月中旬现蕾前大量抽梢展叶，6 月初开花，单花期 7d，整体花期持续月 30d 左右，花后坐果，8 月上旬果熟后果荚并裂，需及时采收种子。9 月下旬地上部分开始枯萎死亡。

4.1.2.3　生态学习性

野生白鲜多生长在向阳的山坡林缘、疏林灌丛、草甸。适应性较强，喜凉爽湿润环境。适宜散射光，也可耐一定直射光，怕强光暴晒，幼苗喜阴。生长期喜凉，适生温度 20～25℃，超过 30℃生长缓慢，喜昼夜温差大。耐寒，－35℃能安全越冬，深根性，喜疏松、肥沃、湿润和排水良好土壤，不耐积水。

【巩固训练】

1. 白鲜林下栽培如何选地？
2. 白鲜如何播种育苗栽培？
3. 白鲜如何进行田间管理？
4. 白鲜如何采收加工？商品规格如何？

5. 白藓有何生态学习性?

6. 白藓有何经济价值?

【拓展训练】

1. 调查你家乡所在地区有哪些皮类中草药。

2. 调研分析白藓是否适合你家乡所在地区发展。

任务 2
黄檗栽培

【任务目标】

1. 知识目标

知道黄檗的价值、用途、分布；知道黄檗的种类；熟悉黄檗的生物生态学习性。

2. 能力目标

会进行黄檗育苗、建园、管理、病虫害防治、采收、加工、贮藏等操作。

【任务描述】

黄檗不仅是常用中药材，而且是重要医药工业原料和传统大宗出口药材，主要来源为野生，虽有栽培，但面积很小，已被国家列为重点的植物保护资源。近些年，随着天保工程、退耕还林等林业工程实施及西部大开发，调整产业结构，发展生态农业等为中药材发展提供了有利条件，野生黄檗数量有上升趋势，但数量远远不能满足需求，因此，人工栽培势在必行。

黄檗人工栽培包括苗木繁育、建园、管理、病虫害防治、采收、加工与贮藏等环节。

该任务为独立任务，通过任务实施，可以为黄檗的人工栽培生产打下坚实的理论与实践基础，培养合格的黄檗栽培生产技能型人才。

【任务实施流程】

苗木繁育 → 建 园 → 栽后管理 → 病虫害防治 → 采收加工贮藏

【任务操作要点】

一、黄檗育苗

黄檗繁殖可采用播种繁殖、扦插繁殖和分根繁殖方法。生产中主要采用播种繁殖方法。

1. 播种繁殖

（1）种子采摘与调制：9月末至10月初，黄檗果皮由绿变黑，并有特殊香气和苦味时成熟，由于黄檗果实成熟后一时不易脱落，所以采种以10月初至10月中旬为宜。果实采收时最好选择15年生以上壮龄母树采种，采后堆放于室内，覆盖麻袋、草帘等物2~3周使其外皮软化，直至果实完全发黑、腐烂、发臭时，取出将果皮捣碎，置于筛内在清水中漂去果皮杂质，捞出干净种子晒干或阴干，放在通风阴凉仓库或室内贮藏，待播。

(2)种子处理：当年采收的种子可以直接秋季播种，不需要进行催芽处理；如果第二年春季播种，则需要进行种子处理。处理方法为：

①雪埋法：在冬季下雪后，将种子与 3 倍的积雪混合，埋入露天的坑内自然越冬，翌年春季播种前 15～20d 取出，化去雪水，平摊于地面上曝晒。当 30% 左右种子裂口露白时立即播种。

②沙藏冷冻法：春季播种前 1～2 个月，将黄檗种子与湿沙按种沙比 1∶3 混合，埋入室外土内，保持一定湿度，最上面覆盖一层 6～10cm 厚土壤，再盖上稻草或杂草，春播前取出，除净沙土，即可播种。

也可以在播种前 2 个月，用 0.5% 高锰酸钾溶液将拌种河沙消毒 30min，然后用清水冲洗干净，再将种子用 0.3% 高锰酸钾溶液消毒 1h 后浸泡于 50℃ 温水中 3h，然后捞出与 3 倍种量消毒河沙混拌均匀，种沙含水量 60%，堆放于通风良好、温度 15℃ 左右室内，每天翻动。3d 后转入 0～5℃ 温度条件下，期间注意检查含水量，干时喷水，5 月初取出，放入 25℃ 以上温室内，并每天翻动，保持湿度，5 月下旬种子有 80% 裂口露白时播种。

据报道播种前采用 98% 浓硫酸处理种子 20min，然后冲洗干净，浸水 24h 后播种，温度保持 28～30℃，15d 左右可发芽。

(3)育苗地选择：育苗地应选向阳背风、温暖湿润地带的土层深厚、肥沃湿润、排水良好的沙质壤土地进行黄檗育苗。积水、黏重、贫瘠沙土地不宜选用。

(4)育苗地整地：整地要在冬季深翻土壤，翻耕深度 20～25cm，使其充分熟化。早春播种前，耙细整平，亩施腐熟有机肥 3 000kg、过磷酸钙 25kg，翻入土内作为基肥，然后浅耕，平整土地，做成 1.2m 宽、15～25cm 高的育苗床。

(5)播种：北方地区播种可在秋季也可在春季，秋季播种在土壤上冻之前进行，春季播种 4 月下旬至 5 月上旬进行。华北地区一般 3 月下旬进行春播，长江流域多在 3 月上中旬进行，播种宜早不宜迟。

播种时，在准备好的苗床上按行距 15～20cm 开 5～6cm 深沟，浇上底水，然后将经过催芽处理的种子均匀撒入沟内，播种量 5kg/亩，覆土 1～1.5cm，稍加镇压，再覆盖上草帘或松针、稻草等保湿。

南方春播一般在播种前将干种子浸水 24h，在准备好的苗床上按 30cm 行距开 3cm 深沟，沟内按 1 500～2 000kg/亩施入稀薄人粪尿作为底肥，然后按播幅 10cm 将种子均匀撒入，播种量 3kg，播后覆土 1.5～3cm，稍加镇压后浇水，再覆盖稻草 3～4cm，以保持土壤湿润，在种子发芽但未出土时，及时撤除覆盖物，以利出苗，播后 40～50d 出苗。

(6)播后管理：播后注意经常保湿，床面不能干燥，约半月即可出苗，秋播出苗更早。黄檗幼苗忌高温干旱，8 月前也要经常保持土壤湿润，以利于幼苗生长。8 月后要注意控水，以防幼苗不能充分木质化。但在雨季也要注意排水，以免造成烂根。

经常进行松土除草，保持土壤疏松、田间无杂草。

幼苗长至 7～10cm 高时，进行间苗，拔出受压苗、病苗、弱小苗，保证苗间距 4～5cm。苗高达 15～20cm 时进行定苗，保持苗间距 10～12cm，尽可能使苗成"品"字形错开分布。

黄檗幼苗生长期施肥与不施肥差异较大，施肥 1 年生幼苗可达 50～60cm，不施肥 2 年生也只有 30cm 左右。因此，黄檗育苗除播种前施足底肥外，生长期还要进行 2～3 次追肥。分别在间苗后、定苗后追施腐熟人粪尿 1 500～2 000kg 或硫酸铵 10～20kg/亩，植株封行时追施腐熟农家肥 3 000kg/亩。7 月末和 8 月中旬分别各进行一次叶面喷施 0.2% 磷酸二氢钾，以促进幼苗充分木质化，提高越冬抗寒性。

黄檗主根长，侧根少，应在 8 月初用切根刀进行截根，切断主根，促进萌发更多侧根，切后用脚踩实土壤或浇水，防止透风。

黄檗幼苗喜阴凉湿润，如遇高温，易造成幼苗枯萎死亡，为此，幼苗生长未达半木质化前要对幼苗进行遮阴，避免阳光直射，可采用 50% 的遮阳网或间作其他遮阴作物，提高幼苗成活率。

2. 扦插繁殖

在 6～8 月的高温多雨季节，选取生长发育健壮的当年生半木质化枝条，剪成 15～18cm 长小段，斜插于以干净河沙为基质的插床上，经常浇水保湿，培育至第二年秋冬季进行移栽。

3. 分根繁殖

在黄檗秋季落叶后至土壤上冻前选刨手指粗细的嫩根，截成 15～20cm 长的小段，窖藏至翌春土壤解冻后，斜埋于温暖的苗床内，不能露出地面，埋好后浇水，1 个月后发芽出苗，培育 1 年后移栽。

二、黄檗建园

1. 选地

黄檗对气候适应性较强，山区或丘陵地都能生长，但栽培应选好地快。栽植时应选缓坡中下部、山脚或沟谷两侧，且土壤深厚肥沃、疏松湿润、排水良好的壤质冲积土、砂壤土或棕色森林土为宜，干旱、瘠薄、沼泽地、水湿地、风沙地、冷空气汇聚地及质地黏重土壤不宜选用。

2. 清理整地

在栽植前进行园地清理，将影响黄檗生长发育的灌木、杂草、石块、枯木、伐桩等彻底清理出园地，然后进行细致整地，有一定坡度的沿等高线进行带状整地或块状整地，整成 1.5 ~ 2m 的育林带，使其外高里低，便于保水，然后按株行距 2m×3m 挖成长宽各 80cm、深 60cm 的大坑，将挖出表土与心土分开堆放，或进行鱼鳞坑整地；平地则进行全园深翻后株行距 2.5m×3.5m 挖 50cm×50cm×40cm 的栽植穴。

3. 栽植建园

黄檗根系发达，栽植前应将过长根系、受损根系、发育不正常的偏根进行修剪。

栽植在春季 4 月上中旬顶浆栽植。栽植时，首先按 5 ~ 10kg/穴有机肥与表土混合后回填至坑深的一半，踩实，然后将经过修根的苗木放入坑中央，前后左右对齐，再将土壤覆盖至苗木根系，并轻轻抖动，使根系舒展并与土壤密接，边覆盖边踩实，至填满栽植坑，浇水，待水渗下后，再盖一层松土，减少水分蒸发与保持土壤不板结。

三、栽后管理

山地黄檗栽后抚育管理年限以 5 年为宜，各年抚育次数为 3、3、2、2、1 次，以扩穴和割草为主。

平地栽培，前 2 ~ 3 年要经常进行中耕除草，保持土壤疏松、透气、无杂草，大树期间，每年进行深翻扩穴，保证根系发育，促进快速生长。

生长期施肥以农家肥、绿肥、植物秸秆为主，既可增加肥效，补充各种营养元素，又可改良土壤。幼树可在 10 月施有机肥 15 ~ 20kg/株，大树结合扩穴施有机肥 80 ~ 100kg/株。

大面积栽植黄檗，定植头 4 ~ 5 年，植株较小，空地较多，为充分利用土地，增加收入，可间作山野菜、草本中草药或其他矮秆作物或绿肥作物。

黄檗幼树时，侧枝横生、主干不明显，养分分散，严重制约高生长，需要通过摘芽修枝、去掉不良侧枝，提高树干形质，促进高生长。一般是在 2 年生的幼林内，6 月初开始进行第一次摘芽，以后每年一次，连续 4 年；修枝在 3 年生幼林内，于每年 3 月树液没流动前进行，修枝强度依每株树具体情况来定。

成年黄檗树，一般只进行冬季修剪，每年一次，时间为 11 月至树体萌芽前，修剪方法简单，修剪量不大。以采皮为主要目的，适当修剪侧枝，疏除过密侧枝及内膛枯死枝、细弱枝、病死枝，促进树干及主枝健壮生长。为培育大树，可进行适当疏伐。

目前，一些专家认为，黄檗也需要整形。但由于刚刚注意该问题，因此尚无具体的好的树形。当前各地的树形大体有主干形、疏散分层性和自然开心形。

主干形：近似天然生长树形，有较强中心干，主枝分布随自然生长，分层或不分层。

疏散分层性：主枝较少，树体较大，全树 5 ~ 7 个主枝，分层排列于中心干上。该树形结构牢固、成形快、通风透光好，适于留种母树。

自然开心形：一般主枝 3 个，错开着生于主干，均匀向四周斜上延伸生长，各主枝两侧交错分布侧枝。

四、病虫害防治

1. 锈病

5 ~ 6 月发病，危害叶片。发病初期叶片上出现黄绿色近圆形边缘不明显的小点，后期叶背呈黄色突起小疱斑。

防治方法：清洁园田、集中烧毁病残体，减少菌源。发病初期用敌锈钠 400 倍液或 25% 粉锈宁 700 倍液喷雾。

2. 煤污病

主要危害黄檗叶和嫩梢。发病时，叶片上常覆盖一层煤烟状黑色霉层，影响叶片光合作用，严重时造成叶片脱落。

防治方法：加强管理，适当修枝，改善通风透光状况，降低湿度，减轻病害。用3%啶虫脒乳油1 500～2 000倍液喷洒防治蚜虫和介壳虫，增强叶片抗病能力。发病期间喷洒50%多菌灵可湿性粉剂800倍液，或0.3°Be石硫合剂。

3. 轮纹病

主要危害黄檗叶片。发病初期，叶片上出现暗褐色、近圆形病斑，有轮纹，后期，病斑上着生黑色小点。

防治方法：冬季清扫落叶，集中烧毁；苗期喷洒1∶1∶160波尔多液，或70%甲基托布津可湿性粉剂800倍液，或70%代森锰锌可湿性粉剂500～600倍液。

4. 褐斑病

主要危害黄檗叶片，病斑呈圆形、灰褐色，病斑两面有淡黑色霉状物。

防治方法：彻底清扫落叶、病枝，集中烧毁；苗期喷洒1∶1∶160波尔多液，或77%可杀得可湿性粉剂600倍液，或58%瑞毒锰锌可湿性粉剂500～600倍液。

5. 黄檗凤蝶（橘黑黄凤蝶）

5～8月发生，以幼虫危害黄檗叶片，形成缺刻或孔洞。

防治方法：利用天敌，即寄生蜂（大腿小蜂和另一种寄生蜂）抑制凤蝶发生，人工捕捉幼虫和采蛹时把蛹放在纱笼内，使寄生蜂羽化后继续寄生；幼虫幼龄期，用90%敌百虫800倍液，或50%辛硫磷乳油1 000倍液，或4.5%高效氯氰菊酯乳油2 500～3 000倍液，7d喷1次，连喷2～3次；幼虫3龄后大量发生时，用苏云金杆菌菌粉500～800倍液喷雾，或含菌量100亿/g的青虫菌粉300倍液，每10～15d1次，连喷2～3次。

6. 蚜虫

以成虫、若虫吸食叶、嫩梢和嫩茎汁液，危害严重时造成茎叶发黄，早期大量落叶。

防治方法：冬季清园，将枯枝、落叶彻底清理后深埋或烧毁；黄檗芽体未展开时，喷洒3%啶虫脒乳油1 500～2 000倍液，或10%吡虫啉可湿性粉剂2 000～3 000倍液，或20%杀灭菊酯乳油或2.5%溴氰菊酯乳油2 000～3 000倍液；秋季发生时继续喷洒这些药剂。

7. 小地老虎

以低龄幼虫群集在幼苗心中或叶背取食，将叶片吃成缺刻或网孔状，3龄后幼虫将幼苗从近地面嫩茎处咬断，拖入洞中，造成缺苗。

防治方法：冬季翻耕，将越冬成虫机械杀死或冻死，冬春季将田边、路旁杂草清除干净，消灭越冬虫源，减少产卵场所和食物；用糖醋液诱杀越冬代成虫，或将新鲜菜叶浸入90%晶体敌百虫400倍液10min，傍晚放置田间诱杀幼虫；3龄前嫩叶出现被害状时向地面喷洒48%乐斯本乳油1 000倍液封锁地面，或用90%晶体敌百虫150g加适量水配成药液，拌入炒香的麦麸5kg制成毒饵，傍晚投放在幼苗嫩茎处，每亩投放2～2.5kg诱杀。

此外，还有黄地老虎、蝼蛄（防治：发生期用瓜皮或蔬菜诱杀，或喷1%～3%的石灰水）、牡蛎蚧等危害黄檗。

五、采收、加工与贮藏

1. 采收

定植10～15年后即可采收，时间在5～6月，此时植株水分充足，有黏液，易剥皮。

（1）剥皮可采用部分剥皮法、砍树剥皮法和大面积环状剥皮法。

（2）砍树剥皮法：多用于老树砍伐时。先砍倒树，按长60cm左右依次剥下树皮、枝皮和根皮，树干越粗，树皮质量越好。

（3）部分剥皮法：即在树干离地面10～20cm以上，分年交错剥去树皮的1/3，以使树体能继续生长，伤口愈合后能够再继续剥皮的方法，但剥皮部位要每年轮换。

（4）大面积环状剥皮法：剥皮时间在夏季，气温25～36℃，相对湿度80%以上，树木生长旺盛，体内汁液多，易剥皮，且剥皮后能够在冬季来临前使生长的新皮有一定厚度，免受冻害，天气应选阴天或多云天气，晴天应在4时以后进行。剥皮时在树干上横割1刀，呈"T"字形再纵切一刀，割至韧皮部，不伤及木质部，掌握适当宽度，将树皮剥离。注意选择生长强壮的树体；气候干燥，剥皮前3～4d适当浇水；剥皮动作要快，将整张树皮剥下，不要零碎撕剥；剥皮后不要用手摸剥皮部位；24h内不要日光直射、雨淋、喷农药，以免影响愈伤组织形成，为了促进新皮迅速再生，可用薄膜或防潮纸包裹，1周内保持形成层黏液不干，保护形成层。2年后可达到原生皮的厚度，再次剥皮后仍可再生。

剥皮采收后要加强养护，及时灌水，保持土

壤和空气湿度，增施肥料，提高树体生长势，加强防寒，以免冻伤。

2. 加工贮藏

剥下的树皮趁鲜刮去粗皮，至显黄色为度，晒至半干，重叠成堆，用石板压平，再晒干即可。

产品以身干、色鲜黄、粗皮净、皮厚者为佳。

最后打捆包装，一般每件 20～25kg。贮运或放通风干燥处，防受潮发霉和虫蛀。贮藏过程中要注意检查，发现发霉或虫蛀，需及时处理，以免降低产品质量。

【相关基础知识】

4.2.1　概述

4.2.1.1　药用功效

别名黄柏、黄波罗，芸香科黄檗属植物，以去栓皮的树皮入药。

黄檗是我国传统中药材和大宗出口药材，距今已有 2000 多年的药用历史。性寒、味苦。有清热解毒、泻火燥湿、抑制病菌之功能。主要用于清湿热、止泄痢，治疗骨蒸劳热、疮疡肿毒、湿疹瘙痒及黄疸、带下、脚气、盗汗等症。现代医学研究发现，黄檗的应用范围更加广泛，具有很强的抗菌、抗病毒作用；抗心律失常和降血压作用；抑制消化道溃疡，促进胰腺分泌，抑制乙型肝炎抗原，抑制中枢神经系统，使人体神经系统表现高度兴奋和紊乱恢复正常；有明显的镇咳、祛痰作用。保护血小板作用，利尿、健胃，促进皮下溢血吸收等作用。

4.2.1.2　分类和分布

据产地分为川黄檗和关黄檗 2 种，大致以吕梁山和黄河为界，以南为川黄檗，以北为关黄檗，二者皆为黄檗正品。

关黄檗分布于东北、华北及宁夏等地，主产黑龙江虎林、饶河、桦南、伊春、尚志、通河等地，辽宁新宾、铁岭、岫岩、本溪等地；吉林敦化、抚松、桦甸、白山等地。其中黑龙江虎林、饶河野生蕴藏量就达 $500 \times 10^4 \sim 1\,000 \times 10^4 kg$。

川黄檗分布于四川、陕西、甘肃、湖北、广西、贵州、云南等地，主产于四川巫溪、城口、都江堰、秀山、叙永等地；贵州务川、印江、湄潭、剑河、赫章、凤冈等地。其中都江堰的野生蕴藏量可达 $1\,000 \times 10^4 \sim 5\,000 \times 10^4 kg$。

4.2.1.3　发展前景

黄檗不仅是常用中药材，而且是重要医药工业原料和传统大宗出口药材，主要来源为野生，目前虽有栽培，但面积很小。1980 年以前，由国家药材公司统一管理，以后，实行市场调节。购销总量呈逐年上升趋势，20 世纪六七十年代曾一度产销脱节，供不应求。

随着社会经济不断发展，人们对中医药医疗保健需求日益增长，国际国内市场对中药材需求量越来越大。由于利益的驱动，黄檗常遭受盗伐，加之毁林开荒，致使野生资源受到严重破坏，黄檗已经被国家列为重点的植物保护资源，人工栽培势在必行。

近几年，随着天然林保护工程、退耕还林等林业工程实施及西部大开发，调整产业结构，发展生态农业等为中药材发展提供了有利条件，野生黄檗数量有上升趋势，但数量远远不能满足需求，故发展前景看好。

4.2.2 生物生态学特性

4.2.2.1 形态特征

落叶乔木，高 10～25m。树皮灰色，有较厚的木栓层，内层鲜黄色。

叶对生，奇数羽状复叶，小叶 5～13，卵状披针形或近卵形，先端长渐尖，基部宽楔形，边缘有不明显钝锯齿(图2-2)。

花单性，雌雄异株。花絮圆锥形，花小，花瓣5，雄花有雄蕊 5 枚，雌花内有退化雄蕊呈鳞片状，雌蕊 1 枚。花期 5～6 月。

图4-2 黄檗

核果圆球形，熟时紫黑色。果期 9～10 月。

川黄檗：与关黄檗的区别为树皮的木栓层较薄，小叶 7～15 片，长圆柱状披针形至长圆状卵形。花瓣 5～8；雄花有雄蕊 5～6 枚；雌花有退化雄蕊 5～6 枚。

4.2.2.2 生态学习性

适应性强，我国南北各地均能生长。阳性树种，苗期稍耐阴，成年后喜光，川黄檗在强光下生长不良，野生多分布于温带、暖温带山地，耐寒能力强，幼树对霜冻敏感；多生于阔叶混交林中，少生长于针阔混交林，喜潮湿，不耐干旱，在河谷两侧及山体中下部土层深厚、湿润肥沃、排水良好的腐殖质土、棕色森林土中生长良好，在干旱瘠薄、排水不良、透气性差、黏重土层上生长不良。

4.2.2.3 生长发育特点及规律

6月上中旬开花，花期较短，雌花期仅 3～5d，雄花期可达21d。9月中旬果实成熟，呈黑色，外壳坚硬，千粒重 12～15g。

幼树生长缓慢，一年生幼树株高 40～75cm，10 年后进入旺盛生长期。枝条萌发能力强，根萌生能力也强，耐砍伐。冬季采伐后保留的树桩翌年春季可萌生出新的枝条，年生长量可达 0.5～1.5m。木栓形成因树龄和立地条件差异较大，有些幼树即形成木栓，有些 15 年后才形成木栓。生长于山腹部的木栓比生长于山上和山下的木栓生长速度快、厚度也厚。

4.2.3 主要质量指标

产品呈板片状、略弯曲，长宽不一，厚 1～7mm。外表面黄绿或淡黄棕色，平滑，残留栓皮呈灰棕色或灰白色，稍有弹性，内表面暗黄色或浅黄棕色，有细密的纵行纹理。体轻，质硬脆，断面皮层部位颗粒状，韧皮部纤维状，呈裂片状分层。气微，味极苦，嚼之有弹性。以皮厚、断面色黄者为佳。含多种生物碱，主要为小檗碱约 0.6%～2.5%，及少量药根碱等。另含黄檗内酯、黄檗酮、黄檗酮酸及菜油甾醇、黏液质等，其黏液质为植物甾醇与亚油酸结合而成的酯类，含量为 7%～8%。

【巩固训练】

1. 黄檗种子如何采集与调制？播前如何处理？
2. 黄檗栽培如何选地？
3. 黄檗如何进行整形修剪，以提高产品质量？
4. 黄檗如何采收、加工和贮藏？
5. 黄檗产品质量指标如何？

【拓展训练】

1. 调查你家乡所在地是否有野生黄檗存在？
2. 调研分析你家乡是否适合发展黄檗人工栽培？

模块 2
林下山野菜栽培

随着改革的深入，人们生活逐渐富裕起来，饮食结构得到了极大的改善，结果吃出了"富贵病"。当今，围绕饮食健康的因果关系而大力提倡食疗，人们才意识到吃得好的含义是吃得科学、吃得合理，故食野新潮逐渐盛行，而许多山野菜都具有一定的药用、食用、营养价值以及无公害特点，因此倍受人们的青睐，成为了餐桌上的新宠。

中国 70% 以上陆地是山地，56% 的人口生活在山区。随着宏观经济结构及林权制度的改革，以及人们生活水平的提高，生活观念的改变，山野菜开发以其巨大的经济利益以及广泛的从业人员，在近几年越来越受到有识之士以及地方政府的关注。

而林下环境特点是由于山林的遮阴，使得林下具有光照弱、空气湿度大、氧气充足、昼夜温差小、夏季比较凉爽、冬季相对温暖。在野生状态下，许多山野菜植物本身就是生长在林下环境中，对林下环境条件非常适宜，在人工栽培过程中，只需稍加管理即可获得更高的产量和收益。所以林下经济发展山野菜人工栽培也是非常好的项目。

本模块教学内容的选取是在广泛市场调研的基础上，综合考虑地域经济发展，以适合本地区、适合林下发展的山野菜种类为选择对象，以不同类型山野菜的栽培特点为依据，将内容分为芽、叶、茎干类山野菜和根类山野菜栽培两个项目。其中芽、叶、茎干类山野菜栽培以龙牙楤木、大叶芹、蕨菜、短梗五加 4 种山野菜栽培为任务；根类山野菜栽培以桔梗和山胡萝卜两种山野菜栽培为任务安排教学内容。

在教学任务的安排中，以专业技能训练为宗旨，将理论和实践有机结合，将知识点、技能与生产任务相结合，使知识在训练中积累，技能在训练中培养，达到做中学、学中做的目的，真正实现教、学、做一体化。教师在教学过程中起指导、督促作用，任务安排充分调动学生学习积极性，发挥学生的主观能动性和探索精神，真正体现"学生主体、教师主导"的教学理念。

项目 5

芽、叶、茎干类山野菜栽培

任务 1

蕨菜栽培

【任务目标】

1. 知识目标

了解蕨菜的食用、药用价值及分布与发展前景；知道蕨菜的食用方法、药用功效；熟悉蕨菜的生物生态学习性及形态特征。

2. 能力目标

会进行蕨菜栽培选地整地、繁苗栽培、田间管理、病虫害防治、采收及加工。

【任务描述】

蕨菜为食药两用林下经济植物。食用，营养丰富，风味独特，历来是人们喜食的山野菜之一，更有"山菜之王"的美称，远销东亚、西欧等 12 个国家和地区。且其根茎更是加工"黑色食品"蕨根粉的原料。近代医学研究认为其具有抑制癌细胞生长的作用，更是受到人们的追捧，需求量越来越大，仅靠野生很难满足人们的需求，因此，栽培成为当务之急。

蕨菜栽培包括选地整地、繁苗栽培、田间管理、病虫害防治和采收加工等操作环节。

该任务为独立任务，通过任务实施，可以为蕨菜栽培生产打下坚实的理论与实践基础，培养合格的蕨菜栽培生产技能型人才。

【任务实施流程】

选地整地 → 繁苗栽培 → 田间管理 → 病虫害防治 → 采收加工

【任务操作要点】

一、选地整地

1. 选地

选择背风向阳、土质疏松、肥沃、湿润、排水良好的平缓半阴半阳坡山地、疏林地、林缘地等，也可选择农田地栽培，要求附近要有充足水源，土壤 pH5.5~6.8，pH 大于 7 时，应使用调酸剂和生物菌肥等进行调整。

2. 清场整地

选好地后，林下地要将能够起到遮阴作用的树木留下，而将栽植点周围的杂草、灌木及树根、伐桩等清理干净；荒山坡地则要将杂草、灌木等清理干净；然后进行带状或快状整地，有条件的地方可按每亩3 000～4 000kg施腐熟鸡粪、猪粪、羊粪等农家肥。耕翻耙平，使土肥混匀，做成平畦待用。农田地则进行全面深翻30～35cm，结合深翻每亩施农家肥3 000～4 000kg，然后做宽1.2m、长15～20m、高10～15cm的畦床待用。

二、繁苗栽培

蕨菜的繁殖可以采用孢子繁殖、根茎繁殖和组织培养等方式。由于孢子繁殖、组织培养技术要求较高，生产上一般采用根茎繁殖。

1. 孢子繁殖

(1)收集孢子：6月中下旬至7月初，选择外观棕褐色、孢子囊未开裂的成熟孢子囊群，用干净剪刀将带孢子的叶片剪下，放入纸袋中密封带回室内，然后将其取出放在干净的塑料布上摊平，有孢子囊的一面朝下，自然风干，室内环境要求干净、干燥、清爽，7～10d后孢子囊自然开裂，孢子散落于塑料布上，收集后装于容器中，置干燥处存放待用。采收后的孢子应及时播种，如不能及时播种应将孢子放于冰箱中0℃以下保存。

(2)制作培养基质：一般用山皮土和河沙按1:1比例混匀，或用园田土、珍珠岩、腐熟农家肥用细筛筛过后按2:2:1比例混匀，调节pH在6～7之间，然后用聚乙烯塑料包裹后放入蒸锅内蒸汽灭菌4～5h后备用。

(3)播种：播种前先做一个长1m、宽0.5m、高0.1m的木箱；捡出包裹营养土的塑料布，铺在木箱底上，将灭菌后的营养土放入木箱，操作过程中注意防止杂菌感染，待营养土温度下降至20℃左右时进行播种；播种时将蕨菜孢子用300mg/kg赤霉素溶液处理15min，然后倒入盛水的喷壶中摇匀后均匀喷洒在营养土表面，无须盖土，最后用经过杀菌消毒的塑料布将营养土封严，将木箱置于避光潮湿环境下，控制温度25℃，湿度90%。

(4)播后管理：将播种好的容器移到温床或培养箱中培养，温度保持在25℃、湿度80%以上，光照每天4h以上。一个月后孢子萌发，长出幼小扇形原叶体，50d后长成扁平心脏形或带状的配子体，在配子体的腹部出颈卵器和球形精子器。这时每天喷雾2次，连续1周，精子借水流动出来与卵结合形成胚。一周后发育成孢子体小植株。

(5)孢子体的移栽：播后70～80d，孢子体长出3～4片叶后进行第1次移栽，仍需用混合土作为床土，温湿度管理和在木箱中相同。营养土配制方法同前，但不需高温灭菌。1～2周后移到温床外，小苗长至4～5cm时，进行第二次移栽或定植。

移栽定植时，选择富含腐殖质的土层深厚、土质肥沃，且含水量较好的地块，每亩施入3000～3500kg优质农家肥，做宽1.2m、高10～15cm、长视移栽种苗数量而定苗床，整平床面。然后按行距12～15cm开3～4cm深沟，按株距6～8cm将幼苗摆入沟内，覆土后浇水，保持床土湿润。

幼苗定植后5～7d缓苗，要经常小水勤浇，保持土壤潮湿，浇水在早晚进行；并用50%透光率遮阳网进行遮阴；缓苗一周后用稀薄人粪尿浇灌，用量不宜过大，以免烧苗；苗高15cm时于行间施入腐熟农家肥，施后灌水；整个生长期做到见草即拔，苗床清洁。

2. 根茎繁苗栽培

(1)根状茎采挖：为了能够采集到更多的根状茎，必须事先对蕨菜生长的群落进行调查，做到心中有数。在土壤解冻而蕨苔尚未萌发时(4月份)或土壤刚结冻或植株进入休眠时(11月份)进行采挖。然后，将采回的根茎假植。挖取时尽量选取品质优良的根状茎，少伤根，要注意保护资源，保护生态环境，要采大留小，要将挖出的土回填，以利再生，要划片轮年采集，以利休养生息。

(2)根状茎培肥复壮：野外自生的蕨菜根状茎(地下茎)多比较瘦弱，产量低，质量差，因此，人工栽培蕨菜，无论露地生产还是保护地生产，都必须对种株进行培肥复壮，才可能获得高产。

培肥的方法是：将采挖回来的根状茎切成10～15cm的小段(每段要有1～2个芽并带一定须根)栽于事先经过整地、作畦的土层深厚、富含腐殖质的土壤中。经过一年的培肥根茎(直径可达1～1.5cm)即可移栽大田。

(3)栽培：分荒山坡地、林下栽培和大田栽培两种模式。

荒山坡地、林下栽培：在这种立地条件下一般采用穴状栽植或长条沟状栽植。采用快状整地的，在整好的栽植穴范围内挖长、宽各30cm、深15～20cm的栽植穴，栽植穴行距50cm、穴距40cm，有条件每穴内放一定量腐熟农家肥，然后将经过培肥复壮后的根状茎剪制成10～15cm小段

（每段要有1~2个芽并带一定须根），每穴内栽植3~4段，然后覆土5~6cm，稍镇压，栽后浇水，每亩栽植3 000~3 500穴，根状茎段9 000~12 000段。采用带状整地的，在整好的带状地块内同样按照株行距40cm×50cm挖栽植穴，栽植方法同块状整地。

大田栽植：大田栽植多采用畦作。在准备好的畦床内按30cm×30cm行穴距挖掘栽植穴进行栽植，方法同前。如果采用幼苗栽植，则株行距为10cm×10cm。栽后为了保证成活，应在畦面覆盖稻草、落叶，厚度2~3cm。为了遮阴，可在畦边种植玉米等高杆作物。

三、田间管理

1. 松土除草

为了防止土壤板结和草荒，生长期间应勤加中耕除草，尽量做到田间土壤疏松无杂草。

2. 水分管理

栽植时，应在栽植穴或栽植沟内灌透水，以保证成活率。生长期间勤浇灌，使土壤持水量保持在70%左右，满足蕨菜对水分的需求；雨季注意排水，做到田间无积水，以免引起地下根状茎腐烂。

3. 肥料管理

栽植前结合整地每亩施入有基肥3 000~4 000kg做底肥，以后每年秋季要施入鸡、猪、马粪等作为盖头粪，用量为每年每亩2 000kg；栽植时每亩施入20kg磷酸二铵作为基肥，芽苗出土后及时追施稀薄人粪尿或磷酸二氢钾，以后每采收一次追肥一次，施肥在每次采收后2~3d后进行。

4. 光照管理

光照是蕨菜生长发育的重要因素。光照过强，细胞生长受阻，叶柄短小，食用价值低；光照过弱，叶柄浅绿，光合作用差，光合产物积累不足，品质差，适宜的光照强度为10 000~13 000lx。因此，在田间管理时，应根据日照变化、天气阴晴，适时用遮阴网调节光照强度。

5. 其他管理

蕨菜喜草木灰肥，每年采收结束后，可在畦床上覆盖一层干草或秸秆，放火烧掉，可使次年蕨菜发芽早、发芽齐、发芽壮，增产效果明显。

6. 根状茎更新

蕨菜的地下根状茎在生长几年后会逐渐老化而枯死，因此要进行更新地下根状茎。一般更新周期为采收3~4年，更新是在地下根状茎老化的地块内于当年秋季用带犁刀的拖拉机切断蕨菜的部分根茎，促使其重发新根茎。

四、病虫害防治

蕨菜抗病虫能力很强，栽培期间几乎不发生病害。比较常见的主要有灰霉病和立枯病。

1. 灰霉病

主要危害植株的茎和叶。发病茎叶呈水渍状腐烂，严重时整株枯死。

防治方法：降低湿度、定期喷药，以预防为主；发现病害，立即用50%多菌灵500倍液或70%代森锰锌500倍液喷雾，每7~10d1次，连续2~3次，注意交替用药，以防产生抗药性。

2. 立枯病

发病植株叶片绿色枯死，茎干下部腐烂，呈立枯状。发病初期病株生长停顿，缺少生机，然后出现枯萎，叶片下垂，最后枯死。病株根茎处变细，出现褐色、水渍状腐烂。潮湿时，自然状态下病斑处会产生蛛丝状褐色丝状物。

防治方法：整地作床时进行土壤消毒和采用充分腐熟农家肥作为底肥，忌积水；发现死苗及时清除；定植后出现立枯病时，用20%甲基立枯磷乳油1 500倍液，每10d1次，连续2~3次；或50%克菌丹可湿性粉剂或50%福美双可湿性粉剂500倍液浇灌病穴。

五、采收与加工

1. 采收

蕨菜栽植后的第一年一般不采收，以利于发根壮根，培肥根茎。第二年以后，每年的春季和夏初，当幼茎长到20~25cm，顶芽稍有弯曲而拳紧，复叶欲展状如握拳时即可采收。采收过早影响产量，采收过晚嫩薹老化影响产品质量。采收时用比较锋利的小刀在土中1~2cm深处割断即可，采收后将蕨菜的根部用盐蘸一下，防止老化。采收后1~2d，再浇水施肥，促进新茎叶生长。第2年后地下根茎始纵横交错，可采收2~3次，3年后每亩产量可达2 000kg以上。

2. 加工

将采收回来的蕨菜及时进行整理，剔除杂物，把长短一致的捆成小把，切除不能食用的硬梗部分后进行盐渍腌制或干制。

（1）干制：将当日采回的蕨菜，洗净泥土，切去硬梗部分后于沸水中浸烫3min，同时不断上下翻动，使之受热均匀，软化后捞出，在冷水中迅速冷却，以保持菜色鲜绿。然后薄摊在通风的竹帘或苇席上晾干，切忌阳光暴晒，有条件可采用机械干燥。晾干后捆成100g重的小把，用衬有防潮纸的纸箱或塑料袋包装，以备自食或销售。

（2）腌制

①整理分级：将当日采收鲜蕨菜洗净泥土，切去硬化部分，然后按色泽和长短分别放在一起，用洁净稻草捆成直径5cm的小把。

②盐渍：将捆成小把的蕨菜放入缸内腌制2次。第一次腌制时，蕨菜和食盐的比例为10：3。在缸内按一层蕨菜一层盐放好，放盐量从下往上逐层增加，尤其是最上面一层要多放一些。摆满后，缸盖上放石块压紧，经过8～10d，缸盖不再下降时将蕨菜取出，从上到下依此摆放到另一个容器内再进行腌渍（第一次腌渍出的食盐水不能重复使用，以避免引起腐烂）。第二次腌渍是将第一次腌渍的蕨菜和食盐按20：1的比例，一层盐一层蕨菜放入，最上一层仍要多放一些盐。同时，再用100kg水加35kg盐对成饱和食盐水，灌满淹渍缸，盖好木盖，用石头压紧，放在阴凉处腌制15d即可包装上市。第二次腌渍蕨菜用的饱和食盐水，可留作包装时用。腌渍蕨菜以手抓时有柔软感，颜色接近新鲜蕨为上品。

【相关基础知识】

5.1.1　概述

蕨菜（龙火菜、吉祥菜、龙头菜、如意菜、拳头菜等），蕨科，蕨属，多年生孢子植物，没有种子，只能靠孢子和根状茎来繁殖，而孢子繁殖难度大、周期长，故生产上一般不采用，生产中常采集根状茎做种栽来繁殖，也可通过组织培养大量繁殖。

蕨菜在世界各地和我国都有分布，国内从南到北，从东到西都有生长，尤其是东北三省、河北、内蒙古、湖南、贵州、陕西等最为有名，是国内主要出口基地。

蕨菜的营养价值很高，每百克嫩叶中含蛋白质1.6g、脂肪0.4g、碳水化合物10g、粗纤维1.3g、胡萝卜素1.68mg，还含有维生素、钾、钙、镁、蕨素、蕨苷、乙酰蕨素、胆碱、甾醇、18种氨基酸等多种营养成分。另外，蕨菜的根部含淀粉高达40%～50%，可制成蕨粉、粉丝、粉皮等系列"黑色食品"。常吃有预防癌症的作用，也可作为癌症患者的辅助药物，也可制饴糖、饼干、替代藕粉和作为药品添加剂等。

蕨菜味苦，性寒，有小毒。具有清热解毒，祛风利湿之功效，可治湿热痢疾，白带，风湿性关节痛、咳血、痔疮、脱肛等病。可降低血压、缓解头晕失眠。其所含的膳食纤维能促进胃肠蠕动，具有下气通便、清肠排毒的作用，可用于减肥。还可治疗高血压、头昏、子宫出血等症，并对麻疹、流感有预防作用，近代医学认为尚具有抑制癌细胞生长的作用。

作为一种营养价值很高的野生山菜，有"山菜之王"的美称。春天采摘萌发的嫩叶，可烹调成木须蕨菜、海米蕨菜、炒肉蕨菜、脆皮蕨菜卷、凉拌蕨菜、蕨菜汤等品种，以色泽红润，质地软嫩，清香味浓而深受人们青睐。蕨菜入肴，除作鲜品外，尚可加工成盐品、干品。另有蕨菜罐头、真空包装的盐蕨菜也非常受欢迎。

人工种植蕨菜在露地、塑料小拱棚、塑料大（中）棚、高效日光节能温室、加温温室都可以进行。根据不同的需要可以选择不同的生产方式。如以鲜菜形式上市，可以选择在高效日光节能温室、加温温室内生产，经济效益较高；以批量制干出口创汇为目的，可以选择露地生产，成本相对较低，适合规模发展，种株的选择目前还没有品种。

我国蕨菜资源丰富，每年都有大量出口，年出口量达万吨以上，是典型的无公害蔬菜。如浙江温州市文成县的"哼哈"牌野生蕨菜远销东亚、西欧等12个国家和地区。随着出口量的逐年增加，仅靠野生资源已不能满足需要，所以大力发展人工栽培，让蕨菜由野生状态转入人工栽培已是当务之急。

5.1.2　生物生态学特性

5.1.2.1　形态特征

蕨菜株高1m左右，根状茎长而横走，有黑色绒毛。每年春季从根状茎上生出新叶，幼叶拳状卷曲，形似猫爪，成熟时伸展，呈卵状三角形，长30~60cm，宽20~45cm，三回羽状复叶，叶柄粗壮，褐棕色，光滑，长30~100cm，基部有锈黄色短毛，夏季在叶背边缘连续着生褐色孢子囊群(图5-1)。

5.1.2.2　生态学习性

蕨菜抗逆性强，适应性广，喜光、喜湿润、喜冷凉气候；耐高温也耐低温。32℃能正常生长，-36℃低温宿根能安全越冬，嫩叶-5℃受冻，气温15℃、地温12℃，叶片开始迅速生长，孢子发育适温25~30℃；光照较多时生长发育较快，植株高大；不耐干旱，对水分要求较多，喜欢湿润环境条件；要求土层深厚、富含有机质、排水良好的中性或微酸性土壤，野生多生长于山区阳坡稀疏针阔叶混交林内。

图5-1　蕨菜

5.1.2.3　生长发育特点及规律

蕨菜是孢子植物，孢子细小多数，成熟时随风飘散或随雨水传播，遇到适宜条件时萌发。据孟黎明等试验：孢子萌发所需温度为10~30℃，最适20℃。介质含水率80~110时，孢子萌发顺利，低于60%不萌发。在繁殖器官成熟时，要求叶面有水，以利于精子活动，完成受精过程。光影响孢子萌发，光强萌发快；在无光处已萌发的孢子不进行横向分裂。孢子在室内条件下存放生活力可保持1年。

没有地上茎，根状茎横走地下，深10~20cm，总长可达4~5m，粗1cm左右，紫褐色，须根不发达，根状茎上着生两种不同类型芽，一种与横走茎垂直生长，顶端圆形，白色或淡黄色，初时密裹绒毛，出土长成叶片；另一种沿水平方向延伸，顶端尖，白色，为根状茎生长点，生长形成新的地下横走茎。

蕨菜出苗期在东北为5月上旬至6月上旬，出苗后7~10d展叶，6月中旬开始分化新的根茎和形成须根，7~8月为盛期，9月逐渐停止。一般每年可分化1~5条新根状茎。

据张德珩等观察，蕨菜5月中旬从出土到第一片叶展开需10~12d，前4~5d生长缓慢，平均每天生长1~3cm，第6~7d生长较快，平均每天生长7~8cm，以后生长速度再次减慢，平均每天4~5cm，经7~10d生长，可食高度可达25~35cm，叶柄粗壮脆嫩，叶片呈拳状卷曲，是采收的最佳时期。展叶后，叶柄由茎部向上快速纤维化，失去食用价值，因此必须适时采收。

【巩固训练】

1. 蕨菜林下栽培如何选地？
2. 蕨菜如何进行根茎繁殖栽培？
3. 蕨菜栽后如何进行田间管理？
4. 蕨菜如何采收？如何干制？
5. 蕨菜有何生态学习性？

【拓展训练】

调查你的家乡所在地区有哪些蕨类植物？其有何经济价值？是否值得开发利用？

任务 2
大叶芹栽培

【任务目标】

1. 知识目标

了解大叶芹的营养价值、分布及发展现状与前景；知道大叶芹的食用方法；熟悉大叶芹的生物生态学习性及特性。

2. 能力目标

会进行大叶芹栽培选地整地、繁苗栽培、田间管理、病虫害防治、采收及加工。

【任务描述】

大叶芹是伞形科假茴芹属多年生草本植物，其嫩茎叶食用营养丰富，并具有较好的降血压作用，是我国人们喜食的山野菜品种，也是我国大宗出口的野菜品种之一，多年来，食用一直靠采收野生资源，随着人工栽培技术的探索成功，既可进行人工露地栽培，亦可进行大棚温室反季节生产，具有很高的经济效益。

大叶芹栽培包括选地整地、繁苗栽培、田间管理、病虫害防治和采收加工等操作环节。

该任务为独立任务，通过任务实施，可以为大叶芹栽培生产打下坚实的理论与实践基础，培养合格的大叶芹栽培生产技能型人才。

【任务实施流程】

选地整地 → 繁苗栽培 → 田间管理 → 病虫害防治 → 采收加工

【任务操作要点】

一、选地整地

1. 选地

栽培大叶芹要选择背风向阳，土质肥沃，水源充足，利于灌溉，地温回升较快的 pH 值 5~7 的疏松壤土或砂壤土地。林下栽培宜选林分郁闭度不超过 0.5，土质疏松肥沃、湿润的阔叶林地为好。

2. 整地做畦

选好地后，先深翻土地 30cm 左右，每亩地施入腐熟的优质农家肥 3 000kg 左右，拌匀后作成畦宽 1.2m、深 15cm 左右、长 10~20m 的低畦或平畦，畦埂宽 30cm。

二、繁苗栽培

大叶芹栽培可采用播种繁苗后移栽或根茎栽培。生产上多用播种繁殖方法进行繁苗后移栽。

1. 根茎栽培

于每年春季 4 月初至 5 月中旬，将野生大叶芹母根挖出种植在空地上。种植前将土壤深翻 30cm 左右，耙细，施足底肥（最好是腐熟的农家肥），每亩施肥量 3 000kg。做畦后按株行距 5cm × 10cm 进行栽植。

2. 播种繁殖

（1）种子处理：大叶芹种子具深休眠特性，需经低温层积催芽处理才能发芽。因此，8 ~ 9 月份种子采收后去除杂质，在阴凉避雨处摊开晾至种皮变为黑褐色，手握有潮湿感时，将种子和湿润细河沙按比例 1∶3 混匀，湿度保持在 60% 左右，堆放于阴凉避雨处，保持湿度，干时补水，至土壤上冻时，在室外选地势高燥平坦处挖坑深 40cm，将种沙混合物埋于其中，上与地面一平，再盖 10cm 左右厚土，做成龟背形。3 月下旬播种前，将种沙混合物取出堆放于室内进行室温催芽，60% 裂口露白即可播种。每亩用种量为湿种子 8 ~ 10kg。注意种子采收后不能够进行干藏。

（2）播种：4 月上中旬当地温稳定在 5℃ 以上时，在准备好的畦床上按行距 8 ~ 10cm 开深 2 ~ 3cm 的浅沟，宽 8 ~ 10cm，开好沟后，浇透底水，水渗下后将处理好的种子均匀撒入沟内，覆土 0.5 ~ 1cm，稍镇压后覆盖地膜，以提高地温，促进种子出苗。注意平畦覆地膜时周围应修筑起 3 ~ 5cm 的边埂，以免出苗后烫坏幼苗。

（3）播后管理：大叶芹播种 10d 左右出齐苗后，选择阴天或晴天傍晚撤掉地膜，苗期保持床面湿润无杂草，干旱则及时浇水，做到宜湿勿干。每次雨后及时进行松土、除草，保持土壤疏松透气。如果光照过强则需搭设遮阴棚护苗。可于齐苗后喷洒 50% 多菌灵 800 ~ 1 000 倍液预防立枯病和斑枯病发生。

（4）移栽：5 月下旬至 6 月上旬，苗高达 6 ~ 8cm 时进行移栽定植。移栽时选择阴天或晴天傍晚进行，边移栽边起苗，以免幼苗失水萎蔫。移栽按株行距（8 ~ 10）cm ×（8 ~ 10）cm 挖穴栽植，每穴栽植 3 株幼苗，栽植后立即浇透水，全部栽完后搭设小拱棚，拱棚上覆盖 50% 透光率遮阳网进行遮阴。

也可于秋季 8 ~ 9 月种子成熟采收后，清除杂物，不用处理而直接播种于苗床内，覆土后再覆盖草帘或树叶保湿，翌年 3 月份扣小拱棚提高地温，种子萌发出苗长至 5 ~ 6cm 时进行移栽定植。

三、田间管理

移栽后发现缺苗，及时补齐。缓苗后，待土壤见干时进行松土，松土不宜过深，以 2 ~ 3cm 为度，过深易伤根。以后视天气情况和土壤墒情进行浇水。大叶芹喜大水大肥，缓苗后 15d 左右，结合浇水追施氮肥一次。7 ~ 8 月份旺盛生长期要结合中耕进行除草，始终保持田间清洁、疏松、湿润无杂草，有条件的可追施两次肥，每次间隔 15d 左右，每次每亩施用稀薄腐熟农家肥液 1 000kg，追施沼液效果更好。8 月上旬至 9 月下旬，喷施 2 ~ 3 次 0.3% 磷酸二氢钾，促进根系发育，增加根蘖。9 月初撤除遮阳网，以利光合作用。进入 10 月份停止追肥并减少浇水，11 月初浇一次透水。11 月上旬地上部分枯萎死亡后，用耙子搂走枯叶集中烧毁。翌年春季土壤化冻后，视土壤情况浇一次透水。4 月上中旬开始萌发，以后随气温升高，生长速度加快。当苗高达 20cm 以上时即可进行采收。每次采收后间隔 1 ~ 2d 按每亩 500kg 追施稀薄腐熟农家肥液或每亩撒施 1 000kg 优质腐熟农家肥，以促进健壮生长。

为了提早采收上市，也可于 3 月上旬扣棚，提高地温，加速生长，天热温度高时适当通风降温，土壤干旱时及时浇水，这样管理 4 月中下旬即可收获上市。晚霜结束后撤除棚膜，并进行松土、施肥，5 月下旬至 6 月上旬可进行第二次采收。

大叶芹生产为了提高菜品质量，要进行适当遮阴，以控制光照，以遮阳网透光率 50% 为适宜，达到软化栽培目的。

四、病虫害防治

大叶芹在正常栽培管理条件下很少发生病害，但在反季节栽培种，经常由于湿度大，在温度管理不当时也有病害发生。主要病害有叶斑病、灰霉病、斑枯病、霜霉病和晚疫病，可用 50% 代森锰锌可湿性粉剂 800 倍液喷雾防治。地下害虫地老虎、蝼蛄等可采用毒饵诱杀。蛴螬、地蛆等可采用 50% 辛硫磷乳油 2 000 倍液灌根防治。蚜虫可用 1 000 倍氧化乐果进行防治。

五、采收与加工

1. 采收

播种当年移栽苗，当年不要采收，第二年幼苗长到株高 20cm 以上的植株采收嫩茎叶，除去杂质，扎成小捆，避免揉搓。

采收时用刀在距植株基部 2～3cm 处平割，注意不要割掉生长点，留茬也不宜过高，否则会影响产量及下茬的生长。

如做留种田，只能收两茬，如只做商品菜生产田，可收三茬，然后使其转向生殖生长，植株梗变硬老化，并分蘖出新株，以利提高下一年产量。

2. 加工

为方便贮运，长期保存，可以盐渍或作罐头加工。

（1）盐渍：在容器（缸、桶、池）底部撒一层约 2cm 厚的盐，再放 1 层菜，之后再 1 层盐 1 层菜依次装满，上面再放 1 层约 2cm 厚的盐，上压石头并加盖。每 50kg 鲜菜约用盐 17kg，盐多利于保持绿色，一般在盐渍 70d 后把含有杂质的盐水去掉，进行第 2 次盐渍，方法同第 1 次，用盐量略少。

（2）罐头加工：一般选取盐渍好的大叶芹为原料，通过以下工艺流程：原料→清洗→脱盐→复绿→热烫→冷却→切段→装罐→真空封口→杀菌→冷却→成品。

【相关基础知识】

5.2.1　概述

大叶芹［*Spuriopimine brachycarpa*（Kom）Kitag.］别名山芹菜，假茴芹，明叶菜（鞍山），蜘蛛香（吉林），禅那木尔（朝语译音），伞形科假茴芹属多年生草本植物。

大叶芹营养丰富且具有显著的降血压作用，茎叶中除含蛋白质、脂肪、糖类等营养物质外，还富含维生素等。经中国科学院应用生态研究所测定，每 100g 鲜品中含维生素 A 105mg、维生素 E 45.3mg、维生素 C 65.88mg、维生素 B_2 22.3mg、蛋白质 2 160mg、铁 30.6mg、钙 1 280mg。另含精氨酸等 16 种氨基酸，全株及种子含挥发油。

大叶芹嫩茎叶可食，5～6 月份采收后整理清洗干净，放入沸水中漂烫 3～5min，捞出用冷水浸泡后沥干浮水，可炝拌、炒食、腌渍辣菜或晒干或做馅、煲汤，翠绿多汁，清香爽口，营养丰富，是色、香、味俱佳的山野菜之一。野生的大叶芹现为我国千吨级以上大宗出口的绿色产品之一。

大叶芹主要分布在我国的东北（黑龙江、吉林和辽宁）和俄罗斯远东地区。野生于山区、半山区林下或草地。辽宁主产于庄河、鞍山、清原、本溪、桓仁、岫岩、凤城、宽甸；吉林主产于永吉、盘石、梨树、东丰、通化、柳河、浑江、靖宇、抚松、长白、集安、桦甸、蛟河、安图、和龙；黑龙江主产于哈尔滨、伊春、宝清、尚志、五常、宾县等地。

大叶芹是人们非常喜食的一种山野菜，味道鲜美。除过鲜食外，尚可加工成罐头、腌渍咸菜等产品进行出售。野生大叶芹随着掠夺式采摘，野生资源逐年减少。2000 年以来，新宾县平顶山镇农业技术推广站，在参地、农田地经过反复研究试验成功摸索出一套大叶芹露地栽培技术。具投资小，见效快，操作简单，商品性好的特点。适用于农户利用房前屋后的园田地种植，也适合利用农田地大面积规模化生产，亩产 500～750kg，亩效益 3 000～5 000 元，且一次播种受益 3～5 年，很受农民欢迎，是一项发展前景不错的农民致富措施。

5.2.2　生物生态学特性

5.2.2.1　形态特征

大叶芹为多年生草本植物，株高50~100cm。根状茎短而粗，地上茎直立，单一，具棱条。基生叶及茎下部叶矩圆卵状形，长5~16cm，三出全裂或二回三出全裂，裂片矩圆披针形至倒卵形，顶端短渐尖，边缘有紧密重锯齿，表面无毛或两面沿脉有粗毛；叶柄长5~16cm；上部茎生叶披针形，具齿状苞片；叶片较薄。复伞形花序，顶生，通常单一；花5瓣，白色；花梗长3~10mm。黑褐色双悬果，近圆形或卵形。花期7~8月，果期8~9月。

5.2.2.2　生态学习性

常野生于高山混杂的阔叶林下、灌木丛中、山坡草地、山沟湿地等阴湿处，在海拔800m高山上生长良好。

大叶芹为多年生宿根草本植物，浅根性，多须根，为林下荫性植物，喜气候凉爽和湿润。

对温度敏感性强，忌阳光直射，喜大水大肥、土层深厚、腐殖质丰富、含水量高但不积水的偏酸性腐叶土，如土壤渗透性差、排水不畅，在积水环境下易发生病害，抗寒性强，可通过 -30~ -25℃低温而安全越冬。

【巩固训练】

　　1. 大叶芹栽培如何选地整地？

　　2. 大叶芹如何播种繁殖？

　　3. 大叶芹如何进行田间管理？

　　4. 大叶芹如何采收？

　　5. 大叶芹有何生态学习性？

【拓展训练】

　　调查你的家乡所在地区有哪些伞形科植物？其有何经济价值？是否值得开发利用？

任务 3
短梗五加栽培

【任务目标】

1. 知识目标

了解短梗五加的食用、药用价值及分布与发展前景；知道短梗五加的食用方法、药用功效、入药部位；熟悉短梗五加的生物生态学习性及形态特征。

2. 能力目标

会进行短梗五加栽培选地整地、种苗繁育、移栽定植、栽后管理、病虫害防治、采收及加工。

【任务描述】

短梗五加是集食用、药用及保健功能于一体的林下经济植物。食用，营养丰富，风味独特，是辽东山区民间喜食的山野菜珍品。药用，根皮、枝皮、花、叶均可入药，属于"适应原样性"药物，具"扶正固本、益智安神、健脾补肾"之功效，并对冠心病有较高疗效，亦有抗癌作用。产品除供国内市场外，还远销日本、韩国、欧美等国家和地区。

短梗五加栽培包括选地整地、种苗繁育、移栽定植、栽后管理、病虫害防治和采收加工等操作环节。

该任务为独立任务，通过任务实施，可以为短梗五加栽培生产打下坚实的理论与实践基础，培养合格的短梗五加栽培生产技能型人才。

【任务实施流程】

【任务操作要点】

一、选地整地

1. 选地

短梗五加林下栽培选地应选针阔叶混交林的成过伐林下、疏林地、或阔叶杂木林地及疏林地，上层林冠郁闭度 0.3 ~ 0.5；亦可选择荒山坡地、农田等。坡向以半阳坡、阴坡、半阴坡皆可。选择土壤肥沃、排水良好的偏酸性土壤。不要选择阳陡坡荒山，也不要选择阳陡坡柞桦林林下。干旱阳陡坡影响成活率、保存率，且过强的光照还会加速叶片老化，影响质量。同时选地还应避开深谷、低洼地等霜害严重地方。

2. 整地

整地方法因地制宜，林下、坡地整地以穴状整地、带状整地为主；农田地则结合施底肥进行全面整地。

（1）带状整地：即在林地上割除 2m 宽林地上的灌木、杂草，并将石块、割倒的灌木、杂草、树根等物清理出林地，保留 1m 的保留带不进行割除，以保持水土，并为幼苗栽植后营造良好的遮阴与庇护环境条件。

（2）穴状整地：将栽植穴周围 50cm × 50cm 范围内的灌木、杂草、石块、伐根等物割除并清理出林地，以利于栽植。

二、种苗繁育

短梗五加苗木繁育可采用播种育苗、扦插育苗和分株育苗，生产上以播种育苗为主，因为繁殖系数高，管理方便。

1. 播种育苗

（1）育苗地选地整地：育苗地选砂壤质、轻壤质土，平坦地块，地表匀撒农家肥，施量 3 000kg/亩。翻土 20cm 深，打碎土块，做宽、高、长为 1.2m × 0.15m × (10～20)m 的床，拍实床缘，搂平床面。

（2）种子采集与处理：10 月上旬采集充分形态成熟的果实，放入桶中，加少量水，待果实软化后，平铺地表踏踩，使肉种分离。放入盆中加水多次淘洗，倒出果肉和瘪粒种子，捞出容器底部种子。

种子催芽：短梗五加种子在形态成熟后，其种胚发芽不完整，还需一段时间在一定湿度下继续完成胚的发育，才能保证播种发芽，长出幼苗。

处理时将 1 份种子与 3 份沙混匀，沙子含水量为 30%，种、沙中最好混入少许多菌灵粉剂，可减少或避免沙藏期烂种。

将种、沙装入透气编织袋内，放入适宜场所。10～12 月份适宜温度为 15～20℃，次年 1～2 月份适宜温度为 8～10℃，3～4 月适宜温度为 5～0℃。沙藏期 7～10d 检查 1 次并适当翻动调整。3 月底至 4 月上、中旬进行室温催芽，经常检查，当发

现有 30% 种子裂口发芽，即可准备播种，出苗率 50% 左右。

也可采用自然处理方法：将种子淘洗、消毒后，及时与体积 3 倍的细河沙混拌，沙子湿度 60%～70%，堆放至上冻前，于 11 月上旬埋于室外事先备好的 40cm 左右坑中进行层积处理，上盖 5cm 厚河沙和 5cm 厚土，做成龟背形，然后在盖 1m 厚的去叶秸秆捆遮阴，经过连续 2 个冬季和 1 个夏季的层积过程，于第三年春 4 月中下旬种子露白时播种，发芽率可达 90%。

（3）播种：4 月上、中旬，将处理好的种子播于准备好的苗床内。播种采用条播，首先在苗床上顺或横床向按 25cm 行距开 3cm 深沟，将种沙撒入沟内，播种量 12.5kg/亩，覆土厚 1.5～2cm，稍镇压。向床面撒呋喃丹和多菌灵，每亩床面用量均为 3～4kg，以防烂种和蝼蛄翻动床面，而影响出苗。最后覆 2～3cm 厚草帘或稻草、树叶。向覆盖物上喷水，每 2～3d 喷 1 次，保持床面适度湿润。

（4）播后管理：播种后出苗前，注意保持床面始终湿润，以利于出苗。15～20d 出苗，当出苗率达 85% 左右时，撤去床面覆盖物。

刚出土的幼苗，不耐强光照射，有条件时，在出苗撤覆盖物后，立即支设高度为 1m 左右的拱竿，上罩透光度为 50% 的遮阳网，7 月中、下旬撤网，疏林地内播种的不必遮网。全光照条件下，出苗后不遮网，保苗率较低。6～8 月随时拔、铲杂草，确保幼苗不受草害影响。

出苗后到落叶，前期床面保持相当湿度，后期适度干旱。7 月如发现叶色较淡，可追施尿素或二铵，用量为 15kg/亩，最好临雨时追肥或追肥后浇水以防烧苗。

2. 扦插育苗

（1）插穗采集：12 月至翌年 2 月，采集当年生枝条窖藏。

（2）插穗剪制：3 月上中旬将枝条剪成 15cm 长插条，上端在距芽 1～1.5cm 处剪成平口，下端在芽下剪成马蹄形斜口。

（3）插穗处理：50 根一捆，下端对齐，用 ABT-1 号生根粉 100mg/kg 浸泡插条下端 2～3cm 处 3h 左右，用清水冲洗后埋入沙床中进行倒置催根，用塑料布做小拱棚，插条上部温度控制 21℃ 左右，下端温度低于上端温度 10℃ 左右为好，当

插条根长出 1mm 时，在事先做好的宽 1~1.2m，沙深 15cm 的畦床上按 10cm 宽开沟，浇透底水，按 5cm 间距摆好插条，芽面朝南，埋土至距最上端芽 1~2cm 处，插条向北倾斜 60°~70°，最后浇水。

（4）绿枝扦插：也可在 6~8 月进行绿枝扦插，成活率较高。采集春季新生枝条做插条，保留一叶一芽，剪成 10~15cm 长，上剪口距叶柄着生处 1~1.5cm，平剪口，下剪口马蹄形，只留最上端一片复叶，并去除中间较大的三片叶，先将 1~1.2m 宽，深 10~15cm 的沙床浇透水，然后将插条边剪边插，株行距 5cm×10cm，插入深度为插条长度的一半，插后再浇水，然后用塑料小拱棚罩住，以后视情况浇水，少次多量，见干见湿，温度控制在 20~25℃，20d 左右生根。

3. 分株繁殖

在春季萌芽前，挖取老株周围的萌蘖苗，进行归圃培育或直接定植。

三、移栽定植

短梗五加移栽一般在春季萌芽前进行。

林下种植带状整地者，在整好的栽植带内按行距 40cm，每带栽植 4 行，株距 30cm 进行栽植，栽植时据植株大小挖深 25cm 左右栽植穴，按每亩 3 000kg 优质腐熟农家肥进行穴施。穴状整地者栽植时挖大穴每穴栽植 2 株植株，株距 25cm 左右。

农田栽植采用大垄双行栽植，垄宽 50cm，垄距 35cm，株距 30cm，垄上两行间距 30cm，据幼苗大小挖栽植穴进行栽植。结合整地每亩施优质腐熟农家肥 3 000kg 做底肥，每亩栽苗 5200 株左右。

栽植时注意选择生长健壮、根系发达、无病虫害、整齐一致的苗木栽植，苗高在 50cm 左右。栽植前对过长根系进行修剪，栽植时将苗木扶正踩实，使根系舒展不卷曲，做到"三埋两踩一提苗"，栽植深度以比原苗圃地时土壤所在位置略深 2~3cm 或与原土印平齐为度。栽后土壤干旱浇水，栽后平茬，以减少水分蒸发，提高成活率。

四、栽后管理

林下、荒坡荒地栽植，成活后生长季结合带内或树盘除草进行中耕 2~3 次，切忌伤及根系。同时在雨季时结合中耕除草据植株生长情况施 2 次追肥，株施尿素或磷酸二铵 0.1~0.2kg。有条件可在每年秋末冬初地上植株叶片枯萎脱落后每亩施农家肥 3 000kg。

农田种植前 1~2 年植株较小，可适当在行间种植大豆、小豆、花生等农作物。生长季及时除草。短梗五加喜肥，每年施肥 2 次。第一次在返青后距植株 0.2m 处刨 6cm 深坑穴，株施尿素或二铵 0.1~0.2kg。第二次在 9 月初，顺垄开 10cm 深的条沟，施量为 3 000kg/亩的腐熟农家肥。枝条密度大和枝上有刺施肥难度较大时，可在平茬采枝后进行。生长季遇天气干旱及时灌水，雨季积水应尽快排除。

为了萌发壮芽、增加产量，每年春季萌芽前 1 个月进行平茬，要求茬口光滑，留茬高度不超过 10cm。

五、病虫害防治

病害主要有霜霉病、煤污病和黑斑病，主要危害叶片，发病 6~8 月，叶片变黑或产生霉层、焦枯、畸形，引起早期落叶，温度高，湿度大，通风不良均会引起病害发生。

防治方法：多采用农业防治，要求加强管理，注意通风，降温降湿和排水，秋季及时清理落叶、枯枝并及时烧毁，发病严重，霜霉病可 7 月份喷撒 50% 多菌灵 1 000 倍液，10d1 次，连喷 3 次；黑斑病可 6 月初喷洒 50% 扑海因 1 500 倍液或 3% 多抗霉素 1 000 倍液，7~10d1 次，连喷 3~5 次，两种药剂交替使用；煤污病可 7 月初喷洒 40% 克菌丹可湿性粉剂 400 倍液或代森锌 500~800 倍液或 50% 多菌灵可湿性粉剂 1 500 倍液，10~15d1 次，连喷 2~3 次。

虫害主要有蚜虫和介壳虫，可用纯天然制剂（水煮猕猴桃根浸提液等）进行无公害防治，效果相当显著。

芽菜生产过程中，为了防止农药、化肥残留，不提倡使用农药、化肥，利用农业防治方法防病，利用纯天然制剂防虫，春季萌芽前一次性施入 1 500kg/亩左右腐熟的农家肥，不必追肥，以避免化肥、农药残留。

六、采收与加工

1. 采收

短梗五加 4 月上旬开始萌芽，林下栽培会晚一些。当新梢长达 20cm 时，剪留 5cm，二次梢长到 20cm 时再选部分粗茎剪采，每年可采摘 5~7

次，但要注意防止树势衰弱至死树，冬末春初留5～10cm再平茬。嫩茎叶采收后每500g扎成一捆，趁鲜出售或用于加工

2. 加工

（1）盐渍：将当日采收的嫩茎叶，500g扎成一小捆，按一层菜一层盐的顺序，放入大缸或其他容器，盐量要逐层增加，最上层要多放些盐，装满后盖上木盖，压上石头，使嫩茎全部进入饱和盐水中。

（2）真空包装或制作罐头：将新采下的嫩茎去叶，挑选分级，清洗干净，切成小段，放入沸水中预煮1～2min，然后捞入漂洗槽中冷却，进行自动杀菌真空包装或装罐注液，封罐，最后杀菌冷却制成罐头。

（3）速冻加工：将新采下的嫩茎去叶，挑选分级，然后用刚抽出的井水浸泡降温，然后用转筒清洗机进行清洗，然后切分，切除尖端和基部木质化部分，将切分后的嫩茎放入90℃热水中，烫漂4min，然后马上放入冷水中冷却，冷却后将其均匀放在振动式虑水机上淋干水分，然后放到振动布料机上均匀布料，通过隧道式冷冻机进行速冻，用聚乙烯薄膜包装，放入-15℃冷库冻藏。

【相关基础知识】

5.3.1 概述

短梗五加，又名刺拐棒、少刺五加、五加皮木、五加参等，为五加科五加属植物。药食兼用，药用以根皮、枝皮入药，叶、花、果皆有药用功效；嫩茎叶可食用，风味独特，营养丰富。

5.3.1.1 经济价值

（1）营养价值

根和茎中含香豆素，叶和花中含有黄酮。根含总皂苷0.6%～0.9%，还含有芝麻素、异白蜡吡啶、多糖等物质。叶同样含有五加皂苷。根、根茎、果实和地上部分均含有挥发油等。

（2）药用价值

有类似人参样作用，属于"适应原样"性药物。味辛，性温，有祛风除湿、强筋骨、扶正固本、益智安神、健脾补肾等功效。用于脾肾阳虚，腰膝酸软，体虚无力，失眠，多梦，食欲不振等症。药理研究表明：五加的药理作用主要有改善神经系统，使兴奋和抑制两过程得到生理平衡，提高人智力和体力劳动效率；增强机体对非特异性刺激的作用，有抗疲劳、耐缺氧、耐高温、抗辐射、解毒、抗应激、调节内分泌功能紊乱、调整造血机能等作用；提高白细胞吞噬能力，促使干扰素生成，增强免疫作用；改善大脑供血、扩张冠脉血管、减少异常动作电位产生；抑制肿瘤增生扩散；同化及刺激肝损细胞再生；抑制血小板凝集；止咳祛痰；抑制流感病毒和结核杆菌。

（3）食用价值

食用其嫩茎叶，可盐渍咸菜、蘸酱、凉拌、炖食、炒食等，具有无污染、味道鲜美、风味独特、营养价值高、并具保健功能等特点，一直以来是辽东山区民间喜食的山野菜珍品。

5.3.1.2 分布

短梗五加主要分布在我国黑龙江、吉林、辽宁及华北各省，朝鲜、俄罗斯远东地区也有分布。辽宁省主产于清原、新宾、本溪、抚顺、鞍山、丹东、营口、辽阳、铁岭等地。

5.3.1.3　发展前景

随着市场需求的不断增加，人们非保护性采集，资源破坏严重，近几年，通过科研人员的不懈努力，在人工育苗、露地栽培、反季节生产等方面取得了突破性进展，产量大幅度提高，产品更是远销日本、韩国、欧美等国家、发展前景看好。

5.3.2　生物生态学特性

5.3.2.1　形态特征

灌木或小乔木，高 2～5m，树皮灰色至暗灰色，有纵裂纹；多分枝，枝灰色，有少刺或无刺。

掌状复叶，互生；叶柄长 3.5～12cm，小叶 5，稀 4(或 3)；叶椭圆状倒卵形至长圆形，长 7～18cm，边缘有锐尖重锯齿，小叶柄长 0.5～2.2cm(图5-2)。

头状花序排列成伞形或圆锥状，花多而密，总花梗长 5～7cm，无毛，小花花梗长 1～2cm，花萼无毛。

图 5-2　短梗刺五加

子房 2 室，核果浆果状，近球形或卵形，长约8mm，紫黑色，每果内有种子 2 粒，种子麦粒形，千粒重 10～12g。花期 7～9月，果熟期 9～10 月。

5.3.2.2　生态学习性

喜光树种且耐阴，在庇荫度 50%～60%条件下也能良好生长，菜用栽培要适当遮掩，对土壤要求不严，但喜腐殖质含量高的土壤，适宜 pH 6～8，喜冷凉、耐寒怕热，−40℃能安全越冬，高温强光叶片变黄，边缘日灼，喜湿润，耐干旱，怕水涝，喜生于林缘和开阔地、山坡灌丛、山沟溪流附近，单生或成小丛，自然生长期 120～150d。

5.3.3　其他用途采收方法

药用枝皮的可每 2～3 年在休眠期平茬后将枝皮剥离后晾干贮藏。

药用根皮可在第 3 年以后进行，但每次去掉根量只能占原有根量的 1/2～1/3，且要加强肥水管理，这种采收方法应尽可能少用。秋季采收，采收时先将地上茎叶砍除，将根部挖出。抖去泥土，除净须根，洗净，剥取根皮，抽出木心，摊开在太阳下晒干，装入麻袋或编织袋内。本品受潮容易变色，宜置通风干燥处。注意防霉、防虫蛀。量少可放入缸内，密封防潮、防虫蛀、防霉变及香气走失。

果、种用园第 3 年开始结实，冬剪注意培养 4～6 个向四周延伸的主枝，剪除干枯枝、过密枝、细弱枝、衰老枝，1 年生枝留 3～5 芽短截。10 月果实成熟后采收。

【巩固训练】

1. 短梗五加林下栽培如何选地整地？

2. 短梗五加种子如何处理？

3. 短梗五加如何播种育苗？

4. 短梗五加栽后如何管理？

5. 短梗五加有何生态学习性？

【拓展训练】

调查你的家乡所在地区有哪些山野菜，开发利用前景如何。

调研短梗五加或刺五加在你的家乡所在地发展的可行性。

任务 4

龙牙楤木栽培

【任务目标】

1. 知识目标

知道龙牙楤木的价值、发展前景、分布；熟知龙牙楤木的生物生态学习性。

2. 能力目标

会进行龙牙楤木育苗、建园、管理、病虫害防治、采收等操作。

【任务描述】

龙牙楤木营养丰富，风味独特。在日本已形成较大规模产业，而在我国除小面积栽培试验外，尚未形成规模产业。近些年来随着需求的增加，对野生资源的掠夺性采摘，致使野生资源逐年减少。因此，人工栽培势在必行。

龙牙楤木人工栽培包括苗木繁育、建园、栽后管理、病虫害防治、采收等操作环节。

该任务为独立任务，通过任务实施，可以为龙牙楤木的人工栽培生产打下坚实的理论与实践基础，培养合格的龙牙楤木栽培生产技能型人才。

【任务实施流程】

苗木繁育 ➡ 建园 ➡ 栽后管理 ➡ 病虫害防治 ➡ 采收

【任务操作要点】

一、种苗繁育

龙牙楤木种苗繁育可以采用播种繁殖、根插繁殖、断根繁殖、组织培养，生产中主要采用播种繁殖，因其繁殖系数大。

1. 播种育苗

（1）种子采集：龙牙楤木种子9月下旬至10月中旬成熟，种子成熟时先成熟种子脱落。因此，种子采集应在9月下旬至10月中旬期间，观察种子成熟达穗中部时采摘；采摘过早，成熟种子少，发芽率不高；采摘过晚，先成熟种子脱落，影响收种量。种子采收后放置阴凉干燥通风处，待其自然后熟后洗净果肉、果皮，漂除瘪粒种子，阴干储藏。

（2）种子处理：11月中下旬，先将采集调制好的充分成熟饱满种子用40℃温水浸泡，待其自然冷却后浸泡72h后捞出，每天换水1次。然后按种沙比1∶5比例混入干净湿河沙，沙子湿度以手握成团但无水滴出，松手触之即散为度，拌匀后置于15℃左右温度条件下，保持湿度，干时喷水拌匀，促使种子完成种胚发育，期间每隔10～15d检查1次，处理70d以后，检查裂口率，达30%左右时移入－5～0℃温度条件下进行低温恒温冷冻处理直至播种前取出进行播种。

也可在种子采集调制好后，将种子直接进行温水浸泡24h后，直接进行秋播，播后浇水覆盖，保持床面湿润直至土壤上冻，来年春季出苗早、出苗齐。

据沈阳农业大学宁伟等研究，可将龙牙楤木种子用洗衣粉水搓洗后用清水冲洗干净，然后置200mg/L赤霉素丙酮溶液中浸泡12h后，采用13～15℃高温和0～4℃低温各12h交替处理36d，解除休眠并促进种胚发育，发芽率可达79%，处理48d，发芽率可达81%。

（3）育苗田选择：龙牙楤木育苗田可选择背风向阳、土层深厚、土质肥沃、疏松湿润、排水良好、附近有灌溉水源的壤土或沙质壤土地进行育苗。

（4）清理整地：3月下旬至4月上旬结合翻地，每亩施有机肥1 500～2 000kg作底肥，然后作床。床高10cm，宽1.2m，长10m左右，作好后用拿捕净、灭草灵等杀禾本科（单子叶）的除草剂进行床面封闭，然后扣地膜烤田增温。当10cm地温达12℃以上时进行播种。

（5）播种：播前将地膜揭开，开2～3cm浅沟，浇底水，待水渗下后将种沙混合物均匀撒入沟内（如墒情好可不浇水）。采用条播、撒播均可，每亩播种量1.5～2kg（干籽），上覆5～10mm细沙或细土，再扣地膜或覆盖草帘、松针等保湿（注意地膜不能紧贴在地面）。

（6）播后管理：苗出齐后，要逐渐通风炼苗，但要注意防止日灼伤害幼苗，长出第一片真叶后把地膜揭掉，并适时松土、除草、浇水。

长出3片真叶后，进行间苗移栽，保持株距7～10cm，移苗后加强田间管理，7月下旬每亩追施尿素10～20kg。

2. 根插育苗

据日本中山茂则1980年及延边特产研究所朴泰浩1993年报道，龙牙楤木采用根插育苗的适宜根段长度以15cm长为最佳，扦插后成苗率最高，可达75%以上，长度为10cm时，扦插成苗率60%左右，而长度5cm时，扦插成苗率则只有25%左右。由此可见，龙牙楤木可采用根段扦插繁苗，且成苗率以根段长度15cm为宜。

方法为：春季土壤化冻后，挖取3年生龙牙楤木母株的侧根，选择直径0.5～3cm粗细，剪成15cm长的根段，用多菌灵或甲基托布津500倍液浸泡根段1h后晾干根段表面水气，防止根段腐烂，然后呈30°斜插或平埋于地垄或苗床上，覆土厚3～4cm，稍踩实，浇1次透水，出苗前注意保湿，但不能过湿，以免龙牙楤木的肉质根在过湿环境下腐烂。1个月左右可萌发根蘖苗。萌发后加强管理，当年苗高即可达到50～100cm。

3. 断根育苗

利用龙牙楤木根系在地上植株破坏后，有很强的萌蘖能力特性，可于春季土壤化冻、母株萌发前，在母株一侧距树干30cm处，挖掘30cm宽、40cm深沟，将遇到的根系全部截断，截断后的根系保留在土壤中，约20～30d截断的根段上就能萌发出新芽，萌发出的新芽每根上保留一个健壮的培养，当年秋季即可用于栽培。但要注意截断的根系断面最好用刀切削光滑平整，以促进愈伤组织形成。

4. 组织培养

日本文献报道，龙牙楤木可采用组织培养方法进行繁苗，繁苗率比根插繁苗率高出400倍，每株3年生龙牙楤木可繁苗4万株以上。具体为：将萌芽7～14d的龙牙楤木嫩芽叶柄作为外植体，经初代培养、继代培养、生根培养、驯化移植，培养成为独立植株。

二、建园

1. 园地选择

龙牙楤木栽培目前主要是在林下、幼林地、荒山荒地、果园或其他经济林园间作，也有大田栽培，但面积很小。

如果是在林下栽培，应注意选择土层深厚、疏松肥沃、湿润但排水良好不积水的富含腐殖质的壤土或沙质壤土林地，坡向以东北坡、西北坡、北坡为好，也可以选择其他坡向，坡位以中下坡为好，但不能积水，植被可以是阔叶林，也可以是落叶松针叶林等，但要求郁闭度0.3～0.5，下层不能有太多目的树种，以便于清理。

也可以选择红松、落叶松的初植林地和幼林地，但要为造林树种留出一定的生长空间。

大田栽培需要注意选择土壤不能过于黏重、积水的地块，最好附近有能够灌溉的优质水源。

2. 园地清理

如果选择的是林地，需要将林下的非目的树种及灌木、杂草清理干净，并将影响栽植的枯木、伐桩进行清理，以便于栽植。果园或其他经济林园则主要是清除园内杂草，可采用除草剂进行。

3. 园地整地

林下或间作，整地一般采用块状或带状整地方。荒山荒地、大田栽培一般采用穴状整地或全面整地。

4. 栽植

当前，许多地方林下栽植均采用株行距 1m × 1m 穴植，栽植穴规格为 30cm × 30cm × 30cm，这种栽植模式存在以后管理不便的缺点，龙牙楤木植株有刺，且萌蘖能力很强，栽植后 3 ~ 4 年即可长满林地，为管理和采摘带来不便，且通风透光条件较差。为了克服这些缺点，可以采用 2 ~ 3 行一带的带状栽植，带内株行距 40cm × 50cm，带间距 1 ~ 1.2m，且在以后的管理中要及时将带间长出的萌蘖除去，即方便管理和采摘芽菜，也通风透光。该方法适合春季习惯性采摘。

如果是在幼林地、果园或经济林园间作，要注意为幼树、果树或经济林树种留出足够的营养空间，不能影响其生长发育。

荒山荒地或大田栽培适合以采集反季节生芽法所用茎干为栽培目的，按亩保苗 3 000 株以上的株行距栽植，使其在两年内达到亩产枝条 6 000 ~ 7 000 根（每平方米保持有效芽 8 ~ 10 个）。一般也采用带状栽植，每 2 ~ 3m 宽为一栽植带，中间留 1 ~ 1.5m 宽作业道，以方便管理与加强通风透光。

栽植方法为穴植，即按株行距挖掘好栽植穴，栽植穴规格为 30cm × 30cm × 30cm，按每穴施入有机肥 5kg 与表土混合均匀，将龙牙楤木植株过长根系剪短后放入栽植穴中央，使根系舒展、植株垂直向上，将混匀有机肥的土壤埋向植株根系，埋至一半时，踩实，将苗木向上轻轻提起，使根系舒展并于土壤密接，继续埋土至栽植穴满，踩实，浇水，待水渗下后，覆盖一层松土，防止地表板结与水分过快蒸发。

三、栽后管理

栽后第 1 年龙牙楤木还没有长成树，容易受到杂草的侵害，管理以除草为主要任务。如果采取人工除草，注意不要伤害根系，因为立枯病、疫病的病菌主要是从根系伤口侵入，所以，在管理过程

中，应尽量避免伤根。夏季以后，龙牙楤木长到一定高度，枝叶繁茂，杂草的威胁不大，可以放松管理，如果缠绕植物较多应适当进行处理。

龙牙楤木喜水，育苗地及栽植地均需要离水源近些，一旦发生旱情立即浇水，保证苗齐苗壮。特别是要防止春旱，因为用龙牙楤木嫩茎叶作蔬菜以春季第 1 次发的嫩芽为最好，早春干旱的地区为保证所发嫩芽饱满肥大应适时进行浇水。

另外，龙牙楤木虽然喜水，但不耐涝，所以一旦发生洪涝灾害或在雨后易积水地段，应在地块四周挖沟排涝，以缓解灾情。

栽后第 2 ~ 3 年，应在春季采芽后，下部保留 3 ~ 4 个饱满侧芽将茎干剪断。防止植株生长过高采收困难，同时促进多发分枝，提高产量。修剪时间不宜过迟，以免枝条不能达到充分木质化，造成越冬抽条。

生长季还需要将带状栽植的作业道内萌发的根蘖枝除去，加强通风透光并便于管理。

采收 4 ~ 5 年后，植株生长势下降，需要在春季采芽后将老植株从基部砍除，促进新植株萌发，以利于更新。

每年要根据地力和生长情况，适当追施农家肥或化肥。农家肥可直接铺于栽植带内地表，化肥进行穴施或撒施，撒施要注意选择雨前施入或施后灌水。化肥可在春季施入，农家肥秋季施入。施肥量按化肥每亩施 15 ~ 20kg，农家肥每亩 2 000 ~ 3 000kg 施入。

如果是专为温室生产提供茎干，当年秋冬即可收割，收割时茎基部留 2 个芽苞，其余全部割掉；第 2 年每穴发出 2 株，秋冬收割时，每株基部再留 2 个芽苞；第 3 年以后秋冬收割茎干也是基部保留 2 个饱满侧芽，但需要在生长季除掉生长发育细弱低矮枝，保证生长点尽可能处于同一平面，使所有植株均能接受到充分光照，发育健壮，每亩保留 8 000 ~ 10 000 株即可。

四、病虫害防治

龙牙楤木在野生状态很少有病害报道。在我国，由于龙牙楤木人工栽培起步较晚，病害也比较少，春季见有蚜虫危害嫩芽，夏季有云斑天牛咬食叶片，近些年，随着栽培越来越多，也发现有卷叶病、疮痂病、白绢病等危害龙牙楤木。但据日本文献报道，人工栽培的龙牙楤木，病害严重且危害最大的是立枯病。

1. 立枯病

症状表现为病株新梢缺乏生机，数日内急速萎蔫、立枯，根部表皮内组织水渍状，淡褐色或黑褐色软腐，以发病株为中心，向四周辐射扩展。发病时，先由形成层开始，后达木质部，形成层软腐显著，发病后期，患根可像抽刀鞘一样抽出，有腐臭味，有蝇类寄生。

防治方法：建园时避开排水不良的地块和老参地，挖好排水沟；栽植无病苗，生长季不进行伤根作业，不在病园内挖根扦插；发病时，将病株及其相邻株挖出烧毁，病穴用福尔马林等药物消毒。

2. 卷叶病

一般认为是生理病害。通风不良，高温多湿都可引发。也有人将其称作叶斑病，锈病。发病轻时不影响来年萌芽，但大面积发病时需要防治。发病时从心叶开始卷曲，伴随红褐色角斑，植株生长受阻。夏季高温发病较重。

防治方法：代森锌、克菌丹 500 倍混合液喷洒全株，每 7d 喷 1 次，连续 4～6 次基本可控制。

3. 疮痂病

高温高湿季节易发。

防治方法：春季萌芽前的休眠期喷施五氯酚钠 500 倍液进行预防。

4. 白绢病

高温高湿易发。

防治方法：栽前用多菌灵或甲基托布津 500 倍液处理种苗和根段。

5. 蚜虫

蚜虫危害若在嫩芽采收期出现，不能将药剂直接喷洒于植株上，可采用将药剂涂抹于枝干上的方法进行预防。

五、采收

如采用春季习惯性采摘，采摘不能过早也不能过晚，过早，产量较低；过晚，品质下降。而各地气候条件不同，采摘具体时间应以当地气候情况而定。辽宁一般在 5 月上旬左右，当顶芽长到 15cm 左右，叶片尚未展开时采收。

龙牙楤木顶端优势很强，顶芽最先萌发，抑制两侧副芽及下部侧芽萌发。主芽采收后，两侧副芽和下部侧芽开始萌发，因此，在产区一年可采收 2～3 次，两侧副芽及下部侧芽展叶较早，一般长至 10cm 左右即可采收。

采收时用剪刀等物齐芽根削下，削下的芽要整齐、松散放在箱里，采收时应避免碰伤不够采收规格的芽，而且，最好做到随采随加工。

【相关基础知识】

5.4.1　概述

5.4.1.1　经济价值

龙芽楤木为五加科楤木属小乔木或灌木，俗名刺龙芽、刺嫩芽、树头菜、刺老苞等。分布于我国东北的小兴安岭、完达山、张广才岭、吉林、辽宁、朝鲜、日本、俄罗斯西伯利亚地区。另在我国的华东、华南、西南山区分布有其同属植物，其嫩芽和龙牙楤木一样可食。多生长于灌丛、林缘及林间空地，营养丰富，味美可口，是一种集食用、药用、工业加工、观赏价值于一体的经济植物。

春季采摘的嫩芽是非常名贵的山野菜，素有"山菜之王"的美称。嫩芽质地松脆，风味独特，营养丰富。经分析测定，每 100g 鲜品中含蛋白质 0.56g，脂肪 0.34g，还原糖 1.44g，有机酸 0.68g，还含多种维生素、矿物质及 15 种以上氨基酸，且含量远比蔬菜和其他谷物高，每百克嫩叶芽中含天门冬氨酸 3.097g、谷氨酸 4.772g、丙氨酸 1.198g、缬氨酸 1.448g、亮氨酸 1.636g、赖氨酸 1.475g 等。可生食、炒食、酱食、做汤、做馅，或加工成不同风味的小咸菜等。

中医学研究认为：楤木对人体具有兴奋和强壮作用，对急慢性炎症，各种神经衰弱有较好的疗效，具消炎、镇静、利尿、强心、活血止痛、怯风除湿、补气安神，强精滋肾之功效。据日本文献报道，龙牙楤木的树皮及根有健胃、收敛作用，民间用以治疗糖尿病、胃肠病，尤其对胃癌有卓效。前苏联报道，辽东楤木根皮对心脏有强壮作用，效果较人参强，对早期老年痴呆症、阳痿等多种神经衰弱综合征，都有类似人参的疗效。据董万超等测定，龙牙楤木根皮中总皂苷是人参根总皂苷含量的3倍左右；叶片、花蕾、果实总皂苷含量与人参相应部位近似或略高；花梗和花柄总皂苷与人参根茎接近；根木质部总皂苷比人参茎干略高。除此之外，还含有黄酮、木质素、生物碱、多糖、挥发油和鞣质类成分。楤木筜苷与人参皂苷相似，是齐墩果酸的三四糖皂，而齐墩果酸有抗炎、镇静、利尿、强心、免疫和防癌等作用，尤其治疗黄疸肝炎与迁延型慢性肝炎效果很好。因此，龙牙楤木具有很高的药用价值。

5.4.1.2　发展前景

龙牙楤木在日本已形成较大栽培产业，报道称已选出无刺品种，我国除小面积栽培外，尚未形成大规模产业。在东北人们有采摘食用的习惯，加之人们生活水平的不断提高，"食野风潮"的兴起，使龙芽楤木成为了餐桌上的新宠，在国内一些大城市及日本、韩国被视为高档蔬菜，价格也一直居高不下，近些年，辽宁产区可卖到30~50元/kg，到了高档饭店一盘价值上百元。同时龙牙楤木也是我国重要的出口山野菜品种之一，每年可为我国换取数千万外汇。因此也极大地刺激了产区人们对其野生资源的掠夺式采摘，使野生资源数量逐年减少，有些地区已基本枯竭。

由此可见，龙牙楤木人工栽培已迫在眉睫、势在必行，且是一个很有前途的野生蔬菜开发项目。

5.4.2　生物生态学特性

5.4.2.1　形态特征

落叶有刺灌木或小乔木，高1.5~6m，小枝淡黄色，疏生或密生皮刺，皮刺基部膨大。

叶大，长40~80cm，二回或三回羽状复叶，总叶轴和羽片轴通常有刺，小叶7~11，小叶卵状或卵状椭圆形，边缘疏生锯齿。

伞形花序聚生为顶生伞房状圆锥花序，花淡黄色。

果球形五棱，种子扁肾形，产籽率高，瘪籽较多。

图5-3　龙芽楤木

5.4.2.2　生态学习性

龙牙楤木喜冷凉、湿润气候，多野生于背阴坡的杂木林、阔叶林和针阔混交林林缘、林下、林间空地、沟谷中，对土壤要求不太严格，从砂壤土、黏壤土、黄泥土到黑泥土均可良好生长，但喜疏松肥沃、湿润、中性或偏酸性砂壤土或壤质土，不耐黏重土壤。

幼苗期较耐阴，成龄植株喜光，全光下生长发育良好。喜湿耐干旱但不耐涝，耐瘠薄，具顽强生命能力和适应能力。耐寒性极强，-50~-40℃低温条件下能安全越冬。

耐阴，对光照要求不高。喜欢肥沃而又偏酸性的土壤（pH值小于7），相对湿度在30%~60%之间，生长良好。低于30%，成年植株仍可以正常生长，因此，龙芽楤木可以说是喜水怕涝，而又特别耐旱的植物，具有顽强的生命能力和适应能力。

5.4.2.3　生长发育特点及规律

播种繁殖主根发达，多分布于20~40cm深土层内，侧根横向延伸能力较强，其上具不定芽，萌生形成根蘖苗，常连片形成群丛状。

幼苗期较耐阴而成株后喜光，弱光下生长发育不良。

顶端优势明显，分枝很少，野生常呈单干状。萌芽期主芽先萌动，侧芽在顶芽摘除后萌动，基生芽丰富，平茬后可促生多个萌蘖枝，且萌蘖枝生长势、生长量明显高于老枝，利于平茬更新。

种子形态成熟时，种胚并未发育完全，需进行生理后熟处理，促进种胚进一步发育完全后才达到生理成熟，具有发芽能力。

种子具深休眠特性，需经过一定低温处理或赤霉素解除休眠处理，生理后熟的种子才能正常萌发。

5.4.3　采收与加工

（1）采收

如采用春季习惯性采摘，采摘不能过早也不能过晚，过早，产量较低；过晚，品质下降。而各地气候条件不同，采摘具体时间应以当地气候情况而定。辽宁一般在5月上旬左右，当顶芽长到15cm左右，叶片尚未展开时采收。

龙牙楤木顶端优势很强，顶芽最先萌发，抑制两侧副芽及下部侧芽萌发。主芽采收后，两侧副芽和下部侧芽开始萌发，因此，在产区一年可采收2~3次，两侧副芽及下部侧芽展叶较早，一般长至10cm左右即可采收。

采收时用剪刀等物齐芽根削下，削下的芽要整齐、松散放在箱里，采收时应避免碰伤不够采收规格的芽，而且，最好做到随采随加工。

（2）加工

春季采下的芽菜每500g扎成一小捆，鲜售。如用于出口或贮藏，应于当日将采收的嫩芽，除去芽基部的鳞片，捆成小捆，按一层嫩芽一层盐的顺序，放入大缸或其他容器中，盐量要逐层增加，最上层要多放些盐。装满后盖上木盖，压上石头，使嫩芽全部浸入饱和盐水中。也可按照其他蔬菜罐头的制作方法，加工制作成罐头。

【巩固训练】

1. 龙牙楤木种子怎样处理发芽率更高？
2. 龙牙楤木根插育苗如何操作？
3. 龙牙楤木林下栽培如何选地？
4. 龙牙楤木如何采收？
5. 龙牙楤木有哪些生长发育特性？
6. 龙牙楤木有何生态学习性？

【拓展训练】

调查你的家乡所在地区是否存在野生龙牙楤木？在你的家乡所在地区发展龙牙楤木是否可行？

项目 6

根类山野菜栽培

任务 1　桔梗栽培
任务 2　山胡萝卜栽培

任务 1

桔梗栽培

【任务目标】

1. 知识目标

了解桔梗的价值及发展现状与前景；知道桔梗的药用功效、入药部位；熟悉桔梗的生物生态学习性及特性。

2. 能力目标

会进行桔梗栽培选地整地、繁苗栽培、田间管理、病虫害防治、采收及产地初加工。

【任务描述】

桔梗是集药用、食用及观赏于一体的林下经济植物。药用，属于常用的大宗中药材品种；食用，受到我国东北地区，日本和韩国广大人民的喜欢；观赏，花期长，花朵大，花色艳，是相当不错的观赏植物种类。

桔梗栽培包括选地整地、繁苗栽培、田间管理、病虫害防治和采收加工等操作环节。该任务为独立任务，通过任务实施，可以为桔梗栽培生产打下坚实的理论与实践基础，培养合格的桔梗栽培生产技能型人才。

【任务实施流程】

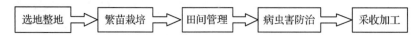

选地整地 ➡ 繁苗栽培 ➡ 田间管理 ➡ 病虫害防治 ➡ 采收加工

【任务操作要点】

一、选地整地

1. 选地

桔梗为深根性植物，选地应选土层深厚、疏松肥沃、地下水位低、排灌方便、富含腐殖质的沙质壤土，以背风向阳的缓坡或平地为好，一般撂荒地、农田或坡度 5°~15° 的阳坡、海拔 200~1 200m 的中低山地区都可栽培；忌选黏重土、盐碱土和积水湿地及白浆土，如需在黏重土上种植，

则必须进行土质改良。前茬作物以豆科、禾本科作物为宜，不宜连作。林地则郁闭度不宜超过 0.5，林分以阔叶林为好，林下土质以疏松肥沃、湿润的沙质壤土为宜且土层要深厚，以超过 25cm 为度。

2. 整地

种植前的头年秋冬季，深耕 35~40cm，使土壤风化，并拣净石块、草根等物。种植前，每亩施堆肥或厩肥 2 500kg，过磷酸钙 20kg，均匀撒于表土后，深耕 30～40cm，耙细、整平，作成宽 1～1.2m，高 15～20cm，长根据灌溉条件和地形而定的畦；或做成 20～30cm 宽的小垄或 50～60cm 的大垄，步道 30cm，整平畦面或垄面。如遇干旱，可用步道进行侧向灌溉。

二、繁苗栽植

桔梗种植主要采用种子繁殖，可采用田间直播或先播种繁苗后移栽方法进行种植。

1. 种子直播

是将种子直接播种于种植田内的种植方法。该法生产的桔梗植株主根直、粗壮、分叉少，便于刮皮加工。垄作或床作均可。

（1）种子处理：桔梗种子可不进行处理直接播种，但出苗稍慢，为了提早出苗也可进行种子处理。

播种前，将种子在清水中浸泡 8h 后捞出，用湿纱布包裹保湿置于 0～5℃的冰箱内 7d 后播种，或用 200mg/kg 浓度赤霉素溶液浸泡 8h 后捞出，用清水冲洗干净后播种；或将种子置于 50℃温水中搅动直至水凉后再浸泡 7h 左右，捞出用湿纱布包好，放于 25～30℃条件下，进行室温催芽，每天早、中、晚用室温水冲洗一次，3～5d 后播种；或用 0.3%～0.5% 高锰酸钾溶液浸泡 24h 后播种，可提高发芽率，提早出苗。

（2）播种：播种分垄播和床播两种方法。

①垄播：于春季 5 月初至 5 月末在已做好的垄上开浅沟，深度 0.5cm，小垄开一条浅沟，大垄开两条浅沟，沟距 25cm，进行条播，播后覆土 0.5cm 左右，然后用碌碡镇压。播种量 1kg/亩。如遇春旱，可先在播种沟内浇底水，然后播种，播后覆草保湿，直至出苗。

②床播：于春季 5 月初至 5 月末在已整平做好的床上按行距 25cm 开浅沟，深度 0.5cm，进行条播，播后覆土 0.3～0.5cm，稍加镇压。播种量 1kg/亩。如遇春旱，可先在播种沟内浇底水，然后播种，播后覆草保湿，直至出苗。

播种季节也可在夏季 6 月末进行或 10 月下旬至 11 月上旬（沈阳地区）土壤上冻前播种。

2. 育苗移栽

（1）育苗：育苗田宜选背风向阳、土壤疏松、肥沃、湿润的沙质壤土，便于排灌、管理的地块。选择粒大、饱满、无病虫害、无霉烂的种子进行

育苗。播种季节同直播种植。一般采用苗床宽幅条播方法进行播种，以便于管理。播种时按行距 15cm 开宽 10cm 的浅沟，沟深 0.5cm，土壤干旱需浇底水，然后将种子均匀撒入播种沟内，覆土 0.3～0.5cm，最后盖上草帘保湿，干时浇水，直至出苗。苗出齐后，逐渐轻轻撤去覆盖，防止伤苗。

以后加强管理，干旱时浇水，雨季注意排水；随时清除杂草，保持田间清洁；结合除草进行中耕，保持土壤疏松透气；结合除草，拔除过密或细弱苗，苗高达 10cm 左右时进行定苗；6～8 月份分 2～3 次施入稀薄人粪尿 1 500～2 000kg/亩，促进幼苗快速生长。

（2）起苗移栽

①起苗：育苗当年秋季 10 月中旬，当桔梗植株地上部分枯萎死亡后，即可进行起苗移栽。起苗时，从床的一端开始依次深挖，不要伤根，移栽前，按大、中、小分三等，分别进行栽种，以便管理，10 月底前要栽完。如果当年秋季无法完成栽植，也可在第二年春季萌芽前进行移栽。

②移栽：栽种前进行修根，将根条距顶芽 15cm 范围内的侧根保留 0.5cm 掐去，以保证生产出的桔梗根条质量达到出口标准。然后进行栽植，可进行垄栽或床栽。

垄栽：在打好的垄上开 15～20cm 深沟，小垄开一条沟，大垄开两条沟，然后按 5～8cm 株距将苗摆好，要求根条顺直，不能卷曲。苗摆好后，覆土至顶芽以上 3cm，稍加镇压。不能过深，以免出土困难，也不能过浅，以免倒伏。

床栽：在做好的床面一端按行距 20cm 开 15～20cm 深沟，按 5～8cm 株距将苗摆好，根系顺直，不能卷曲。苗摆好后，再依次开第二条栽植沟，开沟的同时将第一条沟内摆好的根条覆土至以上 3cm，全部栽完后稍加镇压。栽植不能过深，以免出土困难，也不能过浅，以免倒伏。

三、田间管理

1. 中耕除草

桔梗前期生长缓慢，易滋生杂草，应及时进行除草，保持田间清洁。苗期拔草要轻，以免带出小苗。一般一年要进行中耕除草 3～4 次。出苗后开始松土除草，松土宜浅，避免伤根，一般除草 3 次。第一次在苗高 5～6cm 时，第二次在苗高 10cm 左右时，第三次在苗高 15～18cm 时进行，不

宜过深，以免伤根，同时结合进行培土或灌水后表土稍干时进行，平时做到有草就除，保持田间无杂草。

2. 追肥

为了加速幼苗生长，第一次中耕除草后应及时追施1次稀薄人畜粪尿水，每次按500~1 000kg/亩施用，苗高9~18cm时再施一次稀薄人畜粪尿水，或施过磷酸钙50kg/亩。第二年出苗后，再施一次稀薄人畜粪尿水。摘除花蕾前，施过磷酸钙50kg/亩，施后培土，防止倒伏。

3. 补苗间苗

直播田，在苗高3~6cm时间苗1或2次，疏去过密的苗，当苗高6cm时按株距6~10cm进行定苗。定苗时要除去小苗、弱苗和病苗，在出苗稀或没有苗的地方进行补苗。补苗常与间苗同时进行，即把间出的大苗栽于缺苗处。

4. 灌排水

桔梗抗旱力强，定苗补苗后干旱，可适当浇水；苗期其他时段遇干旱也要适当浇水。雨季要注意排水，勿使田间积水，以免烂根。

5. 打芽

桔梗商品以根条顺直、坚实、根叉少为佳。栽培的桔梗常有许多根叉，影响商品质量。据李道济观察，无论直播或移栽种植，一株多苗就有根叉，苗越茂盛主根生长越受影响；相反，一株一苗则无根叉。因此生产中需进行打芽，每株保留主芽1~2个，其余的枝芽在每年春季全部摘除，以提高商品质量。

6. 培土雍根

桔梗第二年长势旺盛，植株高大，易被大风折断或倒伏，影响根部生长和结籽，因此，在5~6月(抽茎现蕾后)要进行培土雍根，以防风害。

7. 摘蕾除花

桔梗开花结果消耗大量养分，影响根部生长，疏花和疏果是增产的一项有效措施。生产上一直人工摘除花蕾。由于桔梗具有较强的顶端优势，摘除花蕾后，可迅速萌发侧枝，形成新花蕾。这样每隔半月需摘一次，整个花期需摘5~6次花蕾，费工费力，对枝叶损伤大。可利用植物激素乙烯利，浓度750~1 000mg/kg，在盛花期对着花蕾喷雾，以花朵蘸满药液为度，每公顷用药液1 125~1 500kg可达到除花效果，该法效率高，成本低，使用安全。

留种的植株则在苗高10~12cm时去掉顶芽，以利多萌发侧芽，促使开花结果。为集中养分供给中上部果实，促使种子饱满，在种子田内应将茎下部侧枝上形成的花蕾摘掉。

四、病虫害防治

1. 轮纹病

主要危害叶片。叶面病斑圆形或近圆形，褐色，有同心纹，后期病斑扩大，受叶脉限制呈三角形，其上生众多黑色点，严重时，叶片干枯或枯萎。

防治方法：合理密植；清洁田园，减少发病；发病初期用1:1:100倍波尔多液或50%多菌灵500倍液喷雾，每7~10d喷1次，连续2~3次。

2. 斑枯病

主要危害叶片。发病初期，在叶片上出现黄白色或紫褐色斑点，后期互相连接成片，严重时叶片脱落，有时病斑处出现霉点。夏季高温高湿、通风不良，蔓延较快。

防治方法：秋季清园，烧毁或深埋地上茎和叶片；发病地块，秋季深耕实行轮作；发病初期喷洒1:1:120倍波尔多液，或65%代森锌可湿性粉剂600倍液，或50%退菌特可湿性粉剂600倍液，或多菌灵500倍液，或50%甲基托布津800~1 000倍液，每7~10d喷1次，连续2~3次。

3. 根腐病

危害根部，使全株枯萎死亡，造成大批枯死、缺苗。发病初期叶面出现褐斑，茎基部变褐，水浸状，以后根尖、须根发黑、腐烂、主根呈锈黄色，有臭味，植株死亡。排水不良、低洼积水、地下害虫咬伤根部易引发该病。

防治方法：选旱地、高地种植，实行轮作，忌连作，雨季注意排水；拔除病株，用生石灰或70%五氯硝基苯粉剂进行土壤消毒；秋季清园，烧毁清除物；发病后用20%石灰水或50%退菌特600倍液或1:1:120倍波尔多液进行土壤喷洒消毒。

4. 紫纹羽病

又名烂脚病，主要危害根部。被害根部表皮变红，后逐渐变红褐至紫褐色。根皮上密布网状红褐色菌丝，后期形成绿豆大小的紫褐色菌核，最后根部只剩下空壳，地上部茎叶枯死。7月下旬开始发病，8~9月日趋严重。10月底全部腐烂致死。土层浅薄、保水保肥能力差的地块易发病，多雨发病早且重。

防治方法：实行轮作，忌连作；拔除病株烧毁，病穴用 10% 石灰水消毒。

5. 枯萎病

危害根头、茎基部、茎、叶。发病时近地面根头部分和茎基部先变褐色干腐，病斑向上扩展直至叶脉，致叶片变黄枯死，部分枝条枯黄。湿度大时，根头和茎部产生大量粉红色霉层，最后全株枯萎。湿度大和土壤黏重易发病。

防治方法：选旱地、高地种植；精耕细作，加强管理，增施有机肥，改良土壤结构，提高植株抗病力；发病初期喷洒 50% 托布津 800～1 000 倍液，每 10d 喷 1 次，连续 2～3 次。

6. 立枯病

主要发生在出苗展叶期，幼苗受害后，病苗基部出现黄褐色水渍状条斑，随病情发展呈暗褐色，最后病部缢缩，幼苗折倒死亡。

防治方法：播种前用 75% 五氯硝基苯 1kg/亩进行土壤消毒；发病初期用 75% 五氯硝基苯 200 倍液浇灌病区，深度 5cm。

7. 白粉病

主要危害叶片。发病时，病叶上布满灰白粉末，严重至全株枯萎。

防治方法：发病初用 0.3°Be 石硫合剂或白粉净 500 倍液喷施或用 20% 的粉锈宁粉 1 800 倍液喷洒。

8. 炭疽病

主要危害茎基部。发病初期出现褐色斑点，逐渐扩大至茎四周，表面褐色粗糙，后期病部收缩而倒伏。潮湿环境下，病斑呈水渍状，不久植株茎、叶枯萎，成片倒伏、死亡。

防治方法：幼苗出土前喷布 70% 退菌特 500 倍液预防；7～8 月发病初期喷布 1∶1∶100 倍波尔多液，或 50% 甲基托布津 800 倍液，每 10d 喷 1 次，连喷 3～4 次。

9. 根结线虫

主要危害根部。地上茎叶早枯，根部有瘤状突起，严重时影响产量。

防治方法：播前用 80% 二溴氯丙烷或石灰进行土壤消毒；每亩施 100kg 茶籽饼做基肥，可减轻危害。

10. 拟地甲

主要危害根部。

防治方法：在 3～4 月成虫交尾期与 5～6 月幼虫期，用 90% 敌百虫 800 倍液或 50% 锌硫磷 1 000 倍液喷杀。

11. 蚜虫、红蜘蛛

主要危害幼苗和叶片。

防治方法：可用 40% 乐果乳剂 1 500～2 000 倍液或 80% 敌敌畏乳剂 1 500 倍液，每 10d 喷杀 1 次。

12. 菟丝子

在桔梗地里能大面积蔓延，可将菟丝子茎全部拔掉，危害严重时连桔梗植株一起拔掉，并深埋或集中烧毁。

此外，尚有蝼蛄、地老虎和蛴螬等危害，可用敌百虫毒饵诱杀。

五、采收与加工

1. 种子采收

当年播种的桔梗开花较少，所结种子瘦小而瘪，俗称"娃娃种"，发芽率仅 15%～20%，质量差，活力低，长出的幼苗细弱，不宜使用。种植桔梗最好选用二年生植株新产种子。栽培上为培育优良种子，常在 6～7 月份剪去小侧枝和顶部花序，促使发生分枝和产种量，并促进种子成熟饱满。至 9～10 月份蒴果由绿转黄，果柄由青转黑，种子变成黑色时，带果梗剪下，置于通风干燥室内后熟 3～4d，然后晒干，脱粒，除去杂质，装入布袋保存即可。采收需注意及时，否则蒴果干裂，种子散落，难以收集。

2. 根条采收与加工

直播种植 2 年采收，育苗移栽 1 年采收。采收时间在秋季地上植株枯萎死亡后至来年春季萌芽前进行，以秋季采收的质量较好。采收时，割除地上枯萎茎叶，挖取根部，挖起后，去除残枝及须根，洗净泥土，乘鲜用竹片刮去外皮，在清水中浸泡 2～3h，然后捞起，在席上晒或烘至足干，筛去灰屑即可。

商品以干燥、粗长、条均、体质坚实、有皱纹、味苦者为佳。

桔梗晒干后，如不能及时出售，可装入竹篓或蒲包内，置于干燥通风处。桔梗片应放入大缸或白铁桶（箱）内，盖紧，勤检查、复晒，防止霉坏虫蛀。

【相关基础知识】

6.1.1　概述

桔梗(包袱花、铃铛花),是桔梗科多年生草本植物。药、食、花三用,药用以根入药(图 6-1)。

(1)营养价值

桔梗每 100g 鲜根含维生素 B 20.44mg,维生素 C 10mg。每 100g 嫩茎叶含蛋白质 0.2g,粗纤维 3.2g,胡萝卜素 8.8mg,维生素 C 138mg,还含有皂苷、葡萄糖、桔梗聚糖、三萜烯类物质和多种矿物质。

(2)药用价值

桔梗药用以根入药。根含桔梗皂苷,水解产生桔梗苷元为三萜酸的混合物,一种是桔梗皂苷元,另一种是远志酸。还含有桔梗酸 A、B、C 和菊糖、桔梗糖等。味苦、辛、性微温。有祛痰止咳、消肿排脓的功效,主治外感咳嗽、咽喉肿痛、支气管炎、肺脓疡、胸膜炎等症。但桔梗的溶血作用强,故只宜口服,不能作注射剂用。

(3)食用价值

桔梗嫩茎叶和根用水焯后,清水浸泡,除去苦味,可用于烹制菜肴;根撕成细丝,可用其腌咸菜、炒食、凉拌,别有风味。

(4)观赏价值

桔梗花有白色和紫色两种,生长季花繁叶茂,花期持续时间长达 3 月之久,且 1 年种植,多年观赏,具有很高的观赏价值。

(5)分布

桔梗在我国分布广泛,分布范围在北纬 20°~ 55°,东经 100°~ 145°。野生主要分布于黑龙江、吉林、辽宁、内蒙古、河南、河北、山东、山西、陕西、安徽、湖南、湖北、浙江、江苏等省区,以东北三省和内蒙古产量最大;栽培以山东、江苏、安徽、浙江、四川、河南、河北、贵州、湖北等地产量较大。野生以东北质量最好,栽培以华北地区质量较好。

(6)生产现状及发展前景

桔梗为常用大宗药材品种之一。桔梗药用过去均为野生,近年来各地引种栽培较多。但由于野生资源大量减少,加之更多的正作为大宗出口蔬菜销往韩国、日本及东南亚国家,使需求量连年不断增加,产品供不应求,价格也大幅度上涨,市场前景看好。

据全国中药资源普查资料提供的数据显示,我国在药用上正常年需求量约为 500×10^4 kg。韩国和东南亚等国家每年进口鲜桔梗 $2\,000 \times 10^4$ kg,

图 6-1　桔梗

作为食用蔬菜。全国现栽培面积约 $6.67 \times 10^4 hm^2$，野生资源蕴藏量 $5\,400 \times 10^4 kg$ 左右，基本可保证医疗和出口需要。目前，市场上家种桔梗干品 $18 \sim 21$ 元/kg，野生桔梗干品 23 元/kg。

虽然桔梗市场前景看好，但种植桔梗也存在一定风险。突出表现为"两不稳、两落后、三缺乏"，即市场不稳，价格不稳；思想观念落后，产业化配套组织落后；缺乏科技人才，缺乏信息服务，缺乏品牌意识。

6.1.2 生物生态学特性

6.1.2.1 形态特征

多年生草本，全株光滑，株高 $40 \sim 80cm$，全株具有白色乳汁。根肥大肉质，长圆锥形。茎直立，上部稍有分枝。叶互生，近无柄；茎中下部常对生或 $3 \sim 4$ 片轮生，叶片卵状披针形或披针形，边缘细锯齿。花单生枝顶或呈疏生的总状花序，钟状花，花冠蓝紫色、白色或黄色，裂片 5。蒴果倒卵形，成熟时顶部开裂。种子多数，卵形，黑色或棕色。花期 $7 \sim 8$ 月，果期 $9 \sim 10$ 月。

6.1.2.2 生态学习性

桔梗野生于向阳山坡、草丛中，对土壤要求不严，除过黏、过砂的土质外，一般土壤都能生长；但仍以土层深厚、肥沃、疏松的轻质或壤质土壤为好。耐干旱，低洼、积水之地不宜种植，易造成烂根。黏重土、盐碱土、白浆土、涝洼地不利桔梗生长。

对气候环境要求不严，但以温暖、湿润、阳光充足、雨量充沛的环境为宜，耐寒，能在田间越冬。

6.1.2.3 生长发育特性

（1）根

桔梗为直根系。种子萌发后，胚根当年主要是延长生长，特别是土质疏松，表层水分较少时，更是如此。栽培桔梗第一年根可以长至 15cm，径粗可达 1cm 左右，根重可达 6.22g。第二年根生长主要是增粗生长，重量也相应增加，最终可达 55g。

（2）茎

研究资料表明，黑龙江哈尔滨地区生长的桔梗，播种后 10d 可出苗，当年每株仅生长一个地上茎。幼苗出土至高 6cm 以前，茎生长缓慢；6cm 至开花前，生长加快，开花后生长速度逐渐减慢；第二年根茎侧芽发育，每株可抽生 2 个以上地上茎。

（3）花

桔梗播种当年即可开花，但花量较少，第二年每株可开多达 15 朵甚至更多花，花有蓝花和白花两种类型，白花为变种类型。由于自身花结构及发育特性，可避免自花授粉，均为异花虫媒授粉，结实率可达 70% 以上。

（4）种子

桔梗种子较小。千粒重 $0.93 \sim 1.4g$。桔梗种子在温度 $10 \sim 15℃$ 即可萌发，但需 10d 以上，温度 $20 \sim 25℃$，一般 7d 即可萌发。桔梗播种当年就能开花结实，产生种子，但种子非常小，俗称"娃娃种"，萌发率较低，不能用于播种繁苗，二年生以上植株开花结实所产种子萌发率高。种子寿命 $1 \sim 2$ 年，据测定，室温干藏 17 和 30 个月，发芽率分别下降全 68.35% 和 33.6%。

6.1.2.4 桔梗的种类

桔梗科桔梗属植物全世界仅1种1变种,1种为紫花桔梗,变种为白花桔梗。生产中二者皆有栽培,紫花桔梗分布区域广,栽培面积大。在栽培商品中,药用以紫花桔梗为主;食用以白花桔梗为主,在吉林栽培较多,产量高,质量好。

6.1.3 桔梗商品种类和规格

(1)食用桔梗分级

桔梗采收后,切去茎叶、芦头,摘去须根,洗净泥土,剔除遭受病虫危害及机械损伤的个体。山东等地出口韩国、日本的桔梗按产品直径和长度一般分为三级:

一级:主根直径2cm以上,长度20cm,无分叉。

二级:主根直径1.5~2cm,长度16cm,无分叉。

三级:主根直径1.2~1.5cm,长度12cm,无分叉。

(2)药用桔梗种类及分级

药用桔梗因产地不同分为南桔梗和北桔梗两种。南桔梗指产于安徽、江苏、浙江等省的桔梗。分为三等:

一等:干货。根呈顺直的长条形,去净粗皮及细梢。表面白色。体坚实。断面皮层白色,中间淡黄色。味甘、苦、辛。上部直径1.4cm以上,长14cm以上。无杂质、虫蛀、霉变。

二等:干货。根呈顺直的长条形,去净粗皮及细梢。表面白色。体坚实。断面皮层白色,中间淡黄色。味甘、苦、辛。上部直径1cm以上,长12cm以上。无杂质、虫蛀、霉变。

三等:干货。根呈顺直的长条形,去净粗皮及细梢。表面白色。体坚实。断面皮层白色,中间淡黄色。味甘、苦、辛。上部直径不低于0.5cm以上。无杂质、虫蛀、霉变。

栽培桔梗需按照南桔梗标准收购。

(3)伪品及其鉴别

目前商品桔梗出现的伪品主要有以下几种:

①长柱沙参:长柱沙参和桔梗同为桔梗科植物。其根往往误作桔梗收购出售。长柱沙参的根呈圆锥形,长5~13cm,径粗0.3~0.9cm,上部膨大,下部渐细,表面淡黄色至黄褐色,有扭曲的纵皱纹,根上有横长的皮孔样斑痕,断面松泡,有黄白色相间的裂隙。气微,味淡,嚼之有豆腥味。

②石头花:石头花是石竹科植物,根误作桔梗。石头花的根呈圆锥形,长6~15cm,直径0.5~3cm。表面白色或黄白色。有时可见黄色木质部,没有去外皮的根,表面棕色,有粗的扭曲的纵皱纹,并有不规则的疣状突起。根头部有许多不规则的疣状突起及茎痕,加工后顶端平截,有时可见刀削痕。体质轻脆,断面平坦,略显粉性。皮部可见黄白相间的一至数圈由黄色筋脉点组成的圆环。木质部黄色。气微,味苦而麻。

【巩固训练】

1. 桔梗栽培如何选地整地?

2. 桔梗如何直播种植?

3. 桔梗如何进行田间管理?

4. 桔梗有何经济价值?

5. 桔梗生态学习性如何?

6. 桔梗食用出口标准如何?

【拓展训练】

调研你的家乡所在地区，试论发展桔梗栽培出口产品的可行性。

任务 **2**

山胡萝卜栽培

【任务目标】

1. 知识目标

了解山胡萝卜的价值及发展现状与前景；知道山胡萝卜的药用功效、入药部位、食用方法；熟悉山胡萝卜的生物生态学习性及特性。

2. 能力目标

会进行山胡萝卜栽培选地整地、繁苗栽培、田间管理、病虫害防治、采收及产地初加工。

【任务描述】

山胡萝卜是桔梗科党参属多年生草质缠绕藤本植物。药食两用，药用味甘，性平。具强身壮体、补虚润肺、解毒疗疮、通乳排脓之功效。食用可炒食、凉拌、煎烤、腌渍，营养丰富，风味独特。为我国出口创汇的重要山野菜，由于近年来需求增加，野生采挖过量，资源严重不足，人工栽培势在必行。

山胡萝卜栽培包括选地整地、繁苗栽培、田间管理、病虫害防治和采收加工等操作环节。

该任务为独立任务，通过任务实施，可以为山胡萝卜栽培生产打下坚实的理论与实践基础，培养合格的山胡萝卜栽培生产技能型人才。

【任务实施流程】

选地整地 → 繁苗栽培 → 田间管理 → 病虫害防治 → 采收加工

【任务操作要点】

一、选地整地

1. 选地

宜选择背风向阳，排水良好、土层深厚、富含腐殖质、土质疏松的沙质壤土或壤土，山地宜选半阴半阳坡的中下坡土层深厚处，苗田宜选土壤湿润、便于灌溉地方。忌选土质坚实、黏重、低洼易涝、排水不畅、盐碱地和前茬使用过除草剂地块，忌连作。林下栽培宜选土质疏松、肥沃、湿润，郁闭度不超过 0.5，且土层厚度不得少于

30cm 的沙质壤土或壤质土，过于黏重不宜选择。

2. 清场整地

选好地后进行全面整地、拣出树根、石块、清理伐桩、草根等杂物，改善土壤理化性质，为生长创造适宜环境条件。做成宽 1.2m、高 15～20cm、长 10m 或 10m 的整数倍或依地形而定的畦床，作业道 40～50cm。或做成宽 30～35cm 的垄进行垄栽。结合做畦床或垄每亩施入 2000kg 腐熟农家肥，同时每亩施入草木灰 500kg 以增加钾肥。山地可不做畦床

二、繁苗栽培

山胡萝卜主要采用种子繁殖，可直接播种种植或先育苗后移栽。

1. 育苗移栽

（1）选种：播种时选择经过几代驯化栽培的无病虫害、粒大饱满种子进行播种。因为这样的种子适应性强，生长快，出苗率和保苗率都高，抗病力及抗逆性也远高于未经栽培驯化的种子。

（2）种子处理：为了提高种子出芽率，播种前需对种子进行处理。春季播种的可先将种子用 45～50℃温水中浸泡 8h 后用纱布包裹保湿置于 0～5℃温度条件下 7d 后进行播种。或用浓度 5mg/kg 的赤霉素浸种 24h 后播种。或用 45～50℃温水中浸泡 8h 后用纱布包裹保湿置于 25～30℃温度条件下催芽，4～5d 后种子 1/3 开始萌发露白时进行播种。

（3）播种：种子处理好后，于 4 月下旬至 5 月上旬间进行播种，也可于 10 月下旬土壤上冻前进行播种，但秋播种子可不进行处理直接用于播种。播种时，在准备好的畦床上按 15cm 行距开 2～3cm 深浅沟，然后将种子混细土或湿沙拌匀后均匀撒于沟内，覆土 1.5 厚，稍镇压；秋播覆土厚 2cm。然后再覆一层 2～3cm 厚松针或草帘保湿，最后浇水。播种量为 2kg/亩。

（4）播后管理：开始出苗时及时撤除覆盖物，过晚，幼苗不易与覆盖物分开，容易折断，且幼苗长期不见光，生长细弱。苗期做好除草工作，一般不用补充肥料，如果缺肥，可进行叶面喷施 0.2% 尿素和磷酸二氢钾进行补充。苗高 3～5cm 时进行间苗、定苗，使苗距保持在 3～5cm。7 月中旬开始长蔓时，在行间按 40cm 间距插 1m 高的架条，每行 4～5 根，供大茎蔓缠绕生长，并提高苗田通风透光。入冬前清除植株枯死地上茎蔓和架条，并浇一次封冻水。

（5）移栽：幼苗在苗床生长一年后于 10 月中旬至封冻前或第二年春季 4 月中下旬萌芽前起出进行移栽。起苗时注意不要碰伤主根和芽苞，起出后进行分级，并将侧根掐除，只留主根，这样便于管理，也能保证生产的商品根条通直，分叉少，美观又便于刮皮。栽植时在准备好的畦床上按株距 30～35cm 开 15～20cm 深沟，将处理好的根条按 10～15cm 株距摆好，要求根条顺直不卷曲。摆好后覆土，深度以芽苞上有 5cm 左右土层为宜，稍镇压。垄栽则每垄上栽植 2 行，行距 15cm，株距 10～15cm。土壤墒情好可不浇水，过于干旱则栽好后浇一遍水，出苗后适时松土即可。

2. 直播种植

山胡萝卜也可以采用直播种植，但发芽率、保苗率低、用种量也大，且后期除草难度较大，生产上不建议采用。

三、田间管理

1. 中耕除草

移栽出苗后，要及时中耕松土除草。有条件可在苗移栽后，用干草或树叶覆盖 2～3cm 厚，以保持水分，减少杂草生长，保持土壤疏松不板结，促进根部生长发育。

2. 搭架

山胡萝卜茎细长，需缠绕它物生长，因此需要搭架以提供缠绕物。缠绕物一般以 2m 左右长细竹竿、架条为好，可就地取材，亦可购买，越实用越好。搭架方法为相邻 4 根绑在一体，以稳固架面，增加光合作用面积、通风透光，促进旺盛生长，提高抗病虫害能力，提高根和种子产量。

3. 摘蕾

栽培过程中，除过留种外，为促进根系生长，在植株形成花蕾时，要及时摘除，使营养集中供应根部。

4. 施肥

直播种植的除当年已施足底肥外，第二年要进行 2 次根外追肥，第一次在 6 月中旬进行，第二次在 8 月上旬进行。如果是移栽定植苗，不留种则无需追肥，留种田为了多开花，结好果，促进种子发育良好，应在植株生长至半架时追施一次氮肥，保证花期对营养的需求，方法为叶面喷施尿素。当第一花序坐果后，中部节位出现花序时，为促进开花结实和茎蔓生长同步进行，应每隔 10～15d 进行一次叶面喷肥，连续 2～3 次，满足

旺盛生长和结实对营养的需要。当主蔓达到 2m 高时，摘心封顶，促进养分回流，供中下部充分形成花序和结实。

5. 排灌水

无论是苗田还是栽培田，都要在干旱时及时浇水，雨季注意及时排水，既做到栽培田内土壤湿润，又要不积水，保证正常生长，防止烂根。

四、病虫害防治

1. 立枯病

由土壤中的丝核菌引起，在低温高湿条件下多发。发病时植株近地面处茎部出现凹陷黄褐色斑点。

防治方法：播种和移栽前用多菌灵进行土壤杀菌消毒，6～7 月份发病时用 70% 敌克松 1 000 倍液喷洒地面，使药液浸土 3～5cm 深。但要注意防止药液喷到叶片上产生药害。或用 70% 甲基托布津 1 500 倍液喷洒地面，用量为每平方米 1kg 药液。

2. 斑枯病

危害叶片，发病植株的叶面上出现白色或褐色斑点，逐渐扩大至全叶，最后导致叶片干枯脱落。高温高湿的 7～8 月份易发病。

防治方法：发病初期，用 1∶1∶120 倍波尔多液或 500 倍多抗霉素进行全株喷雾。

3. 锈病

主要危害叶片、茎和花托，形成病斑。

防治方法：注意选地和轮作，忌连作；发现病株及时拔除并烧毁；发病初期用 50% 二硝散 200 倍液或敌锈钠 200 倍液或 25% 粉锈宁 1 000 倍液喷雾，每 7～10d 喷 1 次，连续 2～3 次。

4. 根腐病

发病期用 1∶1∶120 倍波尔多液喷洒土壤或灌根，每 7d 喷 1 次，连喷 2～3 次；或用 50% 多菌灵 500 倍液浇灌病区。

5. 地下害虫

主要有蛴螬、蝼蛄和地老虎，危害幼根。

防治方法：防治蛴螬可每亩用 85% 硫丹 1.5～2kg，加 50kg 细土拌匀撒于植株附近表土。防治地老虎，可每亩用 35g 敌百虫加炒豆饼 1kg 做成毒饵，撒于植株附近表土诱杀其幼虫。

6. 蚜虫、红蜘蛛

天旱时危害严重。宜用高效低毒农药全株喷雾毒杀。

五、采收与加工

1. 种子采集

山胡萝卜花期 7～9 月，果期 8～10 月。蒴果成熟时顶部开裂，种子易散落，应边成熟边采收。采收后放置苫布上铺 2～3cm 厚，每天翻动 3～4 次。种子脱落后筛选、风选，晒干后装入透气布袋内备用。

2. 根的采收与加工

（1）根的采收：山胡萝卜移栽 2 年后，即可采收。食用在秋季地上植株枯萎死亡后至春季萌芽前进行采收均可；药用宜在 8～9 月份采收。挖取时注意不要碰伤根，过小的可重新栽植后下年收获。

（2）加工：药用采收后洗净、趁鲜扒皮、晒干后出售。食用采收后洗净、趁鲜扒皮，炒食或凉拌或腌渍后上市销售，如不能及时上市销售或加工，可在窖内用湿沙埋藏，保鲜贮藏，贮藏时温度保持 1～4℃，防止发芽，同时注意适当通风，注意检查，防止霉烂。

【相关基础知识】

6.2.1　概述

山胡萝卜又名山地瓜、奶奶参、白蟒肉、假党参、羊乳、羊奶参等，学名轮叶党参、四叶参等。桔梗科多年生草质缠绕藤本植物。药食兼用。原产我国，广泛分布于我国华北、华南、西南等地。

山胡萝卜是营养价值很高的山野菜之一，春秋两季挖取其肥大肉质根，炒食或腌渍咸菜、烘烤或进行凉拌均可，风味独特鲜美；叶亦可食用。是我国出口美国、新加坡、日本、韩国的主要产品之一，也是国内抢手货。

据测定，山胡萝卜每 100g 食用部分含蛋白质 23g、脂肪 3.5g、糖分 4.5g、粗纤维

6.4g、钙90mg、磷121mg、铁2.1mg，并含有多种维生素和氨基酸，还含有芹菜素、木犀草素、黄酮醇苷、皂苷等。

山胡萝卜根部入药，味甘，性平。具有强身壮力、补虚润肺、增加乳汁、消肿、排脓、祛痰、补女子经血之功能。用于肺脏肿痛、肠痛、乳少、白带多、乳腺炎、淋巴结核、蚊虫咬伤等症。

近年来由于人们饮食观念的转变、食野风潮的兴起，山胡萝卜遭到抢购采挖，使野生资源储量减少，有的地区甚至绝迹，加之出口需求增加，价格也不断上升。另外随林权制度改革，林区经济产业结构调整的需要，发展林下经济作物成为一种新的致富之路，而林下种植山胡萝卜也成为了一个非常不错的致富项目。

6.2.2 生物生态学特性

6.2.1.1 形态特征

山胡萝卜是多年生草质缠绕藤本植物。缠绕茎长1~3m，体内有白色乳汁，无毛，带紫色，有多数短分枝。根粗壮，圆锥形或倒卵纺锤形，长20cm左右，直径1.5~6cm，有须根，成熟时达100g左右。叶片在茎上互生，分枝上叶常4枚轮生，有柄，狭卵形或菱形，长3~7cm，无毛，先端尖，基部楔形，全缘或稍有疏生微波状齿，背面灰白色（图6-2）。花单生于侧枝顶端，有短梗萼片

图6-2 山胡萝卜

5裂，三角形或披针形，宿存；花冠钟形，黄绿色或紫色翻卷。蒴果，成熟时顶部3裂，种子多数，淡褐色，具膜质翅。花期7~9月，果期8~10月。千粒重1.5g。

6.2.2.2 生态学习性

野生山胡萝卜多生于海拔300~900m的山林、灌丛、溪沟旁等较阴湿地方。适应性广，喜气候温和、夏季凉爽，壤土或砂壤土、腐殖质丰富、土层深厚，幼苗喜潮湿，播种后缺水不出苗，高温高湿易烂根，幼苗喜荫，成株喜光。

【巩固训练】

1. 山胡萝卜栽培如何选地？
2. 山胡萝卜如何进行播种育苗？
3. 山胡萝卜如何进行田间管理？
4. 山胡萝卜如何采种？
5. 山胡萝卜有何生态学习性？

【拓展训练】

调研在你的家乡所在地区有哪些桔梗科植物？其经济价值如何？是否存在开发利用的可能？

模块 3

林下食用菌栽培

项目7　常见食用菌栽培

食用菌是营养丰富、味道鲜美、强身健体的理想食品，也是人类的三大食物（动物类、植物类、菌类）之一，同时还具有很高的药用价值，是人们公认的高营养保健食品。食用菌栽培具有原料来源广泛、技术简单易行、投资少、见效快，既可变废为宝，又可综合开发利用，有着十分显著的经济效益和社会效益。随着人们生活水平的不断提高和商品经济的不断发展，食用菌产品不仅行销国内各大市场，还畅销国际市场。因此，发展食用菌生产成为一项很有前途的新兴农业。

在食用菌生产过程中，一般菌丝培养阶段对环境条件的要求为：黑暗或弱光、空气相对湿度大、温度稳定适宜、空气新鲜、通风良好、氧气含量充足。子实体发育阶段对环境条件的要求为：弱光、空气湿度大、通风良好、空气新鲜、氧气含量充足、昼夜温差较大。食用菌生产只有满足了食用菌生长发育所需的环境条件要求，才能生产出产量高、质量好的食用菌产品。

林下食用菌栽培生产就是采用人工接种，在室内或大棚创造合适生长发育条件培养菌丝体，在菌丝体成熟后移入林地等适宜食用菌生长发育的环境条件下，再辅以一定的人工调节光照、湿度、温差等环境条件，生产出高产量、高品质的食用菌产品。且能够更好地利用自然环境条件、减少投资成本、增加经济收益。也是一个非常不错的林下经济发展项目。

本模块教学内容的选取是在广泛市场调研的基础上，综合考虑地域经济发展，以适合本地区、适合林下发展的食用菌种类为选择对象，以林下栽培黑木耳、香菇、平菇、鸡腿菇为任务安排教学内容。

在教学任务的安排中，以专业技能训练为宗旨，将理论和实践有机结合，将知识点、技能与生产任务相结合，使知识在训练中积累，技能在训练中培养，达到做中学、学中做的目的，真正实现教、学、做一体化。教师在教学过程中起指导、督促作用，任务安排上充分调动学生学习积极性，发挥学生的主观能动性和探索精神，真正体现"学生主体、教师主导"的教学理念。

项目 **7**

常见食用菌栽培

任务 **1**
黑木耳栽培

【任务目标】

1. 知识目标

了解黑木耳的价值、生产发展现状与前景及栽培品种和干木耳等级标准；知道黑木耳的母种、原种制作方法；熟悉黑木耳的生物生态学习性及特性。

2. 能力目标

会进行黑木耳的栽培制种、栽培、栽后管理、病虫害防治、采收及加工。

【任务描述】

黑木耳是一种大型真菌。其肉质细腻，脆滑爽口，营养丰富，且具有一定的保健作用。野生黑木耳在我国自然分布广泛，遍及 20 多个省（自治区、直辖市）。我国也是人工生产黑木耳的主要国家，黑木耳作为我国传统的出口物资不但产量高，而且片大、肉厚、色黑、品质好，远销日本、东南亚和欧美一些国家。黑木耳人工栽培经历了最原始的段木栽培，发展到现在采用仿野生地面畦栽方法，更大地提高了产量和质量，使黑木耳人工栽培得到了更进一步的发展。且发展黑木耳生产既改变人们的饮食结构，丰富了副食品种，又可换取外汇，活跃经济，是一条投资少、经济效益高的致富途径。

黑木耳栽培包括栽培种制作、栽培、栽后管理、病虫害防治和采收加工等操作环节。

该任务为独立任务，通过任务实施，可以为黑木耳栽培生产打下坚实的理论与实践基础，培养合格的黑木耳栽培生产技能型人才。

【任务实施流程】

栽培种制作 ➡ 栽培 ➡ 栽后管理 ➡ 病虫害防治 ➡ 采收加工

【任务操作要点】

一、栽培种制作

1. 季节安排

黑木耳是中温型菌类，广泛分布于温带和亚热带。我国地处北半球，地域辽阔，林地资源丰富，大部分地区气候温暖，雨量充沛，适宜木耳栽培生产。

我国人工栽培黑木耳主要在春、秋两季进行。确定具体的栽培季节，应根据菌丝体和子实体发育的最适温度，主要预测出耳的最适温度和不允许超出的最低和最高温度范围。要错开伏天，避免高温期，以免高温高湿造成杂菌污染和流耳。

黑木耳菌种生产周期一般为100d。其中母种（一级菌种）生产约需15d，原种（二级菌种）约需40d，栽培种（三级菌种）约需40d，菇农可根据自身条件确定菌种生产时间和生产量。如在辽宁地区林下栽培，由于林下温度相对较低，所以一般1月开始制作母种，2月上旬制作原种和栽培袋，3月中旬制作栽培种，5月上旬栽培入畦、进入出耳管理。

2. 栽培种制作

（1）栽培原料及配方

配方一：棉籽壳90%，麸皮8%，蔗糖1%，石膏1%。

配方二：棉籽壳63%，玉米芯20%，麸皮15%，石膏1%，蔗糖1%，高锰酸钾0.2%。

配方三：阔叶木屑78%，麸皮或米糠20%，蔗糖1%，石膏1%。

配方四：木屑60%，棉籽壳25%，麸皮13%，蔗糖1%，石膏1%。

配方五：玉米芯98%，蔗糖1%，石膏1%，维生素 B_2 5~15 片/100kg 料。

配方六：玉米芯79%，麸皮20%，石膏1%。

配方七：玉米芯50%，棉籽壳28%，麸皮20%，蔗糖1%，石膏1%。

配方八：豆杆粉88%，麸皮或米糠10%，蔗糖1%，石膏1%

配方九：豆杆粉70%，麸皮或米糠28%，蔗糖1%，石膏1%。

配方十：稻草66%，麸皮或米糠32%，蔗糖1%，石膏1%。

配方很多，栽培者可根据当地情况选用培养料，不同培养料生产黑木耳，其长势、产量和质量会有所差别。以棉籽壳培养料生产的黑木耳长势好，产量高，但胶质较粗硬；以木屑培养料生产的黑木耳耳片舒展，胶质柔和，产量也高；以稻草培养料生产的黑木耳胶质也比较柔和。但不论采用哪种培养料生产，都必须注意选用干燥、新鲜、无霉变原料。配制前要暴晒 1~2d，或用0.1%高锰酸钾水溶液拌料。

（2）拌料装袋

①拌料：可采用人工或小型拌料机拌料。人工拌料一般选择在水泥地面上进行。拌料时要求将主料与各种辅料充分拌匀，使培养料含水量达到60%~65%，以紧握培养料，指缝间有水珠而不滴下为宜，拌完闷堆1~2h后装袋。拌好的料要当天装完菌袋，当天上锅灭菌，以免发酸变质，影响菌丝萌发吃料。

②装袋：可采用人工或装袋机装袋。装袋时，塑料袋的选择非常重要，高压灭菌应选择聚丙烯塑料袋，常压灭菌要选择聚乙烯塑料带。塑料袋规格为17cm×35cm比较适宜，也可以选择17cm×55cm塑料袋。装袋时，要松紧适宜，过多过实过高，袋内通气不良，菌丝生长缓慢，也易造成塑料袋破裂；装料过松，菌袋起褶，窝存空气，发菌时易感染杂菌，且菌丝纤弱无力，出耳时易产生"吐黄水"现象，搬运时易使生长的菌丝断裂。当培养料装至袋口高度后按平料面，用直径2~3cm的扎孔器在料中间打一孔至料底，然后顺时针旋转将扎孔器拔出。把袋口收紧，套上颈圈，塞上棉塞。装好的袋面应光滑无褶，料面平整（若袋面起褶，该部位出耳划口时袋料分离聚集冷凝水，冷凝水变黄后易产生杂菌污染，不利于子实体形成）。装好袋后要在4h内灭菌，以防变酸发臭。

（3）灭菌：灭菌可采用常压灭菌和高压灭菌。装好袋后要及时灭菌，防止变酸。灭菌装锅时要注意留出蒸汽循环的通道，不能形成死角。常压灭菌开始时，要旺火猛攻，使温度尽快升至100℃，然后开始计时，保持8~9h，焖锅1~2h后开锅，锅内温度降至60℃以下时趁热出锅。注意灭菌时间不宜过长，否则培养基营养消耗大，缺乏出菇后劲。高压灭菌在升压前要将锅内冷空气排尽。方法是当压力升到 0.5kg/cm² 时，慢慢打开排气阀，徐徐放气。当指针压力降至0时，关上放气阀，再次升压至1.2kg/cm²，维持1.5~2h，停火。待指针降至0后，打开放气阀，将锅盖掀开1/3，让锅内余热将袋口棉塞烘干，以免湿棉塞造成杂菌污染。

（4）接种：一般在接种室内进行接种。接种室要在接种前3~4d消毒灭菌。接种时，将菌种瓶口在酒精灯火焰上烧一下，放在接种架上，在酒精火焰封口情况下用接种钩挖去菌种表面的老化层。

然后用右手无名指和小指把料袋棉塞拔出,用接种钩迅速通过酒精灯火焰,沿瓶壁挖取黄豆粒至花生粒大小块状菌种,接入培养基孔内,每袋接种2~3块即可,最后塞上棉塞。一般每瓶原种可接种30~40袋培养料。接种完毕后,最好将每个料袋在石灰粉上滚一下,以防杂菌污染。然后送往培养室。

(5)发菌:3月下旬开始栽培种发菌,发菌前,需对培养室提前用甲醛和高锰酸钾混合液进行熏蒸消毒。接种后的料袋送至培养室后,立式放置于培养床架上。保持培养室内环境黑暗,控制室内温度在25℃左右,促使菌丝迅速定殖,菌种1~2d内就会萌发吃料。如果迟迟不能萌发,其原因可能为:

第一、菌种质量不好,如传代次数过多,菌种退化;菌龄过长,菌丝老化;菌种受到30℃以上高温伤害。

第二、接种后菌种因培养基水分小,菌种本身水分反被袋料吸收,菌丝干燥而死。

第三、培养基含水量过高,通气不良,菌种无法正常生长。

第四、发菌温度超过38℃或排袋过密,袋温过高,通风不良造成菌种烧死。

正常情况下菌袋培育期一般为40~50d。在此期间,要根据木耳菌丝生长不同阶段特点进行管理:

①萌发期:该期一般15d左右。要求接种后的前三天温度控制在26~28℃,使菌丝快速定植蔓延,占领培养基料,在此期间,严防温度超过30℃;第4~15d,由于菌丝生长,袋内温度逐渐上升,料温要比室温高出2℃,因此室温要适当降低。一般接种5~7d后,菌丝往下生长,这时需检查菌袋内有无杂菌,发现后及时挑出。培养前7d,注意尽量小通风。

②健壮期:一般是在16~30d期间。该期内是菌丝分解吸收养料能力最强阶段,旺盛的生长使新陈代谢加快,料温进一步升高。此时需要注意当菌丝吃料1/3时,控制室温降至22~23℃,不能超过25℃,同时加大通风量;菌丝长至半袋时,继续降低室温至20℃左右,以使菌丝健壮生长。

③成熟期:是指31d以后,菌丝进入生理成熟阶段,室温以控制在18~20℃为宜,直至菌丝长满料袋。

整个发菌期间注意控制室内湿度在60%~70%,避免袋内水分过分蒸发;注意通风换气,保持空气新鲜;注意不要随意搬动,必要的搬动要轻拿轻放,以免菌袋破损和杂菌侵入。

二、栽培

1. 菌场选择

宜选阳坡、光照适度、距水源近、水质优良、通风良好、地面不积水的林地,林地林龄要合适,树龄过小,起不到遮阴效果;树龄过大,光照不足,子实体生长发育。林木栽植要规整,行间距较大,操作方便为宜。亦可选择速生林地、果园或农田栽培。

2. 整地做畦

选好出耳场地后,将场地内的杂草、灌木、杂物、伐桩等清理干净,保持地面洁净。然后在场地四周挖好排水沟,顺坡做宽1~1.5m,深20cm,长视情况而定的高床或低床,做床时将床底铲平压实,床沿拍实,向外倾斜,以利排水。做好床后,灌一遍透水;摆袋前要撒一层石灰粉或驱虫剂杀虫;打一遍杀菌剂如甲基托布津、克霉灵等;还要打一遍封闭药,以免长草导致后期产生流耳。

3. 菌袋上床

(1)扎袋:当菌丝即将长至袋底或刚长满袋时(忌菌丝长满后多日不扎袋划口),移至耳床,用塑料绳将菌袋颈圈下抓紧,去掉颈圈,再把袋口窝回扎死。

(2)划口排袋:选择早晚或雨后的晴天划口,因这样的天气空气清新湿润,对耳基形成有利。不要在高温、风天或雨天划口,不要在袋料分离处划口,也不要在形成原基处划口。划口要在畦床边上,边划口边排袋边盖湿润草帘。划口用刮脸刀片或手术刀,17cm×33cm菌袋,每袋划3层口,每层4个,共划12个口,"品"字形排列,划成"V"字形口,角度45°~60°,边长2cm,深度0.5cm,将浅层菌丝割断,让断面形成多菌束的菌丝先端,有利于菌丝扭结形成原基。"V"字形口如同一个门帘,可防止浇水进入袋内引起污染。划完口的菌袋立即立排于畦床上,袋与袋间隔20cm,呈"品"字形排列,盖上湿润草帘(如气温低,可盖上塑料膜,但要注意定时通风)。

倒立排放出耳效果更好。倒立排放的菌袋脱掉颈圈后不用扎袋,将余袋窝入培养基孔内,划口后将接种端倒立朝下排袋。因菌袋接种后菌丝从上往下长，培养料水分含量也是上小下大，菌龄同样是上老下小，划口摆袋后，贴地的部位湿度高，所以会出现料袋下部出耳早、耳片大而上部出耳晚、耳片小的现象，使菌袋上下出耳不齐，不便统一管理。倒立排放出耳正好弥补了这个缺点，使袋料含水量大的在上，含水量小的贴地，互为补充，一齐出耳，便于管理。

三、栽后管理

1. 耳基形成期管理

（1）催耳：早春气温低、空气干燥常造成原基形成慢、出耳不齐等现象，延长出耳期，影响产量。生产中可采取催耳的办法解决。即在菌袋划口排袋时，将菌袋间距调整为2~3cm，2畦的菌袋密排于1畦上，隔一床排一床，以便于分床。排好后，控制床内温度在15~25℃之间，昼夜温差8~10℃，湿度保持在80%~90%，以适合原基形成。如温度低，可在草帘上覆盖薄膜（或小拱棚）来保温增湿达到催耳的目的，温度高则加盖一层草帘来降温保温（早晚各通风10~20min）。如湿度不够，不能直接向菌袋喷水，要向草帘喷雾，使草帘湿润但不饱和、不滴水，或将草帘卷到畦边，用水管喷湿，沥去多余水分再盖上，切忌水滴入划口。如遇干热风天，可在湿草帘上加盖一层湿草帘，以防风降温保湿。如遇雨天需盖上塑料薄膜。夜间，将草帘撤下通风，此阶段一怕水分过大，二怕不通风，否则易造成划口感染。同时结合通风增加光照，诱饵形成，每天2次，每次20~30min。该期管理关键是增氧、加湿、闭关，做到"9分阴，1分阳"。

（2）分床：是在催耳基础上，当耳基分化出锯齿状曲线耳芽时，在晨曦或夕照时揭开草帘，将料袋疏散开，按正常出耳排放即可。若分床过晚，会造成耳片粘连，甚至导致床内感染杂菌。

2. 幼耳期管理

即子实体分化期，由原基形成珊瑚状耳基。此时幼嫩的耳芽喜湿润，怕水分大；喜新鲜空气又怕通风大，耳芽干枯。故湿度以保持耳基表面潮湿不干燥；温度要偏低一些，如遇高温，要采取加盖草帘、遮阴通风等方法降温。

该期是地栽黑木耳管理的关键时期。就像庄稼"蹲苗"一样，要给予适宜的温度、湿度、温差、

通风等条件，使耳芽慢慢分化，为耳片生长打好基础。切忌浇勤水、浇大水，否则易引起流耳。保持床面湿度85%左右，即床面见湿、草帘湿润、原基表面湿润不干燥。如天气干旱，床面干燥，要在傍晚撤下草帘，用喷雾器向耳袋、床面喷雾，黎明太阳升起前再喷一次，然后小通风，耳芽无水渍后盖上湿润的草帘。如遇雨天，雨后要揭帘通风，以免高湿危害。黑木耳耐旱性很强，几天湿度下降，原基表面发干无妨，反而会给子实体生长积累营养，恢复湿度后生长更快、更壮，即是干干湿湿的管理方法。

3. 成耳期管理

在温湿度适宜条件下，幼耳生长较快，逐渐长成"鸡冠、菊花"状耳丛，即为成耳期。此期应逐渐增加喷水量和床面湿度，可用喷雾器或喷壶向草帘上喷水（干时也可向耳片喷水），喷水后注意通风，严防高温高湿并存。喷水要在早晚进行，切忌水管横喷。喷水量以耳片膨胀湿润，新鲜水灵为宜；如耳片积水，说明耳片吸水能力减弱，水分过大。总的原则是：看天给水，看片定量。大湿度，大通风是黑木耳迅速生长的关键。

野生和段木栽培黑木耳，都是直接裸露在野外，晴天长菌丝，雨天长子实体，天晴后子实体被晒干，再下雨接着长。据此可知，正确处理黑木耳生长阶段的干湿关系相当重要。

栽培中，子实体开片后长得慢或不长，且出现子实体发软发红、烂耳现象，是由于长时间湿度过大，造成子实体根部积水，菌丝停止生长并逐步烂掉。为避免该现象，应严格遵守"七湿三干"原则，在管理中做到干干湿湿，干湿交替，干就干透，湿就湿透，干湿分明。湿时使湿度达到85%~90%，使子实体吸足水分，快速生长，大湿度几天后发现子实体生长减慢，掀开草帘，让阳光将袋上的子实体晒干，将草帘、地面也晒干，干个3~5d，让耳根处干燥，菌丝在湿度下降后又恢复生长。如遇雨天，撤去草帘，任其浇淋，一场大雨耳片又开始生长。

出耳旺盛时期，要适当增加光照，以促进耳片蒸腾作用，增强新陈代谢活动，使耳片变黑、肥厚，提高品质，增加产量。并可结合通风增加光照，下午早揭帘，早晨晚盖帘。

4. 成熟期管理

正在生长的幼耳颜色较深、耳片内卷、富有

弹性、耳柄扁宽。当耳色转浅，耳片展开，边缘变软，耳根变细，子实体腹面略见白色粉状物，说明耳片已成熟，应立即采收。在耳片即将成熟阶段，严防过湿，并加大通风，防止霉菌或细菌浸染造成流耳。

5. 转茬耳管理

管理得好，可采三批耳。三批耳分别占总产量的70%、20%、10%左右。

二茬耳管理技术：采收后的耳床要清理干净，进行一次全面消毒，杀菌剂可采用菇净、二氯异氰脲酸钠、顺反氯氰菊酯等（均为食用菌登记用药，符合绿色食品生产标准）；清理耳根和表层老化菌丝，促使新菌丝再生；将菌袋晾晒1~2d，使菌袋和耳穴干燥，防止感染杂菌；盖好草帘，停水5~7d，使菌丝休养生息，恢复生长，待耳芽长出后，再按一茬耳方法进行管理。

很多地区头茬耳采收后，没等二茬耳长出就会感染杂菌，分析原因如下：

（1）暑期高温：菌丝生长阶段温度为4~32℃，如袋内温度超过35℃，菌丝死亡，逐步变软、吐黄水，采耳处首先感染杂菌。

（2）采耳过晚：要在耳片充分展开，边缘变薄起褶子，耳根收缩时采收。这时采收的木耳弹性强、营养不流失，质量最好。

（3）上茬耳根或床面没清理干净：残留的耳根，伤口外露，易感染杂菌。采收时掀开草帘，让阳光照射，使子实体水分下降、适度收缩，采收时不易破碎，利于连根拔下。拔净根利于二茬耳形成，无残留耳根，可避免霉菌滋生。

（4）菌丝体断面没愈合：采耳时要连根扣下并带出培养基，菌丝体产生了新断面，在未恢复时，抗杂菌能力差，这时浇水催耳，容易产生杂菌感染。

（5）草帘霉烂传播杂菌：草帘要定期消毒。

（6）采耳后菌袋未经光照干燥，草帘和床面湿度大：二茬耳还未形成前，菌丝体应有断面愈合、休养生息、高温低湿阶段。倘若此时草帘或床面湿度大，又紧盖畦床，菌袋潮湿不见光，很易产生杂菌污染。所以采耳后菌袋要晾晒3~5d，使采耳处干燥；床面和草帘应彻底晒干；养菌7~10d。

（7）浇水过早、过勤：二茬耳还未形成和封住原采耳处断面，就过早浇水。

四、病虫害防治

1. 绿霉病

菌袋、菌种瓶、接种孔周围及子实体受绿霉菌感染后，初期在培养料、段木或子实体上长出白色纤细的菌丝，几天后，形成分生孢子，分生孢子大量形成后，菌落变为绿色、粉状。

防治方法：保持耳场、耳房及周围环境卫生；耳房、耳场通风透光良好、排水便利；出耳后每3d喷1次1%石灰水；若绿霉菌发生在培养料表面，尚未深入料内时，用pH10的石灰水擦洗患处，控制绿霉菌生长。

2. 烂耳

又叫流耳。耳片成熟后，耳片变软，耳片甚至耳根自溶腐烂。

防治方法：加强栽培管理，注意通风换气、光照等；耳片接近成熟或已成熟时及时采收；用25mg/kg金霉素或土霉素溶液喷雾防治。

3. 霉菌

木耳菌块上最常见杂菌，由青霉、木霉引起，造成木耳菌丝死亡。

防治方法：选用抗霉菌能力强的菌株；选用新鲜原材料越夏；培养料中添加抗霉菌剂，如用0.1%高锰酸钾溶液或石灰水拌料；用长满瓶的菌种压块或挖瓶接种，且用具等均要用0.1%高锰酸钾消毒；出现霉菌时用饱和石灰水清液涂抹患处；保护环境清洁，采收头茬耳时，每3~5d地面喷1次1%石灰水或0.1%多菌灵；加强水分管理。

4. 蓟马

从幼虫开始即可危害木耳，侵入耳片吮吸汁液，使耳片萎缩，严重时造成流耳。

防治方法：用40%乐果乳剂500~1 000倍液或50%可湿性敌百虫药液1 000~1 500倍液或1 500倍马拉硫磷喷杀。

5. 伪步行虫

成虫啮食耳片外层，幼虫危害耳片耳根或钻入接种穴内啮食耳芽，被害耳根不再出耳。入库干耳回潮后，仍可危害。

防治方法：清除栽培场所枯枝落叶，并喷洒200倍敌敌畏药液；大量发生时，先摘除耳片，再用1 000~1 500倍液敌敌畏药液喷杀；或用500~800倍鱼藤精或500~800倍除虫菊乳剂或1 500倍马拉硫磷溶液防除。

五、采收与加工

1. 采收

木耳一般 25～30d 采收。采收前 2d 停止浇水。以耳片充分展开，耳根收缩，边缘变薄，腹面出现白色粉状物时进行采收。采收方法为用手从上往下掰，带下一部分培养基，不要将耳根留在上面。袋栽黑木耳由于开口部位不同，成熟期也不一致，采收时应采大留小。

2. 加工

木耳采收后，应及时剪切掉耳根，洗净泥沙后摊放于竹帘或纱帘上在烈日下晒干，摊放时不宜重叠，以免相互粘连，晒干过程中也不宜翻动，以免造成拳耳，影响质量。如遇雨天，可将木耳摊放于干净砖面上，让砖吸取部分水分，天晴后及时摊晒。

【相关基础知识】

7.1.1　概述

黑木耳是真菌门担子菌亚门层菌纲木耳目木耳科木耳属的一种大型真菌。又名木耳、光木耳、云木耳、木耳菜等。木耳属菌类用于人工栽培的主要有黑木耳、毛木耳两种。

黑木耳肉质细腻，脆滑爽口，营养丰富，含有碳水化合物、蛋白质、脂肪、多种矿物质元素和维生素。据测定，每 100g 黑木耳含蛋白质 10.6g、氨基酸 11.4g、脂肪 1.2g、碳水化合物 65.5g、粗纤维 7g、钙 357mg、磷 201mg、铁 185mg、还含有烟酸等多种维生素和无机盐、磷脂、植物固醇等。其中蛋白质含量相当于肉类，高于水果蔬菜类。尤其是铁的含量为蔬菜之首，是缺铁性贫血病的重要滋补食品；B 族维生素含量是米、面、蔬菜的 10 倍，比肉类高 3～6 倍；钙含量是肉类的 30～70 倍；磷含量比鸡蛋、肉类高，相当于鲫鱼的 7 倍，是番茄、马铃薯的 4～7 倍。

据《本草纲目》记载，黑木耳"味甘、性平。主治益气不饥、血痢下血、痔疮、牙痛及妇科常见病等"。具益气强身、去瘀生新、养胃补血、清肺润津、促进胃肠蠕动、加速排泄、减少脂肪吸收、降低血液胆固醇水平和抗癌作用等功效。主治产后虚弱、贫血、跌打损伤、伤口愈合、寒湿性腰腿病，预防心脑血管病等，也是化纤、棉、麻、毛纺织工人日常的保健食品。因此，它不仅是食谱中的佐料，而且是一种营养丰富、低热量、具药效的保健食品。

一般鲜木耳不宜直接食用，因鲜木耳含有一种卟啉光感物质，人食用鲜木耳后经太阳照射可引起皮肤瘙痒、水肿。鲜木耳在暴晒过程中会分解大部分卟啉，干木耳在食用前又经水浸泡，其中含有的剩余卟啉会溶于水，因而经过水发的干木耳可安全食用。

黑木耳是第一种人工栽培的食用菌，以前，黑木耳主要靠自然接种法生产，产量低且不稳定。现在栽培采用纯菌种接种生产，通过控温控湿等技术，使黑木耳的产量和质量都有了显著提高。尤其是近年来利用棉子壳、玉米芯、稻草等袋料栽培研究，获得了成功，为黑木耳的生产开辟了广阔的前景。

我国野生黑木耳的自然分布很广，遍及 20 多个省（自治区、直辖市）。我国是人工生产黑木耳的主要国家，黑木耳也是我国传统的出口物资。其中，湖北产量最大，黑龙江质量最好，辽宁、吉林、河南、陕西、四川、云南、湖南、内蒙古等地产量较多。2000 年我国黑木耳鲜菇总产量为 23.2×10^4 t，2007 年为 144.1×10^4 t（合计干耳 14×10^4 t），在我国各种食用菌中总产量位居第四,仅次于平菇、香菇、双孢菇,占世界黑木耳总产量的96%以上。我国黑木耳不但产量高,而且片大、肉厚、色黑、品质好,远销日本、东南亚和欧美一些国家。

黑木耳人工栽培最早采用的是段木栽培,现在很大一部分是用袋式熟料栽培,且开始时采用吊袋或层架出耳,现在主要采用仿野生地面畦栽方法,大大提高了产量和质量,使黑木耳人工栽培技术得到了很快发展(图7-1)。发展黑木耳生产既有助于改变人们的食物结构,丰富副食品种,又可换取外汇,活跃经济,是一条投资少、经济效益高的致富途径。

7.1.2　生物生态学特性

7.1.2.1　形态特征

黑木耳是一种大型真菌,由菌丝体和子实体组成。菌丝体无色透明,由许多具横隔和分支的管状菌丝组成。子实体是由朽木内的菌丝体发育而成,初时圆锥形、黑灰色、半透明,逐渐长大呈杯状,再渐变为叶状或耳状,胶质有弹性,基部狭细,近无柄,直径一般 4～10cm,大的可达12cm,厚度0.8～1.2mm,干燥后强烈收缩成角质,硬而脆。背面凸起,密生短柔毛,腹面一般下凹,表面平滑或有脉络状皱纹,

图 7-1　黑木耳

深褐色或黑色,该面有子实层。担子圆筒形,(5～6)μm×(50～60)μm。担孢子肾形或腊肠形,(5～6)μm×(9～14)μm,无色透明。担孢子多时,呈一层白粉,子实体干燥后像一层白霜黏附在子实体的腹面。

7.1.2.2　生活史

黑木耳的子实体成熟时产生大量的担孢子,孢子萌发并发育成单核菌丝,经过性结合形成双核菌丝,双核菌丝扭结发育成子实体,子实体成熟后又产生孢子。完成这样一个周期就完成了黑木耳的生活史。

黑木耳只有性别不同的单核菌丝之间结合形成的双核菌丝(异核双核体)才能形成子实体。子实体上的生殖菌丝顶端细胞逐渐发育成原担子,原担子内的两个核发生融合,形成一个双倍体核,接着发生减数分裂,产生四个单倍体子核,同时产生横隔膜,形成由四个细胞组成的下担子,每一细胞中含一个单倍体细胞核,除最上端一个细胞向上产生小管外,其余细胞向旁边产生小管(上担子),四个子核分别进入小管,形成四个担孢子。最终担孢子成熟并弹射到大气中,完成整个生活周期。担孢子有性的区别,因此,在分离母种时应采用多孢分离法,所获得的菌株才能产生子实体。

木耳孢子萌发有两种情况,营养充足时孢子直接萌发形成芽管,生长为菌丝;当环境不良时,担子长出芽管,芽管分枝,枝头上长出钩状分生孢子,再由分生孢子发育成单核菌丝。

7.1.2.3　生长发育条件

(1)营养条件

黑木耳是典型的木腐生真菌。黑木耳野生在各种枯死木上,枯死木中的纤维素、半纤

维素、木质素是其主要的营养来源。黑木耳通过菌丝体生长发育过程中分泌的酶来分解木质素、纤维素、半纤维素等有机质，然后加以吸收利用。另外生长发育过程中还需要少量的维生素和无机盐类，如钙、磷、镁、铁、钾等。人工段木栽培就是仿野生黑木耳生长发育进行的栽培方式。而袋料栽培，则是为了加快菌丝的生长速度，利用各种适宜黑木耳菌丝生长的能够提供上述营养物质的材料，如棉籽壳、木屑、作物秸秆、玉米芯、甘蔗渣等，再人为添加一定量的麦麸或米糠等含氮量较高的物质作为氮源，进行高效栽培生产黑木耳。但在栽培中要注意，长时间用于段木栽培的菌种，如改用其他培养基栽培时，需经过适应性驯化培养，使菌种在新的培养基上表现出优良种性后，方能大面积推广栽培。

（2）温度条件

温度是影响黑木耳生长、子实体产量和质量的主要因素。黑木耳耐寒怕热，对温度反映敏感，属中温结实性的食用菌。

黑木耳菌丝体生长温度为4～32℃，最适温度范围是22～26℃，在10℃以下，38℃以上，生长受到抑制。温度超过30℃时，菌丝生长加快，但菌丝纤细、衰老加快。菌丝体对低温有很强的抵抗力，菌丝在 −30℃环境下仍能保持活力，不会被冻死。

黑木耳属变温结实性菌类。在15～27℃范围能正常分化子实体，子实体生长的最适温度为20～25℃。在适温范围内，温度较低时，黑木耳生长发育慢，生长周期长，但菌丝体健壮，生命力强，子实体色深、肉厚，产量高，质量好；反之，温度越高，生长发育越快，但菌丝细弱，子实体色淡、肉薄，质量较差，产量也低，且易流耳，感染杂菌。

（3）水分条件

水分是黑木耳生长发育的重要条件之一，在不同的生长发育阶段，对水分的要求不同。包括培养料含水量和空气相对湿度。

①培养料含水量　黑木耳生长发育所需的水分主要来自培养料。培养料含水量是指水分在湿料中的百分含量。接种时，一般要求段木含水量为35%～40%；袋料栽培的培养料含水量为55%～60%（料水比一般掌握在1∶1.3）。在生产实践中，常用手握法测定培养料的含水量。一般以紧握培养料的指缝中有水渗出而不易下滴为宜。生长前期培养料含水量靠拌料时加入，但应根据原料、菌株和栽培季节的不同而定。如原料吸水性强，应加大料水比，反之则减少。高海拔地区、干燥季节和气温略低时，含水量应加大；30℃以上高温期，含水量应减少。生长后期含水量主要靠浸水或注水进行补充。含水量过高，氧气减少，不仅影响生长，还易滋生病虫害；含水量过低，也影响生长。

②空气湿度　黑木耳菌丝体生长阶段空气相对湿度为60%～70%；黑木耳属喜湿性真菌，子实体形成阶段需要较多的水分，空气相对湿度以90%～95%为宜。低于80%时生长迟缓；超过95%时，通气不良，会抑制子实体发育。若再遇高温，则易发生"流耳"或病虫害滋生等现象。

黑木耳属于胶质菌类，晴雨相间的天气，有利于菌丝向纵深蔓延，有利于耳片的发育。一次降雨可以吸收其干重15倍的水分，天晴后耳片强烈收缩，具有较强的抗旱能力。因此，生产上采用干湿交替的水分管理法，是目前栽培中增产的有效措施。

（4）通气条件

黑木耳是好气性真菌。在生长发育过程中会不断吸收氧气，释放二氧化碳，加之培养料在分解过程中也会不断释放二氧化碳，因此，栽培过程中极易造成二氧化碳的积累和氧气不足，故栽培必须适时适量通风换气。若栽培场所通风不良，则耳片不易展开，形成"鸡爪耳"，从而失去商品价值。另外保持良好的通气条件，还可以避免耳片霉烂和减少杂菌的蔓延。袋料栽培时，为保证氧的供给，装瓶或装袋不宜过实过满，并要注意通风换气。

（5）酸碱度

黑木耳喜欢在偏酸条件下生长。菌丝体生长的pH值范围为4～7。pH值5～6.5最为适宜。但在袋料栽培中，由于培养基中添加了麦麸和米糠，菌丝在生长发育过程中会产生较多的有机酸，而酸化的环境又适于霉菌生长，导致污染率增加。因此经菌丝的抗碱性驯化的菌株，在pH8的培养基上也能良好生长发育。

（6）光照条件

黑木耳是喜光性真菌，散射光对子实体形成有诱导作用，完全黑暗的条件下不会形成子实体；光照不足形成的子实体也生长弱小、耳片色淡、较薄、产量低、质量差。黑木耳子实体生长发育阶段光照强度为150lx时，子实体色泽趋淡；光强为200lx时为浅黄色；光强为1 250lx以上时色泽趋深。但黑木耳的菌丝体生长阶段一般不需要光线，光线过强，菌丝很容易从营养生长阶段转入生殖生长阶段，过早地形成原基，影响继续生长。因此，室外栽培时，应选择有"花花太阳"的场地。

7.1.3 主要栽培品种

黑木耳栽培要选择适应性广、抗逆性强、发菌快、成熟期早、菌龄30～50d的菌种。切勿使用老化菌种和杂菌污染的菌种。我国各地栽培用的黑木耳菌种有很多，如888、998（辽宁省食用菌研究所）、冀诱1号、冀杂3号（河北省微生物研究所）、沪耳3号、沪耳4号（上海农业科学院食用菌研究所）、陕耳1号、陕耳3号（陕西省西北农林科技大学）、Au793（华中农业大学）、Au－5（福建三明真菌研究所）、916.9809、黑木耳1号、黑木耳2号（黑龙江省科学院应用微生物研究所）、林耳1号（黑龙江省林业科学院）、伊耳1号（黑龙江省伊春市友好区食用菌研究所）、黑木耳9211、吉黑182、杂交005、杂交19、杂交22.981、延边7号等。各地应根据当地气候特点及市场需求选用适合的菌种。

据试验，适于棉籽壳、木屑袋料栽培的有'沪耳1号'、湖北房县的'793'、保康县的'Au26'、福建'新科'、福建'G139'、河北'冀诱1号'、'豫早熟808'；适丁稻草栽培的有'D～5'、'G139'、'G137'、'双丰1号'、'双丰2号'；适于棉籽壳、木屑袋料室外地栽的有'吉林海兰'、'东北916'、'黑龙江雪梅'、'豫早熟808'等。

7.1.4 母种、原种制作

7.1.4.1 菌种概念

自然界，食用菌靠孢子来繁殖后代，所以食用菌的孢子就相当于植物的种子。孢子借助于风力或某些小动物、小昆虫传播到各地，在适宜的条件下萌发成菌丝体，进而产生子实体。虽然孢子是食用菌的种子，但生产中由于孢子微小，很难找到，所以一般不用孢子进行食用菌繁殖，而是用孢子或子实体组织、菌丝组织萌发而成的纯菌丝体作为繁殖材料。所以，人们常说的菌种，实际是指经过人工培养的纯菌丝体。

菌种根据使用目的、生产特性、作用、物理特性及培养基不同等可分为保藏种、实验种、生产种；液体菌种、固体菌种、固化菌种；草腐菌种、木腐菌种；粪草菌种、麦粒菌种、枝条菌种等。但生产中应用最广泛的是据菌种的来源、繁殖代数及生产目的分为的母种、原种和栽培种。母种是指从大自然首次分离得到的纯菌丝体。一般经在试管斜面进行再次扩繁形成的为再生母种。所以生产用的母种实际都是再生母种，它既可繁殖原种，又适于菌种保藏。原种是由母种扩繁培养而成的菌种，又称二级菌种。又因其一般在菌种瓶或普通罐头瓶中培育而成，故又称瓶装种。原种主要用于菌种的扩大培养，有时也可以直接出菇。栽培种是指由原种扩繁培养而成的菌种。直接用于生产，又称生产种或三级种。常采用塑料袋培养，因此也叫袋装种。栽培种一般不能用于再扩繁菌种，否则导致生活力下降，菌种退化，给生产带来减产或更为严重的损失。

7.1.4.2　母种制作

（1）制作培养基

①培养基基础：培养基就是采用人工方法，按照一定比例配制各种营养物质，以供给食用菌生长繁殖的基质。相当于绿色植物生长所需的土壤。培养基必须含有该种食用菌生长发育所需的各种营养物质，且能使该食用菌生长繁殖，还必须经过严格灭菌，保持无菌状态。一般按培养基物理性质有液体培养基、固体培养基和固化培养基。液体培养基是指食用菌生长发育所需营养物质按一定比例加水配制成液体状培养基。它的营养分布均匀，利于食用菌营养体接触和吸收，易于控制，便于机械化操作，工厂化生产，菌丝生长迅速，产量高。固体培养基是以含有纤维素、木质素、淀粉等各种碳源物质为主，添加适量有机氮源、无机盐等，含有一定水分呈固体状态的培养基。其原材料广泛，价格低廉，配制容易，营养丰富，是食用菌原种、栽培种的主要培养基。固化培养基是指将各种营养物质按比例配制成营养液后，再加入适量凝固剂，如 2% 左右的琼脂，加热至 60℃ 以上为液体，冷却到 40℃ 以下为固体的培养基，主要用于菌种分离、培养、扩繁及保藏母种。

②常用母种培养基配方

马铃薯葡萄糖培养基（PDA 培养基）：马铃薯（去皮去芽眼）200g、葡萄糖 20g、琼脂 18～20g、水 1 000mL。也可用蔗糖代替葡萄糖，即为 PSA 培养基。

综合马铃薯培养基：马铃薯（去皮去芽眼）200g、葡萄糖 20g、磷酸二氢钾 3g、维生素 B_1 10mg、硫酸镁 1.5g、琼脂 18～20g、水 1 000mL，pH 值 5.8～6.2。广泛适用于香菇、平菇、双孢菇、金针菇、猴头、灵芝、木耳等多种食用菌母种的分离、培养和保藏。

马铃薯玉米粉培养基：马铃薯 200g、蔗糖 20g、玉米粉 50g、琼脂 20g、磷酸二氢钾 1g、硫酸镁 0.5g、水 1 000mL。适用于香菇、黑木耳、猴头菇的培养。

马铃薯黄豆粉培养基：马铃薯 200g、蔗糖 20g、黄豆粉 20g、琼脂 20g、碳酸钙 10g、磷酸二氢钾 1g、硫酸镁 0.5g、水 1 000mL。适用于蘑菇、草菇。

葡萄糖蛋白胨琼脂培养基：葡萄糖 20g、蛋白胨 20g、琼脂 20g、水 1 000mL。

蛋白胨、酵母、葡萄糖琼脂培养基：蛋白胨 2g、酵母膏 2g、硫酸镁 0.5g、磷酸二氢钾 0.5g、磷酸氢二钾 1g、葡萄糖 20g、维生素 B_1 20mg、琼脂 20g、水 1 000mL。适用于培养冬虫夏草、蛹虫草、平菇、白灵菇、杏鲍菇等。

【实例】母种斜面培养基制作（以 PDA 培养基为例）

①计算：按照选定的培养基配方，据所需制作的数量计算各种成分的实际用量。

②称量：将马铃薯洗净去皮去芽眼，按计算所得实际用量进行称量。

③煮制：选择合适的浸煮容器，一般选用铝锅、搪瓷缸或玻璃烧杯等，不能用铜、铁

器皿。将称量好的马铃薯切成花生豆大小块，加入计算所得水量，再加 200mL 以补充煮制过程中消耗，煮沸后开始计时，改为用文火保持沸腾 20～30min，并适当搅拌，使营养物质充分溶解出来，用 2～4 层纱布预湿后过滤，如过滤的土豆汁不足，可用水补充至所需量，倒回干净的小锅内，加入琼脂，温火加热使其完全溶化，再加入葡萄糖和其他营养物质，溶解后，用 pH 试纸检测 pH 值，据需要可用 1mol/L 氢氧化钠或 1mol/L 盐酸调整至适宜酸碱度，再分装试管。

④分装试管：将配制好的培养基趁热分装试管，常用试管规格为 18mm×180mm 或 20mm×200mm 的玻璃试管。分装试管的量掌握在试管长度的 1/6～1/5。注意分装时，培养基不要蘸在试管口壁上，如蘸上则用纱布擦干净后再塞棉塞，否则棉塞上容易滋生杂菌。

⑤塞棉塞：分装完毕后，塞上棉塞，注意棉塞的松紧适度，以用手提起棉塞而试管不脱落为度，棉塞长度为 3～5cm，塞入试管中的长度约占总长的 2/3。制作棉塞时宜选用质量好的普通棉花或用透气胶塞代替棉塞，不用脱脂棉（成本高）。

⑥灭菌：将塞上棉塞的试管按 6～10 支捆成一捆，用两层报纸或一层牛皮纸捆好，放入高压锅内灭菌。灭菌压力 0.1～0.12MPa，灭菌 30min，待压力降至 0 时，拧松螺旋，打开压力锅盖，取出试管摆放斜面。

⑦摆斜面：将试管取出后，轻轻摆放于清洁的倾斜的台面或桌面上，一般摆成的斜面长度要求达到试管全长的 1/2 为宜，摆好后不要再动，以免试管壁四周均粘上培养基。待自然冷却至室温后，就会自然凝固成斜面培养基。

⑧检查灭菌效果：将凝固好的斜面培养基放在 28～30℃条件下，空白培养 24～48h，检查无杂菌污染后，才能使用该培养基。

（2）母种分离培养

木耳母种分离可采用孢子弹射分离法、耳木组织分离法和子实体组织分离法。

①孢子弹射分离法：采集出耳早，朵形大，子实体健壮肥厚，无病虫危害，色泽深，大约八分成熟的新鲜木耳（以春耳最好）作为种耳。

将采回的种耳先用流水冲洗干净，去掉子实体表面附着的杂物。然后将种耳放入无菌接种箱中，再用无菌水反复漂洗 3～4 次，用灭过菌的滤纸或纱布吸干子实体表面的水分。接着用无菌剪刀将子实体剪成蚕豆大小的耳片，并用经过火焰灭菌的细铁丝将耳片钩住，每根铁丝钩一片，悬挂在斜面试管管口内或装有培养基的三角瓶瓶口内，塞紧棉塞。注意耳片腹面一定要向下，耳片不能接触培养基和试管（瓶）壁。将挂好耳片的试管或三角瓶直立放在 25～28℃恒温箱中培养 1～2d。当看得到培养基表面散落有白色孢子时，将试管或三角瓶取出移至无菌接种箱中，在酒精灯火焰旁打开棉塞，取出铁丝钩和耳片，重新塞好棉塞，再放入温箱中继续培养 5～6d，待培养基表面生长出白色菌丝时，在无菌箱中用接种针挑取少量菌丝，转接入新鲜斜面试管内，在 25～28℃下培养，再经 2～3 次转管后，就可得到健壮的黑木耳纯母种。

②耳木组织分离法：挑选木耳子实体肥厚键壮，耳形正常，色泽深，无虫害，表面看不见杂菌的当年或第二年的耳木，作为分离材料。凡有病虫危害，有烂耳、流耳现象，树皮脱落，木质腐朽的耳木不宜采用。从选好的耳木上，有子实体的部位锯下 1～2 寸的小段。削去树皮和无菌丝的部位，选取有菌丝的部分放入接种箱内进行处理。先将分离材料浸入 0.1% 的升汞溶液中，浸泡 1～2min，接着用无菌水冲洗 3～4 次。用无菌金属镊子夹

起耳木，放在无菌纱布上吸干表面水分，再用灭过菌的锋利小刀将耳木切成绿豆大小的颗粒，然后用金属镊子将小块耳木移放进斜面试管内，每管接一小块。将试管放在 25～28℃恒温箱中培养，每天都要注意检查，发现有杂菌污染的试管应予淘汰，约经 10～12d培养，选择黑木耳菌丝生长旺盛，洁白、毛短而整齐的斜面试管，在无菌接种箱中，用接种针挑取先端菌丝，转接入新鲜斜面试管内培养。连续经过 2～3 次转管后，就可得到键壮的黑木耳纯菌种。

子实体组织分离法因不大容易成功，即使成功得到的纯菌丝也生活力较低，故不再赘述。

7.1.4.3 原种制作

（1）原种培养基配方

配方一：玉米芯 79%，麸皮 15%，阔叶木屑 5%，石膏粉 1%，含水量 55%～65%。

配方二：小麦或玉米粒 93%，木屑 5%，碳酸钙 2%，含水量 60%。

配方三：木屑 78%，麸皮 16%，玉米粉 2%，石膏粉 1%，蔗糖 1%，含水量 55%。

配方四：木屑 73%，麸皮 25%，蔗糖 1%，碳酸钙 0.8%，硫酸镁 0.1%、磷酸二氢钾 0.1%，含水量 60%～65%。

配方五：木屑 78%，麸皮 20%，石膏粉 1%，蔗糖 1%，含水量 55%。

配方六：枝条 1 000g，麸皮或米糠 250g，石膏粉 10g，蔗糖 1%，磷酸二氢钾 0.1%，硫酸镁 0.1%，含水量 55%。

配方七：麦粒或玉米粒 66%，小麦杆或裸麦杆（切碎，长 2～3cm）30%，石膏 2%，石灰粉 1%，白糖 1%，含水量 55%。

其中：小麦杆或裸麦杆泡湿，装瓶，高压灭菌后备用。小麦、裸麦、高粱、玉米、小米等谷粒浸泡，煮至"无白心但表皮不开裂"，捞出沥水至表面无水汽后再加其他成分，装瓶、高压灭菌后备用。

（2）原种培养基配制（以配方一为例）：以玉米芯颗粒制作黑木耳原种，较木屑制作的原种生长快，菌丝浓白粗壮，活力强，萌发生长快，较谷粒制作的原种成本低，耐保藏。具体如下：

①选料：选干燥无霉变的脱粒玉米芯粉碎过筛，去粗去细，选黄豆粒大小颗粒备用。

②配料：按配方比例，据实际配制培养基数量计算所需各配料数量，然后称量。

③泡料：将称取的玉米芯颗粒装入干净的编织袋，浸没在流动水中，如为静水，则每天换水 1 次，泡透为止，一般需 3～5d。

④拌料：将泡好的玉米芯颗粒捞出，沥去多余水分，将麸皮、木屑、石膏粉充分拌匀后混入玉米芯，不需再加水，拌匀即可。

⑤装瓶：将拌好的培养料装至罐头瓶瓶颈处，同时要求上面有一层 1～2cm 细料，用工具将表面压实，使培养料上紧下松。

⑥灭菌：采用高压蒸汽灭菌。灭菌时，排除内部冷空气后，保持 1.2～1.5kg/cm² 压力 1.5h 后关火，待压力自然降到 0 后再出锅。如采用常压蒸汽灭菌，应先急火使瓶内升温到100℃后改文火，维持瓶内温度100℃6～8h，停火后焖4h出锅。

（3）接种

待温度降至30℃左右时，通过无菌操作将培养好的母种接种至培养基瓶内。每支试管母种可接种 8 瓶原种。

（4）原种培养

接好种后将菌种瓶置于适宜的培养箱或培养室内进行培养，开始 1～5d 控制温度为26～28℃，第 6～10d 降温至 22～24℃，第 16d 后控制温度在 20～22℃，直至菌丝贯串到瓶底，即可用于生产栽培种。

7.1.5　干木耳分级标准

7.1.5.1　传统干木耳分级标准

（1）甲级（春耳）

以小暑前采收者为主，表面青色，底灰白，有光泽，朵大肉厚，膨胀率大；肉层坚韧，有弹性，无泥沙虫蛀，无卷耳、拳耳。

（2）乙级（伏耳）

以小暑到立秋前采收者为主，表面青色，底灰褐色，朵形完整，无泥沙虫蛀。

（3）丙级（秋耳）

以立秋后采收者为主，色泽暗褐，朵形不一，有部分碎耳、鼠耳（小木耳），无泥沙虫蛀。

（4）丁级

不符合上述规格，不成朵或碎片占多数，但仍新鲜可食者。

7.1.5.2　全国实施的干木耳收购标准

（1）一级

色泽纯黑，朵大而均匀，足干，体轻质细，无碎屑杂物，无小耳，无僵块，无霉烂。

（2）二级

色泽黑，朵略小，足干，体轻质细，无霉烂，有少许黄瓣，耳根棒皮及灰屑不超过 3% 。

（3）三级

色泽黑而稍带灰白（或褐灰色），朵大而碎，肉薄体重，无霉烂，耳根棒皮及灰屑杂质不超过 3% 。

【巩固训练】

1. 黑木耳袋料栽培如何拌料装袋？

2. 黑木耳袋料栽培如何接种？

3. 黑木耳袋料栽培接种后菌丝不能萌发的原因有哪些？

4. 黑木耳林下栽培如何选地？

5. 黑木耳栽培头茬耳采收后杂菌感染原因有哪些？

【拓展训练】

1. 调查你的家乡所在地区食用菌种类、栽培模式、栽培方法。

2. 调研你的家乡所在地区林下栽培黑木耳的可行性。

任务 2

香菇栽培

【任务目标】

1. 知识目标

了解香菇的价值、生产发展现状与前景及栽培品种；知道香菇的母种、原种制作方法；熟悉香菇的生物生态学习性及特性。

2. 能力目标

会进行香菇的栽培制种、栽培、栽后管理、病虫害防治、采收及加工。

【任务描述】

香菇以其肉质肥厚细嫩、味道鲜美、香气独特、营养丰富，并具有一定的药用价值，深受国内外人们的喜爱，成为不可多得的健康食品，更是被誉为"菇中皇后"。香菇是世界上最著名的食用菌之一，而野生香菇在我国分布范围广泛，人工栽培在我国发展也非常快，已由以福建、浙江、广东、湖北等南方地区为主产区，发展到广大北方也成为了当地的支柱产业。香菇生产如今已成为我国位居第二的食用菌产业，仅次于平菇，产量更是位居世界首位，也是世界最大的出口国。因此，大规模、产业化栽培香菇，即可活跃农村经济、帮助农民脱贫致富，同时也可用于出口创汇和丰富人们的"菜篮子"，意义重大。

香菇栽培包括栽培种制作、栽培、栽后管理、病虫害防治和采收加工等操作环节。

该任务为独立任务，通过任务实施，可以为香菇栽培生产打下坚实的理论与实践基础，培养合格的香菇栽培生产技能型人才。

【任务实施流程】

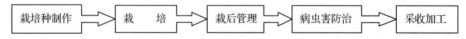

栽培种制作 → 栽 培 → 栽后管理 → 病虫害防治 → 采收加工

【任务操作要点】

一、栽培种制作

1. 季节安排

林下栽培香菇一般选在 12 月至翌年 3 月装袋接种，生产菌棒，且此期内气候寒冷干燥、空气较洁净、杂菌少，可以减少污染机会，提高成功率。1～5 月份为发菌培养阶段，出菇期在 5～9 月份。菌棒在 5 月 1 日前后出菇，确保发菌期气温较低、转色期处于最佳的温度，保证正常转色出菇。

以辽宁为例，为了在 5 月份出菇，最好在 2 月下旬开始制作栽培种，3~4 月发菌，5 月 1 日前后正好进入脱袋转色期，气候适宜，可保证正常转色出菇。如果自己动手制作原种，则需向前推 1 个月时间即可。

2. 栽培种制作

(1)栽培原料及配方

配方一：木屑 78%、麦麸 12%、稻糠 8%、石膏 1%、玉米面 1%。

配方二：木屑 80%、麦麸 14.8%、玉米面 4%、石膏 1%、尿素 0.2%。

配方三：硬杂木屑 78%、麦麸 20%、糖 1%、石膏 1%。

配方四：硬杂木屑 39%、玉米芯 39%、麦麸 20%、糖 1%、石膏 1%。

配方五：纯柞木屑(粗 + 细)79%、稻糠 20%、石膏 1%。

配方六：玉米芯 78%、麸皮 20%、石膏 1.5%、过磷酸钙 0.5%。

配方七：玉米芯 50%、杂木屑 26%、麦麸 20.3%、蔗糖 1%、硫酸镁 0.5%、尿素 0.2%、石膏粉 2%。

配方八：棉籽壳 76%、麸皮 20%、石膏粉 1.5%、过磷酸钙 1.5%、糖 1%。

配方九：棉籽壳 40%、木屑 35%、麸皮 20%、玉米粉 2%、石膏粉 1%、过磷酸钙 1%、糖 1%。

配方十：棉籽壳 30%、玉米芯 50%、麸皮 15%、玉米粉 2%、石膏粉 1%、过磷酸钙 1%、糖 1%。

配方很多，栽培者可根据当地情况选用培养料，不同培养料生产，其长势、产量和质量会有所差别。以棉籽壳、木屑培养料栽培生产香菇，产量较高。

在选料时要注意新鲜、无霉变，且使用前最好进行日光暴晒 3~5d。木屑以未经雨淋、受潮霉变的储放 1 年以上的旧料效果好，杂木屑比单一木屑栽培效果好。松、杉及含芳香类物质较多的楠木、樟木屑等不宜选用来栽培香菇。木屑要过筛，以免木屑内有木片、木条等尖硬物质，在装袋时划破、扎破料袋；米糠要用不含粗壳的细糠，

麸皮以中粗者为好，石膏宜选用细石膏；玉米芯要粉碎成玉米粒大小，但不要太细，以免影响透气性。

(2)拌料装袋

拌料：可采用人工或小型拌料机拌料。拌料时应据每天的生产进度，将料分批次拌合，当天拌料，当天装袋灭菌，以免发酸变质，影响菌丝萌发吃料。人工拌料一般选择在水泥地面上进行。拌料时要求先将主料与各种辅料按比例称好后充分拌匀，再将易溶于水的糖、过磷酸钙、石膏等按比例称好后溶于水中，拌入料内，充分拌匀，调节含水量，使培养料含水量达到 60%~65%，以紧握培养料，指缝间有水珠而不滴下为宜。

装袋：可采用人工或装袋机装袋。装袋时，塑料袋的选择非常重要，高压灭菌应选择聚丙烯塑料袋，常压灭菌要选择聚乙烯塑料带。天气较热地区塑料袋规格为 15cm×55cm 比较适宜，天气较冷地区可选规格为(20~22)cm×55cm 塑料袋。人工装袋是用手将料塞进袋内，当装袋 1/3 时，把袋子提起，在地面上小心震动，使料落实，再用手或木棒、啤酒瓶等将料压实，装至离袋口 5~6cm 时，将袋口用双层扎紧。使用装袋机装袋效率较高，每小时可装袋 1 200 袋。无论哪种装袋方式，都要求装好的料袋均匀一致，表面光滑无突起，松紧程度一致，培养料紧实无空隙，手指按压坚实有弹性，塑料袋无白色裂纹，扎口后，手掂料不散，两端不下垂。一般来说，装料越紧越好。如果装料过松，空隙大，空气含量高，菌丝生长快，呼吸旺盛，消耗大，出菇量少，品质差，易受杂菌污染。装好袋后要在 4h 内灭菌，最长不要超过 6h，以防变酸发臭。

(3)灭菌：料袋装好后采用常压蒸汽灭菌。蒸汽灭菌系统由锅炉和灭菌室组成，锅炉通过管道与灭菌室相连，灭菌时锅炉中的水蒸气通过管道输送到装有料袋的灭菌室内，从而达到对料袋的高温消毒作用。料袋在灭菌室内的码放要有一定的空隙，这样便于空气流通，灭菌时不易出现死角。码放好后，关上门即可灭菌。

灭菌过程遵循"前攻猛尾控中间"的原则。开始时，火势要旺要猛，从生火到灭菌室内温度达到 100℃的时间不能超过 4h，否则会把料蒸酸蒸臭。当温度达到 100℃后，中火维持 8~10h，中间不要降温，最后再用旺火猛攻 10min 后停火焖 8h

后可出锅。降温后运往接种室，晾干料袋表面水分，待袋内温度降至28℃时接种。

（4）接种：香菇接种方法很多，常用的为长袋侧面打穴接种的方法。

接种前，首先做好消毒杀菌工作，将接种环境、接种工具、接种人员按常规方法消毒灭菌。接种环境消毒以前多用甲醛熏蒸，现在一般多用气雾消毒剂，如气雾消毒盒、克霉灵烟雾剂、高氧态二氧化氯、菇保1号等，不用喷雾喷洒法消毒。料袋面打穴前消毒一般用75%酒精，配50%多菌灵，按20∶1比例混合成药液，或采用克霉灵拌酒精制成药液，用纱布蘸少许药液，在料袋面上将要打穴处迅速擦洗一遍，以起到消毒和清洗残留物的作用；菌种瓶口及瓶壁先用干净湿布擦干净，再用0.1%高锰酸钾擦洗瓶表面，操作时在酒精灯火焰旁揭去封口膜，置于接种架上，用酒精灯封瓶口；接种工具及工作人员进入接种室前要用70%酒精洗手消毒，换上干净消毒的工作服进入，接种工具在接种时还需在酒精灯上用酒精灯火焰再次灭菌后使用。

接种时，将灭菌后的菌袋移入接种室，待料温降至30℃以下时开始接种。接种过程中3~4人一组，做好分工，流水作业，这样效率较高，一般1000袋力求在3~4h内完成。分工上一般1人用75%酒精棉球擦净料袋，然后用木棍制成的尖形打穴钻或空心打孔器，在料袋正面消过毒的袋面上以等距离打接种孔（每袋打孔4~5个，一面打3个，相对一面错开2个）；1人用接种器或镊子取出菌种块，迅速放入接种孔内，要求按满接种穴，最好菌种略高于料面1~2mm；1人用食用菌专用胶布（或胶片）封口，再把胶布封口顺手向下压一下，使之粘牢穴口，减少杂菌污染；1人把接种好的料袋递走。整个过程动作要敏捷，尽可能减少"病从口入"的机会。一般1000个料袋需用罐头瓶装原种60~80瓶，每瓶可接种70~90穴，约15个料袋。

接种时忌高温高湿，因此接种时间要安排好，春季温度较低时，可安排在白天进行；但秋天或温度较高时，最好安排在凉爽的清晨或午夜进行，因气温低时，杂菌处于休眠状态，利于提高接种的成品率。

接种过程中要注意打穴时，以穴口直径1.5cm，深2cm为宜；接种要尽量接满或略高于料面1~2mm；封口胶片最好选用透气性香菇专用胶片，一般规格为3.25cm×3.6cm或3.6cm×4.0cm；整个过程要动作迅速，减少杂菌感染机会；所用菌种要求长满瓶20d以内，菌丝洁白健壮，分布均匀，没有褐斑，无污染，无虫螨，并将菌种外层菌皮剥掉。

（5）上堆发菌：接种后，将料带放入培养室内控温上堆发菌，发菌时多采用"井"字形堆放菌袋，一般每层排4袋，依次堆叠4~10层，堆高1m左右，最多40袋为一堆。要注意堆放时接种穴应位于两侧，以利于通风换气和菌种萌发定植，不能使一袋菌袋压在另一菌袋的接种穴上。其次要注意温度高时，堆放的层数要少；温度低时则可以层数多些。通常菌袋的发菌时间为60d左右，在此过程中要注意遮阳防湿、通风换气和及时翻堆检查。

菌袋在发菌过程中要翻堆4~5次。上堆后的前3d关闭门窗，保持室内空气稳定，48h后，菌种开始萌发，慢慢吃料，菌丝呼吸代谢微弱，对环境变化抵抗力差，维持空气稳定，有利于菌丝生长，减少杂菌污染。第4d起，前10d内每天早晚打开门窗通风换气1~2h，以后随菌龄增加，通风时间应适当加长。外界气温超过28℃时应改在凌晨至清晨通风，气温低于25℃时，白天通风，通风的目的在于保持室内空气新鲜，氧气充足，降低室温。如外界气温较低，要注意培养室保温，控制室内温度20~26℃之间。前5d内一般不需搬动菌袋，以免影响菌丝萌发，不利于菌丝定植。第一次翻堆应在接种上堆后的第7d，这时菌丝已定植，以后每隔7~10d翻堆一次。翻堆的目的是使菌袋发菌均匀，同时有利于捡出被杂菌污染的菌袋。翻堆时要求做到上下、内外、左右翻匀，且要轻拿轻放，不要擦掉封口胶布。发现杂菌污染则需及时用克霉灵、多菌灵等杀菌剂进行处理。

接种15d后，接种穴菌丝呈放射状蔓延，当直径达4~6cm时，将胶布对角撕开一角或在其周围扎孔透气，增加供氧量，满足菌丝生长需求。20~25d后，菌丝圈可达8cm左右，30d后，菌丝生长进入旺盛期，新陈代谢旺盛，此时菌袋温度要比室温高出3~4℃，应及时把穴口上的胶布撕掉，并加强通风换气管理，使室温保持在22~23℃。如此经50~60d培养，菌丝即可长满菌袋，接种穴周围出现扭结的瘤状物，菌袋内出现色素积水，表明菌丝生长已达生理成熟，准备脱袋出菇。

二、栽培

1. 菇场选择

宜选水源充足、水质良好、排水方便的缓坡林地，林地植被以栽植规整、行间距较大的人工林为主，行距最好能够达到 3m 以上，以方便菇棚搭建和管理，林分郁闭度应达到 0.8 左右最为合适，林分树种可以是落叶松、樟子松、红松、成龄柞树、阔叶杂木林、针阔混交林等均可，林龄以 15 ~ 20 生以上的林分为好，林下杂草、灌木等较少，空气相对湿度较大。也可选择郁闭度达到要求的缓坡山地果园、经济林园等，如板栗园、棚架葡萄园、成龄苹果园、梨园、大扁杏园等。如郁闭度达不到要求，可采用遮阳网进行遮阴调节光照。

2. 菇棚搭建

菇场选好后，将林下影响操作的杂灌木清理干净，行间空地最好进行翻耕，以达到清理杂草、减少病虫和杂菌目的。然后做出宽 1.6 ~ 1.8m 的畦，畦中间稍高，以防止畦面积水。然后搭建宽 1.6 ~ 1.8m，长 20 ~ 30m，高 1.5m 的拱棚。拱棚内搭设 6 ~ 7 排棒架，棒架以铁丝制成，离地高 25cm，架间距离 25cm（料袋规格小的架间距离可适当减小）。拱棚顶端也架设一根铁丝，以起到加固拱棚和方便安装喷淋设施目的。林地郁闭度达不到要求者，可在拱棚上架设遮阳网进行遮光。拱棚使用前要对畦面撒上石灰进行消毒杀菌。

3. 脱袋、排场

（1）脱袋：脱袋就是用单面刀片沿袋面割破，剥掉塑料袋使菌筒裸露。脱袋时要保留两端一小圈塑料袋不脱作为"帽子"，以免菌筒着地时蘸土而感染杂菌。菌袋脱袋后称为菌筒或菌棒。

脱袋要适时，不能过早过晚。过早，菌丝没有达到生理成熟，难以转色出菇，产量低；过晚，袋内已分化形成子实体，出现大量畸形菇，或菌丝分泌色素积累，使菌膜增厚，影响原基形成和正常出菇。一般可从菌龄、菌丝形态、色泽和基质四个方面判断是否应该脱袋。一般在菌龄约 60d，菌丝表面起蕾发泡，接种穴周围有不规则小泡隆起；菌袋内菌丝长满、浓白，接种穴和袋壁部分出现红褐色斑点；手抓菌袋富弹性感时，表明菌丝已达生理成熟，适于脱袋。

脱袋应选晴天或阴天上午进行，最适温度为 16 ~ 23℃，高于 25℃菌丝易受伤，低于 12℃脱袋后转色困难，因此遇刮风下雨或气温高于 25℃或低于 12℃时，应停止脱袋。脱袋后应保温保湿，故应边脱袋、边排筒、边盖膜，避免菌筒失水干燥和不良环境影响。

林下栽培香菇也可不脱袋先排场，然后加强管理促其袋内转色，等转色完成后再脱袋进入出菇管理或转色完成后仍不脱袋，而采用割袋出菇方法。但在管理上与脱袋转色出菇稍有不同。

（2）排场：脱袋后应及时排场。排场以梯形菌筒架为依托，将脱袋后的菌筒在畦面上呈鱼鳞状排列。菌筒放于排筒架的横条上，立筒斜靠于菌棒架上，与畦面成 70°~80°夹角。排筒后，立即用塑料薄膜罩住，以保温保湿。

三、栽后管理

1. 转色期管理

脱袋排完场后的 3 ~ 5d 内，尽量不要掀动塑料薄膜，保温保湿，开始保持较暗光线，以利菌丝恢复生长，然后逐渐增强光照。在光线逐渐增强且氧气充足，温、湿度差增大条件下，经 4 ~ 6d 菌棒表面长出一层浓白的绒毛状菌丝后，开始每天通风 1 ~ 2 次，每次 20min，促使菌丝逐渐倒伏，形成一层薄薄的菌膜，同时开始分泌色素，吐出黄水。此时应掀开薄膜，往菌筒上喷水，每天 1 ~ 2 次，连续 2d，冲洗菌棒上的黄水。喷完水后再次覆盖薄膜，菌筒会由白色渐转为粉红色，然后调整温度在 23℃左右，此期温度不能高于 28℃，每天揭膜通风 20 ~ 30min，创造干湿差，加强光照，经过 10 ~ 12d 管理，菌筒表面形成一层具有韧性的棕褐色树皮状菌膜，完成转色。转色后的菌膜相当于菇木的树皮，具有阻止水分散发、调温保湿和防止杂菌感染作用，有利于菌筒出菇。菌膜偏薄，水分易散发；过厚，推迟出菇并影响产量。

转色过程中常因气候的变化和管理不善，出现转色太淡或不转色，或转色太深、菌膜增厚，均会影响正常出菇和香菇产品品质，因此科学处理好温度、湿度、通风、光照的关系，是菌筒转色早、转色好的关键。

2. 出菇管理

菌棒转色后，菌丝体完全成熟，并积累了丰富的营养，在一定的条件刺激下，迅速由营养生长进入生殖生长，发生子实体原基分化和生长发育，也就进入了出菇期。北方林下香菇的出菇从5月份开始可以一直持续到9月份，期间可出4~5潮菇，要经过春、夏、秋三个季节，由于三个季节温湿度存在较大差异，因此，在出菇管理上也不尽相同。每潮菇都要经过催蕾、子实体生长发育、采收和养菌几个阶段。从催蕾到采收大约需要15d的时间，养菌大约需要10d时间。下面据林地香菇的出菇时间，把出菇期的管理分为春季管理、夏季管理和秋季管理。

（1）春季管理：春季管理即脱袋转色后的5~6月份管理。北方该期林下气候特征为：由于植被叶幕未完全形成，白天气温相对较高、晚上气温相对较低、昼夜温差相对较大，由于气候干燥，空气相对湿度较低，且由于叶幕原因林内光照较强，但随时间推迟，光照趋向减弱。

因此该期要采取温度差、湿度差刺激菇蕾发生，需白天覆盖薄膜，提高温度、增加湿度，但要根据实际温度情况进行适时喷水降温，控制白天温度不要超过23℃，如超则需通过喷水、通风、降低光照等措施进行降温，一般晴天喷水2~3次，阴天喷水1~2次，同时进行通风降温；傍晚掀开薄膜，结合喷水降低温度、增加湿度，将昼夜温差、湿差拉大，昼夜温差以10~12℃为宜，经过连续3~5d刺激，菌棒表面就会形成白色花纹状裂痕，继而发育形成菇蕾。

菇蕾形成后，由于菇蕾幼小娇嫩，抗逆性差，应给予温暖、湿润、平稳的环境条件，让其顺利长大。具体做法为：以增减覆盖物和调节通风强度，使温度保持在15~25℃之间；定期喷水、菇小少喷、勤喷雾状水，菇大多喷，保持空气相对湿度80%~90%，菇成熟停止喷水；早、午、晚各通风一次，保持菇棚内通风流通，防止畸形菇发生；光照则依据客商对菇色要求，调整菇棚遮盖物，保持"三分阳、七分阴"或"四分阳、六分阴"。同时要菇形不完整、丛生菇蕾进行剔除，以保证生产出品质优良的香菇产品。

该期由于气温逐渐升高，采菇要及时，宜早不宜迟。采菇以菌盖基本展开，直径达5cm以上为宜。一般可在清晨和傍晚各采收一次。采完一批后，要降低菌棒含水量进行养菌，养菌3~5d后，喷低温凉水进行催蕾，每天2~4次，菇蕾形成后按常规出菇管理即可。第一潮菇采完后，菇

棚停止喷水，揭膜通风，使菌筒稍晾干进行养菌，7~10d后给予菌筒注水或浸水，使菌筒含水量接近原重量为准，经一干一湿后，菌筒覆盖薄膜保温保湿，促使菌丝恢复生长，3~5d后开始温差刺激，昼夜温差仍保持10℃以上，使菌丝体分化形成原基并长出菇蕾，进入第二潮菇生产。

（2）夏季管理：7月份进入盛夏期，北方林下该期气候特征为：由于林冠遮阴和蒸腾作用，使林内白天气温不是很高，晚上气温不是很低，昼夜温差相对较小，由于进入雨季，雨水较多，加之植被的蒸腾作用，使空气相对湿度较大，林内光照由于叶幕遮挡，光照不是很强。

进入该期后，由于气候炎热，管理的重点是降低棚温，减少菌棒含水量，加强通风，预防霉菌。具体做法是：气温特别高时，中午朝小拱棚膜上喷水，降低菇棚内温度。由于该期空气湿度较大，喷水次数由春季的晴天2~3次，阴天1~2次改为晴天1次，阴天不喷水；每天早晨和傍晚各通风一次，每次通风时间为2h；该期也是霉菌的高发时期，发现少量霉菌感染菌棒时，可采用生石灰覆盖发病部位，防止蔓延，出现霉菌面积较大时，及时挖去感染部位，喷800~1000倍液多菌灵防治。

整个一潮菇完全采完后，大通风一次，晴天气候干燥可通风2h，阴天或湿度大可通风4h，使菌棒表面干燥，然后停止喷水5~7d，让菌丝充分复壮生长，待采菇留下的凹点处菌丝发白时，再次给菌棒补水。补水要适量，以补好水后菌棒重量略低于出菇前的重量。不能太多也不能太少，太多易造成菌棒腐烂；太少菌棒水分不充足，影响出菇。补好水后，将菌棒重新排放在畦里，重复前面的催蕾出菇管理方法，准备出下一潮菇。

（3）秋季管理：进入8~9月份后，即进入了秋季管理。秋季林下气候特征非常适合香菇发生，该期菌棒营养也最丰富，菌丝生长势最为旺盛，帮内水分充足，温度适宜时，出菇集中，菇潮猛，生长快，产量高，品质好，一定要管理好，否则损失也大。

北方秋季林下气候特征为：盛夏逐渐过去，气温逐渐下降，一般在15~25℃之间，林内空气相对湿度较大，白天气温较高，晚上气温较低，昼夜温差加大，光照强度逐渐减弱。

进入该期后管理上要注意补水，可采用注水

或浸水方法补充。补水量仍以补好水后菌棒重量略低于出菇前的重量为宜。补完水后，将菌棒仍旧排好，盖好塑料薄膜，保温保湿，促使菌丝恢复生长，3~5d 后开始温差刺激，白天覆盖薄膜，提高温度，但不超过 23℃，否则采取喷水、增加覆盖、通风措施降温；傍晚掀开薄膜，喷水增湿，通风降温，拉大昼夜温差进行催蕾，经 3~5d 刺激，待菌棒表面出现白色纹裂痕，菇蕾即形成。

菇蕾形成后每天早、中、晚各喷水一次，但要注意喷雾状水，增加空气湿度，并结合喷水各通风 1h，促进子实体生长。

（4）不正常情况处理：有些菌棒在不缺水情况下，采取常规催蕾仍不能出菇，则可采取机械振动或电、碰刺激协助催蕾。机械振动是用较轻软的物体拍击菌棒数次，使之受振动刺激有利出菇；电击刺激是用正、负两极触击菌棒两端，但要注意安全；也可用较大磁铁两块，分别以南、北两极拍击菌棒两端，也有助于菇蕾形成。

四、病虫害防治

1. 脉孢霉

俗称串珠霉、链孢霉、红色面包霉。是最常见的一种杂菌。高温高湿最易发生。初为白色、粉粒状，后为绒毛状，由淡黄色转为橘红色，并产生大量橘红色粉状孢子。能随风飞扬，传播蔓延极快。多在脱袋后侵染菌筒，缠绕香菇菌丝体，致使香菇无法形成原基。是土壤微生物，25~30℃时遇湿萌发，蔓延迅速，是接种和发菌期主要有害菌，传播力较强。对香菇生产危害极大，多因灭菌时棉花塞受潮或因菇房湿度过大，或因培养基灭菌不彻底被其孢子侵入所致。

防治方法：选用菌丝生长迅速、旺盛、高产而抗脉孢霉的品种，淘汰严重感病的菌株；培养基彻底灭菌，接种时用酒精擦袋消毒；发菌场所干燥清洁；脱袋出菇期防止喷水过量；保持栽培场地（或培养场地）及周围清洁卫生，做好菇棚和培养室的消毒；菇场、菇棚通风透气，避免湿度过大；发现菌种污染，立即淘汰；菌棒发现用石灰粉盖住患处，并用浸过 0.1% 高锰酸钾水溶液的湿纱布盖在石灰上；严重者连同被害菌筒一并取出，埋入室外土中；出菇时发生，可先用石灰盖住患处，切不可喷药，以免造成孢子飞扬，助其传播。

2. 木霉病

是由木霉真菌引起的病害，危害香菇的木霉主要是绿色木霉（*Trichoderma viride*）和康氏木霉（*Trichoderma koningi*）。对环境适应性极强，喜高温高湿偏酸环境，但在较干燥的环境下也能生长。在 4~42℃ 范围内，都能正常生长，以 25~30℃ 最适宜。以孢子传播，侵染香菇菌丝体后与香菇菌丝争夺养分，并分泌胞外毒素，抑制香菇菌丝生长，严重时导致香菇菌丝中毒死亡。子实体受害，先在菌柄部位出现褐色水渍状病斑，再扩展到菌盖，出现霉层，并由白变绿，最后造成整个菇体腐烂。在香菇的整个生长周期内，可多次重复侵染，尤其在温湿度适宜时。孢子通过空气、水滴、昆虫、用具及工作人员的手、衣服等媒介传播。

防治方法：选用菌丝生长迅速、旺盛、高产而抗木霉的品种，淘汰严重感病的菌株；培养室、菇场、菇棚要干燥清洁；培养基、菌袋、菇棚、培养室灭菌要彻底；脱袋出菇期防止喷水过量；用福尔马林消毒用量不宜过大，以免造成酸性环境，更利于霉发生；菇场、菇棚通风透气，湿度控制在 85% 以下，避免过大；菌种发现木霉立即淘汰，菌袋培养基上发现，可用 2% 甲醛和 5% 碳酸混合液或 75% 的酒精，1%~2% 来苏水，0.1% 甲基托布津，0.1%~0.2% 代森锌等药剂注射受害部位。脱袋后发现可用 0.2% 多菌灵涂抹患部及四周，第二天再用 5% 石灰水涂抹患处。1/3 以上被侵害时，用刀切除侵染部分，切口用 500 倍波尔多液涂抹或浸泡消毒；发生严重则需将整筒菌袋弃除。

3. 青霉

菌丝初期多为白色，与香菇菌丝很难区分，后期转为绿色、蓝色、灰色、肝色，在 20~25℃ 酸性环境中生长迅速，与香菇菌丝争夺养分，破坏菌丝生长，影响子实体形成。

防治方法：加强通风降温，保持清洁，定期消毒；局部发生用防霉 1 号、2 号消毒液注射菌落，也可用甲醛注射进行封闭。

4. 曲霉

初期菌落为黄色、白色，后期变为黑、棕、红、黄绿等颜色，菌丝粗短。香菇菌丝受感染后，很快萎缩并发出刺鼻的臭味，致使香菇菌丝死亡。

防治方法：加强通风，控制喷水，降低温度和湿度；严重时可用 1:500 倍托布津或防霉 1 号、2 号消毒液处理病处。

5. 毛霉

该菌是好湿性真菌，前期菌丝为白色细毛，

疏松，繁殖很快，后期菌丝上长出孢囊梗，顶端产生黑色孢子囊，孢子囊成熟后棕色，暗褐色。菌丝适宜生长温度15~23℃。米糠培养料如果没有经过灭菌处理，只需3~4d就可长满整个培养基；接种时，环境潮湿或操作不慎感染毛霉菌，不几天也会在培养基上迅速发展。毛霉分泌毒素，严重影响香菇菌丝生长和子实体形成。

防治方法：加强通风降湿，严格灭菌，保持清洁，定期消毒；控制喷水，降低湿度；加大用种量，造成香菇菌种优势。一般需加大接种量10%~15%，以控制毛霉生长；培养室四周撒石灰粉，防止侵染；菌筒侵染时，可用饱和碳酸氢铵液注射患处。

6. 绿霉

是香菇生产中危害最大的竞争性杂菌。菌丝初起时为白斑，逐渐变为浅绿色，菌落中央为深绿，边缘为白色，后期变为深绿色，严重时可使菌袋全部变成墨绿色。

防治方法：用2%甲醛和石碳酸(苯酚)混合液或用克霉灵、除霉剂注射受害部位；也可用厌氧发菌法防治绿霉，即将感染严重的菌袋单层平房，覆盖潮湿细土3~5cm，待香菇菌丝布满菌袋后取出，此期间需遮阴，常检查，防高温；也可用温差进行控制，即据香菇菌丝和绿霉菌丝所需温度不同，把受感染的菌袋处理后运出培养室，置于20℃以下阴凉通风环境中，抑制绿霉的扩散，而香菇菌丝仍能正常生长。

7. 褐腐病

由荧光假单胞杆菌引起。子实体发病，停止生长，菌盖、菌柄组织和菌褶变褐色，腐烂发臭。通污水或接触病菇的手、工具传播。多发生于含水量多的菌筒上，气温20℃发病明显，气温降低后发病轻微。气温高湿度大时易发生。

防治方法：搞好菇场卫生、消毒工作，使用清洁的水喷洒；接触病菇的手未经消毒处理，不要再接触其他菌筒；搞好菇场和菇棚的排水和通风管理；发病时，将感病子实体摘除，向菌袋喷施1:50倍链霉素，杀灭蕴藏在菌袋中的病菌，防止复发。

8. 病毒性病害

菌丝退化，生长不良，逐渐腐烂，子实体感染引起畸形菇发生。

防治方法：感病处注射1:500倍苯来特50%

可湿性粉剂溶液，并用代森锌粉剂500倍液喷洒菇场，防止扩大感染。

9. 细菌斑点病

又称褐斑病。由托兰假单胞杆菌引起。菌落形状、大小各异，一般呈灰色。子实体感病时，菇体畸形、腐烂，菌盖产生褐色斑点，纵向凹陷成凹斑；培养基受浸染，基料发黏变臭。

防治方法：感病子实体立即摘除，喷施1:600倍次氯酸钙(漂白粉)溶液进行消毒。

10. 香菇虫害

(1)线虫：一种粉红色线状蠕虫，体长1mm左右。取食菌丝体并在菌丝上大量繁殖。该虫隐蔽性强，在香菇菌筒脱袋排筒转色期入侵，初期基本不见病状。转色香菇菌筒外表菌皮正常，内部菌丝体却大量被线虫侵噬，造成内部"褪菌"，出菇少或不出菇。染病后期，菌皮与菌筒分离，菌筒自行软化腐烂，同时造成其他杂菌入侵污染。该病为近年新发现，多发生在山区、半山区的反季节香菇栽培区或周年栽培区，危害性较大。侵染源来自排场的土壤及棚内附近不洁水源中的线虫，同时残留于菇棚内外的病筒也是来年的重要侵染源。

(2)菇蚊、菇蝇：别名粪蝇、菇蛆。幼虫白色，蛆形，无足，无明显头部，体长1.3~1.8mm。幼虫怕光，喜欢潮湿腐烂的环境，在培养料深部化蛹。蛹初为白色，后变棕褐色。成虫小，弓背形，触角3节，第3节具一长触角芒，头小，复眼大，体黑色或黑褐色，有趋旋光性。

以幼虫在菌棒中咬食菌丝，破坏菌丝生长，导致菌丝衰弱和死亡，同时也给杂菌侵染创造条件。

(3)螨类：俗称菌虱、红蜘蛛。危害香菇的主要是粉螨和莆螨两种。粉螨体积较大，白色，发亮，数量多时呈粉状；莆螨体积小，肉眼看不见，多在培养料上集聚成团，呈咖啡色。一般潜伏在稻草、米糠、麸皮等培养料中，随同培养料侵入菇房。螨的休眠体腹部有吸盘，能吸附在蚊蝇昆虫的体上进行传播。

螨类以潜入接种口内，蚕食香菇幼小菌丝，被害后菌丝停止生长，接种口菌丝萎缩消亡。菌筒被感染后，菌丝被咬食，无法"吃料"。

(4)跳虫：又名香灰虫、米灰虫。一种无翅小型昆虫，虫体长1~1.5mm，呈灰黑蓝色，表面光滑。幼虫和成虫形态相似，成虫也脱皮，有一灵活的尾部，善于跳跃，体表有油质，不怕水。卵白色，半透明。繁殖快，每年发生 6 ~ 7 代。常栖息在阴湿的环境，是卫生条件极差的指示性昆虫。

取食菌丝及子实体，也钻进菇柄和菇盖内，危害后的菇体失去商品价值。

（5）蛞蝓：别名鼻涕虫、软蛙。成虫体长 5 ~ 8cm，虫体灰白色，头尾稍尖，腹部能分泌黏液，爬行后有白色薄层液迹。每年发生 2 ~ 3 代，世代重叠，一年四季均能繁殖，春秋最盛。平时潜伏在阴暗潮湿处，夜晚出来咬食香菇菌伞、菌褶，使菇体破损不堪，失去商品价值。

（6）主要虫害防治措施：遵循"预防为主，综合防治"的原则，一旦发现虫害，就要认真分析原因，及早采取防治措施。

①注意菇棚内外及周边环境卫生，清除枯枝杂草、砖瓦石块等垃圾，防止积水和土壤过湿，栽培场所远离仓库禽舍，破坏或远离害虫滋生的栖息地，彻底清理虫源。

②菇棚设置防护措施，防止害虫飞入危害。对菇棚的通风口、门口等与外界相通的地方，应加封高密度防虫网，或者采用普通窗纱加一层棉质口罩布的方式，有条件的最好修建缓冲间，以杜绝菇蝇、菇蚊类成虫飞入。

③棚外定期喷药。连片菇区，采取联合、集中用药方式，棚外 50m 范围每周左右予以集中喷药；独立菇棚，可在菇棚四周定期用药，尤其雨后 1 ~ 2d 内用药效果最理想。

④棚内药物驱虫。配制 200 ~ 300 倍高效驱虫灵溶液，根据害虫密度每 2 ~ 4d 喷洒一遍。重点是门口及通风口等处。

⑤根据不同的虫害，采取不同的防治措施。棚内设置杀虫灯，能够很好的杀死菇蚊、菇蝇。发现螨类，用 50% 敌敌畏 800 ~ 1 000 倍液喷洒。防治跳虫用 0.1% 鱼藤粉液喷杀，如用旧谷仓等作菇房，事先倾撒敌敌畏 500 倍液灭虫，并用石灰水粉刷墙壁，消灭残存的跳虫。防治蛞蝓，用 1% 茶籽饼溶液喷洒，或用 5% 食盐溶液喷洒。防治线虫用 1% 生

石灰与 1% 食盐水浸泡菌袋 12h 即可杀灭。

五、采收与加工

1. 采收

香菇采收最好选择在晴天进行且采收前最好不要直接喷水，因晴天采收的香菇水分少，颜色好；雨天采收的香菇水分多，难以干燥，且在烘烤过程中颜色容易变黑，加工质量难以保证。

采收方法香菇采收的标准以七八成熟为宜，即在菌盖尚未完全张开，菌盖边缘稍内卷时采收。采收过早，产量较低；采收过晚则质量不佳。最好是边成熟边采收，采大留小，及时加工。采收时用拇指和食指按住菇柄基部，左右旋转，轻轻拧下，不要碰伤周围的小菇，也不要将菇脚残留在出菇处，以防腐烂后感染病虫害，影响以后的出菇。采下的菇要轻拿轻放，小心装运，防止挤压破损，影响质量。

2. 加工

香菇采收后，争取做到当天采摘，当天加工、干燥，以免引起菇体发黑变质和腐烂。香菇加工主要是干制，干制后的香菇香味更加浓郁。加工干制可以采用日晒和烘烤两种方法。

（1）日晒干燥法：该法简便易行，且晒干的菇中维生素 D 含量较高。方法是把采回的香菇及时摊放在水泥晒场或其他晒台上，晾晒时，先把香菇菇盖向上，一个个摆开，晒至半干后，将菇盖朝下，晒至九成以上干，如遇阴雨天，再补以火力烘干。

（2）烘烤干燥法：香菇采下后，及时于当天进行烘烤。具体做法是将香菇摊放在烤筛上，然后送入烘房。烘烤开始时温度不超过 40℃，以后每隔 3 ~ 4h 升温 5℃，最高不超过 65℃。烘房要有排气设施，边烘烤边排气，否则香菇的菌褶会变黑，影响质量。烘烤至八成干后，取出摊晾数小时，再烘烤 3 ~ 4h，直至含水量在 13% 以下。经这样烘烤的香菇干湿一致，色泽好，香味浓。干制后的香菇应及时分级，分级后迅速密封包装，置干燥、阴凉处贮藏，或上市销售。

【相关基础知识】

7.2.1　概述

香菇又名香菌、香蕈、香信、冬菇、花菇等，是真菌门担子菌亚门伞菌目口蘑科香菇

属，是世界上最著名的食用菌之一。野生香菇在我国分布范围广泛，浙江、福建、安徽、江西、湖南、湖北、广东、广西、云南、四川等地均有分布。世界上香菇主要以中国、日本、朝鲜、越南等国生产较多，近年来我国的香菇业发展很快，在我国各种食用菌中位居第二，仅次于平菇，产量更是位居世界首位，也是世界最大的出口国。

香菇肉质肥厚细嫩、味道鲜美、香气独特、营养丰富，并具有一定的药用价值，深受国内外人们的喜爱，是不可多得的健康食品，更是被誉为"菇中皇后"。香菇的营养价值很高，据分析，每100g干香菇中含蛋白质18.5g，脂肪1.8g，碳水化合物54g，粗纤维7.8g，灰分4.9g，还含有十分丰富的维生素和矿物质，含有18种氨基酸，其中7种是人体必需的氨基酸，并含有大量的赖氨酸、精氨酸和谷氨酸以及30多种酶。其中谷氨酸含量占氨基酸总量的27.2%，在食用菌中几乎是最高的。香菇中所含维生素为一般蔬菜中较为缺乏的维生素D，且是食用菌中含量最高，每克干香菇中维生素D含量达0.64mg，约是大豆含量的21倍，紫菜、海带的8倍，甘薯的7倍。

香菇的药用价值体现在具有促进钙吸收、降低胆固醇、抗病毒、抗肿瘤等功效。香菇中的多糖能提高人体的免疫机能，对癌细胞具有强烈的抑制作用。双链核糖核酸能诱导人体产生干扰素，具有抗病毒的作用。酪氨酸氧化酶有降低血压的作用。维生素D可增强人体抵抗疾病和预防感冒，对预防软骨病和人体钙质代谢有很重要作用。目前，香菇子实体及其深层发酵培养物，不但用于中药制剂生产，也成为了保健食品生产中的重要功能性成分。

我国是最早进行香菇栽培的国家，距今已有800多年的历史，在香菇栽培过程中，先后经历了古代的砍花栽培、近代的段木接种栽培和现代的袋料栽培三个阶段。至如今，香菇栽培在科研部门的努力下，更是取得了重大进展，特别是1958年上海科学院陈梅朋研究出的纯菌种木屑栽培技术，1979年福建古田彭兆旺等人研究出的香菇袋料栽培新技术及1983年辽宁抚顺特产研究所研究成功的半熟料香菇露地栽培技术，均是香菇人工栽培技术上的突破。如今香菇生产以其周期短、投入少、售价高，可获得较高的经济效益受到广大菇农的喜爱。一直以来我国香菇的主产区是福建、浙江、广东、湖北等南方地区，特别是福建的古田、浙江的庆元，规模之大、效益之高，名列全国之首。近些年我国北方以其丰富的菇木资源和丰富的棉籽壳、玉米芯、木屑等大量农作物下脚料，再加上更加适合香菇生产的昼夜温差特点使香菇业在北方的广大地区悄然兴起、蓬勃发展。目前已在河南的西峡、泌阳，山西的安泽，陕西的秦岭山区等地形成大规模的生产，并已发展成为当地的支柱产业。由此可见，大规模、产业化栽培香菇，是活跃农村经济、帮助农民脱贫致富的有效途径，同时对于出口创汇和丰富"菜篮子"工程，有着重要的意义。

7.2.2　生物生态学特性

7.2.2.1　形态特征

香菇由菌丝体和子实体两部分组成，菌丝体生长在基质中，是香菇的营养器官；子实体是香菇的繁殖器官，生长于地上，呈伞状(图7-2)。

(1)菌丝体

香菇的菌丝体由许多分支丝状菌丝组成，出生菌丝、次生菌丝和三生菌丝，菌丝呈白色绒毛状，有分隔和分支，具锁状联合。有分解基质、吸收、运输、贮藏营养和代谢物质

图 7-2　香菇

作用，生理成熟时，在适宜条件下，可分化形成子实体。

（2）子实体

香菇子实体单生、丛生至群生。由菌盖、菌褶和菌柄三部分组成。菌盖圆形，直径 5~10cm，大时可达 20cm，幼时半球形，边缘内卷，有白色或黄色绒毛，后消失；成熟时平展，老时反卷、开裂。菌盖表皮呈淡褐色、茶褐色至深褐色，常有淡褐色或褐色鳞片，辐射状排列，缺水、干燥、通风较大时，菌盖表面常形成菊花状或龟甲状裂纹，称为花菇。菌肉白色、肉厚质韧，有香味，是食用的主要部分。菌褶位于菌盖下面，白色、刀片状辐射排列，生长后期变为红褐色。褶片表面的子实层上生有许多孢子，担子顶端一般有四个小分支，各着生一个担孢子。菌柄位于菌盖下面，中生或偏心生，侧扁或圆柱形，中实坚韧，常弯曲，纤维质，下部与基质内的菌丝相连，是支撑菌盖和运输养料、水分的器官，直径 0.5~1.5cm，长 3~8cm，幼时菌柄表面有白色绒毛，干燥时呈鳞片状。

7.2.2.2　生活史

从担孢子萌发开始到子实体成熟再次释放孢子为一个生活周期，简称生活史。香菇的生活史可分为以下阶段：

（1）初生菌丝阶段

由担孢子萌发形成的菌丝。孢子吸水膨胀，体积增大、伸长、产生分支，每个细胞内只有一个细胞核，称单核菌丝。该菌丝细小，生长速度慢，分解吸收营养和适应环境能力弱，无形成子实体能力。

（2）次生菌丝阶段

两个遗传基因不同的单核菌丝生长到一定阶段经过融合，产生双核菌丝，称为次生菌丝或二次菌丝。该菌丝粗壮、生命力强，是香菇菌丝的主要存在形式，条件适宜能产生子实体。

（3）三生菌丝阶段

适宜条件下，次生菌丝生长发育形成高度分化、十分密集的菌丝组织，称为三生菌丝或结实菌丝。三生菌丝相互扭结，形成直径 0.5~1mm 的内部疏松菌丝团，后渐变大，内部变得致密，直径达 1~2mm 时成为坚固的菌丝团，称为子实体原基。

子实体原基上半部分生长速度快，逐渐扩展形成菌盖原基；下半部分生长速度慢，形成菌柄原基。菌盖原基继续快速向下扩展生长，外缘内卷，与菌柄原基接触后菌丝相互交织，形成一个封闭的半球形腔状菌蕾。在球形腔顶壁，菌丝从中央向四周呈放射状水平排列，形成幼小菌褶。菌盖继续向外扩展增大、菌柄不断加粗伸长，菌盖边缘和菌柄之间连接部位形成覆盖菌褶腔的菌幕，菌盖胀破菌幕，使菌褶外露，形成成熟的子实体。

7.2.2.3 生长发育条件

（1）营养条件

香菇为木腐菌，生长发育所需的主要营养成分是碳水化合物和含氮化合物及少量的无机盐和维生素等。

香菇菌丝生长所需碳水化合物以单糖最好，双糖次之，多糖最差。在母种培养基中经常用麦芽浸膏、酵母粉、马铃薯、玉米面或可溶性淀粉作为碳源。而生产中香菇菌丝生长所需的大量碳源则来自于多糖。虽多糖不能被直接吸收利用，但可通过菌丝分泌的各种酶将其分解成为单糖、双糖后加以吸收利用。在制种和生产过程中，在菌丝生长的前期，往往人为补充一些单糖和双糖，再加入一些柠檬酸、酒石酸等物质，以促进菌丝生长。

香菇生长所需的氮源物质以有机氮（蛋白胨、L-氨基酸、尿素等）最好，其次是铵态氮（硫酸铵），不能利用硝态氮和亚硝态氮。有机氮中，能利用天门冬氨酸、天门冬酰胺、谷氨酸，不能利用组氨酸、赖氨酸。

菌丝生长阶段，碳氮比以（25~40）∶1为宜，高浓度的氮会抑制香菇原基分化。原基的形成和子实体的正常发育决定于培养基中的碳源和较高浓度的糖，当蔗糖浓度为8%时，子实体发生非常好。子实体发育阶段，碳氮比以60∶1为宜。不要盲目增加碳源和氮源，碳源过多，易使培养料酸碱度下降过快，造成烂棒；氮源过多则会造成菌丝徒长，不利于子实体分化，易产生畸形菇。

另外香菇菌丝生长除需要镁、硫、磷、钾外，还需铁、锌、锰同时存在。

再者香菇菌丝生长必须有维生素 B_1，不需要其他维生素。基质中维生素 B_1 的含量是否充足，会直接影响香菇菌丝的生长和子实体的发育，而生产中添加的麸皮、米糠、马铃薯等均含丰富的维生素 B_1，完全可以满足香菇对其的需求。

（2）温度条件

香菇是低温型变温结实性食用菌。孢子在温度15~30℃间皆可萌发，最适萌发温度为22~26℃。菌丝生长温度为5~32℃，最适温度为24~27℃。10℃以下和30℃以上生长不良，5℃以下和32℃以上停止生长。菌丝抗低温能力很强，纯菌丝，－15℃温度经过5d才会死亡，菇木中的菌丝体，－20℃经10d也不会死亡。27℃以上温度，菌丝易徒长、易老化且细弱，32℃以上停止生长，38℃以上死亡。

子实体分化温度范围为8~21℃，最适温度为10~12℃的低温，且需变温，以昼夜温差10℃以上较为理想。原基分化期以15℃为中心，昼夜在5~20℃间变化，利于原基分化。

子实体在5~24℃范围内可正常发育，最适8~16℃。

（3）水分条件

①培养料含水量：采用木屑或棉籽壳等袋料栽培时，培养料含水量以60%~65%为宜，菇木含水量以38%~42%为宜，出菇时也要求菇木含水量达60%左右。

②空气湿度：菌丝体阶段要求空气湿度较低，以60%~70%为宜，子实体发育阶段较高，以80%~90%为宜。花菇栽培在保证基质含水量的同时，需采取配套措施降低空气湿

度，才能促使菇盖皮层开裂形成花菇。

菌块、菌筒或菇木受干湿交替、气温变化或机械刺激等，可促进原基分化和菇蕾形成。

（4）通气条件

香菇是好气性菌类，在生长发育过程中会不断吸收氧气，释放二氧化碳，加之培养料在分解过程中也会不断释放二氧化碳，因此，栽培过程中极易造成二氧化碳的积累和氧气不足，故栽培必须适时适量通风换气。充足的氧气是保证香菇正常生长发育的重要环境因子。若栽培场所空气不流通、不新鲜、氧气不足，香菇菌丝呼吸过程受阻，生长发育就会受到抑制，以致死亡。缺氧时，香菇菌丝借自身酵解的能量来维持生命，消耗自身大量营养，也易排出大量毒物，使菌丝衰老或死亡，同时霉菌和其他杂菌大量滋生。

（5）酸碱度

香菇菌丝生长发育要求微酸性环境条件，以 pH 值在 3~7 之间均能生长，以 pH 值 4.7~5 为最适。pH 值 3.5~4.5 适合于香菇原基分化和子实体发育。pH 值超过 7.5 菌丝停止生长或生长很弱。

（6）光照条件

香菇是需光性真菌。但在菌丝生长阶段完全不需要光照，在黑暗条件下生长最快，强烈的直射光对菌丝有抑制或致死作用，在明亮的室内发菌，菌丝易形成褐色菌膜。而子实体分化和生长发育则需要适合强度的散射光，以 40~70lx 为宜，没有光线不能形成子实体。波长 380~540nm 的蓝色光对菌丝生长有抑制作用，而对原基形成最有利。

7.2.3　主要栽培品种

香菇栽培品种较多，有的适合段木栽培，有的适合袋料栽培，有的都适合；也有的适合春栽，有的适合秋栽，还有的适合夏栽。其中适合袋料春栽的品种有：香菇 9608、香菇 135. 花菇 939、香菇 9015；袋料适合秋栽的有：L26. 泌阳香菇、087、苏香 2 号；常见的优良品种还有 7401、7402、7420、L241、闽优 1 号、闽优 2 号、L8、L9、L380、Cr01、Cr04. 沪香、常香、农安 1 号、农安 2 号、豫香、古优 1 号、辽香 8 号、花菇 99、香菇 66、香 9、广香 51、香浓 7 号、香菇 9207、香菇 241、香菇 856、广香 8003、菇皇 1 号等。

7.2.4　母种、原种制作

7.2.4.1　母种制作

（1）制作培养基

①香菇母种制作培养基配方

马铃薯葡萄糖培养基（PDA 培养基）：马铃薯（去皮去芽眼）200g、葡萄糖 20g、琼脂 20g、硫酸镁 1g、水 1 000mL，pH 自然。

桑木屑煎汁培养基：桑木屑 200g、麸皮 100g、葡萄糖 20g、琼脂 20g、硫酸镁 1g、水 1 000mL，pH 自然。

菇木煎汁培养基：已出过香菇的菇木 200g、麸皮 100g、葡萄糖 20g、琼脂 20g、硫酸镁 1g、水 1 000mL，pH 自然。

黄豆粉培养基：黄豆粉 40g、葡萄糖 20g、琼脂 20g、水 1 000mL，pH 自然。

胡萝卜木屑麦麸煎汁培养基：木屑14g、麦麸6g（煎汁过滤取其澄清液）、胡萝卜200g、葡萄糖20g、磷酸二氢钾3g、硫酸镁1.5g、蛋白胨5g、琼脂20g、水1 000mL。

土豆葡糖糖培养基：土豆200g、葡萄糖20g、磷酸二氢钾3g、硫酸镁1.5g、蛋白胨5g、琼脂20g、水1 000mL。

豆芽葡萄糖培养基：豆芽100g、葡萄糖20g、磷酸二氢钾3g、硫酸镁1.5g、蛋白胨5g、琼脂20g、水1 000mL。

②母种斜面培养基制作（参见黑木耳栽培）

（2）母种分离培养

香菇母种分离采用子实体组织分离法。

在管理良好的大型出菇场内选择具有香菇菌株典型形态特征、无病虫害、菌盖直径4~6cm、生长强壮的7~8分成熟度的子实体单株作为种菇。将种菇子实体切除部分菇柄，用清水冲洗干净，再用75%的酒精棉球擦拭消毒后，用镊子或手指将菇体从中间部分掰开，置于酒精灯无菌区内，用无菌刀在菌盖边缘处或菇柄与菌盖交界处上方的菌肉上间隔0.5~1cm横向切两刀，再在两刀中间纵向切几刀，用无菌镊子夹取绿豆或黄豆大小的菌肉切块，移植到制作好的琼脂斜面培养基上，嵌入培养基质内。

将接好种的试管置于25℃左右的恒温培养箱内培养，每天观察组织块中菌丝体的萌发生长、污染情况。经15~20d培养，菌丝即可长满培养基斜面，选取没有污染、纯白、整齐、生长健壮、浓密的进行转管扩繁即可用于进一步接种培养原种。

7.2.4.2　原种制作

（1）原种培养基配方及配制

香菇原种和栽培种的培养基配置方法是一致的，但培养基的种类和配方很多：

配方一：杂木屑73%、麸皮25%、蔗糖1%、碳酸钙0.8%、硫酸镁0.1%、磷酸二氢钾0.1%。

配方二：阔叶树木屑78%、麸皮或米糠20%、蔗糖1%、石膏粉1%。

配方三：阔叶树木屑78%、麸皮16%、玉米粉2%、石膏粉1%、蔗糖1%。

配制方法：按配方称好各种原料，先将糖溶于适量水中，其他原料进行混合，然后加入糖水拌匀，使培养料含水量达60%~65%（加水量120~130kg/1 000kg培养料）。简便检查含水量的方法是手抓一把培养料紧握，以指缝间有水但不下滴为适度，料配好后进行瓶装，装入量以至瓶肩为适宜。培养料在瓶中上紧下松，中间用锥形木棒扎一个直径约1.5cm的洞，直通瓶底，以增加氧气，利于菌丝蔓延，瓶口内外擦净，灭菌后接种、培养即可（具体方法参考黑木耳栽培）。

配方四：木屑50%、棉籽壳30%、麸皮或米糠18%、蔗糖1%、石膏1%。

（2）接种：待温度降至30℃左右时，通过无菌操作将培养好的母种接种至培养基瓶内。每支试管母种可接种8瓶原种。

（3）原种培养：接好种后将菌种瓶置于温度25℃暗光条件下培养25~30d，直至长满瓶，即可用于生产栽培种。

【巩固训练】

1. 香菇栽培接种时应如何做好灭菌消毒准备工作？

2. 香菇栽培接种后上堆发菌如何排袋？发菌过程中如何调节环境条件？

3. 香菇林下栽培菇场如何选择？

4. 香菇栽培脱袋应注意哪些问题？

5. 香菇栽培转色期如何管理？

6. 香菇栽培出菇阶段春季、夏季、秋季分别如何管理？

【拓展训练】

思考在你的家乡所在地区林下栽培香菇季节应如何安排。

任务 3

平菇栽培

【任务目标】

1. 知识目标

了解平菇的价值、生产发展现状与前景及栽培品种；知道平菇的母种、原种制作方法；熟悉平菇的生物生态学习性及特性。

2. 能力目标

会进行平菇的栽培制种、栽培、栽后管理、病虫害防治、采收及加工。

【任务描述】

平菇肉厚质嫩、味道鲜美、营养丰富，含有多种维生素和较高的矿物质成分，具有改善人体新陈代谢、增强体质、调节植物神经功能等作用，可作为体弱病人的营养品，对肝炎、慢性胃炎、胃和十二指肠溃疡、软骨病、高血压等都有疗效，对降低胆固醇和防治尿道结石也有一定效果。平菇中不含淀粉，脂肪含量极少（只占干物质的1.6%），被誉为"安全食品""健康食品"，尤其是糖尿病和肥胖症患者的理想食品。平菇中的侧耳菌素、侧耳多糖等各种特殊成分的生理活性物质都分别具有诱发干扰素合成、加强机体免疫的作用，对肿瘤细胞有很强的抑制作用。且具有栽培适应性强、产量高、栽培料来源广泛、成本低、生产周期短、栽培方式多样、管理技术容易掌握、经济效益高等特点，因此，常为初学者和栽培生产条件较差的生产者的首选。

平菇栽培包括栽培种制作、栽培、栽后管理、病虫害防治和采收加工等操作环节。

该任务为独立任务，通过任务实施，可以为平菇栽培生产打下坚实的理论与实践基础，培养合格的平菇栽培生产技能型人才。

【任务实施流程】

栽培种制作 ➡ 栽 培 ➡ 栽后管理 ➡ 病虫害防治 ➡ 采收加工

【任务操作要点】

一、栽培种制作

1. 季节安排

平菇林下栽培除冬季外，其他季节均可栽培，春秋季栽培宜采用生料栽培或发酵料栽培，品种上应据当地气候条件选择低温型品种或中温型品种，夏季栽培宜采用熟料栽培，品种上应据当地气候条件选择高温型品种或中温型品种。

林下春季生料或发酵料栽培生产平菇低温型品种一般在 3~6 月，夏季熟料栽培生产平菇高温型品种一般在 6~9 月，秋季生料或发酵料栽培生产平菇中温型品种一般在 9~11 月。相应的栽培种的生产可以提前 1 个月进行。

以辽宁地区为例，春季栽培可在 4 月上中旬开始制作菌种，5 月中旬栽培后进入出菇管理。秋季栽培可在 7 月上中旬开始制作菌种，8 月中旬栽培后进入出菇管理。夏季栽培则可在 5 月中下旬开始制作菌种，6 月下旬栽培后进入出菇管理。

2. 栽培种制作

（1）培养料配方：栽培平菇的配方很多，目前常用的有以下几种：

配方一：棉籽壳 97%、石膏 1%、石灰 1%、过磷酸钙 1%。

配方二：棉籽壳 87%、米糠或麦麸 10%、石膏 1%、石灰 1%、过磷酸钙 1%。

配方三：棉籽壳 96.5%、石膏 1%、石灰 1%、过磷酸钙 1%、尿素 0.5%。

配方四：木屑 77%、麦麸或米糠 20%、糖 1%、石膏粉 1%、石灰 1%。

配方五：玉米芯 77%、棉籽壳 20%、糖 1%、石膏粉 1%、石灰 1%。

配方六：玉米秸秆 88%、麦麸 10%、石膏粉 1%、石灰 1%。

配方七：粉碎的花生壳 77%、麦麸 20%、糖 1%、石膏粉 1%、石灰 1%。

配方八：粉碎的花生壳与秸秆 78%、棉籽壳 20%、石膏粉 1%、石灰 1%。

配方九：稻草 93.85%、玉米粉 5%、石膏 1%、尿素 0.15%。

配方十：稻草 55%、棉籽壳 42%、石膏 1%、石灰 1%、过磷酸钙 1%。

配方十一：麦秸 96.5%、石膏 1%、过磷酸钙 1%、石灰 1%、尿素 0.5%。

（2）熟料栽培栽培种制作：是平菇栽培的基本方法，也是栽培其他木腐性食用菌的最主要方法之一。其优点是菌种用量少，培养料中的养分易于吸收，发菌受外界环境影响较小，在较高的温度下也可发菌，产量高，病虫害易控制。缺点是接种、灭菌工作量大，生产成本高，消耗燃料多，受灭菌量限制，短时间内较难大规模生产。

①培养料选择和处理：栽培平菇的培养料很多，各地可因地制宜选择。但不管选择何种原料，均要求新鲜、干燥、无霉变，尤其是生料栽培更应严格；对于陈旧或发霉的培养料，最好采用熟料栽培；条件不具备时，可在烈日下暴晒 3~5d，拌料成堆进行高温发酵处理后，方可使用。同时还要将所选原料据其性状做适当处理。如稻草茎因外表有蜡质层和表皮细胞硅酸盐组织存在不利于菌丝分解，一般需采用人工切段法、机械粉碎法、堆积发酵法、浸泡发酵法、沸水浸煮法等进行软化处理。麦秸茎更硬，蜡质层更厚，一般采用饲料粉碎机粉碎，但应换上筛孔直径为 1cm 左右的特制铁筛，粉碎成短丝片状。玉米芯应采用机械或人工粉碎成豆粒或花生米粒大小。

②培养料配制、翻拌：将准备好的原料按照配方确定的比例进行称取。配制时，先将棉籽壳、稻草、玉米芯等主料与不溶于水的辅料如麸皮、米糠等搅拌均匀，将糖等可溶于水的原料配制成原液，然后加水稀释后拌入翻拌均匀的主料。经多次翻拌，使培养料充分吸收水分，依据培养料性质不同，调节到合适含水量。一般掌握"三高三低"，即基质颗粒偏大或偏干，含水量应调高，反之应调低；晴天水分蒸发量大，水分应略高些，阴天则应偏低；拌料场地吸水性强，含水量应调高，反之应调低。用棉籽壳培养料拌料时，用手抓起一把拌好的原料，紧握一下水能从手指缝渗出，滴而不成线时，含水量为 65% 左右；仅有水痕出现，含水量为 60% 左右。料拌好后，必须堆成一堆进行闷堆 1~2h，让水分充分渗入原料。

③装袋：可采用人工或装袋机装袋。装袋时，塑料袋的选择非常重要，高压灭菌应选择聚丙烯塑料袋，常压灭菌要选择聚乙烯塑料带。春季栽

培塑料袋规格为17cm×50cm比较适宜，秋季栽培以塑料袋规格为（22～24）cm×50cm为宜。装袋时，要松紧适宜，过多过实过高，袋内通气不良，菌丝生长缓慢，也易造成塑料袋破裂；装料过松，菌袋起褶，窝存空气，发菌时易感染杂菌，且易出现周身出菇现象，浪费营养。最好是装料后袋子挺直而不弯曲，两头料装的要比中间略紧一些。当培养料装至袋口高度后按平料面，用直径2～3cm的扎孔器在料中间打一孔至料底，然后顺时针旋转将扎孔器拔出。把袋口收紧，套上颈圈，塞上棉塞。装好的袋面应光滑无褶，料面平整。装好袋后要在4h内灭菌，特别是高温季节，尤其要注意，否则培养料在高温下微生物繁殖迅速，很快会使培养料发生酸败。一般拌好的料当天一定要装完菌袋，当天上锅灭菌，以免发酸变质，影响菌丝萌发吃料。

④灭菌：灭菌可采用常压灭菌和高压灭菌。装好袋后要及时灭菌，防止变酸。灭菌装锅时要注意留出蒸汽循环的通道，不能形成死角。常压灭菌开始时，要旺火猛攻，使温度尽快升至100℃，一般不能超过4h。然后开始计时，保持8～9h，中间不能停火，最后用旺火猛攻一阵，在停火焖锅一夜后出锅。注意灭菌时间不宜过长，否则培养基营养消耗大，缺乏出菇后劲。高压灭菌则是在加热升温后，当压力达到0.049MPa时，放净锅内的冷空气；压力达到0.147MPa时，维持压力，开始计时，2h后停止加热，自然降温，让压力表指针慢慢回落到"0"位后，先打开放气阀，再开盖出锅。

⑤接种：一般采用两头接种。即先解开料袋一头的袋口，放一薄层剔除表层的菌种在培养料表层，然后套上颈圈，袋口向下翻，再盖上一层牛皮纸或2～3层报纸，然后用细绳或胶皮套扎住即可。然后在解开另一头的袋口，重复以上操作。操作过程中要注意严格按照无菌操作程序进行；料袋温度以在28℃时接种为宜；灭菌出锅的菌袋要在1～2d内及时接种，不宜久置，以免增加杂菌感染机会；高温季节，为防止因接种箱内温度过高时采用酒精灯灭菌造成灼伤或烫死菌种，接种时间尽量安排在早晚或夜间进行，有条件应安装空调降低接种室温度，以有效减少杂菌感染；适当加大播种量，促使平菇菌丝在一周内迅速封住袋口料面，阻止杂菌入浸。

⑥发菌：平菇接种后，温度条件适宜，菌丝才能萌发进入营养生长。而在菌丝萌发生长过程中，培养料的温度也会升高，菌袋堆积过多会导致培养料内温度过高，烧死菌丝，因此要注意堆积层数不能过多。具体堆积层数的确定要据当时气温条件而定，一般气温在10℃左右时，可堆积3～4层；18～20℃时，可堆积2层；20℃以上时，可将菌袋以"井"字形排列堆放6～10层或平放于地面。经大约15d培养，袋内料温基本稳定后，再堆放6～7层或更多层。该阶段内要注意杂菌污染与病虫害的发生，促使菌丝旺盛生长。同时据发菌生长的不同时期特点，进行针对性管理。

定植期：接种后的2～3d内，要将料温控制在20℃以上，最适温度24～26℃，一般在24h后菌种块就会萌发，长出绒毛状的白色菌丝，这时要注意需遮光进行培养，同时注意应控制料温在32℃以下，料温过高会烧死菌丝。如果发现多数菌袋菌种不萌发，即属于菌种问题，应重新灭菌和接种。

伸展期：接种后5～10d内，菌袋两端会布满菌丝，并向深层蔓延生长，即菌丝吃料。这时菌丝生长速度较快，代谢旺盛，呼吸作用加强，需氧量增加。特别是到15～20d之内，要注意每天通风换气1～2次，每次10～20min，但仍以保温为主。这时如果发现菌种萌发但不吃料，并且封口处报纸潮湿，则是因为培养料水分过大造成，可加大通风换气量，以利于水分蒸发；如果是菌种质量问题，应重新灭菌和接种。

巩固期：接种后25～30d，菌丝生长速度加快，代谢、呼吸作用更加旺盛，应增加通风换气次数和时间，保证发菌场所空气新鲜。料温应注意保持在20～25℃，空气相对湿度提高到80%左右，防止阳光直射。这时如果发现菌袋污染，应将污染袋移出发菌场所。污染不严重的，可继续发菌或用石灰水浸泡24h晒干后掺在新料中重新使用，污染严重应远离发菌场所深埋。

为了控制适宜的料温，发菌期间应加强培养室内的温度、光照和通风管理。一般应控制培养室在18～20℃，最高不超过22℃。并经常检查菌袋的污染情况。还要经常逐层检查菌袋的温度，尤其是排放在中间部位菌袋，一旦发现菌袋温度过高，要及时疏散菌袋，同时采取搭设遮阴棚、墙面内外用刷石灰水涂白、翻堆等措施降低温度。

整个发菌期间不需要光照。培养室空气要保持新鲜，每天清晨和夜间开门窗通风。发现污染及时剔除或处理。

(3)生料栽培栽培种制作：生料栽培是用不经任何热力杀菌，而采用拌药消毒的培养料栽培平菇的方法，是我国北方地区和南方低温季节大规模栽培平菇的主要方法。其优点是培养料不需高温灭菌；不需专门的接种设施，进行开放式接种；方法简单，易于推广；省工、省时、省能源，能在短时间内进行大规模生产，不受灭菌量的限制；管理粗放，对环境要求不严格，投资少，见效快；发菌可室内外进行。缺点是不适合高温地区和高温季节栽培；易受培养料中虫卵孵化出的幼虫啃食菌丝危害；要求培养料新鲜程度和种类较严格；拌料对水分要求严格；用种量大；料中拌有消毒剂如多菌灵或克霉灵等。栽培主要步骤与熟料栽培基本相同，不同的是培养料不经灭菌。具体方法如下：

①菌种制备：生料栽培应选择抗逆性强的低温型品种，所使用菌种要求菌丝生长旺盛，分解纤维素和木质素的能力强。所制备的菌种量要高于熟料和发酵料，播种量一般为培养料干料重的10%~15%。

②培养料选择和处理：生料栽培对原料要求较为严格，多采用新鲜、无霉变、无虫卵的棉籽壳、玉米芯等，配方中含氮物质加入量应适当减少，以减少杂菌污染。料的处理与熟料方法相同。

③培养料配制、翻拌：生料栽培拌料时要严格控制水分，一般比熟料栽培宁少勿多。将培养料拌好后，喷入菊酯类农药杀虫，然后加入0.1%的多菌灵或克霉灵。添加方法通常是按培养基干料重的0.1%~0.2%加适量水后以喷雾方法加入，边喷边翻拌。

④装袋、接种：生料接种多采用层播。即先将料袋的一端用绳扎好，另一端打开，先放一层菌种于袋底，厚约1cm，然后装培养料，装至袋长1/3处时，播一层菌种，厚度约1cm，再装培养料至袋长2/3处，再接一层菌种，方法同上，装培养料至袋口，以剩下的袋子能扎紧为准，最后在料面播一层菌种，均匀散在料面，与底层菌种量相同，随后在料袋中央打孔，最后将袋口扎紧。做成一个4层菌种3层料的培养袋，若要缩短发菌时间，或塑料袋较长时，可播5层菌种4层料，菌

种使用量为干料重的15%左右。

生料栽培接种尽可能选择环境较卫生、较少灰尘的地方进行，场内尽可能避免苍蝇等害虫的侵袭，以减少污染率。

⑤发菌：生料栽培最关键的环节就是发菌，影响发菌的最主要因素是温度，其次是通风换气。装料接种完成后，将料袋搬运至消过毒的培养室或场所，也可在遮阳条件下的室外直接发菌，发菌时将料带平放于地面上或架上。为了充分利用空间，常常要把料袋在地面堆放数层，堆放的层数应根据培养环境的气温来定。一般在0~5℃可堆放菌袋4~6层，5~10℃时可堆放3~4层，10~15℃时可堆放2层，15℃以上时一般不堆放。此外，发菌初期还应及时翻堆，以防料温升高过快、过高，烧死菌种或引起杂菌污染。

生料栽培一定要低温发菌，不要在20℃以上的气温下发菌，以防止杂菌污染。一般等到料温比较稳定时，才可堆放较多的层数。翻堆的次数应据菌袋堆放的层数和环境温度而定。一般是发菌初期翻堆较频繁，每两天一次，十几天后，则每隔5~6d翻堆一次。翻堆方法是上倒下，下倒上，里倒外，外倒里，使各袋受热一致、换气均匀、发菌一致、出菇一致。一般22~30d菌丝可长满袋。温度太低时，发菌时间也稍延长。

生料栽培发菌还要注意通风换气问题。随着菌丝的快速生长，应不断加强通风换气，并在避光条件下培养。

在同样的环境条件下，一般生料栽培要比熟料栽培发菌快，特别是在低温条件下要快得多。这是因为生料栽培时播种量大，且培养料能发酵升温。因此，在大规模生产时温度低的季节用生料栽培，而在温度高的季节则采用熟料栽培。

(4)发酵料栽培栽培种制作：发酵料栽培也叫半熟料栽培，是指培养料不经高温灭菌，靠堆积发酵，用巴氏消毒法杀死其中大部分不耐高温的杂菌和害虫，再接种菌种进行培养的方法。其优点是安全可靠、杂菌污染低、栽培工艺简单、投资少。

①菌种准备：发酵料栽培平菇菌种用量和生料栽培菌种用量差不多，播种量一般为培养料干料重的10%~12%。

②培养料选择、处理：培养料需选择新鲜、无霉变的，处理方法参考熟料栽培。

③配制及确定pH：培养料配制时，需在配方中加入3%的石灰粉，以中和发酵过程中产生的有机酸和抑制杂菌生长，使pH在7.5～8.5。

④堆积发酵：培养料堆积发酵的温度是由低逐渐升高的，在由低升高温度变化过程中，室温时可诱发大量的杂菌（木霉、黄曲霉、链孢霉等）孢子萌发，萌发后再随着料温的继续升高又可将萌发的杂菌孢子杀死。这是因为当杂菌孢子处于休眠状态时，酶的活动几乎停止，新陈代谢处于最低水平，细胞内结合水多，自由水含量少，受热后蛋白质不易变性，杀死杂菌孢子需要较高的压力或较长的时间。而如果使杂菌处于营养生长阶段，细胞内酶活跃，新陈代谢旺盛，细胞内自由水含量多，受热菌体容易变性凝固死亡。因此搞好培养料的堆积发酵，是防止杂菌污染的一个有效措施。但在发酵过程中，由于料堆的深浅度不同，各层的温度也不一致，又因翻料不均匀，低温处的杂菌没有杀死，接种后仍能繁殖危害。因此，培养料在堆积发酵过程中杀菌效果要好，就应做到升温要快，温度要高；翻堆要认真，不夹带生料，保证发酵质量。具体步骤包括建堆、翻堆和质量检查：

建堆：按配料比例混合后，调好水分然后建堆。料堆高1m，宽1.5～2m，长不限，四边宜陡。堆好后用铁铲轻拍堆表，然后用较粗的木棒在堆上自上而下、斜向均匀打透气孔，直通堆底。为防日晒风吹雨淋，堆上应盖薄膜或草帘，但不要覆盖过于紧密，并定期掀动，通风换气。

翻堆：建堆后一般2～3d，料温上升到60～80℃时进行第一次翻堆。翻堆时要求将料抖松，增加料中含氧量。同时将上下、里外的培养料互换位置，以翻堆四次即可。时间过长，会大量消耗养分；时间过短，可能发酵不充分，达不到堆料发酵杀灭害虫、杂菌的目的。

发酵质量检查：在预定的时间内（建堆48h左右）若能正常升温至60℃以上，开堆时可见适量白色菌丝（嗜热放线菌），表示料堆含水量适中，发酵正常。如果建堆后迟迟达不到60℃，可能是因培养料加水过多，或堆料过紧、过实，或未插孔造成通气不良，不利于放线菌繁殖，堆料不能发酵升温，遇此情况应及时翻堆，将料摊开晾晒。如果堆料升温正常，但开堆后培养料有大量白色放线菌出现，表明培养料含水太少，可在第一次翻堆时适当添加水分。

⑤装袋、接种：发酵料栽培所用的塑料袋规格一般为（20～22）cm×（40～45）cm，秋季栽培可略长些。封口方式与熟料栽培基本相同，但接种方式则与生料栽培基本相同。接种好后，用直径1～1.5cm粗的尖头钢筋在料中心部位纵向打2～3个孔，以利通气。然后按熟料栽培方式封口。

⑥发菌：排袋方法依季节不同而异。温度低可堆高些、紧些。若气温超过25℃，应将菌袋散置或以"井"字形堆高3～4层，堆与堆间留出35～40cm的距离（兼做人行道），以利散热。接种以后防止菌袋烧菌是发菌成功的关键。

一般接种后2～3d就可以明显看到接种菌块的菌丝恢复生长，色泽逐渐浓白，并向两侧蔓延。袋内温度也逐渐上升并超过环境温度，特别是超过30℃时就应采取强制通风措施降温。一般接种9d左右菌袋内的料温基本稳定下来。

翻堆是菌丝培养期间的一项重要管理工作，一般每隔5～7d翻堆一次，使堆内菌袋受温均匀，发菌整齐，出菇一致。在第一次翻堆时应用缝纫机针在接种层部位扎通气孔，横向每隔5cm扎一个孔，扎深3～5cm，以利通风换气。若发现菌丝不吃料，应查明原因，采取相应措施，妥善处理。若发现有杂菌污染，可单独放置或处理，不得随意乱放。

装袋接种后如果气温低，在管理上应以保温发菌为重点，将接种后的菌袋以"井"字形堆成8～10层高，宽1～1.2m，长度视栽培量而定，并在上面覆盖薄膜保温。

接种后在温度23～28℃，空气相对湿度60%～70%，光线较暗，通风较好条件下，20～30d左右菌丝可长满袋。

二、栽培

1. 菌场选择及清理

宜选东坡、北坡山脚或山腰地势平缓、土质肥沃湿润的阔叶林，林分郁闭度0.7～0.8以上的枝繁叶茂林地，以附近有水源、且水质优良、通风良好、地面不积水的林地，林地林龄以七八年生以上为宜。林木栽植要规整，行间距较大，操作比较方便。亦可选择4～5年生以上的杨树等速生林林地、果园栽培。菌场选好后清除地块上的石块、杂物及杂草，消灭蚊虫滋生的环境。

2. 菇棚搭建

清理完场地后，在林木行间搭建高2m、宽以林木行距而定的简易拱棚。拱棚两侧高度在1.5m以上，以便于管理操作，两侧由地面至棚高1m处罩防虫网。网以上塑料布固定在棚体上不动，下方塑料布可以掀起通风。拱棚上加一层遮阳网，以便调节棚内光照和温度。在棚内上方依棚长方向架设微喷系统，架设高度1.5m，方便喷水管理，节省人工费用支出。棚内地面上与棚长垂直方向作埂，埂高15cm，埂宽50cm，埂间距90cm。棚中间或一侧留人行道，埂上铺上塑料膜，以备放置菌棒。

3. 菌袋入棚

菌丝长满菌袋后入棚，菌袋采用垛状摆放，每垛两排，袋底相接，套环部朝外，依次往上码，共码6层，层间用2～3根细竹竿或细木棍隔开，垛底两端用短竹竿或木棍打桩固定菌棒防止倒垛，垛与垛间隔90cm，以利于出菇管理。

三、栽后管理

1. 出菇管理

平菇属变温结实性真菌。菌袋入棚后，应在棚内地面灌水降低棚内温度至20℃以下，并通过夜间放风等措施加大棚内温差，形成10℃以上温差刺激。适当增加光照，并将空气相对湿度控制在85%。一般5～10d，菌袋表面菌丝开始分泌黄水，菌袋套环一端出现菇原基，此时取下封口报纸，保留套环，让原基从套环部位向外生长。菇原基形成后，很快会出现菇蕾，出蕾期切忌直接向菇蕾喷水。3～5d后可进行喷水管理，做到少喷，勤喷，相对湿度保持在95%。加强光照和通风，使棚内保持有新鲜空气，将棚室两侧塑料布掀起，根据风速调整开启高度，即能通风又能保持菇蕾不受强风吹死。可结合喷水后通风，每次通风约1～2h。随着平菇子实体长大，应加大喷水量和通风时间，一般每天喷水3～4次，阴雨天不喷或少喷。相对湿度保持在95%左右，过高和过低都不利出菇的质量和产量。喷水后加强通风，以防出现死菇和畸形菇。

2. 采后管理

平菇出菇潮次分明，每潮菇采收后，均要将袋口残留的死菇、菌柄清理干净，以防腐烂招致病虫害。然后整理菇场，停止喷水，降低菇场湿度，以利平菇菌丝恢复生长，积累养分。7～10d后，又开始喷水，仍按第一潮菇的管理办法进行。

当出完2～3潮菇后，菌袋因缺水而变软，大

部分营养物质被消耗，pH值也会因新陈代谢而有所下降，出菇变得稀少。若再进行催蕾也能出菇，但菇体小且不齐，转潮次数虽多，但经济效益低下。要想进一步提高产量，就必须补充养分、水分等，甚至改变出菇方式。常采用菌袋浸泡补水、注水器补水、覆土补水补养以及抹泥墙栽培等方法进行，其中以抹泥墙方法效果较好。

四、病虫害防治

平菇的病虫害种类很多，包括生理性病害和各种浸染性病害及虫害。

生理性病害也叫非侵染性病害，是指在非侵染性病原的作用下引起的食用菌不能正常新陈代谢而发生的病害。通常是指由于食用菌生长环境不合适而引起的，如温度、光照、通风、湿度这四大要素及其互相作用而引起的，栽培措施不当也能够引起生理性病害，如培养基水分过高或过低，pH值过大或过小，菇房空气湿度过高或过低，菇房光线过强或过弱，通风不良引起的二氧化碳过高，错误使用化学药品等。生理性病害不需要用药物进行治疗，也不会传染扩散，只要有针对性的改善菇房环境，较轻的生理性病害会逐渐恢复正常，其中畸形、变色是最常见的平菇生理性病害的症状。侵染性病害是指由于各种浸染性病源引起的病害或杂菌浸染等，如青霉、黄曲霉等。

1. 生理性病害

（1）平菇高脚病：又名高腿状平菇、高脚菇、喇叭菇、长柄菇。是在平菇原基形成后由于通风较弱、光线较暗而导致的子实体形态分化不正常，菌盖畸形、不形成菌盖或者菌盖很小，菇柄很小、很长，菌盖向上生长，子实体商品价值很低，甚至无法销售。

防治方法：在原基大量形成，开始分化后，加大菇房通风量，保证菇房氧气充足，没有过量二氧化碳沉积。

（2）平菇菜花病：又名花球状平菇、菜花菇等。是平菇长出原基后，一直处于桑葚期，菇柄分叉较多，开始时原基成卵形、凸起、增大，不能分化成子实体，后期长出更多的分支，形成的菌盖很小，近球形，最终形成原基近似球形或者半球形，看起来像菜花一样。且在将有病菌袋清理干净后，再次长出的平菇形态上仍不正常。引起平菇菜花病的原因很多，归纳如下：拌料时，

培养料中添加了烈性或者对平菇敏感的农药；菌丝培养期间，菇房或者菌袋上喷洒了对平菇敏感的甲醛、敌敌畏等杀虫农药；出菇期间，菇房喷洒了较高浓度的农药；出菇时菇房二氧化碳浓度超过一定范围，或者空气相对湿度接近饱和，也会出现类似情况，但是症状和前三种有所不同，一定条件改善很容易恢复正常；菇棚取暖产生过量的二氧化硫等有害气体，也会出现平菇菜花菇。

防治方法：平菇菜花病和其他平菇生理性病害一样，一旦出现，没有彻底解救措施，合理使用农药，保持菇房通风，空气清新，是预防平菇菜花病的主要办法。

（3）平菇瘤盖菇：平菇在子实体生长过程中，由于子实体分化时温度太低，持续时间过长，致使菌盖表面细胞失去生长能力，菌盖表面出现颗粒状或者瘤状的凸起组织。发病严重时，菌盖分化困难，不能形成正常的菌盖，甚至出现菌盖僵缩，组织硬化，生长出现停滞。一般黑色品种容易出现平菇瘤盖菇。

防治方法：做好菇房的保温和增温措施，控制菇房温度不低于平菇所能承受的底线温度。在白天温度高时和夜间温度低时形成一定的温差，促使原基分化、发育和生长。

（4）平菇珊瑚病：又名珊瑚菇。由于二氧化碳浓度过高，氧气严重不足或培养料碳氮比不符合平菇营养需求，碳源过多，氮源不足导致平菇子实体分化异常，菇柄细小、松散，多分支，整个菇丛看上去就是一堆细长的菇柄，菇柄不能分化出菌盖，甚至菌菇柄继续分化出新的菇柄，看上去都是菇柄的白色像珊瑚丛一样的症状。

防治方法：在平菇子实体开始分化后，加强菇房通风，保证菇房空气清新，氧气充足；在设计平菇配方时，注意调节碳氮比，增加含氮源原材料的用量。

（5）平菇萎缩病：又名萎缩菇：平菇早期生长正常，在菇体长大时出现发黄、肿大或者萎缩变干，最后生长停滞，腐烂变软，失去商品性状无法销售。整个平菇子实体生长无力，菌盖还没有长大就开始呈现开伞趋势向上翻卷，菇体颜色呈黄白色或者淡黄褐色，平菇子实体逐渐萎缩干枯。引起平菇萎缩病的原因主要有：湿度过大或有较多的水直接喷在幼小菇体上，菇体组织吸水，影响呼吸及代谢，停止生长死亡；空气相对湿度较

小，通风过强，风直接吹在菇体上，平菇失水过多而死亡；培养基营养失调，形成大量原基后，部分迅速生长，其余由于营养供应不足而停滞；菌种退化。

防治方法：控制湿度在80%～85%，不要向幼小菇体上喷水；不让风直接吹在菇体上；合理配比培养料成分；培养料缺水或空气湿度过低所致，应及时给培养料补水；选用优良品种。

（6）平菇黑边病：因遗传原因导致平菇子实体接近正常平菇形态，但个体较小，且菌盖表面边缘呈一圈黑色，影响产量。

防治方法：在正规供种机构引种；无论品种从何处引进，都必须需进行出菇试验后再大面积栽培。

（7）酱红色平菇：因菇房内外温度差过大及冬季为了升高菇棚温度，撤掉保温被使阳光直接穿透棚膜照射到菇体上而使平菇子实体表现为酱红色，一般灰黑色品种容易出现，多发生在冬季平菇栽培中。

防治方法：减少菇房与外界的温差，减少阳光直接照射菇体，平菇子实体的颜色逐渐会恢复正常。

（8）蓝色平菇：由于冬季菇房取暖方式不当使平菇一氧化碳中毒导致平菇子实体开始生长后，在菌盖的边缘出现一圈蓝色，严重时，整个平菇子实体都呈现蓝色。

防治方法：菇房冬季取暖尽量采用暖气片、电热丝、太阳光等；设计好烟道，将燃烧的气体排到菇房外面。

（9）花边平菇：是由于平菇子实体受到恶劣环境的刺激，如雾霾等或受到短时低温刺激或菇房内外温差过大、过小导致平菇子实体长大后，菌盖的缘不整齐，像波浪一样。

防治方法：合理控制菇房温度，尽量避免各种不良条件刺激对正在生长中的子实体产生影响。

（10）贝壳状平菇：平菇菌柄短粗，菌盖形态生长不充分，看上去就像是贝壳。引起原因目前尚不完全清楚，但多发生在菇房温度较低的冬季，菇房封闭较严。因此可能是由于二氧化碳较高和氧气不足引起。

防治方法：提高菇房温度，经常通风，排除二氧化碳，保证氧气供应。

（11）头潮菇菇体长不大：头潮菇出菇后子实体在没有长大的情况下就成熟了，开伞或者边缘

卷起。引起原因主要是菌丝没有长满袋或者菌丝刚刚长满，营养积累不够。

防治方法：第二潮菇出菇后不会出现该现象；尽量在菌丝长满袋后转入出菇管理。

(12)深色平菇品种颜色不正常和畸形：冬季时深色品种平菇不表现正常颜色，而表现为颜色很浅，接近淡白色，分化不正常。发病原因是因为冬季菇房长时间处于 −2 ~ 8℃ 之间，深色品种对于低温的耐受力没有浅色品种强，就会出现深色平菇品种颜色不正常和畸形。

防治方法：冬季做好菇房的增温措施，在保证通风的情况下，白天将菇房温度升高到 15℃ 左右。夜间菇房最低温度不要低于 0℃。

2. 浸染性病害或杂菌污染

(1)青霉：初为白色，后渐变为浅绿色。湿度高，通风不良，酸性环境易发生。

防治方法：挖掉污染部位，然后洒上多菌灵原粉或生石灰。料内污染，应全部烧掉或深埋。

(2)黄曲霉：初为白色，以后大量产生黄色孢子。高温(27℃ 以上)、培养料水分偏干，发生严重。

防治方法：降低温度，控制在 25℃ 以下，配制培养料时，水分适宜。

(3)褐腐病：又称白腐病、水泡病。是在菇棚通风不良、湿度过大、温度适宜时，菇棚或土壤中存在的褐腐病病原孢子萌发引起。幼菇感病时出现菌盖小或无菌盖等畸形，后期有黑褐色液体渗出，最后腐烂、死亡。

防治方法·发病初期，摘除病菇，喷洒百病杀溶液于病区；严重时，先对棚内喷药，然后将菌袋用赛百 09 溶液浸泡。

(4)软腐病：又叫蛛网病、褐斑病。发病时，出现大量白色网状菌丝，发展迅速，菇体渐呈水红色、褐色，最后腐烂。病原菌为轮枝霉。其分生孢子可在土壤、墙缝及废料中长期存活，借助空气、覆土、工具、人体传播。

防治方法：停止喷水，降低湿度；清除病菇，清理料面，喷洒百病杀溶液；菇棚门口撒施石灰隔离带，谢绝外人进入；棚内经常喷洒药物预防该类病害发生

(5)斑点病：又称褐斑病、黄菇病。主要危害菌盖。发病初期，菌盖表面出现淡黄色变色区，后渐加深变为干黄色、浅褐色、暗褐色，同时出现凹陷斑点，分泌黏性液体。空气湿度不大时，约 3d 后黏性液体渐干，菌盖开裂，形成不对称菌盖子实体。病源为假单胞杆菌，喜高温高湿密闭环境，借工具、材料、原料、土壤、水流及各种虫害传播。

防治方法：停止喷水，加强通风，降低湿度；清除病菇，清理料面，喷洒黄菇一喷灵或赛百 09 溶液；畦栽时，撒施一定量石灰粉。

(6)黄菇病：又叫黄斑病。病源为黄单胞杆菌，喜低温高湿环境，传播途径与斑点病相似。多在低温季节发病，气温 10℃ 左右时，发病迅速，危害严重。发病初期，菇体表面出现黄褐色斑点或斑块，随病区扩大，深入菌肉组织，子实体变褐、黑褐，最终死亡、腐烂。

防治方法：喷 5% 石灰水或农用链霉素；出现蚊蝇幼虫喷 1∶2 000 倍菇净。

3. 虫害

(1)菇蚊：为主要害虫之一。成虫产卵于基料发酵或发菌阶段，或出菇阶段产卵于菌袋中，在 13 ~ 35℃ 条件下，5d 左右孵化出幼虫，咬食菌丝和子实体，寿命 12d 左右，蛹期 5d 左右。

防治方法：发现有成虫时，立即用 1 000 倍菊酯类农药溶液喷杀；基料内发现幼虫危害时，尽早用磷化铝熏杀，熏杀时将菌袋于出菇间歇期装于大塑料袋内，用双层大棚膜筒料两头扎死，按每立方空间放置 4 片用量投入磷化铝，6 ~ 12h 可全部杀死。

(2)菇蝇：防治方法参考菇蚊。

(3)跳虫：又名弹尾虫、烟灰虫。以菌丝和子实体为危害对象，潜伏于菌褶部位，使产品失去商品价值。

防治方法：喷洒 0.1% 鱼藤精。

(4)螨类：常见的有粉螨和莆螨等，以咬食菌丝为主，也咬食子实体。一般肉眼很难观察到其单体的存在，严重时，可见一层白色或肉红色甚至红褐色，菌丝很快会被吃光。

防治方法：发现少量时，喷洒扫螨净后覆盖塑料薄膜不使药发散发，10h 后取下。

另外，尚有一些害虫如蚰蜒、蚂蚁、蟑螂、蝼蛄等，可采用地面撒施生石灰进行防治。

五、采收与加工

1. 采收

在适宜的条件下，平菇从原基长成子实体需

5～10d。应在菇体发育成熟后即菌盖边缘尚未完全展开、孢子未弹射时采收。此时菌盖边缘韧性好、破损率低、菌肉厚实肥嫩、菌柄柔软、纤维素低，产品外观好，经济价值高。

采收前2～4h要喷1次水，使菌盖保持新鲜、干净、不易开裂。但喷水不宜过大。采收时可用一手按住菇柄基部的培养料，另一手捏住菇柄轻轻拧下，避免将培养料带起。

采完一潮菇后用镊子、小刀或小铁钩去掉残留在培养料表面的菇柄。用干净的粗铁丝在料面上来回拉动搔菌，然后压实。清除料袋两端的菇角和老菌丝，将培养料的含水量补足到65%左右。然后停止喷水让菌丝充分恢复并积累养分，7～10d后再次喷水，并覆盖保温、保湿、催蕾进入下潮菇管理。

2. 加工

平菇除鲜销外，还可加工贮藏，加工贮藏的主要方法是干制和盐渍。

（1）干制：可采用阴干法、晒干法、烘干法等。

日晒是既经济又不用设备的干制方法，但受天气条件限制。生产上常用烘干法。即建一烘干房，控制开始温度35℃左右，10h后升到55～60℃，以后逐渐下降，14h降到常温，使含水量降到12%～13%后，及时用塑料袋密封保存。食用时，用水浸泡，和鲜菇差不多。

（2）盐渍：是外贸出口加工常用方法。

①加工菇的选择：选择适时采收、分级、清理无杂质、无霉烂、无病虫害的菇，要求菌盖完整，直径3～5cm，切除菇脚基部，并把成丛的子实体分开。

②水煮（杀青）：在清水中，加入5%～10%的精盐，置于钢精锅或不锈钢锅中煮沸，然后倒入鲜菇，煮沸5～7min，捞出沥干。

③盐渍：煮后的菇体，按50kg加20kg洗涤盐比例，采用一层盐一层菇的方法，依次装满缸，最后在顶部撒2cm的盐，再向缸内注入生理盐水，使菇完全泡在盐水中。

④调酸装桶：盐渍20d以上，可以调酸装桶。

【相关基础知识】

7.3.1　概述

平菇属担子菌纲伞菌目侧耳科侧耳属真菌。俗称北风菌、青蘑、冻菌、蚝菌、天花蕈、元蘑、蛤蜊菌等。侧耳属真菌因其子实体成熟时，菌柄多侧生于菌盖一侧，形似耳状而得名。全世界已知50余种，我国有20多种。人们习惯将侧耳属中一些可用于栽培的种或品种统称为平菇，因此平菇只是其商品名称，并非分类单元。过去平菇一般指糙皮侧耳，目前生产中栽培的平菇品种很多，如糙皮侧耳、佛罗里达平菇（佛州侧耳）、凤尾菇（环柄侧耳）、紫孢侧耳（美味侧耳）、榆黄蘑（金顶侧耳）、小平菇（黄白侧耳）、鲍鱼菇（盖囊侧耳）等。

平菇肉厚质嫩、味道鲜美、营养丰富，蛋白质含量占干物质的10.5%，且必需氨基酸含量高达蛋白质含量的39.3%。平菇含有大量的谷氨酸、鸟苷酸、胞苷酸等增鲜剂，故风味鲜美。

平菇含有多种维生素和较高的矿物质成分，具有改善人体新陈代谢、增强体质、调节植物神经功能等作用，可作为体弱病人的营养品，对肝炎、慢性胃炎、胃和十二指肠溃疡、软骨病、高血压等都有疗效，对降低胆固醇和防治尿道结石也有一定效果。平菇中不含淀粉，脂肪含量极少（只占干物质的1.6%），被誉为"安全食品"、"健康食品"，尤其是糖尿病和肥胖症患者的理想食品。平菇中的侧耳菌素、侧耳多糖等各种特殊成分的生理活性物质都分别具有诱发干扰素合成、加强机体免疫的作用，对肿瘤细胞有很强的抑制作用。

平菇人工栽培的历史不长，20世纪初意大利首次用木屑栽培平菇，1936年日本的森本彦三郎和我国的黄范希进行了瓶栽，但真正作为商业性生产的兴起，则开始于20世纪70年代初期。1972年河南的刘纯业用棉籽壳生料栽培获得成功，大大地推动了我国平菇产业的发展。平菇是全世界栽培最为广泛的食用菌之一，2007年我国平菇鲜菇总产量达到 414.5×10^4 t，是我国各种食用菌总产量最高的食用菌。

其次平菇栽培具有适应性强、产量高、栽培料来源广泛、成本低、生产周期短、栽培方式多样、管理技术容易掌握、经济效益高等特点，因此也是初学者和栽培生产条件较差的生产者的首选。

7.3.2 生物生态学特性

7.3.2.1 形态特征

平菇的菌丝体是其营养器官。菌丝体是由分支分隔的纤细菌丝组成。菌丝由孢子萌发形成。平菇的担孢子为单核细胞，孢子萌发时首先吸水膨胀，然后在其一端长出芽管，芽管不断延伸生长分支，形成初生菌丝（单核菌丝）。两个不同性的孢子萌发成的单核菌丝结合后形成二次菌丝（双核菌丝），同时以锁状联合的分裂方式生长繁殖形成许多菌丝相互缠绕，连成一体的白色绒毛状菌丝体。平菇的菌丝体白色、浓密、强壮有力，气生菌丝发达，爬壁力强（图7-3）。

图7-3 平菇

子实体是平菇的繁殖器官，也是平菇的食用部分。丛生、叠生、单生。由菌盖、菌褶和菌柄组成。

菌盖初期扁半球形，后呈贝壳形或扇形，5~21cm，颜色与品种、发育阶段、光线有关，一般幼时白色、青灰色，老熟时灰白色或灰褐色，光线暗时颜色较浅，强时较深。边缘薄，平坦内曲，中部下凹，下凹处有时有白色绒毛或纤毛，老熟时边缘波状上翘，有时开裂。菌肉白色、肥厚。

菌褶位于菌盖下方，延生至菌柄上方，在菌柄上交织成网络。每片菌褶宽0.3~0.5cm，白色，质脆易断。担孢子着生于菌褶两面。子实体成熟后，担孢子自然弹射而出，孢子长椭圆形，光滑，无色。

菌柄侧生或偏生，粗1~4cm，白色，中实，上粗下细，许多菌柄基部相连，形成一簇。幼嫩的菌柄脆嫩适口。采收过晚，菌柄粗纤维增多，适口性差。

7.3.2.2 生活史

平菇的子实体成熟时产生大量担孢子，在适宜条件下孢子萌发、伸长、分支，形成单核菌丝，两个不同性别的孢子萌发成的单核菌丝相互结合形成双核菌丝，双核菌丝吸收水分，分泌酶分解和转化营养物质，生长发育到一定阶段，表面局部膨大，形成新的子实体,完成一个生活周期。

人工栽培条件下,平菇子实体发育可分为5个时期:

①原基形成期　菌丝发育到一定阶段,形成一小堆一小堆肉眼可见的米粒状的凸起物即子实体原基。

②桑葚期　米粒状凸起的子实体原基生长发育成的桑葚样的菌蕾。

③珊瑚期　条件适宜时,12h后桑葚样的菌蕾逐渐发育形成珊瑚状的菌蕾,随小菌蕾长大,中间膨大形成原始菌柄。该期一般3~5d。

④成形期　随菌柄变粗,顶端形成一黑灰色扁球状的原始菌盖,并不断长大。

⑤成熟期　菌盖展开,经中部隆起呈半球形至菌盖充分展开,边缘上翘进而菌盖萎缩,边缘出现裂纹为成熟期。

平菇菌盖生长很快,菌柄生长较慢。菌盖在生长过程中一部分萎缩,停止生长,一部分经6~7d即可发育形成成熟子实体。

7.3.2.3　生长发育条件

(1)营养条件

平菇是典型的木腐菌。生长发育过程中通过很强的分解能力分解纤维素、木质素、半纤维素、淀粉、双糖、单糖等获得所需的碳水化合物营养,而这些营养在人工栽培时可由所用的棉籽壳、锯末、玉米芯、植物秸秆等富含这些多糖类物质的栽培基质提供。同时可通过加入麸皮、米糠、玉米粉、豆粉等来补充生长发育过程中所需的氮素营养。再适当加入一些磷、钾、镁、钙等矿物质和维生素 B_1、维生素 B_2、维生素 C 等,以提高产量和品质。

平菇在营养生长时期,菌丝体大量繁殖,同时会分泌出纤维素酶、半纤维素酶、木质素酶,即可将这些大分子的多糖逐渐降解为葡萄糖、木糖、半乳糖和果糖等,然后被菌丝体直接吸收。生产实践中为了满足菌丝对碳源的需求,也常在平菇母种或原种培养基中添加一定浓度的葡萄糖或蔗糖。此外脂类也是不容忽视的另一类碳源。而在国外,一些栽培者常在培养料中添加1%~5%的豆油或芝麻仁油等,均能获得丰产。据报道,培养基中添加菜籽油可促进平菇菌丝体生长,最适浓度为1%,且菌丝体干重的增加量超过了油的添加量。

(2)温度条件

平菇为低温型变温结实性真菌。孢子形成以 12~20℃ 为宜,孢子萌发以 24~28℃ 为好,高于30℃或低于20℃均影响萌发;菌丝在 5~35℃ 均能生长,但最适温度为 24~28℃;形成子实体的温度范围为5~26℃,有的更高,甚至可达30℃,子实体形成的最适温度因品种不同差异较大。

平菇种类较多,不同的种类和品种对温度的要求也各不相同,人们通常以子实体分化和发育期对温度的要求,将平菇划分为三类,分别是:

①低温型　子实体分化最高温度不超过22℃,最适温度在 13~17℃。如糙皮侧耳、紫孢侧耳等。

②中温型　子实体分化最高温度不超过28℃,最适温度在 20~24℃,如漏斗侧耳、榆黄蘑等。

③高温型　子实体分化最高温度达30℃以上,最适温度在 24~28℃,如鲍鱼菇等。

平菇子实体分化需要变温条件的刺激,在一定的温度范围内,昼夜温差大,能促进子实体原基的形成。在子实体发育的温度范围内，温度低时，生长较慢，菇体肥厚；温度高时，菇体成熟快，但菇体薄、易碎、品质差。栽培应根据当地气候条件正确选择不同类型的平菇品种。

（3）水分条件

包括培养基质的含水量和生长发育所处环境的空气相对湿度。

平菇属喜湿性菌类，耐湿力较强。菌丝体生长阶段，培养料含水量以 60%～65% 为宜，空气相对湿度以 60%～70% 为宜；子实体形成和发育阶段，空气相对湿度以 80%～95% 为好，低于 80% 时，培养料表面干燥，影响子实体正常形成和生长，高于 95% 时，菌盖易变色、翻卷，且高温时易引起烂菇和病虫害发生，需加强通风换气。

（4）通气条件

平菇是好气性真菌，菌丝和子实体生长发育阶段都需要氧气。但不同的生长发育阶段对通气的要求不同。菌丝体阶段，平菇菌丝可在通气不良的半嫌气条件下生长，据财特莱特 1975 年研究平菇等 3 种侧耳时发现，一定浓度的二氧化碳能刺激平菇菌丝生长。二氧化碳含量为 20%～30%（体积比）时，菌丝体的生长量比正常通气条件下增长 30%～40%。而子实体分化及生长发育阶段则需要大量的氧气。但不同的品种对二氧化碳的忍受力不同，因此栽培平菇时应尽可能选用对二氧化碳适应性强的品种。在大规模生产时，发菌的后期应加强通风换气。子实体形成时菇房空气中的二氧化碳含量不宜高于 0.1%，太高时不能形成子实体，即使形成，有时菌盖上也会产生许多瘤状突起。

（5）酸碱度

平菇喜欢在偏酸性的培养基上生长。菌丝一般 pH 在 3～7.5 之间均能生长，以 5.5～6.5 为最适宜。但在生产中配制培养基时可将 pH 调高到 7 或 7 以上，甚至 8～9，其原因主要有内因和外因两个方面。内因是因为平菇菌丝体在生长过程中由于菌丝的代谢作用会产生许多有机酸释放到基质中，使基质的 pH 值下降而酸化，就会使培养基 pH 从播种时的 8～9 降到 5～6 之间；外因是培养基在高温灭菌时会使 pH 下降。另外培养基中存在各种杂菌，而调高后的 pH 是平菇的最适竞争 pH 值。

（6）光照条件

平菇对光照强度和光质的要求在不同的生长发育阶段不同。菌丝体阶段不需要光照，完全黑暗的条件下不仅能正常生长，而且比强光照射下长速快 40%。短波光（青、蓝、紫光）对菌丝有抑制作用，长波光对菌丝体无影响；但在子实体阶段需要一定量的散射光（200～1 000lx），据杨姗姗研究表明：平菇菌丝体在适温条件下，见光后 6～12d 内就能分化出子实体原基；进一步的研究表明：适时、适量给予光照，可提高产量，提早采收，即菌丝体长满后适时给予光照，可提高产量 30%，提早采收 10d 左右。

光质对平菇原基分化有很大影响：短波光质（青蓝紫）对原基分化有促进作用；长波光质对子实体原基分化有抑制作用。近些年，生产上室外大棚用的浅蓝色的无滴塑料膜，使平菇原基分化整齐、集中、产量高、质量好，也充分证明了这一点。

但是出菇阶段光线也不能过强或过弱，尤其是直射太阳光，不仅能抑制菇体发育，同时使菌盖呈黄褐色、干缩状；光线过弱易形成盖小柄长的畸形菇，完全黑暗条件下难以形成子实体。

上述六个方面因素只有有机合理调控，才能使平菇菌丝体和子实体正常生长发育。

7.3.3　主要栽培品种

平菇种类很多，目前已知的约有42种。生产上栽培的种类主要有：

（1）糙皮侧耳

又名平菇、蚝菌、北风菌。子实体多覆瓦状丛生。菌盖贝壳形或扇形，直径4～21cm，菌柄较短。原基白色，幼蕾青黑色，成熟时灰色或灰白色，孢子印白色。

（2）紫孢侧耳

又名美味侧耳、紫平菇。子实体覆瓦状丛生。菌盖扁半球形，成熟时菌盖上表面下凹。菌盖直径5～13cm。幼菇表面黑灰色，菌柄比糙皮侧耳短，成熟时渐呈灰白色或白色，孢子印淡紫色。

（3）漏斗侧耳

又名凤尾菇、PL－27。子实体多单生，部分丛生。菌盖成熟时向上翻卷呈漏斗状。菌盖直径6～20cm，菌柄中生。子实体幼蕾白色。幼菇菌盖瓦灰色，以后逐渐呈灰白色至奶白色，孢子印白色。

（4）佛罗里达侧耳

又名华丽侧耳、白平菇。子实体丛生，菌盖初期半球形。成熟后呈扇形或浅漏斗形，菌盖直径2～12cm。菌柄较长，5～10cm。原基白色，子实体成熟时呈灰白色或乳白色，孢子印白色。

（5）金顶侧耳

又名榆黄蘑、玉皇菇。子实体丛生或叠生，菌盖初期为扁半球形。成熟时呈正扁半球形或偏心扁半球形。菌盖直径3～10cm，菌柄长2～10cm，孢子印烟灰色至淡紫色。

7.3.4　母种、原种制作

7.3.4.1　母种制作

（1）制作培养基

①常用母种培养基配方

马铃薯葡萄糖培养基（PDA培养基）：马铃薯（去皮去芽眼）200g、葡萄糖20g、琼脂18～20g、水1 000mL。

综合马铃薯培养基（CPDA）：马铃薯200g、葡萄糖20g、磷酸二氢钾3g、硫酸镁1.5g、维生素$B_1$10mg、琼脂20g、水1 000mL。

小麦粒琼脂培养基：小麦粒125g、琼脂20g、蔗糖10g、水1 000mL、pH7.0～8.0。

玉米粉蔗糖培养基：玉米粉40g、蔗糖20g、蛋白胨2g、琼脂20g、水1 000mL、pH7.0～8.0。

日本平菇培养基：米糠50g、磷酸二氢钾0.3g、磷酸氢二钾0.3g、硫酸镁0.2g、葡萄糖5g、琼脂20g、水1 000mL、pH7.0～8.0。

酵母粉蔗糖培养基：酵母粉5g、蔗糖20g、琼脂15g、水1 000mL、pH7.0～8.0。

马铃薯加富培养基：马铃薯（去皮去芽眼）200g、麸皮30g、玉米粉20g、葡萄糖20g、磷酸二氢钾2g、硫酸镁1g、维生素$B_1$3片、琼脂21g、水1 000mL、1M NaOH适量。

马铃薯胡萝卜培养基：马铃薯10g、胡萝卜2g、琼脂1g、水50mL。

马铃薯培养基：马铃薯 10g、葡萄糖 1g、磷酸二氢钾 0.6g、硫酸镁 0.1g、琼脂 1g。

麸皮葡萄糖培养基：麸皮 1.5g、葡萄糖 1g、琼脂 1g、水 50mL。

瓶料培养基一：棉籽壳 94%、马铃薯 2%（用水煮 20min 连汁一起拌入料内）、蔗糖 1%、石灰粉 1%、过磷酸钙 1%、石膏粉 1%。

瓶料培养基二：棉籽壳 50%、豆秸秆（粉碎）45%、麦粒 2%（加水煮 20min 连汁一起拌入料内）、蔗糖 1%、石膏粉 1%、过磷酸钙 1%、石灰粉 1%。

瓶料培养基三：锯末（阔叶树）75%、麦麸或米糠 20%、马铃薯 1%（用水煮 20min 连汁一起拌入料内）、过磷酸钙 1%、石膏粉 1%。

②母种斜面培养基制作

参考黑木耳栽培部分内容。

（2）母种分离培养

平菇母种分离可采用组织分离法和孢子分离法。

①组织分离法　选择当地表现优良的菇形良好、生长健壮、无病虫害、产量较高的平菇菌株子实体，菇体表面不经消毒处理，直接在接种箱内，将优良菇体用手撕开，在菌柄与菌盖交接处，用经过消毒的接种针（或刀、铲）取 0.3~0.4cm³ 的菌肉，接种在培养基上。在具体操作过程中要注意勿使接种工具碰到未经消毒的菇体表面，使接种在试管内培养基中的组织块无污染、无杂菌，最后将接好种的试管放入培养箱中，在 22℃ 条件下恒温。一般 7d 即可完成发菌过程，菌丝呈白色绒毛状、布满整个培养基表面，有的爬管力极强，生长旺盛。

②孢子分离法　选当地表现优良的菇形良好、生长健壮、无病虫害、产量较高的平菇菌株子实体。在早上观察刚有孢子云产生时采集用于孢子分离，因此时的孢子成熟、饱满、生命力强。采集时只需取其直径在 10cm 左右的 1~2 片菌盖即可，将其带柄用刀切下，菌褶始终朝下。

分离前准备好试管斜面、接种环和酒精灯，均放于接种箱内，用紫外线消毒 30min。然后将要分离的子实体放入接种箱中干净的纱布上，菌褶朝下。子实体无需消毒，操作人员需用酒精擦手消毒，在点燃的酒精灯旁进行无菌操作。操作时先将接种环用酒精灯火焰灭菌，然后在酒精灯火焰旁待接种环降温至室温后，插入两片菌褶之间，轻轻地抹过褶片内表面，然后将接种环伸入到试管内底部的培养基上点一下，即可抽出接种环，注意接种环不要接触未点孢子的培养基，立即塞好棉塞。操作上，只要接种环没有碰到菌褶暴露在空间部分，加上操作时间短，试管口小，又以火焰封口，分离易成菌。可根据需要多分离几支试管，以利挑选。

分离好后，将试管置于 28℃ 恒温箱内培养。一般 3d 后就能看到星芒状菌丝生长，15d 左右就可长满斜面。再用斜面前半部分菌丝转管，接种块放在斜面中央，仍置于 28℃ 恒温箱内培养，经 6~7d 菌丝即可长满斜面。

7.3.4.2 原种制作

（1）原种培养基配方

配方一：棉籽壳 78%、麸皮 20%、蔗糖 1%、石膏粉 1%。

配方二：棉籽壳 96%、蔗糖 2%、过磷酸钙 1%、石膏粉 1%。

配方三：玉米粒 100% 外加 0.2% 多菌灵用于浸泡玉米粒。

配方四：小麦 93%、木屑 6%、碳酸钙 0.5%、石膏粉 0.5%。

配方五：阔叶树木屑 78%、米糠或麸皮 20%、蔗糖 1%、石膏粉 1%。

配方六：阔叶树木屑 93%、米糠或麸皮 5%、蔗糖 1%、尿素 0.4%、碳酸钙 0.4%、磷酸二氢钾 0.2%。

配方七：玉米芯 78%、米糠或麸皮 20%、蔗糖 1%、石膏粉 1%。

配方八：玉米芯 80%、玉米粉 8%、米糠 10%、石膏粉 1.8%、磷酸二氢钾 0.2%。

配方九：高粱 100%，V_{B_1}、V_{B_2}适量或不添加。

配方十：高粱 94%、稻壳 5%、硫酸钙 1%。

配方十一：稻草 78%、麦麸 20%、蔗糖 1%、硫酸钙 1%。

（2）原种培养基配制（以配方一为例）

用棉籽壳制作平菇原种培养基，是平菇菌种生产常用配方之一。该法操作简便，菌种长势好，成功率高。

配料：按配方比例，据实际配制培养基数量计算所需各配料数量，然后称量。

拌料：先将蔗糖溶于适量水制成母液，其他原料加水前干拌均匀，然后将母液分次加水稀释后加入堆料拌匀，料水比控制在 1∶1.1～1.2，棉籽壳绒长的多加一些水，绒短的少加一些。用手取一把棉籽壳培养料紧握检查含水量，以指缝间有水浸出但不滴下为宜。

装瓶：装瓶前再次翻拌培养料，以免水分下沉，上干下湿。将拌好的培养料装至罐头瓶瓶肩处，压平料面，用直径 1.2～1.5cm 的尖尾木棒在培养料中央钻一圆孔，，孔深为料深的五分之四，将木棒轻轻拧出，再次整平料面。钻孔的目的一是增大培养料与空气的接触面积，提高通气，以利菌丝生长；二是便于固定菌种快，不致滚动影响成活；三是可使部分菌种接种较深，使菌丝上下同时生长，缩短菌种生长周期，且整个菌瓶内的菌龄比较一致。

装完料后，将瓶外洗干净，瓶口用布擦干，塞上棉塞，包一层牛皮纸后上锅灭菌。

灭菌：采用高压蒸汽灭菌。灭菌时，排除内部冷空气后，保持 1.2～1.5kg/cm² 压力 1.5h 后关火，待压力自然降到 0 后再出锅。

（3）接种

待温度降至 25℃ 左右时，通过无菌操作将培养好的母种接种至培养基瓶内。每支试管母种可接种 8 瓶原种。

（4）原种培养

接好种后将菌种瓶置于 25℃ 恒温箱或培养室内进行培养，直至菌丝贯串到瓶底，即可用于生产栽培种。

【巩固训练】

1. 平菇熟料栽培、生料栽培、发酵料栽培各有何优缺点？

2. 平菇栽培培养料如何选择和处理？

3. 平菇生料栽培如何接种？

4. 平菇生料栽培发菌期如何调节环境条件？

5. 平菇发酵料栽培培养料如何发酵？

6. 平菇如何采用组织分离法分离培养母种？

【拓展训练】

调研你的家乡所在地区林下栽培平菇的可行性。

任务 4
鸡腿菇栽培

【任务目标】

1. 知识目标

了解鸡腿菇的价值、生产发展现状与前景及栽培品种；知道鸡腿菇的母种、原种制作方法；熟悉鸡腿菇的生物生态学习性及特性。

2. 能力目标

会进行鸡腿菇的栽培制种、栽培、栽后管理、病虫害防治、采收及加工。

【任务描述】

鸡腿菇是世界各地均有分布的一种集营养、保健、食疗用途于一身，具有高蛋白、低脂肪的食药兼用菌。食用色、香、味、形俱佳，菇体洁白，炒、炖、煲汤久煮不烂，口感滑嫩，清香味美。药用具清神益智、清心安神、益脾胃、助消化、增加食欲、治疗痔疮、降血压、抗肿瘤等作用。栽培具有原料来源广、抗病虫能力强、栽培易成功、产量高、周期短、效益好等优点，是一种具有较大商业价值和发展前途的食用菌。在我国人工栽培历史虽不长，但发展很快，如今已成为我国排名在平菇、香菇、双孢菇、黑木耳、金针菇、毛木耳之后的第七大食用菌品种，且已实现工厂化生产。

鸡腿菇栽培包括栽培种制作、栽培、栽后管理、病虫害防治和采收加工等操作环节。

该任务为独立任务，通过任务实施，可以为鸡腿菇栽培生产打下坚实的理论与实践基础，培养合格的鸡腿菇栽培生产技能型人才。

【任务实施流程】

栽培种制作 ➡ 栽　　培 ➡ 栽后管理 ➡ 病虫害防治 ➡ 采收加工

【任务操作要点】

一、栽培种制作

鸡腿菇栽培可采用熟料栽培、发酵料栽培和生料栽培。但生料栽培仅在北方地区采用，其他地区普遍采用熟料和发酵料栽培。

1. 季节安排

栽培时在菌丝生长阶段以外界气温不超过

28℃，且不低于10℃为宜；播种40d后进入子实体生长阶段，温度以12~20℃为宜。各地可据此确定鸡腿菇栽培季节。另外，由于鸡腿菇具有不覆土不出菇特点，且菌丝不易老化，菌棒或菌砖经过长时间存放不影响出菇性能的特点，因此在南方地区，一般林下春栽3~5月，秋栽9~11月；北方地区林下春栽3~6月，秋栽8~10月；而东北地区林下4~10月均可栽培。一般地，秋栽比春栽好。原种制作则相应往前推40d左右。

2. 栽培种制作

（1）熟料栽培

①培养料配方：栽培料配方很多，目前常用的有以下几种：

配方一：棉籽壳90%、玉米粉8%、尿素0.5%、石灰1.5%。

配方二：玉米芯88%、米糠或麸皮10%、尿素0.5%、石灰1.5%。

配方三：玉米芯40%、棉籽壳40%、麸皮10%、玉米粉5%、过磷酸钙1%、石膏2%、石灰2%。

配方四：麦秸或稻草77%、干牛粪（或干鸡粪）14%、豆饼3.5%、过磷酸钙1%、石膏2%、石灰2%、尿素0.5%。

配方五：稻草70%、棉籽壳20%、玉米粉5%、过磷酸钙1%、石膏2%、石灰2%。

配方六：平菇或金针菇菌糠60%、棉籽壳30%、玉米粉8%、石灰2%。

②培养料配制、翻拌：按上述配方配料，首先把主、辅料干翻拌匀，易溶于水的辅料溶于水中，再把水均匀撒泼于翻拌均匀干料上，并边泼水边翻拌，直至翻拌均匀。含水量控制在65%左右，以手握有水滴下为宜，然后闷堆1~2h，待培养料充分吸胀水分后装袋，也可将培养料简单堆积发酵后装袋。

③装袋：可采用人工或装袋机装袋。装袋时，高压灭菌选择聚丙烯塑料袋，常压灭菌选择聚乙烯塑料带。塑料袋规格为17cm×33cm，装袋要松紧适宜，不宜过多过实过高，以免造成袋内通气不良，菌丝生长缓慢或塑料袋破裂。也可采用规格（20~22）cm×（45~50）cm的大塑料袋，但要注意适当延长灭菌时间。装好料后，以两头紧，中间松，袋壁紧，中心松，袋子挺直而不弯曲为宜。当培养料装至袋口高度后按平料面，用直径2~3cm的扎孔器在料中间打一孔至料底，然后顺时针旋转将扎孔器拔出。把袋口收紧，套上颈圈，塞上棉塞，再用牛皮纸或2~3层报纸包裹扎紧。装好袋后要在4h内灭菌，特别是高温季节，尤其要注意，否则培养料在高温下微生物繁殖迅速，很快会使培养料发生酸败。一般拌好的料当天一定要装完菌袋，当天上锅灭菌，以免发酸变质。

④灭菌：灭菌可采用常压灭菌和高压灭菌。装好袋后要及时灭菌，防止变酸。灭菌装锅时要注意留出蒸汽循环的通道，不能形成死角。常压灭菌开始时，要旺火猛攻，使温度尽快升至100℃，一般不能超过4h。然后开始计时，保持8~9h，中间不能停火，最后用旺火猛攻一阵，在停火焖锅一夜后出锅。注意灭菌时间不宜过长，否则培养基营养消耗大，缺乏出菇劲。高压灭菌则是在加热升温后，当压力达到0.049MPa时，放净锅内的冷空气；压力达到0.147MPa时，维持压力，开始计时，2h后停止加热，自然降温，让压力表指针慢慢回落到"0"位后，先打开放气阀，再开盖出锅。

⑤接种：将灭菌后的料袋放至接种室，冷却至28℃后，将接种室用臭氧发生器消毒灭菌20min后进行开放式接种。接种一般小袋采用两头接种，即先解开料袋一头的袋口，放一薄层剔除表层的菌种在培养料表层，然后套上颈圈，袋口向下翻，再盖上一层牛皮纸或2~3层报纸，然后用细绳或胶皮套扎住即可。然后再解开另一头的袋口，重复以上操作。大袋在料袋周围打3排9个孔，孔径1.5cm，接入菌种，贴上4cm×4cm的胶布封住接种穴口，或再套一个稍大的塑料袋。

⑥发菌

菌袋叠放：菌袋接种完成后，将菌袋移入灭菌后的干净、暗光培养室内。高温季节发菌，菌袋可按"井"字形排列；低温季节，则可重叠堆放，但不宜堆叠过高，一般5~6层即可，以避免重压而影响菌丝生长。

培养管理：菌袋初进培养室的2~3d内，尚未产生料温，培养室温度可控制在23~25℃；3d后，由于菌丝生长，菌袋开始产生热量，要勤观察，防止烧菌并逐渐控制培养室温度降至18~20℃；7d后是菌袋产生热量最多的时候，两层菌袋之间温度不能超过26℃；10d后，料温下降，可调整控制培养室温度在23~25℃。发菌期间要注意保持培养室空气新鲜，以利于菌丝生长，特别是在料温升高期间，会产生大量废气，所以要重视培养室的通风换气。夏季气温高，应在早晚或半夜气温低时通风换气，一般通风 15min；冬季气温低，应在中午气温较高时通风换气。保持室内空气相对湿度在 65% 左右。发菌期间，注意及时翻堆降温，检查袋内菌丝生长情况，发现杂菌污染应及时处理；翻堆注意调整菌袋上、下、内、外位置，使各袋菌丝受温均匀，发菌一致。夏季一般经 20 多天培养，菌丝即可长满菌袋；春、秋两季 30d 左右菌丝长满菌袋。

（2）发酵料栽培

①培养料配方

配方一：稻草或麦草 80%、畜禽粪 15%、尿素 1%、磷肥 1%、石灰 3%。

配方二：玉米芯 94%、尿素 1%、磷肥 2%、石灰 3%。

配方三：稻草 40%、玉米秸 40%、畜禽粪 15%、尿素 0.5%、磷肥 1%、石灰 3.5%。

配方四：食用菌菌糠 70%、棉籽壳 25%、尿素 0.5%、磷肥 1%、石灰 3.5%。

②培养料发酵

A. 原料预处理：将秸草等下脚料提前 2d 用石灰水预湿，干粪打碎与石膏、石灰粉等混合，磷肥、尿素等溶于水，结合建堆，将各辅料加入主料中。

B. 建堆发酵：按照每铺约 30cm 厚主料，撒一层辅料的顺序建堆。制成宽 1.5 ~ 2m、高 1 ~ 1.5m、长度不限的堆料，每隔 50cm 打料孔，用薄膜或草帘覆盖料堆。当料堆内温度上升至 60℃ 左右时维持 1d 再翻堆，然后重新复堆打孔，重复翻堆三次，最后一次翻堆时喷入 0.1% 克霉灵。

注意在发酵后期不得向料内喷水，总发酵期 5 ~ 7d。高温持续时间不要太长，否则培养料失水太多，营养消耗太大，出菇后劲不足，影响产量和效益。以发酵好的料呈咖啡色，有酱香味而无酸臭味，含水量在 65% 左右，pH8.0 左右为宜。发酵好后散堆降温至 30℃ 以下准备接种。

③接种及发菌管理：鸡腿菇发酵料栽培可袋栽，也可畦栽。

A. 畦栽：该法是直接在选好的栽培场内建畦，然后按一层料一层菌种分三层铺好，最后再铺一层菌种，稍压实后盖一层消毒报纸遮光，最后再盖一层薄膜保温保湿进行发菌，发好菌后直接出菇的栽培方法。该法流程为建畦、接种、发菌期管理、覆土管理、出菇管理，具体如下：

建畦：在选好的遮阴良好的栽培场内，挖宽 80 ~ 100cm、深约 20cm 的菇畦，畦间留 40 ~ 50cm 的作业道兼排水沟。喷 600 倍液敌百虫杀虫，浇透底水后撒石灰粉消毒。

接种：先在畦底铺一层 5 ~ 6cm 厚的发酵料，用木板稍拍平后撒一层菌种，然后再铺料，再撒菌种，一般是三层料四层菌种，整个菌料层厚约 16 ~ 18cm，每平方米用菌种量为 2 ~ 6 袋，最上面一层菌种要与料紧密相接，接种后用木板稍压实料面，再用直径手指粗的木棍按每平方米均匀扎 10 个左右通气孔，以扎到地面为宜。最后盖上消毒后的报纸遮阴，再覆盖一层塑料薄膜以保温保湿。

发菌期管理：发菌期的条件要求光线暗，空气新鲜，料温约 25℃，空气相对湿度约 80%。料温不能高于 30℃，湿度不能过大，随菌丝生长不断加强通气是发菌成功的关键。因此应在栽培 3d，菌丝吃料后经常抖动薄膜或撑起一定缝隙，加强通风换气，促使菌丝向料内伸展。同时检查发菌情况，发现污染及时处理。菌丝深入料内 2/3 时，便可覆土。经 30d 左右的发菌管理菌丝即可长透培养料。

覆土管理：覆土以选用含一定腐殖质、吸水性强、蓄水力强、通气性好，表土以下 20 ~ 30cm 的壤质土，暴晒 2 ~ 3d 后拍碎过粗筛。每 100m² 栽培面积用覆土 3.5 ~ 4m³ 准备好土，并在土中加入 1.5% 生石灰粉、1% 碳酸钙，将土壤 pH 调至 8.0 ~ 8.5。然后加入克霉灵 4kg，5% 的甲醛 10kg 配成药液均匀喷洒入覆土中，覆膜堆闷 2 ~ 3d 进行杀虫杀菌消毒，最后调节土壤湿度至手握成团，松手触之即散为宜，闷好堆后，散除药味即可使用。

待药味散尽后，菌丝深入料内 2/3 时，揭去报纸、薄膜，向无病虫害的料面均匀覆土 3 ~ 5cm 厚。

覆土后的 7 ~ 10d 内要保持土层湿润。3 ~ 6d 后视土层干湿情况进行喷水，做到少量多次，以喷水不超过土层持水量而渗入料内，土层表面湿度在 20% ~ 25% 为宜。同时保持空气相对湿度在 80% ~ 85%，气温 22 ~ 26℃，光线要暗，空气新鲜。

B. 袋栽：袋栽流程为装袋与接种、发菌期管理、搭棚入场、脱袋覆土、出菇管理，具体如下：

装袋与接种：所用塑料袋规格为(22～24)cm×(45～50)cm，单面厚约0.015cm的聚乙烯袋。先将菌种带表面用多菌灵溶液消毒杀菌，再把菌种瓣成枣核大小备用。装袋时先扎好一头，按三层料四层菌的装法，先装约1cm厚料，均匀播一层菌种(约6～7块)，继续装料，边装边压实，装至—1/3袋高时靠外圈撒一层菌种，压实后继续装料至2/3袋高时，在靠外圈撒一层菌种后装料至袋口时再均匀撒一层菌种，最后再盖约1cm厚料，压实，扎紧袋口。装好后以两头紧、中间松，靠袋壁紧、中心松，手拿菌袋挺直不弯曲为度。

发菌期管理：装好袋，接完种后，将菌袋移入发菌室。发菌室要求清洁干净，经过消毒杀菌后方能使用。且发菌室要光线暗淡、空气新鲜、通风良好。门窗等要有纱帘，以防止蚊蝇等害虫进入。菌袋移入发菌室后据气温高低决定排袋方式。气温高，单层摆放或以"井"字形堆放；气温低，可多层叠放，最高不要超过6层。播种前3d，料温不高，不用翻堆，3d后，菌丝开始吃料，料温开始逐渐上升，注意每隔7d左右翻堆一次，调换菌袋位置，使其发菌一致。在此期间要注意控制料温在25℃，空气相对湿度80%，料温不能超过30℃，湿度也不能太大。一旦超出要通过调整翻堆次数和通风换气等措施来降低温度，料温稳定后可减少翻堆。另外，发菌期间要注意每天通风换气，保持空气新鲜，气温高可在早晚通风换气，气温低可在中午进行，每次通风换气10～20min。经过30d左右培养，菌丝可长满袋，即可进入菇场，准备进行脱袋覆土出菇管理。

二、栽培

1. 菌场选择及清理

宜选东坡、北坡山脚或山腰地势平缓、土质肥沃湿润的阔叶林，林分郁闭度在0.7以上的枝繁叶茂林地，以附近有水源、且水质优良、通风良好、地面不积水的林地，林地林龄以七八年生以上为宜。林木栽植要规整，行间距较大，操作比较方便。亦可选择4～5年生以上的杨树等速生林地、果园栽培。菌场选好后要清除地块上的石块、杂物及杂草，消灭蚊虫滋生的环境。

2. 制作畦床

选好地，清好场后修建畦床。修建畦床是在林下行间做宽1.5m，深40cm，长40m或依地形而定的畦床，畦床做成龟背形，做好后用石灰水浸畦床和畦床四周，并在四周挖浅沟以利排水。

3. 菇棚搭建

清理完场地后，在林木行间搭建高2m、宽以林木行距而定的简易拱棚。拱棚两侧高度在1.5m以上，以便于管理操作，两侧由地面至棚高1m处罩防虫网。网以上塑料布固定在棚体上不动，下方塑料布可以掀起通风。拱棚上加一层遮阳网，以便调节棚内光照和温度。

4. 菌袋入畦或畦栽

如果采用袋栽技术，则于4月中下旬至5月上旬期间，使已长满菌的菌袋入畦，准备进入脱袋覆土管理阶段。菌袋入畦前，畦底和畦床四周要撒一层石灰或喷洒一遍5%石灰水，四周土埂上也要喷一遍多菌灵或高锰酸钾1 000倍液进行杀菌消毒。消毒工作做完后，将已发好菌的菌棒脱袋后卧放在畦床上，注意轻拿轻放，以免弄碎菌棒，菌棒间距2～3cm。菌棒放好后，将准备好的覆土盖在菌棒上，覆土厚度3～5cm，菌棒相互间的空隙要用覆土填满填实。覆土后用水浇透，再覆土找平。最后覆上小拱棚的塑料膜。

如果采用畦床栽培，则于4月上中旬建好畦后及在畦床上进行铺料、接种、发菌、覆土后直接进入出菇阶段(具体内容见畦栽部分)。

三、栽后管理

1. 出菇管理

覆土后经认真管理，当土中布满菌丝时，进入菌丝分化期管理。此时要通过盖草帘、畦栽池两边灌水，夜间温度降至20℃以下时，掀开棚两头通风换气等措施降温至18～20℃，并创造温差在5～10℃之间，刺激分化，同时提高空气相对湿度至85%～90%，增加光照及通气条件。

一般覆土后20d左右即可出菇，虽在10～30℃温度范围内都能出菇，但以12～18℃温度范围内出菇最好，因为温度低，子实体生长慢，菌盖大而厚，菌柄结实，鲜菇便于贮藏。同时保持空气相对湿度约90%，光照暗淡，空气新鲜。勿向菇体直接喷水(易变色)，为防喷水造成菇体变黄，最好采用较细的水管浇注于菇丛缝隙中。浇水后要注意通风，不要形成闷湿环境。适宜的通风、喷水应据天气及菇的生长情况而定。

2. 转潮菇管理

鸡腿菇在采收后及时洁净料面，整平孔穴，

喷 2% 石灰水，约经 10d 后又可现蕾，采完两潮菇后喷施追肥。一般可采收 4～5 潮菇，约需 3 个月。

四、病虫害防治

1. 胡桃肉状菌

又名假"木耳"，是一种恶性传染病。

初发病时，覆土层内产生浓密白色棉絮状菌丝，土表发生类似木耳形状的子实体，挖开发病部位，培养料发出浓烈的漂白粉味。鸡腿菇菌丝自溶，培养料发黑。

防治方法：严格挑选菌种，有问题菌种坚决不用；覆土必须取表土 20cm 以下的土壤并严格消毒；发病时用浓石灰水局部灌淋，并停止供水，待局部泥土发白后，小心搬至远外深埋。

2. 白色石膏霉

是因培养料偏酸引发的一种病害。一般在接种后 10～15d 内发生，开始时，覆盖表面出现大小不一的状如石灰斑的白色斑块，后期斑块渐变粉红色，可见到黄色粉状孢子团。挖开培养料有浓重的恶臭味。鸡腿菇菌丝死亡、腐烂。

防治方法：培养料发酵时添加 5% 的石灰粉，调节 pH 值为 8.5；局部发病时用 500 倍多菌灵溶液喷洒；加强通风，降低畦面的空气湿度。

3. 鬼伞类竞争性杂菌

该杂菌孢子是混在稻草等原料中进入菇床，5～10d 后床面便会出现大量的鬼伞菌与鸡腿菇争夺营养，其子实体腐解后流出墨汁样孢子液。

防治方法：选用新鲜干燥的稻草作培养料，并采取二次发酵，以杀灭鬼伞孢子；发现鬼伞应在未开伞前及时摘除并深埋。

4. 叉状炭角菌

又名鸡爪菌，是鸡腿菇生产中常见且危害较严重的病原菌，可造成减产甚至绝收。叉状炭角菌丝常与鸡腿菇菌丝混合在一起，与鸡腿菇伴生或寄生或感染，目前学术界尚无定论。常在春秋季温度高于 20℃ 时易出现，且多在二潮菇后出现。专家分析其出现可能与菌种携带及栽培环境有关。

防治方法：灭菌要彻底，最好采用高压灭菌，同时使用纯菌种栽培；脱袋覆土栽培时，要仔细检查，对菌袋内存在疑似叉状炭角菌的菌丝体呈索状、变黄的菌袋，单独栽培，以防止扩散；气温较高时，采用不脱袋栽培方式，防止传染；发现鸡爪菌时，及时挖出菌筒和覆土，并用鸡爪菌立灭王粉剂喷洒病穴周围，防止传染；栽培场地和覆土要用多菌灵或甲醛进行彻底消毒；控制棚内温度在 20℃ 以下，预防鸡爪菌发生。

5. 螨类

螨的种类较多，主要危害菌丝和子实体，虫口密度大时，鸡腿菇无法形成子实体。螨类来源于稻草、禽畜粪便等，喜生活在阴暗潮湿的环境，繁殖极快。

防治方法：栽培前认真清理场地，并喷洒一遍敌敌畏；发酵过程中在培养料温度达 55℃ 时，喷洒 2 000 倍克螨特于料面，以杀灭料面螨类；定期用 1 000 倍敌敌畏或 2 000 倍卡死特药液喷洒菇场，进行杀虫。

6. 菇蝇

主要危害鸡腿菇子实体，也危害菌丝体，同时传播杂菌。受害后，培养料呈糠状，有恶臭味，并可见蛆虫爬动。

防治方法：用 0.1% 的鱼藤精喷洒地而及四周；用除虫菊 1 500 倍液或 2.5% 氯氰菊酯 3 000 倍液喷杀；保证菇场通风良好，环境清洁。

7. 跳甲

常群集于菌盖底部的菌膜及培养料中，危害子实体和菌丝体，子实体受害后发红并流出黏液，失去商品价值。该虫是环境潮湿、卫生条件差的指示害虫。

防治方法：改善栽培场地环境卫生条件，加强通风换气，降低湿度及地面积水；用 0.1% 的鱼藤精或除虫菊酯喷杀。

五、采收与加工

1. 采收

鸡腿菇的采收应在子实体长成圆柱形、菌高 8～12cm、菌盖直径 2～3cm、菌盖与菌环未分离或刚刚显松动时，是最适宜的采收时间。这时的菇体味道鲜美、形态好、品质好。若不及时采收，子实体成熟后，菌盖边缘由白色变为浅粉红色，进而开伞产生大量黑色的孢子，菌褶很快自溶成黑色的墨汁状，仅留下菌柄，失去商品价值。鸡腿菇生长到钟形期时，成熟非常快，所以应特别注意及时分次采收，采收旺季，每天早中晚各采一次。早上采收大的，晚上采收较小的，以免造成一夜开伞。

采收宜采大留小，不带幼菇，不连根拔起，不伤土层菌丝。采收时，应一手按住基部培养料，一手握住子实体轻轻转动，将菇体拧下。丛生菇，由于菇丛很大，个体成熟度不一，为避免采收时伤害幼菇，可以先将部分应采收的个体较大菇体用刀从子实体基部切下，防止带动其他菇体而造成死菇。

2. 加工

鸡腿菇子实体采收后，用刀削去基部泥土，整理干净即可直接进入市场鲜销，或进行保鲜或盐渍加工。

（1）保鲜：是采用物理、生物化学方法对鲜菇进行处理，使其代谢活动降低到适宜程度，保持新鲜状态，延长货架寿命的方法，常用如下方法进行保鲜：

①气调保鲜法：将温度控制在1℃左右，氧气含量调整到2%～4%，二氧化碳含量调整到5%～8%，以在此状态下降低菇体呼吸强度，减少氧气消耗，抑制酶活性，延长在货架上的寿命。

②低温保鲜法：将鸡腿菇在采摘后，尽快预冷存放于0～3℃、空气相对湿度90%～95%的稳定环境中，达到保鲜的目的。

③焦亚硫酸盐保险法：将菇体浸没在0.05%～0.1%的焦亚硫酸钠溶液中2～5min，捞起沥干残液，装入容器，置于阴凉处存放，或向菇体喷洒0.15%的焦亚硫酸钠溶液，要求喷洒均匀。如果在焦亚硫酸钠溶液中加入浓度0.01%的鸟嘌呤，则保鲜效果更好。

④食盐保鲜法：将鲜菇浸泡于0.6%～0.8%的食盐水20～30min，捞出沥干，装入容器，可延长货架寿命3～5d。

⑤抗坏血酸和柠檬酸保鲜法：将新鲜菇体浸泡于0.02%～0.05%的抗坏血酸溶液或0.01%～0.02%的柠檬酸溶液中15～20min，捞起沥干，装入容器密封，存放于阴凉处。

（2）盐渍：是将新鲜鸡腿菇用食盐经一定工艺流程处理后长期保存的方法，其工艺流程为：鲜菇修整→护色→漂洗→杀青→冷却→盐渍→包装→外运。

①鲜菇修整：待鸡腿菇长至圆柱形或钟形，颜色由浅变深，菌盖与菌环未分离时采摘。采摘后除去病菇、虫菇与老菇，用工具削去基部培养料和泥土。

②护色与漂洗：用0.05%的焦亚硫酸钠溶液冲洗鲜菇，并放于护色液（0.15%焦亚硫酸钠加0.1%柠檬酸）中浸泡5min（时间不要过长），之后用流水漂洗干净。或先用0.6%的精盐水洗去菇体的泥屑杂质，再用0.1%柠檬酸液（pH值为4.5）漂洗。

③杀青：在不锈钢锅中加入5%的食盐水或0.1%的柠檬酸水，加热至沸腾后放菇煮7～10min。以菇心无白色，放入冷水中沉底为度。杀青不彻底将会变色、腐烂。

④冷却：杀青后立即用自来水或井水流水冷却，冷却要快速、彻底，否则易变褐发臭。

⑤盐渍：按水：盐比例10∶4配制饱和盐溶液，置于杀青锅内烧开，加盐至不能溶解，盐水浓度为23°Be，过滤后即为饱和食盐水；按柠檬酸50%、偏磷酸钠42%、明矾8%比例混合均匀溶于水配制调酸剂，配好备用。

将盐渍容器洗刷干净后，将冷却菇控水称重，按100kg菇加25～30kg盐比例逐层盐渍。盐渍时，先在缸底放一层保底盐，接着放一层菇，依次直至满缸，再盖一层封顶盐，然后铺打孔的薄膜，其上再加一层盐，最后加饱和食盐水和调酸剂，漫住封顶盐，用柠檬酸调pH值至3～3.5，缸口加竹片盖帘，压上鹅卵石使菇完全浸入盐水，盖好缸盖。盐渍过程中要经常用波美计测量，当盐渍液浓度下降到15°Be以下时，就要立即倒缸。倒缸是把菇捞出，移入另外盛放有饱和食盐水的缸中，加封顶盐、压石、封盖。

盐渍过程中要严防杂物落入缸内，如盐渍菇冒泡、上涨，是杀青不彻底、冷却不彻底、加盐不足或气温过高四种原因造成的，一旦发现，及时倒缸。一般盐渍10～15d，盐水浓度保持在20～22°Be时，即可装桶外运销售。

包装与外运：装桶外运时，将菇从盐渍缸内捞出、控水、称重。外运时一般用国际标准的塑料桶分装。清洁桶内，套上软包装，加1kg保底盐，装上菇，晃动敦实，加足饱和食盐水，并用调酸剂调pH值至3.5左右，加1kg封口盐，扎紧袋口，盖好内盖，拧紧外盖。

成品菇在运输途中会有一定失重，故应在50kg标准桶内多装1.5kg盐渍菇。

【相关基础知识】

7.4.1　概述

鸡腿菇属担子菌纲伞菌目鬼伞科鬼伞属真菌，又叫毛鬼伞、鸡腿蘑、刺蘑菇等。由于在低温时菇体生长缓慢，菌柄上小下大，形似鸡腿，故称鸡腿菇。

鸡腿菇是世界各地均有分布的一种食药兼用菌。据分析测定，每100g鸡腿菇干品中，含蛋白质25.4g、脂肪3.3g、总糖58.8g(其中糖类51.5g)、纤维素7.3g、灰分12.5g。含有20多种氨基酸，总量为17.2%，人体必需的8种氨基酸都有。每100g干品中还含有钾1 661.93mg、钠34.01mg、钙106.7mg、镁191.47mg、磷634.14mg，并含铁、铜、锰、锌、钼、钴等元素。

鸡腿菇药用味甘性平，有清神益智、清心安神、益脾胃、助消化、增加食欲、治疗痔疮、降血压、抗肿瘤等作用。据阿斯顿大学报到，鸡腿菇含有治疗糖尿病的有效成分，食用后降低血糖浓度效果显著，对糖尿病人有很好的辅助疗效。

鸡腿菇保鲜期短，少数人食用后有轻微中毒反应，尤其是在与酒和酒精饮料同时食用时，因其所含毒素易溶于酒精，与酒精发生化学反应而引起呕吐或醉酒现象。

鸡腿菇人工栽培历史并不长。德国、英国、捷克等国家在20世纪60年代开始对其研究，并栽培成功。目前美国、荷兰、德国、法国、意大利、日本及我国等已开始进行大规模商业化栽培。我国对鸡腿菇的栽培研究始于20世纪80年代，栽培生产从90年代初期开始逐渐由北向南发展，在山东、河南、河北、山西、江苏、福建、广东、浙江等地已形成一定的生产规模。1997年我国鸡腿菇鲜菇总产量只有0.05×10^4t，2007年已高达44.2×10^4t，在我国各种食用菌中总产量位居第七，排在平菇、香菇、双孢菇、黑木耳、金针菇、毛木耳之后。随着其栽培技术的普及和产量的提高，逐渐成为我国主要生产的食用菌之一。目前鸡腿菇已能工厂化生产。

鸡腿菇栽培具有原料来源广、抗病虫能力强、栽培易成功、产量高、周期短、效益好等优点，是一种具有较大商业价值和发展前途的美味食用菌。

7.4.2　生物生态学特性

7.4.2.1　形态特征

鸡腿菇的菌丝细胞管状、细长、分枝少、粗细不匀，细胞壁薄、透明、中间有横隔，菌丝直径一般3~6μm，多数菌丝无锁状联合。在PDA培养基上，菌丝匍匐生长，前期呈白色或灰白色，绒毛状、细密、整齐、生长较快，气生菌丝不发达。后期栽培覆土后由绒毛状转变加粗为致密的线状，菌丝致密。生长好的母种常分泌黑色素沉积在斜面培养基上(图7-4)。

图7-4　鸡腿菇

子实体多丛生或单生，菌盖初期呈圆柱形，白色，光滑，直径 3～5cm，高 9～11cm，与菌柄结合紧密，菌柄向下逐渐增粗，状似倒立的鸡腿，故名鸡腿菇。后期菌盖松动脱离菌柄呈钟形，表皮开裂，形成平伏鳞片，最后平展。鳞片初为白色，后渐变为灰黑色，成熟时上翘、翻卷。菌肉白色，较薄。菌柄白色，有丝状光泽，纤维质，长 17～30cm，粗 1～2.5cm，上细下粗，柄中空。菌环白色，脆薄，可上下移动，易脱落。菌褶密，较宽，离生，初白色，担孢子形成后变成黑色。子实体成熟后菌褶变黑，边缘液化，并逐渐自溶成墨汁状液体。孢子黑色，光滑。保鲜期较短。可食用，但少数人食后同时饮酒有恶心、呕吐等轻微过敏反应，应引起注意。

7.4.2.2　生长发育条件

（1）营养条件

鸡腿菇是草腐土生真菌，适应性很强，对营养要求不严，具有较强的分解纤维素、半纤维素的能力，所以粪草、棉籽壳、稻草、麦草、玉米芯、玉米秸、豆秸、花生壳、酒糟、豆渣、多种阔叶树的落叶甚至栽培过平菇、金针菇、草菇等的废料（菌糠）等都可利用。而麸皮、畜禽粪、玉米面、石膏粉、磷肥、尿素、石灰等是常用的辅料。维生素 B_1 对鸡腿菇生长有明显促进作用，若缺乏，则菌丝生长受阻，子实体不能正常形成，因此生产中常加入玉米粉、麦麸等富含维生素 B_1 的原料，以促进菌丝体的生长。

（2）温度条件

鸡腿菇属于中低温型变温结实性菌类。菌丝生长温度范围为 3～35℃，最适温度为 21～28℃，温度低时菌丝生长缓慢，菌落呈稀细绒毛状；温度高时气生菌丝发达，基内菌丝变稀；35℃以上菌丝停止生长，并迅速老化，发生菌丝自溶现象。菌丝抗寒能力很强，-30℃可安全越冬。子实体生长温度范围 10～30℃，超过 30℃不易形成子实体，低于 8℃ 小菇蕾变黑死亡；适温为 12～20℃，在此范围内，温度低，子实体发育慢，但个体大，菌盖大而肥厚，紧贴菌柄，柄短结实，贮藏期长，品质好；温度高，在 20℃以上，则生长快，易开伞，菌盖小而薄，与菌盖易松动，品质降低。所以生产中常将温度控制在 12～18℃范围内。子实体分化需要 5～10℃温差刺激，分化适温 16～24℃。

（3）水分条件

包括培养基质的含水量和生长发育所处环境的空气相对湿度。

鸡腿菇属喜湿性菌类。菌丝生长期间的培养料含水量以 60%～65% 为宜，空气相对湿度以 70%～80% 为宜；子实体生长阶段空气相对湿度要求在 85%～90%，低于 60%，子实体瘦小，菌柄变硬，菌盖表面的鳞片翻卷，生长缓慢；高于 95% 且通风差时，菌盖易发生黑色斑点病。

（4）通气条件

鸡腿菇是好气性真菌。在菌丝和子实体生长阶段都需要大量新鲜空气，特别是在子实体形成和生长阶段需氧量更大，比平菇在相同阶段要提高 5%。若通气不良，幼菇发育迟缓，菌柄细长，菌盖小而薄，形成品质极差的畸形菇。

（5）酸碱度

鸡腿菇喜偏碱性条件。菌丝能在 pH4.5～8.5 的培养基中生长，最适 pH 范围为 6.5～7.5。因此，生产中常将培养料及覆土材料的 pH 调至 8～9，喷水管理时还要适当喷 1%～2% 的石灰水，以防酸碱度下降。

（6）光照条件

鸡腿菇属弱光性真菌。菌丝生长阶段不需要光照，强光能加速菌丝体老化。子实体分化需要散射光刺激。子实体生长需要较弱的散射光，适宜的光照强度为60~600lx。在此范围内，子实体出菇快、生长肥嫩、厚实、洁白、产量高、质量好、抗病性强；光线过强，则菇体变黄影响品质。

（7）覆土条件

鸡腿菇是覆土结实菇类。即使菌丝长好，达到生理成熟，如果不覆土就不会形成子实体。有研究者曾经用红壤土、黏壤土、中壤稻田土、砂质土、草炭土、煤灰渣与腐殖土做试验，结果以草炭土、煤灰渣和腐殖土等比例混合效果好，覆土厚度为5cm。因此，一般情况下覆土多选含腐殖质多的土壤加颗粒物混匀最好。覆土用的泥土要求土质疏松，干湿适宜，中性偏碱，无虫卵。然后用0.2%的福尔马林和0.2%的高锰酸钾溶液喷洒均匀后闷堆3~4d，以杀死土壤中的部分害虫和杂菌。覆土的含水量以手握成团，松手触之即散为宜。覆土厚度一般为2~5cm，土粒大小以直径0.5~1cm为宜。

7.4.3　主要栽培品种

鸡腿菇优良品种的标准是子实体肥大，菌柄粗短，鳞片少，高产，抗逆性强等。鸡腿菇品种有单生和丛生之分。单生品种个体肥大，总产量略低，单株菇重一般在30~150g，大的可达200g。丛生品种个体较小，但总产量较高，一般丛重0.5~1.5kg。市场鲜销一般采用丛生品种。

目前国内栽培的鸡腿菇品种有20多个，有的是从国外引进的，大部分是对本地野生种驯化培育的。其中推广面积较大的品种是CC168菌株和CC173菌株。

（1）CC168菌株

由日本引入。菌丝体生长温度范围10~35℃，最适温度20~30℃，子实体生长温度范围为8~30℃，最适温度12~25℃。该菌株发菌快，菌丝致密、洁白，子实体单生，一般个体重20~50g，最大400g，个体圆整，鳞片少，乳白色，不易开伞，适宜加工销售。生物转化率为107%~150%。

（2）CC173

产于浙江。菌株菌丝体生长温度范围为10~35℃，最适温度20~30℃，子实体生长温度范围为8~30℃，最适温度12~22℃。该菌株菌丝生长快，浓密，洁白，子实体丛生，但易开伞，菌柄较长，脆嫩，无纤维化，每丛重0.5~1kg，最大丛重达5kg，适宜鲜销。生物转化率110%~150%。

（3）CC944菌株

产于浙江。菌丝体生长温度范围为20~25℃，子实体生长温度范围为16~25℃。菌丝生长快，旺盛，浓密，边缘整齐，长势好，菇体较大，柄粗，丛生。生物转化率为90%。

（4）CC988菌株

产于山东。菌丝体生长温度范围为2~33℃，子实体生长温度范围为4~27℃。菇体白色，丛生，鳞片少，菌柄中等长，味美，适应性强，转潮快。生物转化率为130%。

（5）CC100菌株

出菇温度8~24℃，丛生，出菇快，菇体个大，菌盖小，不易开伞，口感好，高产。

（6）鸡腿 418

出菇温度 10~22℃，丛生，菇体肥大，出菇密、整齐，产量高。

（7）特白 33

出菇温度 10~25℃，单生或丛生，菇体较大，表面光滑，鳞片少，不易开伞，肉质细嫩，抗病力强。

（8）低温 H38

出菇温度 6~28℃，丛生，菇体肥大，色泽艳丽，耐低温，不易死菇。

（9）白腿 300

出菇温度 8~28℃，丛生，洁白，鳞片极少，销售不需刮皮。

（10）特白 2004

出菇温度 10~30℃，丛生或单生，表面光滑，鳞片很少，开伞较慢。

（11）纯白 978

出菇温度 10~32℃，多丛生，菇体中等，不易开伞，抗逆性特强，极少有鬼伞、鸡爪菌发生。

7.4.4　母种、原种制作

7.4.4.1　母种制作

（1）制作培养基

①常用母种培养基配方

马铃薯葡萄糖培养基（PDA 培养基）：马铃薯（去皮去芽眼）200g、葡萄糖 20g、琼脂 18~20g、水 1 000mL。

加富培养基：马铃薯 200g、葡萄糖 20g、硫酸镁 1.5g、磷酸二氢钾 1.5g、磷酸二氢钾 1.5g、维生素 B_1 10mg、琼脂 20g，加水至 1 000mL。

小麦马铃薯葡萄糖培养基：小麦 250g，浸泡 10h，煮 30min，滤汁；加马铃薯 150g、葡萄糖 20g、蛋白胨 2g、硫酸镁 1.5g、磷酸二氢钾 1.5g、维生素 B_1 10mg、琼脂 20g，加水至 1 000mL。

马铃薯高粱米葡萄糖菇体浸出液培养基：马铃薯 150g，高粱米 100g，葡萄糖 20g，蛋白胨 2g，菇体浸出液 200mL，维生素 B_1 10mg，硫酸镁 0.5g，磷酸二氢钾 1g，琼脂 18g，加水至 1 000mL。

②母种斜面培养基制作

参考黑木耳栽培部分内容。

（2）母种分离培养

鸡腿菇母种分离采用组织分离法，具体操作如下：

选用新鲜没有开伞没变黑较小鸡腿菇，把蘑菇置于自来水流下冲洗干净，切掉根部，于超净工作台内用 75% 乙醇溶液浸泡 3s 后立即取出放入装有无菌水烧杯中漂洗干净，取出放在无菌吸水纸上把水份吸干，用无菌解剖刀将菇体顶端表皮割去一薄层，露出顶端内部分生组织（此处组织具有较强分生能力，是理想的实验材料），之后用解剖刀在菇体顶端竖切两刀然后再横切两刀使其呈"井"字形，使每块组织呈长、宽约 0.5cm，厚 0.1~0.2cm 的片状，用特制接种针接种在事先准备好的斜面培养基中部，每管一片，塞上棉塞于25℃恒温恒湿培养箱中培养。经5~10d菌丝即可长满管，完成发菌过程，菌丝初呈白色，后渐变灰白色、丰满致密、菌落边缘整齐、气生菌丝量合适。

7.4.4.2　原种制作

（1）原种培养基配方

原种培养基和栽培种培养基基本一致，可参考栽培种培养基配方，亦可按以下配方：

配方一：棉子壳84kg，麦麸8kg，玉米粉8kg，石灰2kg，尿素0.4kg，水120~150kg。

配方二：麦粒100kg，生石灰2kg，麦麸10kg，碳酸钙1kg。

配方三：木屑40kg，棉子壳40kg，麦麸10kg，玉米粉10kg，石灰粉2kg，尿素0.6kg，石膏粉1kg，过磷酸钙2kg，磷酸二氢钾1kg，水150kg左右。

配方四：玉米芯60kg，棉子壳30kg，麦麸10kg，石灰粉3kg，尿素0.4kg，石膏粉1kg，过磷酸钙2kg，水150~180kg。

（2）原种培养基配制

参考栽培种培养基配制。

（3）灭菌

原种灭菌一般采用高压蒸汽灭菌，但也可采用常压灭菌。灭菌时，排除内部冷空气后，保持1.2~1.5kg/cm²压力1.5h后关火，待压力自然降到0后再出锅。

（4）接种

灭菌完成后，将降温后的料瓶移入接种室，用高（锰酸钾）甲（醛）熏蒸杀菌，40min后即可进行接种操作。然后选择菌龄适宜、菌丝体生长健壮、气生菌丝很少倒伏或无倒伏、无明显病虫害的菌种作为种源，准备接种。准备工作做好后，两人一组，严格按照无菌操作程序，一人负责解系瓶口，一人负责将种源接入瓶内。接种时，开瓶盖动作要快要轻，瓶盖以打开1/3~1/2大小，能顺利接入种源为宜。接好后，要迅速压上封口盖，并立即扎绳，周而复始，直至全部接完。一般每支母种可转接原种4~6瓶（18mm×180mm规格试管）或6~8瓶（20mm×200mm规格试管）。

（5）培养

接种后，标注品种、名称、接种日期或代号，然后移入培养箱或已清理干净并经过杀菌消毒的培养室培养。调整培养室温度至25℃，空气湿度65%。培养期间注意杀菌和消毒。保持培养室弱光、少通风，同时减少人员出入。培养从第3d开始，每两天进行一次检查，发现瓶内（此时主要是料面接种块周围）出现绿色、黄色以及稍淡于菌丝体的灰白色等颜色时，均为杂菌污染，应立即将污染瓶移出培养室，尤其发现橘红色滩孢霉污染时，用塑料袋将污染瓶套住并包严后移出培养室焚烧掉，不可随便丢弃，以防形成新的污染源，造成连锁性毁灭性污染。当菌丝发至封口料面后，3d检查一次，重点是瓶内尚未发菌的地方；当菌丝发至瓶的1/3高度时，5d检查一次；当菌丝发至离瓶底尚有2cm左右时，最后检查一次。约经15~25d培养，菌丝即可长满瓶。长满瓶后即可准备制作栽培种。

（6）质量检查

在原种长满瓶后，应检查原种质量，以保证制作栽培种的质量。检查时以菌丝粗壮、有力，瓶口处有大量气生菌丝发生，全瓶上下洁白一致，无任何杂色斑点，菌种无离壁现象，打开瓶盖有较强的菌香味。菌丝体充满基料孔隙，无积水或萎缩现象，无肉眼可见的病虫害侵入症状为标准。不合格菌种不能用于生产或销售。

【巩固训练】

1. 鸡腿菇熟料栽培如何接种？如何进行发菌管理？
2. 鸡腿菇发酵料如何进行畦栽？如何进行覆土管理？
3. 鸡腿菇生长条件如何？
4. 鸡腿菇原种如何检查质量？
5. 鸡腿菇有何经济价值？食用中需注意哪些问题？

【拓展训练】

调研你的家乡所在地区林下栽培鸡腿菇的可行性。

参考文献

张福元，马艳弘．2005．现代食用菌栽培技术[M]．北京：中国社会出版社．

贾乾义，等．1999．食用菌覆土栽培新技术[M]．北京：中国农业出版社．

王世东．食用菌[M]．北京：中国农业大学出版社．2005．

李荣和，于景华．2010．林下经济作物种植新模式[M]．北京：科学技术文献出版社．

常明昌．2002．食用菌栽培[M]．北京：中国农业出版社．

艾军．2006．五味子栽培与贮藏加工技术[M]．北京：中国农业出版社．

王文全，沈连生．2004．中药资源学[M]．北京：学苑出版社．

王德芝，刘瑞芳，等．2012．现代食用菌生产技术[M]．武汉：华中科技大学出版社．

李书心．1988．辽宁植物志[M]．沈阳：辽宁科学技术出版社．

王恭祎．2010．速生杨林下食用菌生产技术[M]．北京：金盾出版社．

高九思，杨世强．2004．黄姜、穿地龙、白芷、紫菀高效栽培技术[M]．郑州：河南科学技术出版社．

杨继祥．1994．药用植物栽培学[M]．北京：中国农业出版社．

陈瑛，陈震．1979．中草药栽培技术．[M]．北京：人民卫生出版社．

赵永华．2004．现代中药植物资源生产技术[M]．北京：化学工业出版社．

丁自勉．2008．无公害中药材安全生产手册[M]．北京：中国农业出版社．

黄跃进，江文，等．2001．根、根茎类中药材植物种植技术[M]．北京：中国林业出版社．

杜宗绪，刘英，等．2005．板蓝根栽培与贮藏加工新技术[M]．北京：中国农业出版社．

张吉桥．2005．西洋参栽培与加工新技术[M]．北京：中国农业出版社．

王云玲．2004．丹参、远志、防风高效栽培技术[M]．郑州：河南科学技术出版社．

安巍，等．2009．枸杞规范化栽培及加工技术[M]．北京：金盾出版社．

刘兴权，等．2003．平贝母细辛无公害高效栽培与加工[M]．北京：金盾出版社．

何兰．2004．枸杞、甘草名贵中药材绿色栽培技术[M]．北京：科学技术文献出版社．

闫灵玲，韩少庆．2004．杜仲、厚朴、黄檗高效栽培技术[M]．郑州：河南科学技术出版社．

王芳．2002．桔梗、知母、山药栽培技术[M]．长春：延边人民出版社．

赵永华．2001．中草药栽培与生态环境保护[M]．北京：化学工业出版社．

张佰顺，王清君．2008．林下经济植物栽培技术[M]．北京：中国林业出版社．

谢永刚．2010．山野菜高产优质栽培[M]．沈阳：辽宁科学技术出版社．

刘兴权，常维春．2001．山野菜栽培技术[M]．北京：中国农业科技出版社．

吴世豪．2003．蒲公英的栽培与利用[M]．北京：中国农业出版社

韩洪峰．2005．桔梗栽培与贮藏加工新技术[M]．北京：中国农业出版社．

徐志远，等．1982．长白山植物药志[M]．长春：吉林人民出版社．

马晓东，刘莹，等．2010．3 种山野菜高产栽培技术[J]．农业科技与装备(6)：77 - 79.

陈明波，于成军，等．2009．薄荷栽培技术[J]．现代化农业(4)：12.

滕雪梅．2005．穿龙薯蓣的栽培与病虫害防治[J]．特种经济动植物(12)：21 - 23.

司玉芹，宋丙芝．2007．床栽鸡腿菇技术及病虫害防治[J]．北京农业实用技术(5)：24 - 25.

张印，张巍．2011．丹东地区板栗林下香菇栽培技术[J]．辽宁林业科技(2)：61 - 62.

陈瑞民．2004．鸡腿菇病虫害咋防治[J]．农药市场信息(4)：14.

谭志勇，邓海涛．2005．鸡腿菇菌种制作及栽培技术[J]．上海蔬菜(5)：90－91．

张作斌，王成禄．2012．辣蓼铁线莲林地人工种植技术[J]．辽宁林业科技(3)：58－59．

贾会茹，刘晓杰．2010．林下高温平菇栽培技术[J]．林业实用技术(1)：38－39．

周照斌，刘庆宇，等．2011．林下香菇栽培技术[J]．林业勘查设计(3)：104－106．

余启高，姚茂贵．2010．浓硫酸处理对黄檗种子发芽的影响[J]．安徽农学通报(16)：32－34．

张炎．1998．平菇常见病虫害防治[J]．中国农技推广(4)：44．

蒋友峰，刘月星，等．1990．平菇母种培养基的筛选[J]．江西教育学院学报：综合版(1)：56－62．

徐方华，曹小龙，等．2011．平菇优化栽培技术研究[J]．吉林农业 c 版(4)：92－94．

王桂芹，王秀艳．2002．平菇子实体不同部位分离母种试验[J]．食用菌(1)：15－16．

王坤．2006．山野菜蒲公英保护地栽培技术[J]．吉林蔬菜(4)：33．

魏立敏，薛建臣．2009．香菇复壮与母种制作[J]．特种经济动植物(6)：42．

郭帮莉．2014．薏苡米的种植效益及栽培技术[J]．农技服务(12)：47－49．

孙颖．2002．组织培养法制取鸡腿菇母种的实验研究[J]．松辽学刊(3)：71－72．

栾洪涛，范建国．2007．白蘑栽培[J]．新农业(5)：18－19．

吴占文．2007．北方香菇常见病虫害防治技术[J]．河北农业(1)：16－17．

栾景贵，王志民，等2012．穿龙薯蓣高产栽培技术[J]．中草药(8)：62．

张文庆．1991．刺龙芽种子育苗试验研究[J]．中国林副特产(1)：16－17．

王云贺，王少江．2010．东北铁线莲适宜种植密度研究[J]．安徽农业科学(9)：4936－4938．

陈瑞民．2003．鸡腿菇常见病虫害防治方法[J]．农村新技术(12)：12．

李碧琼，陈政明．2008．鸡腿菇培养基配方研究[J]．中国食用菌(2)：19－20．

董明水，史前，等．2012．辽东山区林下经济发展初探[J]．辽宁林业科技(3)：35－37．

岳振平，张雪平．2011．林下小拱棚鸡腿菇栽培技术[J]．农业科技通讯(10)：151－152．

张传云．1998．泡桐丰产林下平菇栽培高效立体种植[J]．林业科技通讯(9)：36．

骆乐谈．2010．平菇母种制作方法试验[J]．杭州农业与科技(5)：41－43．

杨海文，胡新华，等．2010．平菇最新栽培技术[J]．中国农业信息(6)：37－38．

宋秀红，侯桂森，等．2008．适合北方林下栽培的食用菌种类及茬口衔接模式[J]．林业实用技术(8)：45．

许世全，张清华．2010．威灵仙病虫害防治措施[J]．特种经济动植物(8)：51－52．

蔡金伟，许文芳．1991．香菇菌种的制作技术[J]．中国食用菌(6)：29－30．

何春美．2009．药用植物穿龙薯蓣高产栽培技术[J]．现代农业(9)：11．

杨安邦．1991．用瓶料组织分离平菇母种初探[J]．中国食用菌(6)：28－29．

李峰，赵建选．2014．玉米芯发酵料栽培平菇的病虫害防治[J]．食用菌(3)：15－16．

张玉国．2011．长白山区山野菜的仿野生栽培[J]．特种经济动植物(10)：42－43．

黄卫红，崔凯峰，等．2005．白蘑的开发利用与栽培技术[J]．吉林林业科技(4)：41－44．

谭放，商桂清，等．2003 北方香菇松树林下栽培技术[J]．中国林副特产(4)：22．

宗妍．2007．穿龙薯蓣栽培的部分基础理论研究[D]．哈尔滨：东北林业大学．

刘雪梅，王秋媛．2010．东昌区大田袋料地栽黑木耳栽培技术[J]．吉林蔬菜(5)：90－92．

汪兆元，孟祥生．2012．高山特稀蔬菜威灵仙栽培技术[J]．长江蔬菜(13)：15－17．

骈跃斌，古晓红等．2014．鸡腿菇常见病虫害防治技术[J]．农技服务(8)：114－119．

张慧清，张福庭．2001．辽宁北部地区香菇露地栽培技术[J]．食用菌(1)：27．

刘晓杰，王继良，等．2012．林下香菇标准化栽培技术研究[J]．林业实用技术(10)：42－43．

朴泰浩，赵成顺，等．1993．龙牙楤木埋根繁殖试验[J]．特产研究(1)：56．

林春新．2012．水因子对东北铁线莲药材产量和质量影响研究[D]．长春：吉林农业大学．

周玉秋．2011．威灵仙的应用价值及种植技术[J]．现代农业(5)：25.

李勤斌．2011．香菇病虫害防治[J]．实用技术(7)：44.

杨儒钦，许泽成．2006．玉米芯颗粒制作黑木耳原种[J]．食用菌(5)：40.

刘娟．2014．珍稀野菜无公害栽培技术规范[J]．农民致富之友(2)：185－186.

李红贤，张学政，等．2008．白藓栽培技术[J]．林业实用技术(12)：29－30.

张美萍，高玉刚．2005．不同生境与不同肥料处理对龙牙楤木生长的影响[J]．黑龙江八一龙垦大学学报
　(1)：12－15.

苑朋皎．2005．穿龙薯蓣栽培技术[J]．中国林副特产(1)：17.

张承志．1993．藁本的栽培技术[J]．中国林副特产(4)：27.

杜秀菊．2004．鸡腿菇病虫害的综合防治[J]．中国食用菌(4)：25－26.

房连杰，姜涛，等．2008．辽宁地区香菇陆地栽培[J]．特种经济动植物(8)：41－42.

徐萍，郭建和，等．2004．林下香菇反季节栽培技术[J]．林业实用技术(3)：38.

闵怡行．1986．平菇病虫害防治[J]．四川农业科技(4)：14－15.

陈麟璋．2004．平菇母种简易孢子分离法[J]．食用菌(3)：15－16.

王凤林，王涛，等．2007．平菇液体菌种专用母种制作技术[J]．食用菌(6)：36.

李金琴，杨秀清．1995．平菇原种培养基的比较试验[J]．内蒙古农业科技(5)：31.

陈梦菲．2013．山野菜的植物学性状及栽培技术[J]．农业科技通讯(12)：229－231.

宋秀红，侯桂森，等．2009．速生林与生料栽培平菇套种技术研究[J]．安徽农业科学(22)：10468－
　10469.

李满意．2008．香菇病虫害防治及其废弃物综合利用研究[D]．保定：河北大学.

任桂梅，刘艳，等．2003．香菇子实体组织分离母种比较试验[J]．食用菌(1)：14.

张健夫，赵忠伟．2014．玉竹高产栽培技术的研究[J]．长春大学学报(4)：473－475.

陶佳喜，张颖．1998．组织分离制作平菇母种方法的改进[J]．生物学通报(11)：45.

附录
我国中药资源区划与地道药材资源及中药材规范化生产

一、我国中药资源区划与地道药材资源

为了发展地道药材，实现区域化生产，增强药材生产的主动性，必须开展中药区划工作。保护中药资源，尊重客观自然规律，加强宏观控制，以便合理开发利用中药资源。为因地制宜地指导总要资源的开发利用和中药生产提供科学依据。

（一）我国中药区划

1. 东北寒温带、中温带野生、家生中药区

（1）自然条件和社会经济状况

本区包括内蒙古东北端及黑龙江、吉林、辽宁三省的东部，$45 \times 10^4 \mathrm{km}^2$ 的地域。地貌主要由大、小兴安岭、长白山地以及三江平原构成。土地、水、森林资源较为丰富，热量资源不够充足。区内土壤类型主要为棕色针叶林土和暗棕壤。该区是我国重要的用材林和商品粮生产基地，交通运输较为发达。

（2）中药资源特点

资源的主要特点是，野生种群大，蕴藏丰富，珍稀特产及地道药材品种多。本区域有药用植物1 600种，药用动物300种，药用矿物50多种。地道且蕴藏量占全国主导地位的中药材品种有，人参、鹿茸、细辛、五味子、关黄檗、黄芪、赤芍、北苍术、龙胆、党参、升麻、黄芩、刺五加、防风、蛤蟆油、熊胆等。

2. 华北暖温带家生、野生中药区

（1）自然条件和社会经济状况

本区包括辽宁南部、北京、天津、山东、河北与山西中部和南部、陕西中部和北部、宁夏南部、甘肃中部、青海东部、河南中部和北部、安徽与江苏北部，$91.3 \times 10^4 \mathrm{km}^2$ 的地域。该区域地势西北高，东南低，由山地、丘陵和平原呈阶梯状向海岸方向排列。本区位于我国暖温带，夏季酷热，冬季寒冷，雨热同季。东南部的辽河和黄淮海平原受海洋气流的影响，年降水量在600mm以上，西部黄土高原年降水量低于500mm。区内地带性土壤有三种，东部丘陵山地的微酸性棕壤；中部丘陵山地的褐色土；黄土高原的黑垆土。黄淮海平原地区主要是潮土、盐渍土、水稻土。该区种植业十分发达，为我国粮、油、棉、烟及温带水果的主产区。区内人口稠密，城市众多，工业基础雄厚，城乡交通运输便利。

（2）中药资源特点

本区中药资源较为丰富，药用植物近1 500种，要用动物近250种，药用矿物30种。

本区药材栽培历史悠久，大宗的家种药材主要有地黄、黄芩、柴胡、远志、牛膝、山药、板蓝根、白芍、紫菀、白附子、酸枣仁、党参、枸杞子、瓜蒌、金银花、丹参、北沙参等，怀地黄、怀牛膝、亳白芍、潞党参、热河黄芩和西陵知母等，为本区的地道药材。中药科技和中药工商业发达，有安徽亳州、河北安国、河南百泉等国内外著名的中药材交流市场。

3. 华东北亚热带、中亚热带家种、野生中药区

（1）自然条件和社会经济状况

本区包括上海、浙江、江西、江苏和安徽中部及南部、湖北和湖南中部及东部、福建中部和北部、河南南部、广东北部，$85.67 \times 10^4 km^2$ 的地域。本区地貌类型复杂多样，全区丘陵山地占 3/4，平原占 1/4，水网密布，湖泊众多，全国五大淡水湖均在境内。气候温暖湿润，年降水量 850～1 800mm。北部地区分布着黄棕壤，南部广泛分布着黄壤与红壤，丘陵山地还有石灰土、紫色土，沿海分布有盐土，并有大面积水稻土。该区人口众多，经济发达，交通便利，进出口贸易活跃，加工能力强，科研水平高。

（2）中药资源特点

本区野生中药材资源蕴藏丰富，珍稀特产及地道药材品种较多，中药资源开发利用历史悠久，家种、饲养与野生药材生产同步发展。全区药用植物 2 500 多种，药用动物 300 多种，药用矿物 50 余种，海洋药用资源 300～400 种，大宗的家种和野生品种主要有白术、麦冬、枳壳、浙贝母、茯苓、菊花、明党参、栀子、虎杖、夏枯草、牡丹皮、延胡索、太子参、山茱萸、射干、辛夷、芡实、莲子、决明子、荆芥、龟甲、鳖甲、蜈蚣、蝉蜕等。由于生态环境适宜，生产水平较高，形成了众多独具特色的地道药材。如浙八味；徽的安苓（茯苓）、滁菊、贡菊、凤丹皮、霍山石斛、宣木瓜、颍半夏、辫紫菀；浙、皖、豫的山茱萸；河南桐柏山的桔梗、嵩柴胡；江苏的苏薄荷、茅苍术；大别山的茯苓、鄂北蜈蚣；闽北建莲子、建泽泻、建厚朴、闽乌梅；江西清江枳壳、宜春香薷、丰城鸡血藤；湖南湘莲、平江白术、湘玉竹等闻名国内外。中药经营历来非常活跃，樟树至今仍为全国四大药都之一，武汉三镇则是华中药材集散的重要枢纽。

4. 西南北亚热带、中亚热带野生、家种中药区

（1）自然条件和社会经济状况

本区包括贵州、四川、云南大部、湖北及湖南西部、甘肃东南部、陕西南部、广西北部、西藏东部，$142.07 \times 10^4 km^2$ 的地域，地貌类型复杂多样，山地、丘陵、高原、平原、盆地、河谷等交错分布，且山地、丘陵、高原占全区总面积的 95%，地势西高东低，高差悬殊。区内雨热条件较好但光照条件较差，大部分地区雨量充沛，年降水量 800～2 000mm。土壤类型由北至南出现黄褐土、黄棕土、黄壤、红壤、石灰土等森林土壤。区内气候优越，资源丰富，适宜农林牧副业发展。但区内地形复杂，大多地区交通不便。

（2）中药资源特点

本区是我国亚热带最大的常绿落叶阔叶林带，中药资源极为丰富，地道药材品质优良，民族药丰富多彩。全区植物药约 4 500 种，动物药 300 种，矿物药 200 余种。大宗的家种和野生药材主要有川芎、当归、三七、附子、云木香、巴豆、黄连、南沙参、川乌、川楝子、茯苓、麦冬、玄参、吴茱萸、杜仲、厚朴、何首乌等。中药资源应用历史悠久，该区所产的药材素有"川、云、贵"地道药材的称誉。名优药材有四川的麝香、冬虫夏草、

川贝、川芎、黄连，贵州的天麻、杜仲，云南和广西的三七，甘肃的岷当归、红芪等。

5. 华南南亚热带、热带家生、野生中药区

(1)自然条件和社会经济状况

本区包括福建东南部、广东南部、广西东南部沿海及云南西南部、香港、澳门、台湾及其周围全部岛屿，海南以及南海诸岛等，45.60×10⁴km²的地域。本区地貌类型以山地、丘陵为主，属南亚热带、热带季风气候，高温多雨冬暖夏长，年降水量为1500～2000mm。大部分丘陵、山地为赤红壤、砖红壤，海滩有滨海盐土分布，盆地及滨海平原大多为水稻土。本区农业集约化程度高，商品经济发达，是我国热带、亚热带水果经济作物以及南药的主产区。

(2)中药资源特点

本区以南亚热带、热带为主的药用资源丰富，南药品种独具特色。全国有陆地和海洋药用资源约4 500种，其中陆地药用植物约4 000种，动物类200余种，矿物及其他类30种左右。大宗的家种和野生药材主要有广藿香、益智、肉桂、槟榔、巴戟天、广郁金、草果、砂仁、诃子、高良姜、儿茶、木蝴蝶、千年健、山奈、降香、相思子、胡椒、鸡血藤、红豆蔻、血竭、苏木、芦荟等。槟榔、砂仁、巴戟天、益智仁为著名的四大南药。雷州半岛的高良姜、广东化州橘红、新会陈皮、德庆何首乌、广西防城的肉桂，台湾的樟脑等皆为地道药材。

6. 内蒙古中温带野生中药区

(1)自然条件和社会经济状况

本区包括黑龙江中南部、吉林西部、辽宁西北部、河北北部、山西北部河内蒙古中部和东部，98×10⁴km²的地域。本区东部为广阔的内蒙古平原，中部有阴山山脉及坝上高原，南部是太行山脉、燕山山脉北端，北部为广阔的内蒙古高原。东北部和中部为半湿润大陆性季风气候，西部为干旱草原向荒漠草原过渡气候。大部分地区冬季干旱寒冷，夏季凉爽，东部的降水量为700mm左右，到西部降到200mm左右。东部平原为黑土、草甸土、风沙土，内蒙古高原为黑钙土。区内草地面积占50%以上，畜牧业较为发达，也是我国北方重要的商品粮基地。境内铁路、公路四通八达。

(2)中药资源的特点

本区野生药材资源丰富，区内野生药用植物1 000余种，其中草本植物占80%以上。黄芪为本区大宗的地道药材，野生蕴藏量占全国的70%，南部为黄芪的主要种植区，年收购量占全国的80%以上。内蒙古的"多伦赤芍"，呼伦贝尔草原的防风均为优质的地道药材。此外，黄芩、麻黄、甘草、桔梗、郁李仁、野山楂、刺五加等均为本区大宗的野生药材品种。

7. 西北中温带、暖温带野生中药区

(1)自然条件和社会经济状况

本区包括新疆、青海、宁夏北部和内蒙古西部，261.21×10⁴km²的广大地域。本区高山、盆地和高原相间分布，沙漠和戈壁面积大、分布广，我国几大沙漠均分布在区内。本区日照时间长，干旱少雨，一般地区年降水量仅为20～200mm，山区为200～700mm，而年蒸发量一般为1 500～3 000mm。土壤种类较多，地带性土壤有灰棕漠土、灰漠土、棕钙土、灰钙土等，非地带性土壤有风沙土、草甸土、沼泽土和盐土等。该区是少数民族聚

集的地区,为我国重要的畜牧业生产基地,也是我国著名的瓜果之乡。

（2）中药资源特点

本区的中药资源种类少、蕴藏量大、分布不匀,民族药、民间药丰富,野生资源中濒危物种较多。本区有药用植物近 2 000 种,动物约 160 种,矿物 60 多种。其中甘草的蕴藏量和年收购量均占全国 90% 以上,麻黄年收购量属全国第二位。肉苁蓉、锁阳、新疆软紫草、伊贝母等为本区特有大宗药材,蕴藏量、年收购量几乎占我国的 100%。本区民族医药应用广泛,传统维药有 600 多种,维药中疗效独特的植物药有阿里红、雪莲花、孜然、洋甘菊、苦豆子、熏衣草等。常用的蒙药有角蒿、山沉香、蒙古芸、沙冬青等。本区被国家列为重点保护的动、植物物种有赛加羚羊、梭梭(肉苁蓉寄主)、雪莲花等。

8. 青藏高原野生中药区

（1）自然条件和社会经济状况

本区包括西藏大部、青海南部、四川西北部及甘肃西南部,162.92×10⁴km² 的地域。地貌复杂,山脉纵横,山势峻峭。气候为明显而独特的高寒类型,日照强烈,光辐射量大。水湿状况悬殊,青海南部年降水量为 800mm,而羌塘高原仅 18～60mm。土壤种类有高山草原土、草毡土和荒漠土。本区是我国人口密度最小的地区,藏族居民占 85% 以上,以牧业为主。区内矿产资源丰富,交通闭塞。

（2）中药资源特点

本区名贵药材多,野生药用资源蕴藏量大。全区药用资源种类 1 100 余种,主要的野生药材有川贝母、冬虫夏草、麝香、鹿茸、熊胆、牛黄、豹骨、胡黄连、大黄、甘松、天麻、黄连、雪莲花、雪上一枝蒿等。其中冬虫夏草、大黄的野生蕴藏量占全国 80% 以上。重要的藏药有雪灵芝、角蒿、洪莲、塔黄、莪大夏,藏茵陈等,作为藏医药专用的高原特有品种有西藏狼牙刺、细果角茴香、船盔乌头、绢毛菊、辐冠党参、乌奴龙胆、红景天等。本区有很多生药性状、疗效与《中华人民共和国药典》收载品种来源相近的新品种,且资源丰富,亟待开发利用,如细花滇紫草、西藏龙胆、江孜乌头、窄竹叶柴胡、多花黄芪等。

9. 海洋中药资源区

（1）自然条件和社会经济状况

本区包括渤海、黄海、东海和南海约 470×10⁴km² 的海域。海岸线曲折漫长,大陆海岸线超过 18 000km,岛屿海岸线超过 14 000km。海岸岛屿 5 000 多个。海底地貌由西北向东南倾斜,地形复杂,中国海域气候分别具有暖温带、亚热带、热带特征,海水表层水温,冬季自北向南不断增高,南北最大差值达 24℃。夏季水温一般为 28℃。表层盐度,渤海、黄海、东海、南海全年平均依次为 30%、32%、33%、34%。沿海坐落着大连、秦皇岛、天津、青岛、连云港、上海、宁波、厦门、广州、香港、澳门、湛江、高雄、基隆等众多大中城市和港口,是我国对外贸易、国际经济技术交流的重要窗口。

（2）中药资源特点

中国海洋蕴藏着十分丰富的药用生物资源,是我国中药资源宝库中的一个重要组成部分。目前已发现药用资源种类近 700 种,海藻类 100 种左右,动物类 580 种,矿物类 4种。常用药材有海藻、昆布、石决明、海马、紫贝齿、瓦楞子、珊瑚、海龙、牡蛎、珍珠母、海浮石等。

（二）地道药材资源

1. 地道药材的概念及特征

（1）概念

通常将在一定自然条件，生态环境的地域内所产的药材，且生产比较集中，栽培历史比较悠久，栽培技术和加工技术比较独特，质量和疗效较其他产区的同种药材好，且为世人所认可的药材称为地道药材，或道地药材。

地道药材是中药材的精品，目前我国的地道药材资源约有 200 种。

（2）特征

①地道药材具有明确的地理性：在一定的地域内形成的。有着特定的自然条件，有一定的集中生产规模，在我国药材市场中享有良好的声誉。一般在药名前冠以地名，如宁夏枸杞、川贝母、关黄檗、怀地黄、密银花、宣木瓜、浙玄参、杭菊花、茅苍术、建泽泻、阳春砂仁等，以表示其地道产区。但是也有少数地道药材名前的地名是指该药材传统的或主要的集散地或进口地而不是指产地，如藏红花，并非西藏所产，而是最早由西藏进入我国内地。

②地道药材具有特有的质量标准：地道药材在长期的发展中，经受了无数的临床验证，栽培、加工技术日趋完善，才逐渐得到人们公认。独特而严格的质量标准，保证了地道药材的生存和发展。如主产于甘肃、宁夏的枸杞以其粒大、色红、肉厚、质柔润、籽少、味甜的性状标准优于其他产地的枸杞。

③地道药材具有丰富的文化内涵：地道药材作为其生产地文化传统的一个标志，反映了产地人民群众在药材栽培生产和农业耕种技术上的造诣，也体现了当地医疗的用药水平，是当地传统文化与医疗实践紧密结合的产物。

④地道药材具有较高的经济价值：地道药材是主产地经济的重要组成部分。在一定程度上带动了当地工业、旅游、出口创汇等方面的经济发展。

2. 地道药材的成因

（1）优良的物种遗传基因是形成地道药材的内在因素

地道药材的形成，首先取决于物种，优良的物种遗传基因是决定地道药材品质的内在因素。药材的品种来源不同，往往会存在质量的差异。

（2）特有的自然生态环境是形成地道药材的外在条件

植物的生长、发育和繁殖，与其环境条件息息相关。地区特有的自然环境条件，是形成地道药材极为重要的外在因素。各种植物其生长发育所需要的环境条件是不同的，有的甚至十分严格。因而形成了一些特定地区所产的特定的地道药材。

在诸多的环境因素中，土壤和气候条件对地道药材形成具有显著的影响。土壤是生物与非生物之间进行物质与能量移动和转化的基本介质，更是形成地道药材的天然基础。品质优良的地道药材通常需要特有的土壤类型。有的地道药材对土壤的选择性很强，使最佳的栽培地区更为集中。温度对地道药材质量的形成具有密切的相关性。大多数地道药材对温度的需求有一定的范围，当温度达到或接近药材耐受的极限时，药材的生长、产量和质量的即受到限制。

环境因素对形成地道药材的影响是综合性的，所有的环境因素并非在任何时间都是同等重要的，而只是某种因素在某段时间或对某种植物表现出特有的强度和影响，各种环境因素绝不是孤立地影响植物，而是在某一特定区域内构成的一种连续变化的综合环境条件下作为较强因素起作用。如果环境条件发生变化，也将会改变药材的地道性特征，甚至使其品质和药性降低。

（3）完善的栽培加工技术是形成地道药材的可靠保证

我国的地道药材具有一个共同的特点，除少数品种是直接来源于野生资源外，大多数均来源于人工栽培。由于地道药材的栽培历史悠久，栽培技术成熟，种植地域集中，因而产量都比较大。经过千百年来对药材反复的精心培育，尤其是采取独特的栽培技术及有效的管理措施，加之不断总结发展药材的选育良种、规范种植、适时采收和精细加工的技术，逐步形成了一整套地道药材的栽培和加工方法。

（4）传统的中医药学理论是形成地道药材的思想基础

医术药术，相辅相成。作为中医药理论这一中华文化的不可分割的部分，中药离不开中医系统理论的指导。从古至今，中医名家均以货真质优的药材作为增强医治效果、展示超群医术的物质基础。因而，在我国古代大量的医书医案中无不浸润着对地道药材的精辟论述和推崇赞誉，我国历代医药学名家呕心沥血、历经千辛万苦编著的本草著作，更是以地道药材为其特有精华，奠定了形成地道药材坚实的思想基础，这就是地道药材所具有的中国特色和强大生命力所在。

3. 东北地区的地道药材资源

（1）人参

来源：为五加科植物人参 *Panax ginseng* C. A. Mey. 的干燥根。栽培者为"园参"，野生者为"山参"。现吉林通化、集安、抚松、靖宇一带，是著名的人参地道产区。

（2）辽细辛

来源：为马兜铃科植物北细辛 *Asarum heterotropoides* Fr. Schmidt var. *mandshuricum* (Maxim.)Kitag.、汉城细辛 *A. sieboldii* Miq. var. *seoulense* Nakai 的干燥全草。近代以东北所产为地道。

（3）五味子（北五味子）

来源：为木兰科植物五味子 *Schisandra chinensis* (Turcz.)Baill. 的干燥成熟果实。习称"北五味子"。

（4）防风（关防风）

来源：为伞形科植物防风 *Saposhnikovia divaricata* (Turcz.) Schischk. 的干燥根。以黑龙江西部草甸草原产红条防风为优质地道药材。

（5）关黄檗

来源：为芸香科植物黄檗 *Phellodendron amurense* Rupr. 除去栓皮的干燥树皮。主产于辽宁、吉林、黑龙江、河北、内蒙古等地，加工后的商品质量与外观均优于川黄檗，在市场上占主导地位。

（6）龙胆（关龙胆）

来源：为龙胆科植物条叶龙胆 *Gentiana manshurica* Kitag.、龙胆 *G. scabra* Bge.、三花龙胆 *G. triflora* Pall. 的干燥根及根茎。现主产东北三省及内蒙古，产量大，品质优。龙胆一般种植 3 年收获，春、秋二季采挖，以秋季采收质量好，产量高。

（7）刺五加

来源：为五加科植物刺五加 *Acanthopanax senticosus* (Rupr. et Maxim.)Harms 的干燥根及根茎或茎。现主产于东北三省及河北、陕西等地。

（8）鹿茸

来源：为鹿科动物梅花鹿或马鹿的雄鹿未骨化密生茸毛的幼角。前者习称"花鹿茸"，后者习称"马鹿茸"。"花鹿茸"主产于吉林、辽宁、河北，以家养为主；"马鹿茸"主产黑龙江、吉林、内蒙古，以野生为主。

二、中药材规范化生产

1. 实施中药材规范化生产的目的和意义

实施中药材规范化生产可以更好地保证现代中药"安全""高效""稳定""可控"的要求。

建立中药材规范化生产基地，可以确保中药材质量和数量，也可以从源头上为中药产业现代化发展奠定基础。

中药材生产种植规范化，可以使我国的中药材更好地走向国际市场，解决国际间的技术壁垒问题。

2. 中药材规范化生产概况

国家食品药品监督管理局于 2002 年发布了我国《中药材生产质量管理规范（试行）》，并于 2002 年 6 月 1 日起施行，以此来规范和控制我国中药材质量。国家食品药品监管局经过调研和征求意见，制定了《中药材生产质量管理规范认证管理办法（试行）》和《中药材 GAP 认证检查评定标准（试行）》，于 2003 年 9 月 24 日印发，并于 2003 年 11 月 1 日起施行。中药材 GAP（规范化生产）为 Good Agricultural Practice for Chinese Crude Drugs 的缩写。

近年来，国家科技部、中医药管理局和食品药品监督管理局等多个部门，对中药材的规范化生产给予了高度重视，同时也加大了扶持和管理的力度。"九五"期间，科技部将"中药现代化研究与产业化开发"项目列为重中之重项目，其中包括将 70 种大种中药材种类扩大到 100 种，并且将中药材种植的病虫害防治和种子质量标准等方面的研究也予以单独立项资助。截至 2001 年，科技部已经将四川、吉林、云南、贵州、江苏、山东、湖北、河南、广东等省列为中药科技产业化基地，规范化生产大宗地道药材是其重要的内容之一，还将宁夏、山西、河北、陕西、黑龙江、江西、海南等省列为中药材种植基地。《中药材生产质量管理规范（试行）》的实施，是中药材的规范化生产步入了法治轨道。我国中药材规范化生产质量管理的认证工作，已经于 2003 年春启动。目前全国已经建立起由产、学、研个部门紧密结合的中药材规范化生产研究体系。

据国家中医药管理局公布的资料，目前全国中药材种植面积约 $1\,150 \times 10^4$ 亩，其中木本药材约 600×10^4 亩，草本药材约 550×10^4 亩。在科技部和中医药管理局等部门的支持和鼓励下，目前全国先后建立了 120 多个重点中药材品种的规范化种植研究示范基地。具有一定规模和特色的基地主要有，以川芎、黄连等川药为主的四川基地；以砂仁、广藿香、巴戟天等为主的广东基地；云南西双版纳、德宏的血竭和肉豆蔻基地、文山的三七基地、楚雄的茯苓基地、丽江和大理的当归、木香基地、昭通的天麻基地；内蒙古的甘草基地；宁夏的枸杞、麻黄和肉苁蓉基地；浙江的浙贝母、白术、菊花、元胡基地等。

3. 中药材规范化生产应注意的问题

（1）选择适宜地区发展地道药材

近年来，许多地区大力发展中药材种植产业，盲目引进外地品种致使药材质量难以得到保障。如黄芪在原产地山西和内蒙古其品种优良外形顺直匀称，而引种到浙江一带多雨地区种植则品种低劣形同鸡爪。再如吉林地道药材人参引种到广东种植，则生产出外观像萝卜一样被称作"萝卜参"的劣质产品。

（2）加强种质资源研究，选育优良品种

忽视栽培种类的选择，种子来源不清，是当前中药材种植生产中普遍存在的问题。如柴胡是北方许多地区种植的大宗药材，其原植物为伞形科柴胡属植物，全世界有 120 种，我国有 40 种、17 个变种，其中只有北柴胡、南柴胡、竹叶柴胡和日本的三岛柴胡等几种的有效成分含量高，其他种类的含量均较低，甚至含有挥发性有毒成分。

（3）规范栽培管理技术，提高药材质量

栽培管理技术不规范，是目前中药材生产中存在的另一个问题。如由于缺乏科学的生产技术规范，不科学使用化肥、农药等，使药材中有害物质含量严重超标。

（4）规范采收技术，稳定药材质量

药用植物的生长、发育以及药用活性成分的积累与年龄和季节有关，不同植物具有不同的特点。人工种植中药材，由于改善了生长环境促进了生长，一般药材外观商品规格的成熟较早。药材的适时收获与质量关系很大，采收年龄过小或收获过早和过晚一般都会降低药材质量。

4. 中药材生产质量管理认证及其组织管理

为了贯彻落实中药材生产质量管理规范，国家由专门机构对全国药材的人工生产进行 GAP 认证。通过认证合格的生产企业，将由国家食品药品监督管理局颁发证书，具体工作程序和管理内容如下。

（1）认证管理机构

国家食品药品监督管理局负责全国药品 GAP 认证工作；负责国际药品贸易中药品 GAP 互认工作。国家食品药品监督管理局药品认证管理中心承办药品 GAP 认证的具体工作。各省（自治区、直辖市）药品监督管理部门负责本辖区中药材企业 GAP 认证的资料初审及日常监督管理工作。

（2）检查评定标准及认证

由国家食品药品监督管理局制定《中药材生产质量管理规范检查评定标准》，以下简称《标准》，检查评定内容共 104 项，其中关键项目（条款号前加 ＊）19 项，一般项目 85 项。

认证的主体是生产企业，认证的对象是特定地域上生产的药材种类。由申请企业提交有关申请报告及相关资料，由省（自治区、直辖市）药品监督管理部门负责本行政区域内中药材 GAP 认证的资料的初审，并将初审合格项目的申请资料和初审意见报送国家药品监督管理局。国家食品药品监督管理局对申请资料进行形式审查，符合要求的予以受理并转国家食品药品监督管理局药品认证管理中心。认证中心制定检查方案派出检查组进行现场检查，现场检查时，根据企业申请认证范围，按照《标准》对所列项目及其涵盖内容进行全面检查，逐项作出肯定或否定的评定结果。关键项目不合格则成为严重缺陷，一般项目不合格则称为一般缺陷。不存在严重缺陷项目，且一般缺陷项目少于或等于总条目的 20% 则通过认证；一般项目大于总条目的 20% 或有严重缺陷则不通过认证。认证中心将检查组提交的现场检查报告报国家食品药品监督管理局审批，符合认证标准的颁发《中药

GAP 证书》，应予以公布。

（3）质量认证的动态管理

《中药材 GAP 证书》的有效期根据动植物生长特点确定，生产企业有效期届满前 6 个月应重新申请认证。国家食品药品监督管理局负责组织对取得《中药材 GAP 证书》的企业进行跟踪检查，对省（自治区、直辖市）食品药品监督管理局的跟踪检查情况进行抽查。省、自治区、直辖市食品药品监督管理局在《中药材 GAP 证书》有效期内，每年检查一次。取得《中药材 GAP 证书》的企业如发生重大质量事故、未按中药材生产的有关规定进行生产监控，或经检查发现不符合中药材 GAP 标准的，国家食品药品监督管理局将注销其《中药材 GAP 证书》。中药材生产企业中止或关闭的，由国家食品药品监督管理局注销其《中药材 GAP 证书》。

5. 植物类药材的规范化生产

按生产程序，药用植物的人工规范化生产可以分为生产基地的选择、种类和栽培品种的选定、栽培和田间管理以及采收与产地初加工等环节。中药材种植工作属于广义的农业生产范畴，是包含多项技术的复杂生产体系。本节从规范化生产要求出发，主要对其关键技术环节予以说明，相关生产技术不再进行详细介绍。

（1）生产基地选定

植物药材的生产基地是药用植物的生存环境，应坚持因地制宜、合理布局的原则，注重在地道药材产区建设种植基地。只有良好的生态环境，才能生产出优质的中药材产品，在基地选定时应注意以下生态环境条件。

气候条件：气候是影响药用植物生长的重要因素，对药材产量和质量也具有重要影响。

A. 光照条件

太阳光能是重要的农业气候资源，是绿色植物进行光合作用的能量来源，是植物赖以生存的必须条件之一。植物体总干物质中，一般有 90%~95% 是通过光合作用合成的，只有 5%~10% 来自根部吸收的土壤养分。因此，光照条件对药用植物的生长发育和药材的产量及质量具有很大关系。

a. 植物的光合作用与光饱和点和补偿点。

植物通过光合作用吸收二氧化碳，固定太阳辐射能，制造并积累有机体所需的物质和能量。光照强度的强弱，直接影响作物光合作用的强弱。植物有光和饱和点和光补偿点。植物的叶片只有处于光饱和点的光强才能发挥最大的制造与积累干物质的能力。植物在进行光合作用的同时，也在进行呼吸作用，而呼吸作用是植物有机体内贮藏有机养分的消耗过程。因此，只有当光照强度高于光补偿点时，光合作用制造的有机物质才比呼吸作用消耗的有机物质多，才能积累形成干物质，否则，消耗大于积累。最终影响到植物的产量和质量。

b. 植物的耐阴性。根据对光照条件的要求，可将植物分为喜光植物、阴性植物和耐阴植物三类。喜光植物需要在直射光或强光的环境下才能正常生长发育。而喜光植物的光饱和点较高，只能生长在阳光充足的地方，若缺乏阳光则植株生长发育不良。阴性植物需要散射光或较弱的光照环境，光饱和点低、光补偿点低，生长在强光环境条件下，会受到伤害或生长不良。耐阴植物对光照条件的要求介于二者之间。

c. 植物的光周期现象。根据各种植物对光照时间长短的要求，可分为长日照、短日照、中性植物三类。而日照时间的长短对一些植物的生长发育具有重要影响，如影响植物的花芽分化、开花结实、地下贮藏器官的形成等。因此在引种栽培的生产基地布局时应予以高度重视。

d. 植物的生长。药用植物的生长和组织分化也受到光的控制。如红光促进植物茎的伸长，蓝紫光能促使植物茎增粗，紫外光对植物的生长具有抑制作用等。此外，光照充足，可促进茎和根系的生长；而光照不足，则会导致苗茎细长、纤弱、叶子不开展、根系受抑制以及出现黄花等现象。光质不同对干物质的积累和产量也有一定影响等。

e. 光照条件与引种。不同纬度和季节的光照时间不同，原产于不同纬度地区的药用植物具有不同的光周期反应。因此在不同地区之间引种工作中，应注意被引种者与原引种地区之间的光照时间的供求对应关系。

B. 温度条件

a. 生物生命活动的温度指标。生物体内的生理活动和生化反应必须在一定的温度条件下才能进行。对于任何生物的每一个生命过程来说，都存在三个基点温度，即最适温度、最低温度、最高温度。在最适温度下植物生长发育迅速、良好，在最低和最高温度下植物停止生长发育，维持生命，继续升高或降低温度，则会使植物受到伤害或导致死亡。

b. 温度影响生物各种生理生化过程的进行。温度直接影响生物体内各种酶的活性，从而影响到生物体内生物化学的合成和分解过程。在最适温度时，酶活性最强，能协调完成各种生物体内的代谢过程，也最有利于生长；当温度高于或低于最适温度时，酶活性受抑，甚至导致酶变性死亡，影响代谢过程的进行。

c. 温度影响生物的生物量的形成。温度影响植物的光合和呼吸作用，从而影响到体内有机物质的积累和贮藏，影响产量和质量形成。

d. 温度影响植物的其他方面。如影响蒸腾、光合和呼吸速率等而间接影响植物的生长。种子的萌发需要低温处理，低温春化等。

e. 药用植物对温度的适应分类。根据药用植物对温度的不同要求，可以分为四类。一是耐寒的种类；二是半耐寒的种类；三是喜温的种类；四是耐热的种类。

C. 水分条件

水分是影响植物生长的关键因子，水是植物原生质的主要成分，植物从土壤中吸收的矿质营养绝大多数来自土壤水溶液。一个地区的降水条件，对植物的光合作用、呼吸作用以及有机质的合成与分解等生理生化过程都有重要影响。如植物缺水时，其根系的吸收功能下降，叶子出现萎蔫，气孔关闭影响 CO_2 进入，光合速率下降；水分过多时，会导致植物根系缺氧，抑制根系的呼吸作用，不利于根系的生长。许多根类和地下茎类药用植物，在水分过多的土壤中就会引起根或地下茎的腐烂。

在诸多气象因素中，温度和降水因素对基地的选择具有更为重要的作用。

D. 土壤条件

土壤条件对药用植物的生长和产量以及药材的质量都具有重要影响，在选定基地时，应着重对栽培植物生长和药材质量具有限制性作用的土壤因子进行考察。在众多的土壤因子中，土壤的酸碱性、土壤的含盐量及其主要盐离子的种类，对植物的生存具有较大的限制性作用。土壤厚度和土壤质地对植物的生长，特别是植物根系的生长发育，具有较大的影响。

土壤中存在的有害物质，对药材质量具有严重的影响。土壤耕层内有害物质是否超标，应作为基地选址的否决性指针。有害物质主要包括两类，一是重金属离子，如汞、镉、铬、铅、砷、铜、锌等；二是有机氯和有机磷化物，如六六六、滴滴涕、油酚等有机农药的残留物。根据《中药材生产质量管理规范》进行的中药材规范化生产的认证标准中，基地的土壤质量应达到 GB 15618—1995 的二级标准。

E. 水源及水质

水源对基地生产的影响是多方面的，它既是灌溉用水，直接影响到药用植物的生长以及药材的产量和质量，又是产地加工用水，如果水质低劣或污染将会给中药材质量带来难以挽回的严重后果。因此，要求在基地上方水源的各个支流处无工业污水排放，水质基本达到二级饮用水标准，水源周围无污染源。

水源质量检测指标，应作为基地选址的否决性指标。具体监测的指标有：pH 值、镉、铅、汞、砷、六价铬离子、氟化物、氯化物、细菌密度、大肠菌密度、化学耗氧量以及溶解氧等。基地灌溉水源的水质必须达到国家农田灌溉水质标准，执行 GB 5084—1992标准。

F. 其他因素

除气候、土壤和水源外，大气的质量也会对中药材质量产生一定影响。因此，生产基地一般均应远离城镇及污染区，在中药生产基地的上方风向区域内，要求无大量工业废气污染源，空气应清新洁净尘埃较少。基地大气环境质量执行 GB 3095—1982 标准的二级。地上部分入药的植物，种植的田地还应远离交通干道 100m，或周围设有防尘林带。为保证规范化生产的顺利实施，选定基地时还应对基地的交通条件、供电情况、人口情况等社会经济因素进行考察，作为基地选址的参考条件。

（2）栽培品种选定及良种繁育

植物类药材的质量受多种因素的制约，其中植物的遗传因素和生长过程中的环境条件是其中影响最大的因素。规范化生产中，遗传因素的作用需要通过对栽培种类或品种的选择来实现，以保证生产药材的优质与稳定。《中药材生产质量规范化管理》明确规定，对养殖、栽培的药用动、植物应准确鉴定其物种，记录其中文名及学名。

选定品种的原则和标准：

品种选定的目的，一是获得优质稳定的药材，二是生产者获得较高的经济效益。为保证这一目标的实现，选定工作应坚持在保证药材质量的基础上，优先选择高产、稳产和抗逆性强的品种。具体选择指标及其标准如下：

A. 具有优良的药材品质

传统的中药材质量标准主要是外观性状指标，而现代质量标准则以内在药用活性成分的含量为重要指标。因此在坚持以药用活性成分为主要质量指标的前提下，同时兼顾药材的外观性状质量。

B. 具有良好的经济性状

药用植物的经济性状体现在多方面，药材的高产、稳产和恰当的外形等性状与经济效益关系密切。不同品种有其自身的特点，某个优良品种可能在某一方面或几个方面具有优良性状，而在其他方面表现一般或稍差。因此，在进行具体选定工作时应综合比较不同品种这些性状的优良程度，从中遴选适宜本基地栽培的优良品种。

C. 适应基地的生态环境

品种的选定，除了考虑经济和质量性状外，对其抗逆性及其对基地环境的适应程度也应列为考虑的因素。通常每个品种都有自己最适宜的栽培区域，在该区域或气候、土壤和耕作条件相似的地区栽培，其优良性状就可以得到充分发挥。

D 符合经营目标

在进行品种的选定中，除了上述生物因素外，生产目的也应作为遴选时的参考指标，使所选定的品种最大限度地满足经营目的。如选定以培育提取某种药用活性成分原料为目的的品种，则应以拟提取成分含量的高低作为首选指标；而以培育便于采用机械化生产为目的的品种，对根或根茎类药材应选定药用器官在土壤中的分布深度一致而且较浅的品种，对花类或果实类药材则宜选定药用器官集中生长在某一部位的品种。

（3）规范种植技术

药用植物是一个庞大的植物类群，有杜仲、银杏、山茱萸、枸杞等乔灌木树种，有葛、金银花等藤本植物，也有人参、甘草、砂仁、丹参等多年生草本和红花、益母草等一年生草本植物，还有肉苁蓉、菟丝子等寄生植物。不同植物类群的栽培技术各异，因篇幅有限，本节针对多年生和一年生草本植物通常采用的集约化栽培技术进行论述。

A. 基地区划和整地

基地区划是规范化栽培的第一道田间工序，目的在于合理利用土地，便于生产和管理，减轻病虫害发生，保证优质药材生产。区划及其工程建设内容主要包括，土地功能分区、道路系统建设、灌溉系统配置、排水系统设置、管理设施建设等项工作。

整地是药用植物种植前的土地准备工作，包括土地耕作、平整、施基肥、作床等技术环节，均属于常规农业生产技术，其目的在于创造深厚、疏松、平整、肥沃的耕作层，使土壤中的水、肥、气、热保持协调，为播种出苗创造良好的土壤表面环境，为根系生长发育创造深厚的耕作层。另外，还具有消除田间杂草和前茬作物残茬以及寄生在土壤或残茬中的害虫和病菌等功能。根据规范化生产的要求，耕作层的深度应根据所栽培植物的根系分布特点严格控制，如甘草育苗的深度要求达到30cm以上。施用基肥的种类应符合中药材规范化生产质量管理认证的要求。

B. 育苗和直播种植

播种育苗：

a. 种子采购和运输。根据规范化生产要求，种子采购（采集）时应对其种或品种进行鉴定，检测种子生活力，并由检疫部门进行害虫和病菌检疫，按规范化要求进行包装，并按批号做好标示和各项记录，种子的调运也应按有关规程要求进行。

b. 播前种子处理。包括种子消毒和浸种催芽两项工作。种子的消毒处理常用的方法有烫种、药剂浸种或拌种。浸种或拌种的药剂及其浓度必须符合规范化生产有关规定的要求。浸种的水温和浸种时间等技术环节应规范操作。

c. 播种期、播种方法、播种深度和播种量。播种期应根据不同药用植物种子发芽所需要的温度条件和生长特性，结合当地的气候条件进行适期播种。

播种方法一般有条播、点播、撒播3种。条播适用于多数植物种类，点播适用于大粒种子和无性繁殖材料的播种，撒播适用于小粒种子。

播种后覆土厚度应根据种粒的大小和出土能力的强弱来确定，一般中小粒种子覆土厚度为种子直径的 2～3 倍，极小粒种子可用筛子将锯末、细沙或腐殖土作为覆盖物筛于畦面。

播种量应根据种子的质量(发芽率)和秧苗所需要的空间及其生长速度来确定。

直播种植：直播种植指不通过育苗移栽的生产环节，将种子直接种植到田间进行药材生产的栽培方式。适用于一年生药用植物以及具有大粒种子或采用无性器官繁殖的多年生种类。特别适用于半野生化栽培生产。

直播种植一般不进行浸种处理，种子的消毒方法与播种育苗相同。在农耕地上进行的直播种植可采用条播或点播，在荒坡、草原、沙地以及林间和林下的半野生化栽培一般采用点播。在具有灌溉条件的生产基地和春季土壤湿润的地区，多数种类以春播较好，在北方干旱地区进行的半野生化栽培则应在水分充裕的雨季或秋季进行。

C. 移栽种植

移栽种植适于多数木本药用植物，以及个体较大的多年生草本植物。多数草本植物常采用一年或数月生苗，木本药用植物一般以休眠期或空气湿度大的季节移栽最为适宜。落叶木本药用植物，多在秋季落叶后至春季萌发前移栽；常绿木本药用植物应在雨季移栽。草本药用植物除严寒酷暑外，其余时间均可移栽。不同植物之间移栽密度相差悬殊。

木本植物一般采用穴植，草本植物常采用沟栽。栽植深度以不露出或稍超过苗根原入土部分为宜。移栽前一般需要对根系进行修剪，常绿树木还要剪去部分枝叶。移栽时要求苗身要正，根系要伸展，覆土要紧实，土壤干旱时要浇透定根水。

(4)规范田间管理措施

a. 肥料种类与施肥。施肥能够提高土壤肥力，改良土壤性质，保证植物必需的营养物质，促进植物正常生长发育，不仅对药材产量而且对药材质量都具有较大影响。规范化施肥的基本准则是：通过施肥满足药用植物生长需要，保证药用成分的稳定积累，不产生因施肥不当造成产品或环境的污染。

规范化施肥的基本原则：

Ⅰ. 以农家肥为主，配合施用化肥。在施用农家肥的基础上使用化肥，能够取长补短发挥各自优势，提高土壤的供肥能力，还能提高化肥的利用率，克服单纯施用化肥的副作用。

Ⅱ. 基肥为主，配合施用追肥和种肥。施用基肥，既能不断供给药用植物整个生育期内主要养分的需要，又能改良土壤性质，提高土壤肥力。

Ⅲ. 氮肥为主，磷、钾和微量元素配合施用。氮、磷、钾是植物生长发育所必需的三大主要营养元素，一般土壤中氮素含量往往不足，因此在植物生育期中要注意施用氮肥，尤其在植物生于前期增加氮肥更为重要。在施用氮肥时，应配合施用磷、钾肥以及微量元素。

Ⅳ. 根据土壤的肥力特点施肥。肥料在土壤中所起的变化以及植物吸收养分的能力，均受土壤中水分、空气、热量状况以及土壤的化学性质等因素的影响，同一种肥料，在不同土壤中施用的效果则不同。

Ⅴ. 根据药用植物的营养特性施肥。不同的植物种类或品种所需养分的种类、数量以及对养分吸收的强度各异。同一种植物，不同的生长发育阶段对营养的需求也不同。

Ⅵ. 根据气候条件施肥。气候条件常影响土壤养分转化和植物对养分的吸收，因而施肥的方法、数量和施肥时间应参考当地的气候条件决定。

规范化生产允许使用的肥料种类：

Ⅰ. 农家肥料。有堆肥、沤肥、厩肥、沼气肥、绿肥、作物秸秆、饼肥等。

Ⅱ. 商品肥料。按国家法规规定受国家肥料部门管理，以商品形式出售的肥料，包括有机肥料(由生物物质加工制成的商品肥料)、腐殖酸肥料(由泥炭、褐煤等制成含有腐殖酸类物质的肥料)、微生物肥料(用特定微生物菌种培养生产的具有活性的微生物制剂)、半有机肥料(由有机和无机物质混合或化合制成的肥料，也称有机复合肥)、无机肥料(由矿质经物理或化学工业方式制成，养分呈无机盐形式)、叶面肥料(喷施于植物叶片并能被其吸收利用的肥料)等多种类型。

规范化施肥注意事项：

Ⅰ. 按规范化生产技术要求选用肥料种类，制定施肥方案，确定施肥量。应以农家肥为主，限量使用化学合成肥料，禁止使用硝态氮肥。化肥必须与有机肥配合施用，有机氮与无机氮之比以 1:1 为宜(约为厩肥 1 000kg 加尿素 20kg)。最后一次追肥必须在收获前 30d 进行。

Ⅱ. 农家肥料无论采用何种原料(包括人畜禽粪尿、秸秆、杂草、泥炭等)制作堆肥，必须经过高温发酵，以杀灭各种寄生虫卵、病原菌和杂草种子，去除有害有机酸和有害气体，使之达到无害化卫生标准。农家肥原则上就地生产就地使用，严禁使用未经腐熟的人粪尿。

Ⅲ. 鼓励研究、开发、生产和使用适于某种或某类中药材生产的专用肥。

b. 灌溉和排水

科学灌溉：灌溉对药用植物的生长和药用活性成分的积累具有重要的影响，特别在北方干旱地区，灌溉方法包括沟灌、畦灌、喷灌、滴灌、渗灌等。无论哪种方法，都应该根据当地的气候、土壤条件和药用植物的需水特性及生育阶段，科学的确定灌溉量、灌溉次数和灌溉时间。坚持节水灌溉。水质必须达到农田灌溉二级水标准。

及时排水：排水可改善土壤通气状况，加强土壤中好气微生物的作用，促进植物残体矿物化，避免涝害发生。方法包括明沟排水和暗沟排水两种方法。不同药用植物分别制定排水方案。

c. 病虫害防治

防治原则与综合防治措施

中药材的病虫害防治，应以生态学原理为指导，综合运用各种防治措施，创造不利于病虫害滋生和有利于各类天敌繁衍的环境条件，保持生态系统的平衡和生物多样化，减少各类病虫害所造成的损失。应从消灭病虫害的来源、切断病虫的传播途径、提高药用植物的抗病和抗虫性，改善田间环境条件控制病虫害发生等方面进行综合防治。可采取的主要生物技术措施有：

Ⅰ. 植物检疫。是以法规和规定，对国家规定的检疫对象进行检疫，防止从别的国家或地区传入新的危险性病、虫和杂草，并限制当地的检疫对象向外传播蔓延。植物检疫是防治病虫害的一项重要预防性和保护性措施。

Ⅱ. 利用农业措施进行防治。包括合理轮作、深耕细作、清洁田园、调节播种期、合理施肥、选育抗病、抗虫品种等措施。

Ⅲ. 生物防治措施。应用自然界某些有益生物来消灭或抑制某种病虫害的方法。生物防治能改变生物群落，直接消灭病虫害，并具有对人畜和天敌安全、无残毒、不污染环境等特点。生物防治目前主要采用以虫治虫和以菌治病的方法。

Ⅳ. 化学防治措施。应用化学农药防治病虫的方法，是在病虫害严重发生时常用的防治方法，能在短期内消灭或控制大量发生的病虫害。但存在着杀伤天敌和害虫易产生抗药性等问题，也存在农药在药材中残留和污染环境的危险。

Ⅴ. 物理机械防治措施。是根据害虫的生活习性和病虫的发生规律，利用温度、光及器械等物理因素的直接作用来消灭病虫害和改变其生长发育条件的方法，如实行人工捕杀、利用诱蛾灯或黑光灯等实施诱杀。

Ⅵ. 防治虫害新技术。近年来，随着原子物理学的发展，已开始利用电离辐射直接杀死害虫，也可以利用激光防治害虫。可以通过造成雄虫不育达到消灭害虫的目的，包括昆虫绝育防治法、昆虫激素应用法、拒食剂使用法等。

允许使用的农药种类：

Ⅰ. 生物源农药。指直接利用生物活体生物代谢过程中产生的具有生物活性的物质或从生物体提取的物质作为防治病虫草害的农药。生物源农药包括微生物、动物和植物三大类。微生物源农药包括农用抗生素和活体微生物农药。防治中，允许有限度地使用活体微生物农药，如真菌制剂、细菌制剂、病毒制剂和颉颃菌剂等，允许有限度地使用农用抗生素，如春雷霉素、农抗120等防治真菌病害，使用浏阳霉素防治螨类害虫。动物源农药，包括昆虫信息素或其他动植物源引诱剂，倡导释放寄生性捕食性天敌生物，如赤眼蜂、瓢虫、捕食螨、各类天敌蜘蛛及昆虫病原线虫等。植物源农药，包括杀虫剂、杀菌剂、拒避剂和增效剂。防治中，鼓励使用植物源农药，如除虫菊素、鱼藤根、烟草水、大蒜素、苦楝、印楝、芝麻素等。

Ⅱ. 有机合成农药。由人工研制合成，并由有机化学工业生产的商品化的一类农药，包括杀虫杀螨剂、杀菌剂、除草剂。这类农药在中药材生产中属于限量使用的种类，一般在虫害严重发生时才可使用。如生产上实属必需，允许使用部分有机合成化学农药，并严格按照规定的方法使用。必须选用低毒或个别中等毒性的种类，严格禁止使用剧毒、高毒、高残留或具有致癌、致畸、质基因突变可能的种类。如需使用农药新品种，须报经有关部门审批。

Ⅲ. 矿物源农药。有效成分起源于矿物的无机化合物和石油类农药。中药材规范化生产中，允许使用石硫合剂、硫酸铜、波尔多液等无机杀螨杀菌剂。

d. 其他管理措施：为了获取优质高产的药材，除保证上述田间管理措施外，还要及时实施间苗、中耕、除草、松土、培土等其他管理措施。在中药材生产中禁止使用各类除草剂，必须采用人工除治。

（5）采收与产地加工

采收年龄、采集季节以及产地加工方法对药材的质量具有很大影响。根据药用植物生物学特性、药用成分的积累规律以及加工方法对其化学成分转化的作用等因素，确定最佳的采收年龄和季节，选择最佳的加工方法，对保证药材质量，稳定药材产量，实现资源的可持续利用都具有重要意义。

确定采收期的原则：采收应坚持适时适度，以获取优质高产的药材和保证资源可持续利用为基本原则。在药用成分含量最高，而且药用器官内各种化学成分的比例适宜药用时采集，是确定最佳采收年龄和季节乃至一天中采收时间的具体原则。

由于药用植物生物学特性的多样性、药用成分积累的复杂性以及不同地区气候条件变化的区域性，对于某个种类，在以有效成分含量为基本指标的前提下，需要对品种、产地、药材产量、药用目的和药理功效等因素进行分析和比较，最后根据综合分析结果确定最佳的采收期。对于多年生药用植物还应考虑资源的可持续问题。

各类药材的采收季节：

Ⅰ. 根及根茎类药材。根和根茎类药材，一般适宜在秋、冬季节植物地上部分枯萎时以及春初发芽前采收。此时为植物生长停止或休眠期，根或根茎中贮藏的营养物质最为丰富，通常含有药用成分也比较高。

Ⅱ. 茎类药材及木类药材。茎类药材，一般适宜在秋、冬季节植物落叶后或春初萌芽前采收。茎、叶同用的药材，一般适宜在植物的开花前或开花盛期采收。木类药材，一般全年均可采收。

Ⅲ. 皮类药材。茎皮类药材，一般在清明至夏至之间采收。因为此时皮内养料丰富，浆汁充足，皮部和木部容易容易剥离，剥离后的伤口较易愈合，有利于药材的再生长。根皮则以秋末冬初采收为宜，并趁鲜抽去木心。

Ⅳ. 叶类药材。叶类药材，一般适宜在花前盛叶期和花盛期时采收。此时，植物枝叶生长茂盛，养料丰富，分批采叶对植株影响不大，且可增加产量。个别经冬不凋的耐寒植物或药用特殊者，则必须在秋、冬二季采收。有的还可与其他药用部位同时采收。

Ⅴ. 花类药材。花类药材，一般适宜在花蕾或初花期采收，此时花中水分少、香气足，通常宜选择在晴天、上午露水初干时采摘。也有部分花类药材宜在花开放时采收。以花药为使用对象的药材，过期花粉会自然脱落而影响产量。花朵陆续开放的植物，应分批采摘以保证质量。

Ⅵ. 果实种子类药材。果实种子类药材，一般多在果实近成熟或完全成熟后采收。有些特殊种类，如枳实、青皮，这需在近成熟和幼过时采收。

Ⅶ. 全草类药材。全草类药材，多在植物茎叶生长量达到高峰时采收，也有的要在花开时采收，还有少数需要在初春采收其嫩苗。

Ⅷ. 藻类、菌类、地衣类及孢子类药材。这类植物适宜采收时节不一。如茯苓在立秋后采收质量较好，马勃宜在子实体刚成熟期采收，冬虫夏草在夏初子实体出土孢子未发散时采挖，海藻在夏、秋二季采捞，松萝全年均可采收。以孢子入药的种类，必须在孢子成熟期及时采收，迟则孢子飞落。

Ⅸ. 树脂或以植物叶汁入药的其他类。该类植物，一般应根据植物种类和药用部位决定采收期和采收方式。

中药材产地加工：

中药材采收后，除少数要求鲜用外，绝大多数需要进行产地加工。《中药材生产质量管理规范》要求，药用部分采收后，经过拣选、清洗、分级及加工（如修治、蒸煮等），应迅速干燥（晒干、晾干、冻干、真空干燥、微波、远红外线处理等），并控制温度和湿度，尽量使有效成分不受破坏。干燥器械必须干净、无污染，并严格按规程操作。鲜用药材可采用各种保鲜方法(冷藏、沙藏、罐贮、生物保鲜等)，最好不加保鲜剂和防腐剂，如果必须加入，应符合《中华人民共和国食品卫生法》的有关规定。加工场地应清洁、通风，具备遮阳、防雨设施，也应具有防鼠、鸟、虫及家禽(畜)的设备。地道药材的特别加工方法应得到继承，如有改动应有充分试验资料证实，并经药品监管部门批准。

因药材种类不同，产地初加工的技术措施和加工目的各异。主要加工方法有：

Ⅰ.挑拣与修整。挑拣就是去除杂质、非药用部位和不合规格部分。修整就是根据药材的规格等级和质量要求，运用修剪、切削、整形等方法对药材进行加工，以利于捆扎、包装等。如去芦头和须根，刮外皮等。较大的根及根茎类、茎木类和肉质的果实类药材需要趁鲜切片以利干燥。果实种子类药材，需要去壳或去皮等。有些皮类药材则需要抽出木心等。

Ⅱ.蒸、煮、烫。含黏液质、淀粉或糖类成分多的药材，用一般方法不易干燥，需先经蒸、煮或烫等处理后干燥。加热时间的长短及采取的方法，视药材的性质而定，如明党参煮至透心、红参蒸透、太子参置沸水中略烫等。药材经加热处理后，不仅容易干燥，还有利于进行其他方面的加工和药效保持。

Ⅲ.洗涤和浸漂。洗涤主要是洗除药材表面的泥沙与污垢，多用于根及根茎类药材，如人参等。但直接晒干或阴干的药材多不洗涤。具有芳香气味的药材一般不用水淘洗，例如薄荷、细辛等。浸漂是指将药材进行浸渍或漂洗处理。浸漂的目的是为了减除药材的毒性和不良气味以及抑制氧化酶活性，以免药材氧化变色。如白芍浸渍加入玉米、豌豆粉浆能抑制氧化变色。浸渍的时间一般较长，有时还需加入一定辅料；漂洗时间一般较短，需要勤换水。

Ⅳ.发汗。发汗是将某些药材用微火烘至半干或微蒸煮后堆置起来发热，使其内部水分外溢，药材变软、变色、增加香味或减少刺激性，有利于干燥，这种方法习称"发汗"，如厚朴、玄参等。

Ⅴ.干燥。干燥是除去药材中的大量水分，避免发霉、虫蛀以及有效成分的分解和破坏，利于贮藏。常用的干燥方法有晒干、烘干、阴干、焙干、远红外线加热干燥、微波干燥等。各种干燥方法的采取，因药材的性质而定。

Ⅵ.挑选分级。挑选分级是指经过以上加工后的药材，按药材商品区分规格等级进行分类。药材的规格等级是药材质量的标志，也是商品"以质论价"的依据。